新标准 C++ 程序设计

严　悍　陆建峰　衷　宜 **编著**

东南大学出版社
·南京·

内 容 提 要

C++ 是国内外广泛采用的编程语言,应用于多种计算平台,国内很多高校都开设 C/C++ 编程的相关课程,也出现了数百种相关教材。C/C++ 语言在 2011 年之前主要采用 C99 和 2003 标准。2011 年国际标准化组织和国际电工委员会发布了 C++11 新标准,推出近百个新语言特征,之后 C++14 和 C++17 进一步完善了新标准。新标准引入许多新概念、新规则,使得 C++ 编程表达复杂多变,初学者感到学习实践难度较大。本书采用研讨加实践的方式,力图使初学者能熟练掌握新概念、新规则,并增强编程求解能力。

本书共 15 章,主要分为两部分:第 1 部分(前 8 章)主要介绍结构化编程和函数式编程,第 2 部分(后 7 章)主要介绍面向对象编程和泛型编程。

本书可作为大学各学科专业学生学习实践 C++ 的基础教材,也适合作为软件工程开发人员的自学用书和研究人员的参考用书。

图书在版编目(CIP)数据

新标准 C++ 程序设计 / 严悍,陆建峰,衷宜编著. —南京:东南大学出版社,2018.8(2022.9重印)

ISBN 978-7-5641-7847-5

Ⅰ.①新… Ⅱ.①严… ②陆… ③衷… Ⅲ.①C++ 语言-程序设计 Ⅳ.①TP312.8

中国版本图书馆 CIP 数据核字(2018)第 153342 号

新标准 C++ 程序设计

出版发行	东南大学出版社
社　　址	南京市四牌楼 2 号(邮编:210096)
出 版 人	江建中
责任编辑	吉雄飞(联系电话:025-83793169)
经　　销	全国各地新华书店
印　　刷	广东虎彩云印刷有限公司
开　　本	787mm×1092mm　1/16
印　　张	29.5
字　　数	755 千字
版　　次	2018 年 8 月第 1 版
印　　次	2022 年 9 月第 6 次印刷
书　　号	ISBN 978-7-5641-7847-5
定　　价	90.00 元

本社图书若有印装质量问题,请直接与营销部联系,电话:025-83791830。

前　言

C++ 语言体现了当前过程性编程语言的主导思想,并得到广泛应用。C++ 语言表达简洁、灵活多样、计算性能高、平台支持度高,但同时 C++ 语言类型复杂、变化多端、理解较困难,对初学者入门有一定难度。C++ 语言在 2011 年、2014 年和 2017 年经历了三次语言标准升级,核心语言发生巨大变化,在改进传统的结构化编程和面向对象编程基础上引入了函数式编程和泛型编程,强类型弱化为静态类型,而编译器具有编译期运行能力,融合多种语言特征,如 Java,NodeJS/ECMAScript,GO,Python 等。因此,C++ 初学者和程序员都迫切需要重新理解掌握新标准 C++ 语言的新概念和新规则。

本教材编写秉承"内容新颖,概念清晰,规则分明,指导性与实用性并重"的原则,所具特色如下:

(1) 新概念:涵盖 C++ 11 全部新概念与 C++ 14 部分已实现概念;

(2) 新平台:支持最新 VS2017 和 DevC++ (GCC)两大平台;

(3) 新体系:新概念融入一个整体理论体系,使学生一次性掌握新概念和新规则;

(4) 新展示:大量图表便于学生理解和教师讲授,且例题丰富,练习题形式多样。

本书共 15 章,主要分为以下两个部分:

第 1 部分(前 8 章),主要介绍结构化编程与函数式编程。其中,第 1 章概括列出新标准语言的新特征,有经验的读者可选择阅读;第 2 章到第 7 章介绍基本类型与变量,运算符与表达式,基本语句,函数和编译预处理,数组与字符串,结构、枚举和联合体;第 8 章介绍指针和引用,也介绍了基于 Lambda 的函数式编程。

第 2 部分(后 7 章),主要介绍面向对象编程与泛型编程。其中,第 9 章到第 12 章介绍新标准面向对象编程新特征;第 13 章介绍基于模板的泛型编程(这是 C++ 难点集中之处);第 14 章介绍输入输出流,不涉及语言特征;第 15 章介绍异常处理。

本书各章后配有小结和练习题,供读者复习和实践。书中所有的编码实例都采用 Visual Studio 2017/C++ 和 DevC++ (GCC)作为开发环境,前者新标准符合度高但规模庞大,后者短小实用但新标准符合度稍差,运行库支持不足。本书尝试将所有实例在两个平台上运行比较,但略有缺失。附录中给出 ASCII 码表和部分常用函数库,以方便读者查阅。

本书由南京理工大学计算机科学与工程学院软件工程系 C++ 教学团队集体编写修订,获得南京理工大学"十三五"规划教材出版支持。在本书编写过程中编者得到多方支持,高锦博、高云等参与文字校对工作,在此向他们表示感谢。书中部分内容选自同行专家、学者的教材和专著,参考文献中力求全面列出,如有疏忽和遗漏,编者致以歉意并谨表感谢。本书不足之处,竭诚希望广大读者指正。

编者

2018 年 3 月

目　　录

第1章　概述

本章介绍 C++ 语言的起源、发展概况及其特点，C++ 程序的基本结构，面向对象程序设计的基本概念，简单的上机操作过程。

1.1　C++ 语言发展历史

C++ 语言是在 C 语言的基础上逐步发展和完善的，C 语句吸收了其他高级语言的优点逐步成为实用性很强的语言。

20 世纪 60 年代，Martin Richards 开发了 BCPL 语言（Basic Combined Programming Language）。1970 年，Ken Thompson 在 BCPL 语言的基础上发明了实用的 B 语言。1972 年，贝尔实验室的 Brian W. Kernighan 和 Dennis M. Ritchie 在 B 语言的基础上进一步对其充实和完善，设计了 C 语言，并在 1978 年出版了著名的《C 编程语言》一书，史称"K&R"。此后 C 语言多次改进，得到广泛应用。Unix/Linux 操作系统就是基于 C 语言开发的。

C 语言具有以下特点：

（1）结构化编程语言。以函数作为基本模块，语法简洁，使用灵活方便。

（2）具有一般高级语言的特点，又具有汇编语言的特点。除了提供对数据进行算术运算、逻辑运算、关系运算之外，还提供了二进制整数的位运算。用 C 语言开发的应用程序，不仅结构性较好，且程序执行效率高。

（3）可移植性较好。在某一种计算机上用 C 语言开发的应用程序，源程序经少许更改或不用更改，就可以在其他型号和不同档次的计算机上重新构建运行。

（4）编程自由度大，运行错误比较多而且较难解决。指针是 C 语言的灵魂，精通指针的程序员可以编写非常简洁、高效的程序，但却不易理解，而且出错难以排除。初学者掌握 C 语言指针并不容易。

随着 C 语言的不断推广，C 语言存在的一些不足也开始显露出来。例如，数据类型检查机制比较弱；缺少代码重用机制；以函数为模块的编程不能适应大型复杂软件的开发与维护。

1980 年，贝尔实验室的 Bjarne Stroustrup 博士及其同事对 C 语言进行了改进和扩充，把 Simula 67 语言中的类引入到 C 中，称为"带类的 C"。1983—1984 年间 C 语言进一步被扩充，Rick Maseitti 提议将改进后的语言命名为 C++ 语言（称为 C Plus Plus，这两个加号应书写为上标，分别表示**虚函数**和**运算符重载**）。之后 C++ 语言又扩充了模板、异常等概念，使功能日趋完善。

C++ 语言除继承了 C 语言的特点外，还具有以下特点：

（1）C++ 是 C 的一个超集，它基本上具备了 C 语言的所有功能。一般情况下 C 语言源代码不做修改或略做修改，就可在 C++ 环境下构建运行。

（2）C++ 是一种面向对象编程语言。面向对象编程的特性是封装性、继承性和多态性。类作为程序的基本模块，封装性隐藏模块内部的实现细节，而使外部使用更方便、更安全；继承性提高了模块的可重用性，而且使程序结构更贴近现实概念的描述；多态性使行为的抽象规范与具体实现相互协调，使行为的一致性和灵活性得到统一。抽象编程和模板提供更好的可重用性，而异常处理则增强了编程的可靠性。这些特征都非常适合大型复杂软件的编程实现。

（3）C++ 语言程序可理解性、可维护性更好。对于大型软件的开发维护而言，这一特点非常重要。

1.2　一个简单的 C++ 程序

开发工具为了区分 C 语言和 C++ 语言程序，约定当源程序文件的扩展名为".c"时，为 C 语言程序；文件的扩展名为".cpp"时，则为 C++程序。本书中除作特殊说明外，所有源程序文件扩展名均为".cpp"。

下面通过一个简单的实例，说明 C++ 程序的基本结构及其特点。

例 1.1　根据输入的半径，求出一个圆的面积，并输出计算结果。

```
#include <iostream>
using namespace std;
int main(void){
    float r, area;                            //说明两个变量:半径 r 和圆面积 area
    cout<<"输入半径 r=";                        //显示提示符
    cin>>r;                                   //从键盘上输入半径变量 r 的值
    area=3.1415926*r*r;                       //计算圆面积
    /*输出半径和圆面积*/
    cout<<"半径="<<r<<'\n';                    //输出变量 r 的值
    cout<<"圆面积="<<area<<'\n';               //输出圆面积的值
    system("pause");                          //让控制台暂停,让用户能看到最后的输出
    return 0;                                 //main 返回,停止程序
}
```

使用 C++ 集成环境，先创建一个空项目，然后添加一个源文件，再将以上内容输入到源文件中。"生成解决方案"，构建可执行程序，成功之后再"开始执行"（不调试，Ctrl+F5）该程序。

该程序在执行时出现一个 DOS 命令窗口，并显示提示信息，假设键盘输入 3.5，显示结果如下：

```
输入半径 r=3.5
半径=3.5
圆面积=38.4845
```

下面对程序的基本结构及各语句进行说明。

（1）包含文件

第 1 行是#include，称为包含指令，指定一个文件，<iostream>是标准输入输出流文件。如果要从键盘上输入数据 cin，或将要在显示器上输出结果 cout，就应包含该文件。一般程序都要这个指令。有关编译预处理将在第 5 章介绍。第 2 行的 using 指令用于导入 std 命名空间，以简化 cin, cout 使用。前 2 行对于大多数程序都一样。

（2）注释

注释是一段文本信息，用来说明程序功能或方法。在 C++ 程序任何位置都可插入注释。

注释对程序执行不起作用,但可增加程序的可读性和可理解性。有两种注释:

① 传统 C 注释,用"/ ＊"和" ＊/"把一行或多行文本括起来;

② C++ 单行注释,用"//"开头到本行结束为止的一行文本。

上面例子中包含了这两种注释。

(3) 主函数 main

main 函数称为主函数,每个 C++ 程序都有且仅有一个主函数,程序从主函数开始执行。

(4) 花括号对"{}"

每个函数体都是以"{"开始,以"}"结束。函数中会出现嵌套的花括号,表示复合语句或作用域。花括号一定要配对使用。

(5) 语句

一个函数体中包含有多条语句,每条语句以分号";"结束。各种语句在第 4 章介绍。

注意:system("pause");语句让屏幕暂停,使用户能看到最后输出的结果(在 DevC++ 中不需要)。后面我们将介绍通过修改项目设置来取消该语句。最后的 return 0;语句在 VS2015 中可省略,但建议不要省(在 DevC++ 中是必需的)。

(6) C++ 语言没有专门的输入输出语句,输入输出是通过函数调用来实现的(用 cin >> 实现输入,用 cout << 实现输出)。

(7) 程序中所有名称都严格区分大小写。

1.3　C++ 程序的开发步骤

针对一个实际问题,用 C++ 语言设计一个程序时,通常要经过如图 1.1 所示的几个基本步骤。

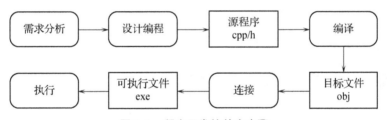

图 1.1　程序开发的基本步骤

(1) **需求分析**,即根据要解决的实际问题,分析所有需求,并用合适的方法、工具进行详细描述。如果需求分析错误,就可能导致下面的编程完全失去意义。

(2) **设计编程**,即根据需求先设计解决方案,然后将解决方案实现为 C++ 程序,再利用 C++ 集成环境将设计好的源程序输入到计算机文件中。源文件的扩展名为 cpp,也可能是扩展名为 h 的头文件。如果设计方案错误将导致程序不能满足需求。代码编辑器往往能区分 C++ 语言的关键字、运算符和标识符,并用不同颜色显示,以方便查看。

(3) **编译**,即编译源程序生成目标程序。如果有语法或语义错误,要根据提示信息返回到上一步骤修改源程序文件,直到消除所有编译错误。编译后为源程序产生目标文件,在 PC 机上,目标程序文件的扩展名一般为 obj。完成编译的工具统称为编译器(compiler)。

（4）**连接**，即将目标文件连接为可执行文件。将一个或多个目标程序与程序所调用的库函数连接后，生成一个可执行文件。如果多个文件之间函数调用有错误，此时将给出连接错误信息。在 PC 机上，可执行文件扩展名为 exe。完成连接的工具称为连接器（linker）。

（5）**执行**，即运行可执行程序文件，输入测试数据，并分析输出结果。如果不满足需求或者与预期不同，就要返回到第（1）步或第（2）步重复以上过程，直到得到正确结果。可执行文件有两个版本，一个是用于调试程序的 Debug 版本，文件比较大，包含了源代码调试信息；另一个版本是用来发布软件产品的 Release 版本，文件比较小，没有调试信息，并往往优化了编码。

1.4　开发工具简介

本书主要采用 Visual Studio 2017（下文简称 VS，包含 Visual C++ 14.10（下文简称 VC））作为开发环境，同时兼顾 DevC++ 5.11（含 GCC4.9.2）。

VS 支持多种编程语言，本书只用其中的 Visual C++。相对于其他工具，VS 具有如下优点：① 标准化程度相对较高；② 文档齐全，可脱机查看；③ 代码编辑器对关键字、预处理指令、头文件、函数调用等能提示补全，可静态语法查错、静态编译、类型推导等；④ 编译连接错误信息是中文，适合初学者；⑤ 调试功能强大。但也有如下缺点：① 安装文件庞大，且安装过程较慢；② 直接打开源文件后不能编译或自动创建项目，要先创建项目再加入源文件。

如图 1.2 所示，VS 界面左边是解决方案资源管理器。一个解决方案可包含一个或多个项目。一个项目可包含一个或多个源文件，并产生一个与项目同名的可执行程序。页面左上角显示当前解决方案的名称。一个项目的演化过程如下：

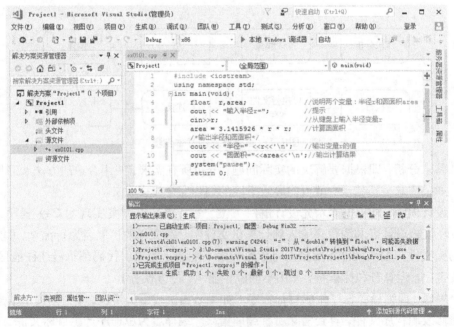

图 1.2　VS2017 开发 C++ 程序

（1）创建、配置项目或打开已有项目。点击"文件"→"新建"→"项目"，选择"空项目"，或打开已有项目。如果是首次创建项目，应设置项目属性为**控制台交互**，否则就要在 return 之前添加 system("pause")；设置方法如下：打开项目，选择菜单"项目"→"项目属性"；选择"配置属性"→"链接器"→"系统"；选择"子系统"，默认为空，点击"下拉选项"，选择"控制台(/SUBSYSTEM：CONSOLE)"，点击"确定"（如图 1.3 所示）。

图 1.3　设置控制台以避免 system("pause")

（2）加入源文件。加入项目中的"源文件"，右键单击选择"添加"→"新建项"或"已有项"，新建源文件或加入已有源文件，也可用鼠标拖入源文件。

（3）编码。修改或编写源文件代码。

（4）构建。选择"生成"→"生成解决方案(F7)"，也就是编译和连接（即构建）。如果发生错误，则返回上面第（2）步或第（3）步。所生成的 exe 可执行文件在项目目录 \Debug 或 \Release 中。

（5）运行。选择"调试"→"开始执行(Ctrl + F5)"，或者"开始调试(F5)"，启动控制台窗口交互。

（6）如果运行有错，返回第（2）步或第（3）步，直到运行无错。

（7）关闭项目。选择"文件"→"关闭解决方案"，即关闭所有源代码窗口。

注意 VS2017 不能先打开源文件再启动构建，要求先创建或打开一个项目，再加入源文件，然后才能构建。建议先创建一个空项目并做配置，以后每次都先打开该项目，然后再添加或移除源文件。建立一个源文件模板也能提高效率。

DevC++ 5.11(GCC4.9.2) 相对简单。可直接打开源文件，对当前源文件编译(F9)、运行(F10)。但在编译前应设置编译选项，以支持 C++ 11 或 C++ 14，否则默认为 C99。操作方法如下：选择"工具"→"编译选项"。要支持 C++ 11 标准，选择编译选项为 – std = c++ 11；要支持 C++ 14，选择编译选项为 – std = c++ 1y（如图 1.4 所示）。

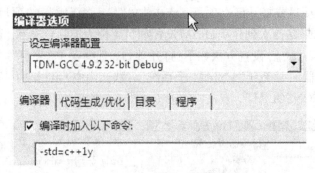

图 1.4　DevC++ 编译设置支持 C++ 14

以上两个工具都支持 32 位和 64 位编译运行，都有 Debug 和 Release 模式。除非特别说明，本书例子默认采用 32 位 Debug 模式。

1.5　C++ 标准及开发工具

从 1990 年第 1 个 C/C++ 标准发布至今，已陆续发布多个版本，表 1.1 中列出几个常见标准。

表 1.1　C/C++ 标准概览

简称	名称及发布时间	语言关键特征
C89	ISO/IEC 9899:1990	新的关键字，如 const, volatile, signed 等；宽字符 wchar_t 及宽串、多字节字符；函数可变形参等
C99	ISO/IEC 9899:1999	动态大小数组；for 内部变量作用域；inline, long long, 取消函数返回类型默认 int, 可变宏参量等
C++ 11	ISO/IEC 9899:2011, 也称为 C1x	Unicode 字符类型 char16_t, char32_t, 初始化列表，正规初始化，右值引用和移动语义；类型推导（auto 与 decltype）；基于范围的 for 循环；Lambda 函数；auto 函数；创建对象的改进（减少临时对象）；显式虚函数改写 override；空指针 nullptr；强类型枚举；成员初始化；委托构造函数；继承构造函数；可变参数模板；模板别名；用户自定义字面值 UDL；静态断言；常量表达式 constexpr；多线程编程等
C++ 14	ISO/IEC 14882:2014, 也称为 C1y	泛型 Lambda 函数；Lambda 捕获表达式；函数返回类型推导；类型推导 decltype（auto）；扩展的 constexpr 函数；放宽的成员初始化；二进制字面值等
C++ 17	ISO/IEC 14882:2017, 也称为 C1z	结构化绑定；constexpr lambda；if constexpr；内联变量；fold 表达式等

表 1.1 中，C89 与 C99 是 C 语言标准。最早 C++ 标准是 1998 年的 ISO/IEC 14882:1998，之后还有 2003 版，但真正有影响的是 2011 年的 C++ 11。同年 C 语言发布 2011 版标准，称为 C11。C11 与 C++ 11 之间有很多共同点。最新推出的标准是 C++ 17，但大多没有实现。

本书将介绍目前已实现标准的关键概念。但目前不存在 100% 符合 C++ 11/14 标准的 C++ 工具（主要是编译器和运行库），所有 C++ 工具或多或少都有自己的非标准方言和运行库。表 1.2 中列出目前常见 C++ 工具。

表 1.2　常见 C++ 工具

名称	说明
Visual C++ 系列	Microsoft Visual Studio 中的一个组件，主要用于开发 Windows 系统程序和应用程序。有从 VS98 的 VC6 到 VS2017 的 VC++ 14 的多个版本。其中 VC6 对标准兼容仅有 83.43%，而 V7.1 之后标准兼容性达到 98.22%
GCC 家族 gcc g ++ Mingw	gcc 原先是 gnu c 编译器，g ++ 是 gnu c++ 编译器，起源于 Unix/Linux，后来移植到 Windows。目前 gcc 改名并扩展为 GCC(GNU Compiler Collection)。GCC3.3 标准兼容性达 96.15%。DevC++ 是 GCC 的外壳和集成工具，也包含 Mingw。 Mingw 或 Cgywin 是运行在 Windows 平台上的 gnu c/c++ 编译器、库文件及运行环境
Borland 家族 Turbo C/C++ Borland C++	Turbo C 是最早的经典的集成开发环境，主要支持 DOS 应用程序开发； BC++ 系统中的 5.5 版标准兼容性达 92.73%
Clang	C，C++，Objective-C 的轻量级编译器，源代码发布于 BSD 协议下； 编译快速，占用内存较少，产生文件小，出错提示友好且完备，目标是替代 GCC

本书所有示例都在 VS2017 上运行，同时兼顾 DevC++ 5.11(含 GCC4.9.2)，如果两者有区别就尽可能指明。

一个 C++ 系统由三个主要部分组成：

(1) 语言规范。确定了语言元素的语法和语义，教我们如何书写源代码。各种 C++ 语言之间大部分构造符合 C/C++ 标准，但每个系统都有自己的扩展方言和习惯用法。

(2) 工具。最基本工具是编译器、连接器，在集成开发环境中还包括代码编辑器、项目配置管理、调试器(debugger)等。使用这些工具能将源程序转换为可执行程序，但每一个系统的用户界面都有所不同。

(3) 标准库。一个 C++ 系统往往要提供一组标准函数库和类库，称为应用编程接口 API。源程序可以调用这些库来扩展程序功能，如输入输出。

1.6　C++ 11 与 C++ 14 新特征

本书介绍 C++ 11 全部语言特征和 C++ 14 部分已实现特征。表 1.3 中列出新标准的中英文对照名称及对应的章节，并按章节次序排列，以方便有经验的读者查阅。

表 1.3　C++11/14 语言特征

英文名称(* 表示 C++14)	中文名称及说明	相关章节
char16_t, char32_t	Unicode 编码的 UTF16 与 UTF32 字符	2.2.2
long long	64 位整数 long long	2.2.3
extended integer types	扩展整数类型	2.2.3
* binary literals	整数的二进制字面值，0b 或 0B 开头	2.3.2
* digit separators	整数的数字分隔符，单引号 '	2.3.2
universal character names in literals	字符字面值中的通用字符，\u 与 \U	2.3.4
auto	自动类型推导，说明变量类型	2.4.3, 5.7

英文名称(∗ 表示 C++ 14)	中文名称及说明	相关章节
decltype	另一种自动类型推导，说明变量类型	3. 2. 3，8. 7. 7
func macro	_func_宏，当前函数名	5. 2. 2，5. 13. 2
∗ auto and decltype（auto）return types	auto 函数返回类型；decltype（auto）返回类型	5. 7，13. 2. 10
trailing return type	尾随返回类型，或追踪返回类型	5. 7
constexpr	常量表达式，编译期常量或函数	5. 9，11. 8
∗ extended constexpr	扩展常量表达式，放宽限制	5. 9，11. 8
thread_local	线程本地存储，一种新的存储类	5. 12. 3
C99 preprocessor	C99 编译预处理	5. 13
range-based for-loop	基于范围的 for 循环语句	6. 1. 4
initializer lists	初始化列表，或列表初始化	6. 4. 3
uniform initialization	统一初始化，即花括号初始化｛值｝	6. 4. 3
preventing narrowing	防止类型收窄，用统一初始化｛值｝	6. 4. 3
Unicode string literals	Unicode 串字面值，前缀 u8, u, U	6. 5. 2
raw string literal	毛串或原生串字面值，前缀 R	6. 5. 2
non-static data member initialization	非静态数据成员初始化，针对结构或类	7. 1. 1
extended sizeof	针对类型成员扩展的 sizeof	7. 1. 1
alignment	对齐，成员内存对齐	7. 1. 1
∗ NSDMI's for aggregates	聚合类型的未指定数据成员初始化	7. 1. 3
strongly typed enums	强类型枚举，限定作用域的枚举	7. 3. 3
forward declared enums	前向说明枚举	7. 3. 3
unrestricted unions	非受限联合体，其成员的类型不再受限制	7. 4. 3
nullptr	一种空指针，取代 NULL	8. 1. 4
minimal GC support	最小 GC 垃圾收集支持，有待实现	8. 6. 3
rvalue reference	右值引用 &&	8. 7. 5
Lambda	Lambda 表达式，Lambda 函数	8. 8
∗ init-captures	初始捕获	8. 8. 1
∗ generic lambda	泛型 Lambda 表达式，auto 形参	8. 8. 1
delegating constructors	委托构造函数，可调用本类的目标构造函数	10. 1. 3
move semantics	移动语义，移动拷贝和移动赋值，提高性能	10. 4. 1
defaulted and deleted functions	缺省生成和被删的特殊成员函数，显式控制	10. 5. 2
ref-qualifiers	引用限定符	10. 9. 3

英文名称(* 表示 C++ 14)	中文名称及说明	相关章节
atomic operarion	原子操作，多线程	10. 11
memory model	内存模型，多线程	10. 11
inheriting constructors	继承构造函数，派生类中 using A::A;	11. 2. 2
override and final	显式改写与 final 限制	11. 6. 1, 11. 6. 6
standard-layout and trivial types	标准布局与平凡类型	11. 7
POD, Plain Old Data	POD 类型	11. 7
extended friend declarations	扩展友元说明	12. 2. 1, 13. 3. 4
user-defined literals	用户定义字面值 UDL，友元函数实现	12. 2. 3
explicit conversion operator	显式类型转换函数，避免隐式转换	12. 3. 1
* sized deallocation	确定大小的 delete 回收，新 delete 运算符函数	12. 3. 4
extern template	外部模板	13. 2. 2
SFINAE	Substitution Failure is not an error, 匹配失败不是错，对重载模板自动选择最优匹配	13. 2. 5
static assert	静态断言	13. 2. 6
default template arguments for function templates	函数模板的缺省模板实参	13. 2. 7
variadic template	可变参量模板	13. 2. 8
local and unnamed types as template arguments	局部类型与匿名类型作为模板实参	13. 3. 2
right angle brackets	右角符号 >>，区别右移，模板嵌套实例化	13. 3. 2
alias template	别名模板	13. 3. 9
inline namespace	内联命名空间	13. 5. 3
copy and rethrow exception	拷贝并再引发异常，throw; 出现在 try-catch 中	15. 3. 1
noexcept	函数说明无异常，阻断异常传播，简化调用	15. 3. 4
attribute	属性或通用属性，[[属性表]]	15. 5
* [[deprecated]] attribute	弃用属性，可带一个串作为消息	15. 5

注 1：表中包含 3 个 C99 概念，C++ 11 继续沿用，包括 long long、扩展整数类型、_func_宏。

注 2：表中包括 C++ 11 全部核心语言特征，不包括并行特征和标准库。书中介绍了少量 C++ 11 标准库，如智能指针、函数对象、多线程。

注 3：表中并非所有特性都可用。例如"最小 GC 支持"在 VS 和 DevC++ 上都不可用。

注 4：表中包含 C++ 14 已实现的部分语言特征。本书完成时大多编译器都未完整实现 C++ 14 语言特征。

1.7　本书组织结构

本书分为以下三部分：
① 结构化编程，包括函数式编程（第 2 章到第 8 章）；
② 面向对象编程，包括泛型编程（第 9 章到第 15 章）；
③ 附录，给出 ASCII 编码规范和常用函数库与类库。
下面简单介绍一下各章的主要内容。

（1）C/C++ 语言基础（第 2 章到第 4 章）

第 2 章先介绍关键字、标识符、基本数据类型和字面值，最后介绍变量。这些是 C/C++ 语言中最基础概念。

第 3 章介绍基本运算符和表达式、基本数据类型之间的类型转换规则。

第 4 章先介绍语句分类、结构化编程的 3 种基本结构，然后介绍 2 种选择语句、3 种循环语句、3 种跳转语句。

（2）真正的设计（第 5 章到第 15 章）

第 5 章先介绍函数的定义和调用，包括函数重载、递归调用、函数原型，再介绍形参缺省值、内联函数、作用域与存储类，最后介绍编译预处理。

第 6 章先介绍数组与字符串，包括一维数组和二维数组、函数处理数组，再介绍两种容器作为数组的补充，最后介绍字符数组与字符串，包括 string 类型。

第 7 章介绍 3 种用户定义类型，即结构、枚举和联合体。

第 8 章先详细介绍指针概念和运算，指针与结构、数组、函数之间关系，new/delete 动态使用内存方法，左值引用与右值引用，最后介绍 Lambda 表达式和函数式编程。

第 9 章进入面向对象编程，首先简单介绍类的定义、类成员的可见性、数据成员和成员函数，简单比较了结构和类，然后介绍对象概念、创建对象、操作对象，最后介绍 this 指针。

第 10 章首先介绍 6 个特殊成员函数，即复合对象、对象数组成员、静态成员、cv 限定符、引用限定符、类成员的指针，最后简单介绍多线程编程。

第 11 章总结了 5 项规则：① 派生类对象构造与析构规则；② 类作用域与支配规则；③ 虚基类规则；④ 对象类型多态性规则；⑤ 虚函数与抽象类规则。

第 12 章介绍成员函数与非成员函数（包括友元函数）实现运算符重载，以及 3 种特殊运算符函数。

第 13 章介绍函数模板、类模板、别名模板以及标准模板库 STL。

第 14 章介绍标准输入输出和文件流，不涉及语言概念。

第 15 章介绍异常概念、异常类型架构、异常语句。

1.8　类型大图及导读

类型是 C++ 语言的基础，也是学习和实践的难点。下面给出 C++ 类型大图（见图 1.5），以指导全书的阅读。

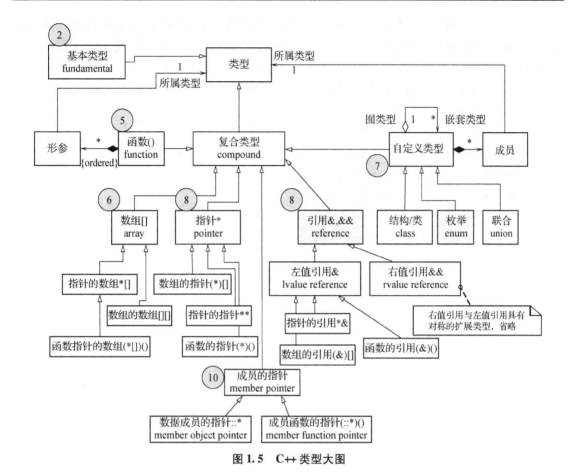

图 1.5　C++ 类型大图

图中用三角箭头从下位种概念指向上位数概念，表示"包含于"关系，并标出各种类型所涉及的章序号。类型包含基本类型与复合类型，基本类型在第 2 章介绍（如图 1.6 所示）。

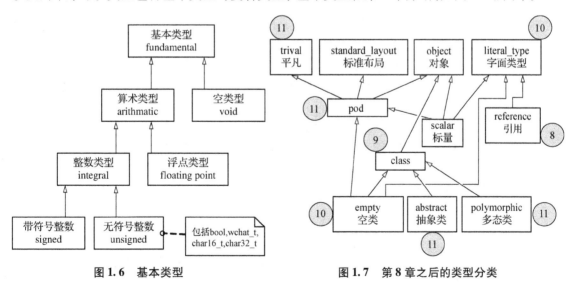

图 1.6　基本类型　　　　　　　　　　图 1.7　第 8 章之后的类型分类

第 3 章和第 4 章所介绍的运算符、表达式、语句都是针对基本类型的。从第 9 章开始面向对象编程，主要针对一种类型，即 class 类。类型分类是依据 C++ 11 的 < type-traits > 所提供的标准，有助于理解多种类型之间关系。图 1.7 给出第 8 章之后的类型分类，其中第 9 章到第 11 章主要围绕 class 类展开。

C++ 类型是复杂的，需要花费大量精力来理解和掌握。对于每种类型，应注意以下要点：

① 该类型的语法形式和语义；

② 该类型的变量或对象如何说明或创建；

③ 该类型的对象之间可执行哪些运算，以及运算结果是什么类型；

④ 该类型的可类比的类型有哪些；

⑤ 该类型适合描述和解决哪些现实问题。

第 2 章　基本类型与变量

CPU 所处理的数据都有自己的类型。CPU 指令能直接处理的数据类型就是基本数据类型，构成了 C/C++ 程序设计最基本单元。任何数据都要先定义其所属数据类型，然后才能使用。一种数据类型决定了一组数据值的范围和可执行的计算。本章将介绍基本类型，以及如何说明常量和变量的类型。

2.1　关键字和标识符

本节介绍组成 C++ 程序的基本单位，即关键字、标识符、标点符号、分隔符。

2.1.1　关键字

在 C++ 语言中，关键字(keyword，保留字)是系统预先定义的、具有特殊含义和用途的英文单词，因此不允许作为标识符。下面按字母顺序列出部分关键字：

abstract	auto	bool	break	case	catch
char	char16_t	char32_t	class	const	constexpr
const_cast	continue	decltype	default	delete	do
double	dynamic_cast	else	enum	enum class	enum struct
explicit	extern	false	final	float	for
friend	goto	if	inline	int	long
mutable	namespace	new	noexcept	nullptr	operator
override	private	protected	public	register	reinterpret_cast
return	short	signed	sizeof	static	static_assert
static_cast	struct	switch	template	this	thread_local
throw	true	try	typedef	typeid	typename
union	unsigned	using	virtual	void	volatile
wchar_t	while				

不同关键字具有不同用途，表 2.1 按关键字的用途分类进行说明。

表 2.1　关键字的用途分类

关键字	用途	本书中具体介绍的章节
bool, true, false, char, wchar_t, char16_t, char32_t, short, int, long, float, double, signed, unsigned, void	基本数据类型	2.2
auto	自动推导类型	2.4.3
const	命名常量	2.4.6
sizeof, typeid, const_cast, static_cast, dynamic_cast, reinterpret_cast	运算符	3.1
decltype	表达式类型推导	3.2.3
if, else, switch, case, default, break, while, do, for, continue, return, goto	流程控制语句	第 4 章
inline	内联函数	5.9
constexpr	常量表达式	5.9
register, static, extern, thread_local	存储类	5.12
struct, enum, enum class, enum struct, union	结构、枚举、联合体	第 7 章
typedef, using	类型别名定义	7.5
nullptr	空指针	8.1.2
new, delete	动态申请内存，释放内存	8.6
class, private, public, protected, this	类，访问控制修饰符，当前对象指针	第 9 章和第 10 章
explicit	显式修饰符，避免隐式转换	10.3.5
const, volatile, mutable	不变性、易变性、可变性修饰符	10.9
virtual, abstract, override, final	虚基类和虚函数，抽象类，改写	第 11 章
operator, friend	运算符重载函数，友元函数	第 12 章
template, class, typename	模板定义	第 13 章
static_assert	静态断言	13.2.6
using, namespace	命名空间的定义与使用	13.5
throw, try, catch	引发异常与捕获异常	第 15 章
noexcept	无异常修饰符	15.3.4

在集成开发环境中的源文件编辑器中，所有关键字都显示为一种特别的颜色（如蓝色），以区别于其他文字。

2.1.2　标识符

程序中经常要对变量、函数、自定义类型进行命名，标识符（identifier）就是对变量、函数、自定义类型等进行命名的字符串。标识符都是以字母或下划线开始，由字母、数字及下划线组成的字符序列。C++ 语言中构成标识符的语法规则如下：

（1）由字母（a～z，A～Z）、数字（0～9）或下划线（_）组成。

（2）第一个字符必须是字母或下划线。例如，example1，Birthday，My_Message，Mychar，Myfriend 及 thistime 是合法的标识符；8key，b-milk 及-home 是非法的标识符。

（3）标识符严格区分大小写字母。例如，book 和 Book 是两个不同的标识符。

（4）关键字不能作为标识符。

下面符号均不符合标识符的定义，不是合法的标识符：

```
5ab         //不能以数字开头
$cd         //不能用符号 $ 开头
b1.5        //不能使用小数点
this        //关键字不能用作标识符
```

2.1.3　标点符号

程序中需要一些标点符号来作为语法约束。C++ 语言中的标点符号有以下 10 个：

（1），　逗号，用作数据之间的分隔符，也可作为运算符。

（2）；　分号，作为语句结束符。

（3）：　冒号，用作语句标号。

（4）'　单引号，作为字符常量标记符。

（5）"　双引号，作为字符串常量标记符。

（6）{}　左花括号和右花括号，表示复合语句的开始和结束，也表示自定义类型的成员范围。

（7）()　左圆括号和右圆括号，可改变表达式的运算次序，也表示函数形参表和函数调用。

（8）...　省略号（3 个连续小数点），在形参表中表示可变参数。

注意：以上标点符号都是英文单字节符号，不能错误输入中文双字节符号。

2.1.4　分隔符与标记

分隔符用来分隔程序中的语法单位。一个语法单位称为一个标记（token）。一个分隔符表示前一个标记的结束和下一个标记的开始。分隔符有空格符（space）、制表符（tab）、换行符（enter）、注释符（/ * * /和//）、运算符和标点符号。其中，前 3 种分隔符仅起分隔作用，而后 3 种起双重作用。例如，注释符起注释说明的作用，另一方面也起分隔符作用；一个运算符既表示一种运算，又起分隔符作用。分割出来的标记再区分是关键字、字面值、标识符等。

2.2　基本类型

基本类型是 C++ 预定义的数据类型，共有 5 种，即布尔型（bool）、字符型（char 等 4 种）、整数型（short，int 等 4 种）、浮点型（float，double）和空类型（void）（如表 2.2 所示）。

表 2.2　基本数据类型

类型名	类型名	字节	数值范围
bool	布尔型	1	true = 非 0, false = 0
［signed］char	有符号字符型	1	$-128 \sim 127$, $-2^7 \sim 2^7-1$
unsigned char	无符号字符型	1	$0 \sim 255$, $0 \sim 2^8-1$
wchar_t	宽字符型	2	$0 \sim 65535$
char16_t	UTF-16 字符	2	$0 \sim 65535$
char32_t	UTF-32 字符	4	$0 \sim 4294967295$
［signed］short［int］	有符号短整型	2	$-32768 \sim 32767$, $-2^{15} \sim 2^{15}-1$
unsigned short［int］	无符号短整型	2	$0 \sim 65535$, $0 \sim 2^{16}-1$
［signed］int	有符号整型	4	$-2147483648 \sim 2147483647$, $-2^{31} \sim 2^{31}-1$
unsigned int	无符号整型	4	$0 \sim 4294967295$, $0 \sim 2^{32}-1$
［signed］long［int］	有符号长整型	4	$-2147483648 \sim 2147483647$, $-2^{31} \sim 2^{31}-1$
unsigned long［int］	无符号长整型	4	$0 \sim 4294967295$, $0 \sim 2^{32}-1$
［signed］long long［int］	有符号长整型	8	$-9223372036854775808 \sim 9223372036854775807$, $-2^{63} \sim 2^{63}-1$
unsigned long long［int］	无符号长整型	8	$0 \sim 18446744073709551615$, $0 \sim 2^{64}-1$
float	单精度浮点型	4	$\pm 3.4 \times 10^{\pm 38}$（7 位小数）
double	双精度浮点型	8	$\pm 1.7 \times 10^{\pm 308}$（15 位小数）
long double	长双精度型	8 *	$\pm 1.7 \times 10^{\pm 308}$（15 位小数）

注 1：类型名中的方括号［］表示可省略内容。

注 2：类型 int 与 long 对于大多编译器是一样的。早期 16 位系统中 int 为 16 位, long 为 32 位。在 32 位系统中, int 提升为 32 位, long 仍为 32 位。64 位系统中 int 仍为 32 位, 而 long 可能提升到 64 位, 也可能不提升, 随编译器而定。标准仅规定了 long int 不小于 int。在 32 位和 64 位系统中 long 类型基本无用。

注 3：char16_t, char32_t, long long 类型是 C++ 11 新增类型。

注 4：long double 在 VS 中仍为 8 字节; 在 DevC++（GCC）中以 32 位编译为 12 字节, 以 64 位编译为 16 字节。

2.2.1　逻辑型

逻辑型也称为布尔型, 用关键字 bool 表示。一个逻辑值占用 1 个字节。逻辑型只有两个值: true 和 false, 分别表示逻辑"真"和"假"。

在使用逻辑类型时, 应注意以下要点:

（1）0 表示逻辑"假", 非 0 表示逻辑"真"。所有基本类型都按此转换为逻辑型。

（2）用 cout 输出一个 bool 值, 只能看到 1 或 0 值。先输出 boolalpha 再输出 cout 就能显示 true 或 false: `cout << boolalpha << boolean;` 其中 boolean 是一个 bool 变量。用 cin 来输入

一个 bool 值，0 表示 false，非 0 表示 true。

2.2.2 字符型

字符型类型如表 2.3 所示。

表 2.3 字符型类型

类型	名称	字节	字符编码标准	说明
char	窄字符，字符	1	ASCII, ISO8859, UTF-8, GB2312, GBK, ANSI 等	英文单字节，中文连续 2 字节；UTF-8 英文单字节，中文 3 字节
wchar_t	宽字符	2	GB2312, GBK, ANSI 等	双字节编码中英文，且 Windows 适用
char16_t	U2 字符	2	UTF-16, UCS-2	Unicode 双字节，区分 big endian(BE) 和 little endian(LE)。编译器支持前者；Unicode 默认指代后者
char32_t	U4 字符	4	UTF-32, UCS-4	Unicode 4 字节

本书附录 A 给出了 ASCII 字符集。ASCII 是 American Standard Code for Information Interchange 的缩写，属于 ANSI ISO 8859 字符集。char 可用于存储 UTF-8 字符。

wchar_t 是 wide character type 的简写。一个 wchar_t 字符表示一个英文或中文字符，即一个英文字符也占 2 字节。宽字符在不同操作系统中字节可能不一致，比如 Linux 的 GCC 中 wchar_t 为 4 字节。

C++ 11 增加了 char16_t 和 char32_t，以增强统一字符编码(Unicode)。Unicode 兼容 ASCII，但不兼容 GBK(中文 Windows 默认编码)，在需要时进行转换。

2.2.3 整数型

广义的整数类型应包括 bool、char 等类型。狭义的整数仅指 int 型，它也是最常用整数型。通常所说整数包括 char(1 字节)，short(2 字节)，int/long(4 字节)和 long long(8 字节)。

整数类型简称整型，用于定义整数值，如 1，10，1024，−34 等。

整型可分为带符号和无符号，分别加 signed 和 unsigned 来区别(signed 往往省略)。带符号整型数据的最高字节的最高位表示符号，1 表示负数，0 表示正数，其余位数表示数据。无符号整型的所有位都表示数据。

char 除了表示字符外，还可表示单字节整数，取值范围是 −128 ~ 127，见图 2.1(a)。unsigned char 字符型的取值范围是 0 ~ 255，见图 2.1(b)。注意 128 与 −128 是相同二进制编码。

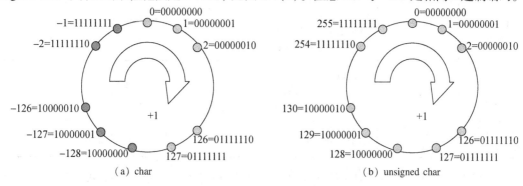

图 2.1　char 与 unsigned char 基于二进制加法形成的数值范围

short 是 16 位带符号的短整数，见图 2.2(a)；unsigned short 无符号整数没有符号位，16 位都表示数据，见图 2.2(b)。如对于同样的二进制编码"1111111111111111"，如果作为无符号整数，其值为 65535；如果作为带符号整数，其值则为 −1。

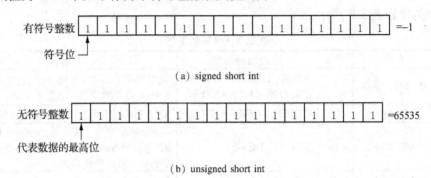

(a) signed short int

(b) unsigned short int

图 2.2 short 二进制编码

整数用补码表示。正数的补码就是它自己，负数的补码是"反码加 1"，也就是先按位求反码(0 变为 1，1 变为 0)，再加 1。例如：−2 如何表示为二进制编码？

```
原码    00...0010, 中间... 都是 0
反码    11...1101, 中间... 都是 1
加 1    11...1110, 中间... 都是 1
```

读者应掌握整数的二进制表示，以及二进制加减运算。

C++ 11 新增 long long 64 位整数，之前 VC 用自行扩展的 _int64 替代。C++ 11 也支持**可扩展整数类型**，比如更长的 128 位整数，或介于 2 个标准类型之间的整数，如 48 位整数，而且允许各编译器采用不同语法，但 VS2017 不支持。

2.2.4 浮点型

浮点型也称实数型，表示带小数点的实数，如 3.14，9.8，−1.23 等(见表 2.4)。浮点数都是带符号的，因此不能用 unsigned 来修饰 float 或 double。浮点数的存储采用 IEEE754 标准。本书不要求读者掌握浮点数的二进制表示。

表 2.4 浮点型

名称	字节	范围	备注
float 单精度	4	正数范围： 最小 1.175494351e − 38 最大 3.402823466e + 38	指数范围：−38 ~ 38 十进制 7 位准确
double 双精度	8	正数范围： 最大 1.7976931348623158e + 308 最小 2.2250738585072014e − 308	指数范围：−308 ~ 308 十进制 15 位准确
long double 长双精度	8(VS) 12(GCC)	不小于 double	至少 15 位准确

对于 long double，各平台有不同字节大小，可用 `cout << sizeof(long double)` 查看，也可从 `float.h` 文件中查看具体范围。

浮点型数据可参与多种运算,如算术运算、关系运算等,但不能参与求模(%)运算、按位运算。

2.2.5　空类型

空类型也称空值型,用关键字 void 表示,表示"未知"类型,不能说明其变量,但具有特殊的作用如下:

(1) void 用于函数形参说明该函数没有形参(第 5 章介绍);

(2) void 用于函数返回值说明该函数没有返回值(第 5 章介绍);

(3) void 指针可指向任意类型的数据,常作为通用性函数形参(第 8 章介绍)。

2.3　字面值

在程序中直接指定的不变的数值称为字面值(literal)。在表达式中,一个字面值表示一个确定的值,可对变量进行初始化、对变量赋值或直接参与运算。在 C++ 语言中,根据数据类型可将字面值分为逻辑值、整型值、浮点值、字符值、字符串值。

2.3.1　逻辑值

逻辑值是 bool 型的值,只有 true 和 false 两个值,内部分别用整数 1 和 0 来表示。

2.3.2　整型值

整型值包括 int、long 和 long long 的数值(没有 short 型字面值)。用后缀区别有符号、无符号及类型:① u 或 U 表示无符号 unsigned;② l 或 L 表示 long 整数;③ ll 或 LL 表示 long long 整数;④ l 或 L 与 u 或 U 的组合表示 unsigned long;⑤ ll 或 LL 与 u 或 U 的组合表示 unsigned long long。用前缀区别十进制、八进制、十六进制、二进制(见表 2.5)。

一个整数值如果没有前缀和后缀,若适合 int 范围就作为一个十进制 int 值;若不适合 int 范围就作为一个 long long 值。

表 2.5　不同进制的整数字面值

不同进制	前缀	组成	举例
十进制	无前缀	除了正、负符号外,以 1～9 开头,由 0～9 组成	117, +225, -28, 0, 1289, 5000L, 2008u, 345ul, 345lu
八进制	0	由 0～7 组成,单字节最大 0377	0156, 0556700L, 061102u
十六进制	0x 或 0X	由 0～9,A～F 或 a～f 组成 A～F 表示从十进制 10～15 单字节最大 0xFF	0x12A, 0x5a0BL, 0xFFF2u
二进制 C++ 14	0b 或 0B	由 0 或 1 组成	0b1011 表示十进制 11

对于十进制整数值,C++ 14 允许用户根据需要用单引号做间隔标注,称为数字分隔符(digit separator)以提高可读性。例如:

```
long long i11 = 24'847'458'121;        //以千为单位
long long i22 = 248'4745'8121;         //以万为单位
```

两者表示相同的整数值。

2.3.3　浮点值

浮点值由整数和小数两部分组成。实型常量包括单精度(float)数、双精度(double)数和长双精度(long double)数，可采用定点表示法或科学表示法。

(1) **定点表示法**(也称为小数表示法)。由整数和小数两部分组成(中间用小数点隔开)，或在小数点的左边或右边有数字。

① 无后缀表示双精度数 double；

② 后缀 f 或 F 表示单精度数 float；

③ 后缀 l 或 L 表示长双精度数 long double。

例如：　1.7148f, 0.5, .25, 18., 2.8, 3.69L

注意：1.65 和 1.65F 看似相同，但却有根本区别。1.65 是 double 型，占 8 字节；而 1.65F 是 float 型，占 4 字节。

(2) **科学表示法**(也称为指数表示法)。由尾数和指数组成，中间用 E 或 e 隔开。例如：

```
-3.62E2                         //表示 -3.62×10²
1e-10                          //表示 10⁻¹⁰
```

科学表示法必须有尾数和指数两部分，并且指数只能是整数。

例 2.1　各种类型常量的输出显示。

```
#include <iostream>
using namespace std;
int main(void){
    cout <<12 <<' ' <<012 <<' ' <<0x12 <<'\n';
    cout <<100 <<' ' <<0144 <<' ' <<0x64 <<' ' <<'\12';
    cout <<256 <<' ' <<123u <<' ' <<1024ul <<' ' <<128L <<'\012';
    cout <<1.2 <<' ' << -.34 <<' ' << -3.4E12 <<' ' <<87.4L <<endl;
    return 0;
}
```

运行程序，输出结果如下：

```
12  10  18
100  100  100
256  123  1024  128
1.2  -0.34  -3.4e+12  87.4
```

2.3.4　字符值

字符值是用单引号括起来的字面值，包括普通字符值和转义字符值。

(1) **普通字符值**。用一对单引号将单个字符括起来，例如：

```
'b'  'B'  '5'  '&'
```

这种字符值用来表示可直接在键盘上输入的字母、数字和符号。

一个字符常量实际存储的是其在 ASCII 表中对应的编码数值。例如，字符5的 ASCII 编码为十进制53，在存储字符5时，实际存储的是整数值53(二进制为00110101)，而不是整数5。字符常量的存储形式与整数的存储形式相同。一个字符常量可赋给一个整型变量；反之，一个整型常量也可赋给一个字符变量。在整数可以参与运算的地方，字符数据也可参与，此时相当于用该字符的编码参与运算。

（2）**转义字符值**。一种特殊表示形式的字符常量，以"\"开头，后跟一些表示特殊含义的字符序列。通常对于不可显示的字符或不能从键盘上输入的字符，采用转义序列来表示。表 2.6 列出了常用的转义字符、十进制值及含义。

表 2.6 常用转义字符及其含义

符号	十进制值	含义	符号	十进制值	含义
\a	7	响铃	\v	11	纵向制表
\b	8	退格（Backspace）	\'	39	单引号'
\f	12	换页	\"	34	双引号"
\n	10	换行（Enter）	\\	92	反斜杠\
\r	13	回车，光标左移到头	\0	0	空 null 字符，串结束符
\t	9	横向制表 Tab	\ooo		1~3 位八进制数
\xhh		十六进制数	\uxxxx		utf-16，4 个十六进制数
			\Uxxxxxxxx		utf-32，8 个十六进制数

C++11 引入 \u 和 \U 来支持 Unicode 统一字符，其中 \uxxxx 对应 ISO/IEC 10646 标准中的 0000xxxx 段，而 \Uxxxxxxxx 对应 ISO/IEC 10646 的 xxxxxxxx 段。

转义字符提供了多样化的表示方式。例如换行符 Enter 的 ASCII 编码为 10，要表示该字符有如下多种方式：

```
'\n'    '\12'(八进制)    '\012'(八进制)        '\xa'(十六进制)
'\x0a'(十六进制)    '\x0000a'(十六进制)
```

采用转义序列可表示键盘上不能直接输入的字符。例如图形符号"▼"，其 ASCII 编码为 31，可以表示为 '\X1f' 或 '\037'，并可使用下面语句在屏幕上输出该字符：

```
cout << '\x1f';
```

采用转义序列表示单个字符时，虽然单引号内包含多个字符，但它们整体上只表示一个字符，编译器在见到字符"\"时，会对后面字符作特别处理。如果是一个整型值，则必须是一个八进制或十六进制数。八进制数可用 0 开头，也可不用 0 开头，最多读取 3 个 0~7 的字符组成一个八进制数（前面可有多个 0）；十六进制数必须以 X 或 x 开头，最多读取 2 个 0~f 的字符组成一个十六进制数（前面可有多个 0）。

要输出一个换行符，可用语句 cout << endl 或 cout << '\n'，在 Windows 中实际输出两个字符，即回车符与换行符，而不是一个字符。

上面所说字符指的是单字节 char 类型，对于宽字符 wchar_t 类型，char16_t 与 wchar32_t，要在字符值前加适当前缀。例如：

```
wchar_t ch2 = 'a';              //不加前缀只能表示英文符号
wchar_t ch3 = L'B';            //英文字符可加也可不加 L
wchar_t ch4 = L'中';           //中文字符应加 L
char16_t ch5 = u'文';          //utf-16 加 u
char32_t ch6 = U'字';          //utf-32 加 U
```

在 DevC++ 中要添加编译选项：- finput - charset = GBK 才能正确编译。注意该选项会影响 cout 输出 char 串中的中文符号。

2.3.5　字符串值

用双引号括起来的多个字符称为字符串值(简称串值)。串值存放在连续多个字符型数据中。例如:

`"This is a dog."`　　`"bb"`　`"2008-9-10"`　`"C++程序设计"`

字符串中可包含空格符、转义字符、中文字符等。串值不同于字符值,两者间区别如下:

(1) 字符值用单引号括起,而字符串值必须用双引号括起。

(2) 存储方式不同。串值" Program"," m"以及字符值'm'的存储方式如图 2.3 所示。每个串都要在尾部添加结束标志\0,则串"m"占 2 个字节,一个字节存放字符 m,下一个字节存放串结束标志\0;而字符值'm'仅占一个字节,用来存放字符 m。

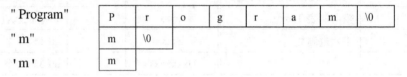

图 2.3　字符串与字符的存储方式

(3) 串值和字符值所能进行的运算不同。例如:" m" + " n"是非法运算,而'm' + 'n'是合法的(其结果是两个字符的 ASCII 码值相加,即 109 + 110)。

(4) 一个字符最多包含一个转义符,但一个字符串中可能包含多个转义符。例如:

`"b\xabHc\12345\\"`

包含了 8 个字符。

可用一个字符数组来存放串值,详见第 6.5 节。字符串值也包括非 char 类型的串值,参见第 6.5.2 节。

2.4　变量

变量(variable)是命名的其值可变的实例。变量的用途是保存参与计算的值或计算结果。一个变量有 3 个基本要素,即变量名、类型和值。一个变量名标识了一个存储数据的空间;每个变量都有一个确定的数据类型,其类型定义了变量的存储方式、取值范围、可执行的运算或操作。变量是通过说明(声明)来定义的;每个变量必须有一个确定的值时才能参与运算。所有变量都是说明在前,使用在后。

2.4.1　变量的说明

程序中的每个变量在使用之前必须先说明。变量用一个标识符来命名。变量说明(declare,也称为声明)就是确定变量的名称、类型及初始值。变量说明语句的语法规则为

　　<数据类型> <变量>[=初始值];

在说明变量时,应注意以下几点:

(1) 相同类型的多个变量可以在一个说明语句中说明,用逗号隔开。例如:

`int number1, number2, number3;`　　　　　`//说明整型变量 number1, number2, number3`

```
float total, sum;                    //说明浮点型变量 total, sum
```

（2）变量必须在使用之前说明。例如：

```
int count;                           //说明整型变量 count
count = 1;
float sum;                           //说明浮点型变量 sum
sum = 0;
```

（3）＜数据类型＞可以是所有类型，包括基本类型和复合类型。其中，复合类型包括数组、自定义类型、指针、引用等类型。

（4）变量说明时系统会根据其类型分配相应大小的内存空间。如果说明自定义类型（如结构或类）的变量，则要执行相应的构造函数（详见第 7.1.8 节和第 10.1 节）。

（5）说明一个变量、创建一个实例或对象，都是从说明一个变量名称开始，因此在同一作用域中不能说明同名的变量。

2.4.2　变量的初始化

在变量说明同时可指定其初始值，称为变量的初始化。初始化有三种形式，如表 2.7 所示。

表 2.7　初始化的不同形式

类型	形式	示例

传统 C 初始化	等号 = 表达式；
	不严格检查数据范围
		bool b = false;
		float x = 2.5f;
		char c2 = 250;　　//最多警告

对象式初始化	变量（表达式）；
	不严格检查数据范围
		bool b(false);
		float x(2.5f);
		char c2(250);　　//最多警告

C++11 统一初始化	变量{表达式}； 严格检查数据有效范围 若超越范围则报错或警告	bool b{false}; float x{2.5f}; char c3{250};　　//至少警告，VS 报错

如果只说明变量而未初始化，局部变量的值是不确定的。建议对每个说明的变量都加上初始值，以避免潜在错误。逻辑变量用 false，字符、整数和浮点数用 0 初始化。如果直接使用未初始化的变量，VS 将编译报错。

变量说明语句属于一种说明语句。

2.4.3　auto 初始化

C++11 提供一种类型推导机制，在变量初始化时，如果右边字面值的类型可知，左边变量的类型就可自动推导，从而避免相同语义重复。例如：

```
auto b = true;                       //b 的类型为 bool
auto c = 'A';                        //c 的类型为 char
auto i = 22;                         //i 的类型为 int
auto l = 231;                        //l 的类型为 long int
auto k = 33LL;                       //k 的类型为 long long, 即_int64
auto m = 44u;                        //m 的类型为 unsigned int
```

```
auto f = 3.14f;                          //f 的类型为 float
auto d = 3.1415926;                      //d 的类型为 double
```

关键字 auto 还有多种用法，将在后续章节详述。

2.4.4　变量的赋值

变量的赋值就是给已说明的变量赋予一个新的值，变量的赋值要用赋值语句。在赋值时应按该变量的数据类型来赋予相应类型的值，可以是一个字面值，也可以是一个表达式。如果没有按相应类型进行赋值，编译器就按照一套转换规则来进行转换。如果不符合强制转换规则，则编译器会报错。例如：

```
float x, y;                              //说明 2 个 float 变量
x = 2.5f;                                //使变量 x 的值为 2.5f
y = 1.426355;                            //使变量 y 的值为 1.426355，但会产生一个警告
```

上面第 1 条语句是变量说明语句，后面 2 条语句是赋值语句。

赋值语句也可将一个变量的值赋给另一个变量。例如：

```
x = y;                                   //将变量 y 的值赋给变量 x
```

此时 x 的值改变，与 y 相同。

对整型变量初始化或者赋值时，如果等号右边是字面值，此时编译器的语法检查往往比较宽松，比如 unsigned int 是无符号正整数，但可用负值来初始化。例如：

```
unsigned int j = -1;
cout << j << endl;
```

上面第 1 条语句用 -1 来初始化无符号整型变量 j，没有任何错误，而且很有用。第 2 条语句将 j 的值显示为 4294967295，这正是 unsigned int 型的最大值。

2.4.5　变量的输入输出

变量的值可以来自初始化或赋值语句，也可以来自键盘输入 cin。为了观察变量的值，有时需要将变量或表达式的值显示出来，这时要用 cout。表 2.8 中给出采用 < iostream > 对基本类型进行简单输入输出的要点。

表 2.8　基本类型变量的简单输入输出

变量类型	cin 输入	cout 输出
bool	输入 0 表示 false，非 0 为 true	输出 1 表示 true，0 表示 false。 cout << boolalpha << boolvar; 可输出 true 或 false
char	可输入字母、数字、符号、组合键； 不能输入空格符 (Space)、制表符 (Tab)、换行符 (Enter)	转换为 ASCII 可见字符或控制符。 cout << int (c) 可输出整数
int short long long long	缺省为十进制输入，前面可加 + 或 -。 dec 表示十进制输入输出； hex 表示十六进制； oct 表示八进制。 不支持二进制。 注意：一次设置之后都有效	缺省为十进制输出； N 进制控制与输入一样。 不支持二进制输出。 注意：一次设置之后都有效

续表 2.8

变量类型	cin 输入	cout 输出
float double long double	能自动识别定点表示法和科学表示法	自动选择输出方式； 默认为定点表示法； 如果有效数字超过 6 位数字，或者有效数字在小数点右边第 4 位之后，就以科学表示法输出； 尾数部分保留 6 位有效数字，四舍五入

以上仅列出最简单的输入输出，更复杂的控制可参见第 14.2.3 节。

在进行输入输出时，注意以下几点：

（1）在输入一个整数或浮点数时，如果键盘输入错误，变量就不能得到有效输入，而且已输入字符还会影响后面的输入。要解决此问题，可参见第 14.2.4 节。

（2）在输出一个浮点数时，不一定都显示小数点。比如输出 4，并不输出 4.0。此时 cout 输出与浮点数字面值不一样。

（3）尽管 double 比 float 具有更高精度，但用 cout 输出时默认都显示 6 位有效数字。

（4）对浮点数如果要按指定精度输出，如小数点后 3 位，应先包含 < iomanip >，再按下面例子实施控制：

```
double d = 12.3456789;
cout << setiosflags(ios::fixed) << setprecision(3) << d;        //显示 12.346
```

（5）对于 unsigned 整数的输入 cin，如果输入负值并不会报错，而是转换为正值。比如输入 – 1 就转换为正数最大值。

例 2.2　变量的说明、赋值和输出。

```
#include < iostream >
using namespace std;
int main(void) {
    bool b = false;
    short s1, s2 = 100;
    int len;
    long second;
    float f = 12345678.9f;
    double d = 0.0000123456789;
    cout << "b = " << b << endl;
    cout << "f = " << f << endl;
    cout << "d = " << d << endl;
    len = 300;
    second = 128;
    b = true;
    s1 = s2 = 30;                                      //A
    cout << "len = " << len << endl;
    cout << "second = " << second << endl;
    cout << "b = " << b << endl;
    cout << "s1 = " << s1 << '\t' << "s2 = " << s2 << endl;
    cout << "s1 = (hex)" << hex << s1 << endl;         //B
    cout << "s1 = (oct)" << oct << s1 << endl;         //C
    return 0;
}
```

运行程序，输出结果如下：

```
b = 0
f = 1.23457e + 07
d = 1.23457e - 05
len = 300
second = 128
b = 1
s1 = 30    s2 = 30
s1 = (hex)1e
s1 = (oct)36
```

上面程序中，A 行表示将 30 赋给 s2，然后 s2 再赋给 s1，因此 s1 = s2；B 行显示为十六进制值，C 行显示为八进制值。

例 2.3 整数和浮点数的输入输出。

```cpp
#include <iostream>
using namespace std;
int main(void){
    int i1, i2, i3;
    cout << "input 3 int values:";
    cin >> i1;                              //A
    cout << "i1 = " << i1 << endl;
    cin >> hex >> i2;                       //B
    cout << "i2 = (dec)" << dec << i2 << endl;
    cin >> oct >> i3;                       //C
    cout << "i3 = (dec)" << dec << i3 << endl;

    double d1, d2, d3;
    cout << "input 3 double values:";
    cin >> d1;
    cout << "d1 = " << d1 << endl;
    cin >> d2;
    cout << "d2 = " << d2 << endl;
    cin >> d3;
    cout << "d3 = " << d3 << endl;
    return 0;
}
```

运行程序，输入输出结果如下：

```
input 3 int values:1234 1c 24
i1 = 1234
i2 = (dec)28
i3 = (dec)20
input 3 double values:1.23e - 2
d1 = 0.0123
123456
d2 = 123456
 -1234567
d3 = -1.23457e + 006
```

执行 A 行输入 cin 一个整数时，实际上输入了 3 个整数，使 B 行和 C 行也完成了输入。

第 1 个是十进制输入 1234，十进制输出为 1234；第 2 个是十六进制输入 1c，十进制输出为 28；第 3 个是八进制输入 24，十进制输出为 20。

输入的第 1 个 double 值为科学表示法 1.23e - 2，显示为定点表示 0.0123，这是因为没有超过 6 位有效数字；第 2 个输入 6 位有效数字，输出显示为 6 位；第 3 个输入 7 位有效数字，输出就转换为科学表示法。

当输入整数或浮点数时可能出错，对于错误处理，可参见第 14.2.4 节。

2.4.6　命名常量

命名常量就是用关键字 const 修饰的变量。const 是英文 constant 的缩写，表示不可变，作为修饰符放在类型名的前面。命名常量只能在说明时指定其值，一旦初始化后就不能用赋值语句修改其值。例如：

```
const double pi = 3.1415;          //下面代码不会改变 pi 的值
...
pi = 3.1415926;                    //编译错误
```

在进行大型程序设计时，命名常量非常有用。例如，在一个程序中需要反复使用 pi 的值，如果在多个地方都要改用一个新值，那么程序的可维护性将非常差。而如果定义一个命名常量 pi，那么程序的可读性将增强。当要修改新值时，只需修改一个地方的常量 pi。

基本类型是构建程序的原材料，用这些基本类型可以做下面事情：
① 定义变量表示该类型的一个值，而且变量需要命名；
② 定义某种类型的数组以管理多个元素，其共用一个名字（第 6 章介绍）；
③ 定义结构类型和联合体类型，它们都是自定义类型（第 7 章介绍）；
④ 定义基本类型、自定义类型的指针和引用（第 8 章介绍）；
⑤ 定义类（第 9 章介绍）。

小　　结

（1）关键字、标识符、标点符号等是 C++ 语言的词法约定。

（2）基本数据类型是预定义的内置的数据类型。基本数据类型包括逻辑型、字符型、整数型、浮点型和空类型。每一种整数型都可用 signed 和 unsigned 来确定是否带符号。

（3）字符型 char 同时也是一种单字节整数型。

（4）对每一种类型应掌握其字节数和数值范围。每一种类型对应有特定的字面值，其中字符型字面值有一组转义字符。

（5）变量用于保存参与计算的值及计算结果。每一个变量都应先说明后使用，并且说明应确定类型和变量名，也可进行初始化。

（6）可利用 < iostream > 中的 cin 从键盘读入特定类型的值，用 cout 将值输出到显示器。但对不同类型的值有不同的处理方式。

（7）命名常量是用 const 修饰的变量，必须加以初始化，而且以后不可再改变。

练　习　题

1. 下面合法的标识符是_____。
　（A）default　　　　（B）register　　　　（C）extern　　　　（D）Void
2. 下面不合法的标识符是_____。
　（A）integer　　　　（B）7days　　　　（C）VAR　　　　（D）chen
3. 下面_____类型数据不是 4 字节长度。

(A) wchar_t （B) unsigned long long

(C) long long （D) char32_t

4. 下面_____类型不属于字符类型。

(A) uchar （B) char32_t （C) char16_t （D) wchar_t

5. 下面字面值与其他 3 个不同的是_____。

(A) 38 （B) 046 （C) 038 （D) 0B100110

6. 下面是非法的字面值的是_____。

(A) 0xEF （B) 1.2e0.6 （C) 5L （D) '\56'

7. 下面是非法的数据类型的是_____。

(A) signed short int （B) unsigned double

(C) unsigned long int （D) unsigned int

8. 下面是非法的十六进制的整型字面值的是_____。

(A) 0xbe （B) 0x2c （C) xef （D) 0xEF

9. 下面是合法的字符型字面值的是_____。

(A) "A" （B) 72 （C) '\326' （D) D

10. 字符串"Ug\'f\"\028'"中有_____个字符。

(A) 7 （B) 8 （C) 9 （D) 字符串非法

11. 下面会导致编译警告或错误的语句是_____。

(A) unsigned a1; （B) unsigned a2 = -1;

(C) unsigned a3 (-1); （D) unsigned a4 { -1 };

12. 下面变量类型为 unsigned long long 的是_____。

(A) auto v1 = 123; （B) auto v2 = 123u;

(C) auto v3 = 123lu; （D) auto v4 = 123llu;

13. 下面程序输出结果为_____。

```
int main() {
    int i = 036;
    cout << i << endl;
    cout << hex << i << endl;
    cout << oct << i << endl;
    return 0;
}
```

14. 下面程序输出结果为_____。

```
int main(void) {
    cout << "Zhao: Hello!";              cout << "How are you? \n";
    cout << "Liu: I am fine,\t";          cout << "Thank you\n";
    cout << 6 + '\012' << '\t';           cout << 6 + '\x12' << endl;
    return 0;
}
```

15. 下面程序输出结果为_____。

```
int main(void) {
    char ch1 = 'a', ch2 = 'b', ch3 = 'c';
    int i = 9, j = 8, k = 7;
    double x = 3.6, y = 5.8, z = 6.9;
    ch1 = ch2; ch2 = ch3; ch3 = ch1;
    cout << "ch1 = " << ch1 << " ch2 = " << ch2 << " ch3 = " << ch3 << endl;
    j = k; k = i; j = k;
    cout << "i = " << i << " j = " << j << " k = " << k << endl;
    x = y; y = x; x = z; z = y;
    cout << "x = " << x << " y = " << y << " z = " << z << endl;
    return 0;
}
```

第3章　运算符与表达式

运算符(operator)也称为操作符，用来对程序中的数据进行运算。参与运算的数据称为操作数(operand)。变量、字面值等通过运算符组合成表达式(expression)，一个表达式也能作为操作数来构成更复杂的表达式。表达式是构成程序语句的基本要素。本章将介绍基本运算符，以及如何由基本运算符组成各种表达式。

3.1　基本运算符

对于运算符，应注意以下几方面：

(1) 运算符的功能和语义。每个运算符都具有特定的操作语义。例如，3+9中运算符"+"完成算术加法运算。

(2) 运算符的操作数。每个运算符对其操作数的个数、类型和值都有一定的限制。运算符分为单目运算符(unary operator)、双目运算符(binary operator)以及三目运算符(ternary operator)，它们分别要求有1个、2个和3个操作数。类型的限制是指特定的运算符只能作用于特定的数据类型。例如，"%"求余数运算符要求操作数的数据类型为整型。有些运算符对操作数的值有一定的限制。例如，除法运算符"/"要求除数不能为0。

(3) 运算符的优先级(precedence)。每个运算符都有确定的优先级。当在一个表达式中出现多个运算符时，优先级决定了运算的先后顺序。优先级高的运算符先运算，优先级低的后运算。例如，乘法"*"优先级高于"+"，所以在表达式5+6*2中，要先做"*"运算，后做"+"运算。圆括号能改变优先级。例如表达式(5+6)*2就要先计算括号内的表达式，再计算括号外的表达式。圆括号能嵌套使用，内层优先。

(4) 运算符的结合性(associativity)。一个单目运算符可能要与其左边的表达式结合(称**右向左**)，例如count++，count后置自增1；也可能要与其右边的表达式结合(称**左向右**)，例如!isEmpty，!是求逻辑非。一个双目运算符可能从**左向右**结合，例如i+j，先计算i，再计算j；也可能从**右向左**结合，例如i=j+2，先计算右边的j+2，再赋给i，这是因为赋值(=)运算是从右向左计算的。一个运算符的结合性确定了该运算符特定的运算次序，但结合性往往不够可靠，文献规范与实际情况不一定相符。

表3.1给出了C++中的主要运算符的功能、优先级、目数、结合性。表中按优先级从高到低分为17个级别，其中一些级别中有多个运算符(例如第2级和第3级)，排在上端的运算符拥有较高级别。本章将介绍其中一些基本运算符，包括算术运算符、关系运算符、逻辑运算符、位运算符、条件运算符、赋值运算符、逗号运算符、自增自减运算符、sizeof和typeid运算符等。其余运算符(表中阴影的部分)将在后面章节介绍。

表 3.1　C++ 运算符

优先级	运算符	功能及说明	目数	结合性
1	`::`	作用域解析	单双目	无
2	`()`	函数调用	单双目	无
	`[]`	数组下标		
	`.    ->`	访问成员运算符		
	`typeid(expr|type)`	求表达式的类型标识		
	`const_cast`	常量类型转换		
	`dynamic_cast`	动态类型转换		
	`reinterpret_cast`	重新解释的类型转换		
	`static_cast`	静态类型转换		
	`++    --`	后缀自增、自减		
3	`new` 或 `delete`	创建(分配内存)或撤销(释放内存)	单目	左向右
	`++    --`	前缀自增、自减		
	`*`	间接引用，解引用		
	`&`	取地址		
	`+ (正)    - (负)`	正、负号		
	`!`	逻辑非		
	`~`	按位求反码		
	`sizeof(expr|type)`	求对象/值或类型的字节长度		
	`(type)expr` 或 `type(expr)`	强制类型转换		
4	`.*    ->*`	成员指针运算符	双目	左向右
5	`*    /    %`	乘、除、余数(求模)	双目	左向右
6	`+ (加)    - (减)`	加、减	双目	左向右
7	`<<    >>`	左移位、右移位	双目	左向右
8	`<    <=    >    >=`	小于、小于等于、大于、大于等于	双目	左向右
9	`==    !=`	等于、不等于	双目	左向右
10	`&`	按位与	双目	左向右
11	`^`	按位异或	双目	左向右
12	`|`	按位或	双目	左向右
13	`&&`	逻辑与	双目	左向右
14	`||`	逻辑或	双目	左向右
15	`?:`	条件运算符	三目	左向右
16	`=    +=    -=    *=    /=    %=` `<<=    >>=    &=    ^=    |=`	赋值运算符	双目	右向左
17	`,`	逗号运算符	双目	左向右

3.1.1　算术运算符

进行算术运算(如加、减、乘、除)的运算符被称为算术运算符。

1) 单目算术运算符

(1) －　负数运算符,对操作数求相反数。

(2) ＋　正数运算符,与负数运算符对称,没有实际用处。

例如:

```
char c = -3;
auto a = -c;                          //将 c 的相反数赋给 a,c 值不变
cout <<a<<' '<<c;                     //3  -3,a 类型为 int,并非 char
```

如果负数运算符作用于无符号整数,不同编译器将产生不同结果。例如:

```
unsigned a =1;
auto b = -a;
```

VS 对第 2 行编译报错,而 DevC++编译正确,b 的值为 4294967295,且 b 为 unsigned int 类型。带符号整数和浮点数都满足: -- a == a。

2) 双目算术运算符

双目算术运算符示例及说明如表 3.2 所示。

表 3.2　双目算术运算符

运算符	名称	示例	说明
＋	加法	a + b	a 与 b 可以是所有算术类型。a 与 b 都是整数,结果才是整数。若任一个为浮点型,结果就为浮点型。整数溢出不报错
－	减法	a - b	同上
*	乘法	a * b	同上
/	除法	a/b	若 a 与 b 都是整型,则商为整型,去掉小数部分,不做四舍五入。若除数 b 为 0,则程序将异常终止。若 a 与 b 有一个为浮点型,则商为浮点型。结果溢出不报错,为无效浮点数(Not a Number,即 NaN)。若 cout 为"inf",则正数溢出,正无穷;若为"- inf",则负数溢出,负无穷。NaN 参与所有运算结果都是 NaN
%	求模或余数	a%b	**a 与 b 都必须是整型**,结果为整数。若 b 为 0,则程序得异常终止。余数符号与 a 相同,若 a 为负数,则余数为负数。余数是否为 0 用来判断 a 是否为 b 的整数倍数

算术运算符作用于 bool 类型时,虽然没有合理的语义,但语法没有错误。

对于两个整数 a 和 b,除法和求模运算应满足以下恒等式:

a/b * b + a% b == a

两个整数做算术运算之后,结果溢出不报错。例如:

```
short s1 = 32765;
s1 = s1 +3;
cout <<s1 <<endl;
```

输出 -32768,而不是 32768。实际上,观察二进制数据,这两个值是一样的。

算术运算作用于带符号的算术类型时满足一些数学规律,比如说加法和乘法满足交换律,

例如 a + b == b + a，a + (−b) == a − b 等。但 a * b/b 并不等价于 a。

如果左右操作数分别为带符号和无符号整数，要先自动转换为同一个更高精度类型之后再计算。例如：

```
int c1 = -4, c2 = -3;
unsigned a =2;
cout <<c1/a <<endl;                    //2147483646, 并非 -2
cout <<c2% a <<endl;                   //1, 并非 -1
```

原因是 int 先转换为 unsigned 类型，然后再做除法或求模。自动转换规则详见第 3.3.1 节。

a 的平方就是 a * a，要开平方须调用 < math. h > 中的 sqrt(a) 函数。

浮点数运算之后如果要判断结果 d 是否溢出，应调用 < math. h > 中的 isinf(d) 函数。

由算术运算符、位运算符、自增自减运算符和操作数构成的表达式称为算术表达式。

3.1.2 关系运算符

关系运算符是对两个操作数进行比较运算的运算符。有 6 个关系运算符：< (小于)，<= (小于等于)，> (大于)，>= (大于等于)，== (等于)，!= (不等于)。它们都是双目运算符，可作用于所有基本类型。关系运算结果是一个 bool 逻辑值。如果关系成立，其结果为真 1；否则为假 0。

如果左右操作数分别为有符号和无符号整数，要先自动转换为同一个更高精度类型之后再比较，但这种转换可能会改变操作数符号，导致比较结果出乎意料。例如：

```
int c = -4;
unsigned a =2;
cout <<boolalpha << (c <a) <<endl;     //false, 并非 true
```

原因是 int 先自动转换为 unsigned 类型，然后再比较大小。

关系运算符之间存在如表 3.3 所示的多种等价关系。

表 3.3　等价的关系表达式

表达式	等价表达式
a < b	b > a
a <= b	b >= a b > a || b == a
!(a == b)	a != b
!(a > b)	a <= b
a != 0	bool(a)　如 if(a) 等价于 if(bool(a))
a == a	1 或 true
a != a	0 或 false

关系运算符可作用于所有算术类型（整型、浮点型、逻辑型）。

关系运算符中，>，>=，<，<= 的优先级高于 ==，!=。例如：

```
int a =1, b =2, c =1;
cout << (a <b ==b >c) <<endl;          //输出1, 真
```

浮点数的运算和存储之间有误差，在比较两个浮点数时，不要用 == 比较两数是否相等。例如：

```
double d1 =3.3333, d2 =4.4444;
```

```
if (d1 + d2 == 7.7777)
   cout << "相等" << endl;
   else{
      cout << "不等" << endl;
      cout << d1 + d2 << endl;          //输出 7.7777
   }
```

两个浮点数即便输出结果完全一样，其内部值也可能不一样。判断两个浮点数是否相等的正确方法是判断两数之差的绝对值是否小于一个允许误差数。例如：

```
if(fabs(d1 - d2) <= 1e - 6)
   //...
```

其中，fabs()是计算绝对值的函数，应包含文件 < math. h > 或 < cmath >。

由关系运算符和操作数构成的表达式称为关系表达式。

" = "与" == "含义完全不同，注意不要误写。例如：

```
if(x == 168)...               //判断 x 是否等于 168，条件可能成立，也可能不成立
if(x = 168)...                //将值 168 赋给 x，结果非 0 为真，条件永远成立
```

上面两句都没有语法错误，一旦将" == "误写为" = "，编译器不会指出语法错误，但会产生错误结果。

3.1.3　逻辑运算符

逻辑运算符包括逻辑非、逻辑与、逻辑或（见表 3.4），其可作用于所有算术类型，结果为逻辑值。

表 3.4　逻辑运算符

运算符	名称	目数	示例	说明
!	逻辑非	单目	!a	若 a 非 0 真，则结果为 0 假； 若 a 为 0 假，则结果为 1 真(a 不变)
&&	逻辑与	双目	a&&b	若 a 为 0 假，则结果为 0 假，b 不计算； 若 a 与 b 都非 0 真，则结果为 1 真，否则为 0 假
||	逻辑或	双目	a || b	若 a 为非 0 真，则结果为 1 真，b 不计算； 若 a 与 b 都 0 假，则结果为 0 假，否则结果为 1 真

所有类型的非 0 值在逻辑上都作为"真"，包括浮点数。例如：

```
cout << ! 4 << endl;              //输出 0，假
cout << ! - 4 << endl;           //输出 0，假
cout << ! 4.1 << endl;           //输出 0，假
cout << ! - 4.1 << endl;         //输出 0，假
```

数学表达式注意区别于 C 语言编码。例如 a≤x≤b，不能编码为 a <= x <= b，而应为

```
a <= x && x <= b
```

逻辑运算符的优先级为! 高于 && 高于||。需要注意的是，! 的优先级高于算术运算符，而 && 和||的优先级则低于算术运算符和关系运算符。例如：

```
int a = 1, b = 2, c = 1;
cout << (!a + b || 2 * !c) << endl;      //输出 1，真
```

由逻辑运算符和操作数构成的表达式称为逻辑表达式，其中操作数可能是算术表达式或关系表达式。对于双目逻辑运算，从左向右计算，一旦能确定整个表达式的值就结束计算，后面表达式不再计算。例如：

```
a!=0&&b/a>=2
```

当判断 a==0，表达式的值为假时，&& 后面的表达式不计算。又例如：

```
year% 4 ==0&&year% 100 !=0
```

该表达式判断 year 为闰年的一种情形。先计算 year 是否能被 4 整除，如果不能被整除，表达式的值就为假，后面表达式不再计算（例如 year=2001 就不是闰年）。如果 year 能被 4 整除，再计算 year 是否能被 100 整除，如果能被 100 整除，表达式的值为假（例如 year=1900 不是闰年）；如果 year 不能被 100 整除，表达式的值为真（例如 year=2016 是闰年）。

对于 A&&B，先计算 A，A 为真是 B 计算的前提；对于 A∥B，先计算 A，A 为假是 B 计算的前提。例如：

```
year% 400 ==0 ∥ year% 4 ==0&&year% 100 !=0
```

该表达式判断 year 是否为闰年。先计算 year%400 是否为 0，如果 year 能被 400 整除，整个表达式为真，∥ 后面表达式不再计算（例如 year=2000 就是闰年）。如果 year 不能被 400 整除（例如 year==2004），再计算后面表达式。

对于 A∥B&&C，因 && 优先于 ∥，等同于 A∥(B&&C)，仍然先计算 A。

逻辑与和逻辑或尽管不满足交换律与结合律，但满足其他逻辑规律（见表 3.5）。灵活使用这些规律可简化逻辑表达式。

表 3.5　等价的逻辑表达式

表达式	等价表达式	逻辑规律
!a	a==0	! 运算符定义
!!a	bool(a)或 a!=0	双重否定律
!(a&&b)	!a ∥ !b	德·摩根律
!(a ∥ b)	!a&&!b	德·摩根律
a&&(b ∥ c)	a&&b ∥ a&&c	分配律
a&&a	bool(a)	幂等律
a ∥ a	bool(a)	幂等律

3.1.4　位运算符

位运算是对二进制位进行移位或逻辑运算。位运算的操作数必须是整数，结果为整型 int 或 long 或 long long。位运算包括 2 个移位运算和 4 个按位逻辑运算。

1）移位运算符

表 3.6　移位运算符

运算符	名称	示例	功能	注意事项
<<	左移位	a<<n	a 向左移动 n 位，右边补 0。 等同于 $a \times 2^n$，可能溢出	带符号数溢出可能会改变符号
>>	右移位	a>>n	a 向右移动 n 位。 若 a 带符号，左边补符号位值。 若 a 无符号，左边补 0。 等同于 $a \div 2^n$，不会溢出	能保持符号

注意移位运算并不改变操作数 a 本身值。例如：

```
short a = 0x8, n = 3;                    //十进制 8
short b = a << n;                        //结果为 0x40 = 8 * 2³, 十进制 64
```

a	0	0	0	0	0	0	0	0	0	0	0	0	1	0	0	0
b	0	0	0	0	0	0	0	0	0	1	0	0	0	0	0	0

带符号数左移，符号位可能会因低位 1 或 0 移到最高位而改变。例如：

```
short s = 4567;
auto r1 = s << 3;
cout << r1 << endl;                      //r1 为 int = 36536
short r2 = s << 3;
cout << r2 << endl;                      //r2 为 short = -29000
```

int 型数值范围是 -2^{31} 到 $2^{31}-1$。利用左移可得到 int 型的最小值和最大值：

```
int min = 1 << 31;
cout << "min = " << min << endl;         // -2147483648
int max = (1 << 31) - 1;
cout << "max = " << max << endl;         //2147483647
```

带符号数右移能保持其符号不改变。例如：

```
short a = -23116, m = 3;                 //a 为 0xa5b4
short b = a >> m;                        //结果为 0xf4b6, 即 -2890
```

a	1	0	1	0	0	1	0	1	1	0	1	1	0	1	0	0
b	1	1	1	1	0	1	0	0	1	0	1	1	0	1	1	0

CPU 能直接执行移位指令，因此移位运算的执行效率很高。

对于移位运算，应注意以下几点：

（1）不要尝试对浮点数 float 或 double 进行移位运算，编译会出错。

（2）移动位数 n 应不大于左操作数的位数，如 int 移位应不大于 32。如果 n 大于左操作数位数，实际移动位数按字长取模：n%（sizeof（int））。如 i << 33 就是左移 1 位。

（3）当移动位数 n 为负值时，规范中没有规定其结果，但 VS 和 DevC++ 中会给出警告，运行结果总为 0。

（4）左移位 << 与 cout << 可能混淆，右移位 >> 与 cin >> 可能混淆，可用括号消除这些错误，如 cout << (k << 3)。实际上，cout << 是对左移位运算符 << 的重载定义，cin >> 是对右移位运算符 >> 的重载定义（详见第 12.2.2 节）。

　2）按位逻辑运算符

按位逻辑运算符的名称、目数、示例及说明如表 3.7 所示。

表 3.7　按位逻辑运算符

运算符	名称	目数	示例	说明
~	反码	单目	~a	逐位求反：0 变成 1，1 变成 0。 a 的值不变，a 的反码的反码仍为自身 a。 最高优先级
&	按位与	双目	a&b	若对应位都为 1，则该位结果为 1，否则为 0。 常用于复位（置 0）运算、屏蔽运算、位检测运算

运算符	名称	目数	示例	说明
^	按位异或	双目	a^b	若对应位不同,则该位结果为 1,否则为 0。 若两个值相同 a==b,异或结果为 0,否则不为 0。 可还原性:如果 a^b==c,那么 c^b==a
|	按位或	双目	a|b	若对应位都为 0,则该位结果为 0,否则为 1。 常用于置位(置 1)运算。最低优先级

按位逻辑运算中操作数的所有位(包括符号位)都参与运算。

操作数必须是整型,结果为 int, long, long long,可能带符号也可能无符号,遵循自动类型转换规则(详见第 3.3.1 节)。先按转换规则将操作数转换到结果类型,然后再运算。例如:

```
char c = 3; short s = 4;
auto r1 = c^s;                   //r1 为 int。c 和 s 先转换为 int,然后再做异或运算
```

注意优先级,求反码最高优先,按位或最低优先。例如:

```
auto r2 = a | ~b^c;              //先求反码,再异或,最后按位或。
```

注意异或^,初学者往往混淆 a^b 与 a^b。

按位逻辑运算符满足数字逻辑规律,如交换律、结合律、分配律等。

3.1.5 条件运算符

唯一的三目运算符就是条件运算符,由"?"和":"组成,有 3 个操作数,形式如下:

<表达式 1 > ? <表达式 2 > : <表达式 3 >

(1) 执行顺序:先求解表达式 1,若值为非 0 真,则求解表达式 2 并作为条件表达式结果;若表达式 1 的值为 0 假,则求解表达式 3 并作为条件表达式的结果。例如:

```
auto max1 = a >= b? a:b          //求 a 和 b 的较大值
auto max2 = (t = a >= b? a:b) < c? c:t;   //求 a, b, c 的最大值
```

(2) 如果表达式 2 与 3 类型都为 T,整个表达式类型就为 T。如果类型不同,就先进行自动类型转换,然后再计算(详见第 3.3.1 节)。例如:

```
auto r1 = 1? 'A':'B';            //r1:char
short a = 3, b = 4;
auto r2 = 0? a:b;               //r2:short
auto r3 = 1? a:'A';            //r3:int
```

条件表达式常用于简单的条件选择计算。例如:

```
ch = ch >= 'A'&&ch <= 'Z'? ch + 'a' - 'A':ch;    //大写字母 ch 转小写
```

3.1.6 赋值运算符

赋值运算符用于将右边表达式的值赋给左边变量,均为双目运算符,可作用于所有基本类型。有两类赋值运算符,即基本赋值运算符和复合赋值运算符(如表 3.8 所示)。

表3.8 赋值运算符

运算符	名称	示例	说明
=	基本赋值	a = b + 3	先计算 b + 3，再将结果赋给 a，表达式值为 a
+= , -= , *= , /= , %= , <<= , >>= , &= , ^= , |=	复合赋值	a += 3 a <<= 4 a& = b	等价于 a = a + 3 等价于 a = a << 4 等价于 a = a&b

（1）赋值运算符从右向左计算。例如，sum1 = sum2 = 0 相当于 sum1 = (sum2 = 0)。

（2）由赋值运算符"="和操作数构成的表达式称为赋值表达式。赋值表达式要求左操作数必须是左值(lvalue)，左值能存储值，一般是变量。例如：

```
x = 3 + 5              //正确，x 是左值
x - 3 = 5              //错误，x - 3 不是左值
```

赋值表达式后加分号就形成一条赋值语句。

赋值表达式也是一个左值，因此 (a = 5) = 6；符合语法，等价于 a = 6。

注意区别赋值语句与说明语句中的初始化。比如 int a = 3；与 a = 3；两者语义不同。

（3）复合赋值将双目算术运算或按位运算与赋值相结合，左操作数参加运算，也作为被赋值变量。复合赋值运算符是一个整体，中间不能用空格隔开。

（4）如果左右操作数类型不同，则根据赋值转换规则进行类型转换(详见第3.3.2节)。

（5）如果左操作数是一个对象名，则要执行该类的拷贝赋值函数(详见第10.3.2节)。

3.1.7 逗号运算符

逗号","既是标点符号(用做分隔符)，也是运算符，其优先级最低。一个逗号运算符可将两个表达式连接起来，用多个逗号可将多个表达式连接。逗号表达式的一般形式如下：

<表达式1>，<表达式2>，...，<表达式n>

逗号运算符是双目运算符，从左向右计算各表达式，取最右表达式的值作为整个表达式的结果。例如：

```
int i = 10, b = 20, c = 30;
i = b, c;              //i 为 20，赋值优先
i = (b + 1, c);        //i 为 30
i = (b ++, c + 10) - 5;   //i 为 30 + 10 - 5
```

如果逗号运算符的最右操作数是一个左值(如变量)，该表达式的结果也是左值。例如：

```
(b ++, c) = 2         //c 是左值，(b ++, c)的结果也是左值，c 的值为 2
```

左值表达式将在后面介绍。

3.1.8 自增自减运算符

自增用"++"运算符，自减用"--"运算符，它们都是单目运算符，可作用于所有算术类型。运算符"++"和"--"是一个整体，中间不能有空格。++ 使操作数按其类型增加1个单位，-- 使操作数按其类型减少1个单位。自增自减运算符的示例及说明如表3.9所示。

表 3.9 自增自减运算符

运算符	名称	示例 ++	说明

++ , --	前置自增
	（自减）
		++a;
		a=2;
		b=++a;
			a 的值加 1 并改变，相当于 a=a+1;
			
			a 先加 1 并改变，然后赋给 b，此时 b==a==3

++ , --	后置自增
	（自减）
		a++;
		a=2;
		b=a++;
			a 的值加 1 并改变，相当于 a=a+1;
			
			a 的值先赋给 b，然后 a 加 1，此时 b==2，a==3。
			后置优先级高于赋值，但只是优先结合，并非先加 1，
			因此 b=(a++); 也是相同效果。

自增自减操作数必须是左值，往往是一个变量。前缀自增（自减）的结果仍为左值，而后缀自增（自减）的结果是右值。只有赋值运算符和自增自减运算符可改变变量值。例如：

```
int a=2;
++++a;                    //相当于 ++(++a)，正确
++a++;                    //相当于 ++(a++)，因 a++ 不是左值，语法错误
(++a)++;                  // ++a 是左值，正确
a++++;                    //语法错误
```

自增自减运算符的优先级高于所有算术运算符，且后置优先于前置，但仅用于优先结合，而不是优先计算。例如：

```
int a=2;
int b=3+(a++);           //等同于 b=3+a++
```

此时变量 b 的值是 3+2，而不是 3+3。

注意自增与加法、正号运算符混合运算时易导致错误，同理自减与减法、负号运算符混合运算也可能导致混乱。例如：

```
c=a++b;                  //错误
c=a+ +b;                 //ok, c=a+(+b)
c=a+++b;                 //ok, c=(a++)+b
c=a++++b;                //错误
c=a+++ +b;               //ok, c=(a++)+(+b)
c=a+++++b;               //错误
c=a+ ++++b;              //ok
c=a++ + ++b;             //ok
```

应避免在同一个表达式中对同一变量多次自增自减，否则结果难以解释。例如：

```
int a=2;
int b=++a+++a;
```

最后 b 的值为 8，a 为 4。实际上 b=4+4，而不是预料的 b=3+4。再如：

```
a=2;
int c=a++ + ++a;
```

最后 c 的值为 6，a 为 4。实际上 c=3+3，而不是预料的 c=2+3。

同一表达式中对同一变量多次自增或自减，不同编译器会得到不同结果。例如：

```
a=2;
++a=a++;                 //VS 结果 a 为 4，DevC++ 结果 a 为 3
```

当自增自减或赋值出现在逻辑表达式中，要注意是否真正执行。例如：

```
int a=1, b=2, c=3, d=4;
bool x=a>b&&b-->c&&c< ++d;    //因 a 不大于 b，所以不执行后面的 b-- 和 ++d
```

```
bool y = c > a || d ++ ;                //因 c 大于 1, 所以不执行后面的 d ++
```

3.1.9　sizeof 运算符

每种类型的变量都占用一定大小的存储单元,而存储单元的大小与变量类型、CPU 及操作系统有关。如 int 型变量在 16 位系统中占用 2 字节, 在 32 位系统中为 4 字节。sizeof 运算符为一元运算符,用于获取类型或表达式的类型在内存中所占字节数。其语法格式如下:

```
sizeof(类型名)  或  sizeof(表达式)
```

前者在编译时执行, 后者在运行时执行。例如:

```
sizeof(int)                    //整数类型占 4 个字节, 结果为 4
sizeof(3 + 3.6)                //3 + 3.6 的结果为 double, 结果为 8
```

例 3.1　sizeof 运算符的使用:输出各种类型占用的字节数。

```cpp
#include <iostream>
using namespace std;
int main(void){
    cout << "size of bool:" << sizeof(bool) << endl;
    cout << "size of char:" << sizeof(char) << endl;
    cout << "size of wchar_t:" << sizeof(wchar_t) << endl;
    cout << "size of short:" << sizeof(short) << endl;
    cout << "size of int:" << sizeof(int) << endl;
    cout << "size of long:" << sizeof(long) << endl;
    cout << "size of long long:" << sizeof(long long) << endl;
    cout << "size of float:" << sizeof(float) << endl;
    cout << "size of double:" << sizeof(double) << endl;
    cout << "size of long double:" << sizeof(long double) << endl;
    return 0;
}
```

下面是 VS 的运行结果:

```
size of bool:1
size of char:1
size of wchar_t:2
size of short:2
size of int:4
size of long:4
size of long long:8
size of float:4
size of double:8
size of long double:8
```

如果 DevC++ 以 32 位运行, 最后一行 long double 为 12 字节; 64 位运行则为 16 字节。

sizeof(类型名)可以在编译时执行, 而 sizeof(表达式)必须在运行时执行。前者还可用于静态断言中, 让编译器执行。

3.1.10　typeid 运算符

对于任何一个表达式, 应该知道它的类型究竟是什么。例如:

```cpp
int i = -2;
unsigned j = 3;
cout << i * j << endl;        //输出 4294967290
```

表达式 i * j 的类型是什么? typeid 运算符(又称类型标识, 英文为 type identity)能获取一个类型或表达式在运行时刻的类型信息(Run-Time Type Information, 简写为 RTTI), 其语法格式如下：

typeid(类型名) 或 typeid(表达式)

如果要得到某个表达式的类型名称，可用 cout << typeid(表达式).name() 输出。

在 DevC++ 中需包含 < typeinfo. h > 或 < typeinfo >，VS2015/2017 可以不包含。

例 3.2 typeid 运算符的使用示例。

```
#include <iostream>
#include <typeinfo>
using namespace std;
int main(){
    int i = -2;
    unsigned j =3;
    cout <<i*j<<endl;
    cout <<typeid(i*j).name() <<endl;
    return 0;
}
```

程序运行后，在屏幕上输出的结果为

```
4294967290
unsigned int
```

用"typeid(表达式).name()"可获取指定表达式的类型名称。VC 系列中如果表达式类型为 long long，则显示为 _int64。DevC(GCC)得到相同结果，但 name() 以编码形式输出。typeid 支持判等运算，比如 typeid(i*j) ==typeid(unsigned)。

由例 3.2 可知，一个带符号 int(可能为负数)与一个无符号 int 做乘法的结果是一个无符号 int 值(正数)。这种自动类型转换规则详见第 3.3.1 节。

3.1.11 其他运算符

前面介绍了部分常用运算符，表 3.10 列出后面章节将介绍的 C99 运算符(C++11 新增运算符未列入)。

表 3.10 其他运算符

运算符	说明	相关章节
()	函数调用，其左边是函数名，圆括号中是实参	5.3.1
::	作用域解析。无前缀是全局作用域，访问全局变量；有前缀是限定作用域，访问静态成员或指定嵌套类型	5.10.2, 7.1.6
[]	数组下标，其左边是数组名或容器名	6.1.3
.	通过结构、类的实体或引用来访问其成员	7.1.4
->	通过结构或类的指针来访问其成员	8.2.1
&	求地址，作用于右边变量，由变量求指针	8.1.1
*	解引用，或间接引用，作用于右边指针，由指针求内容	8.1.3
new	动态申请内存，返回内存指针	8.6.1
delete	动态回收内存，作用于动态内存指针	8.6.2
.*	双目，左边是类变量或引用，右边是类成员的指针	10.10
->*	双目，左边是类变量的指针，右边是类成员的指针	10.10

表 3.11 中列出 2 个常用的 C++11 运算符。

表 3.11 C++11 新增运算符

运算符	说明	相关章节
decltype(expr)	获取表达式 expr 的类型，用于说明变量或形参，或用于类型判断	3.2.3, 8.7.7
move(expr)	将表达式 expr 强制转换为右值类型，用于调用移动构造函数或移动赋值函数	10.4

编译预处理指令中还有 3 个运算符，即#运算符、##运算符和 defined 运算符，详见第 5.13.3 节和第 5.13.4 节。

3.2 表达式

表达式（expression）是由运算符、操作数（operand）等构成的序列，在编译时有明确的类型，在运行时有确定的结果。其中，操作数可以是字面值、变量等，也可以是表达式。

表达式种类很多，分类方法也很多。按运算符可将表达式分为算术表达式、赋值表达式、关系表达式、逻辑表达式、逗号表达式等；按表达式能否放在赋值号的左边，可将表达式分为左值表达式和右值表达式。

3.2.1 左值表达式和右值表达式

在赋值表达式中能放在赋值号左边的表达式称为左值表达式，简称左值（lvalue）。左值表达式必须能指定存放数据的空间，一般是变量。右值表达式就是能放在赋值号右边的表达式，简称为右值（rvalue）。例如：

```
int bottom, midx;          //定义变量 bottom 和 midx
bottom                     //bottom 是左值表达式
bottom +1                  //bottom +1 不是左值表达式，是右值表达式
6                          //6 是整数字面值，不是左值表达式，是右值表达式
int const top =10;         //说明 const 变量 top
top                        //top 不能修改，是常量左值
midx = bottom +3;          //bottom +3 是右值表达式
 ++bottom =3;              //左值加上前置自增还是左值，尽管前置自增无效
```

需要说明的是，左值加上前置自增或自减还是左值，但左值加上后置自增或自减则是右值。例如 bottom ++ 是右值。

在赋值语句中，左值表达式可作为右值，但右值表达式不一定能作为左值。

3.2.2 表达式语句

任何一个表达式后加分号就构成一条表达式语句。表达式语句的一般格式为

```
<表达式>;
```

其中，分号是构成语句的组成部分，而不是作为语句之间的分隔符。例如：

```
x =20;
3 *8 -9;
y =a +b *c;
i =0, j =0;
i ++;
```

这些都是合法的表达式语句。其中，第二个表达式语句只做了算术运算，并没有保存结果，即

没有副作用，程序中应消除这些没用的表达式语句。

3.2.3　表达式类型与 decltype

前面介绍的 typeid（表达式）. name（）可得到指定表达式的类型名称，但只能用于显示输出，不能用于说明变量的类型。

C++ 11 引入运算符 decltype（表达式），可得到指定表达式的类型，也可用于说明变量的类型。例如：

```
int i;
decltype(i) j = 0;                    //等同于 int j = 0 或 auto i = 0;
cout << typeid(j).name() << endl;     //int
float a;
double b;
decltype(a + b)c;                     //等同于 double c;
cout << typeid(c).name() << endl;     //double
```

decltype 也是一种类型推导，它与 auto 推导的区别如下：auto 是从初始化表达式中推导，而 decltype 从一个表达式来推导类型，可用来说明该类型的变量，方便维护一组变量之间保持类型一致。decltype 比 auto 使用更广泛，可出现在几乎所有需要说明类型的地方。本书后面还将介绍更复杂的类型推导，详见第 8.7.7 节。

3.3　类型转换

C++ 是静态类型语言，每个变量、字面值和表达式都具有明确的类型。在一个表达式中，运算符的某个操作数如果不符合类型要求，就要对操作数进行类型转换。C++ 中的类型转换有 3 种，即自动类型转换、赋值类型转换和强制类型转换。前两种属于隐式类型转换，后一种属于显式类型转换。

3.3.1　自动类型转换

自动类型转换是在表达式计算中自动地将操作数转换为特定类型。如果在一个表达式中出现不同数据类型（如 a + b）的数据进行运算时，将利用特定规则先转换，然后再进行运算。转换规则示意图如图 3.1 所示，具体转换规则如下：

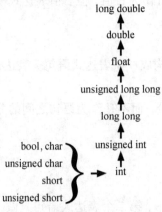

图 3.1　自动类型转换规则

（1）对于 bool、char、unsigned char、short、unsigned short 类型，任意两个值之间进行算术运算、位运算、条件运算，其结果都是一个 int 值，称为"整数提升转换"。

（2）当两操作数类型不同时，将精度低（或数值范围小）的操作数转换到与另一个操作数类型相同后再进行运算，即"提升（promoto）"。

（3）int 与 long 运算时，int 向 long 转变；unsigned int 与 long 运算时，结果为 unsigned long。编译器认为 long 比 int 更宽。

（4）任意两个值之间进行关系运算或逻辑运算，其结果都是 bool 值。

例如两个变量 a 和 f：

```
int a =100;
float f =32.2f;
```

计算表达式 a/f 时，先将 a 的值转换成 float 型，然后再进行浮点数除法运算，结果为 3.10559，float 型。在这个过程中，a 变量的值不变。

再比如分析下面两个 endl 的输出结果：

```
short s1 =32765;
cout <<s1 +3 <<endl;
s1 =s1 +3;                    //A
cout <<s1 <<endl;
```

第 1 行输出为 32768，由于 3 是 int 型字面值，short 加上 int 结果为 int，故 32765 + 3 = 32768，它是 int 型的合法值。

第 2 行输出的是 short 型值，A 行中将 int 值赋给 short 可能会丢失数据，但编译器有可能仅给出警告。实际上 32768 对于 short 超界，输出一个负值 - 32768。

容易出错的情形还包括有符号值与无符号值的运算。例如：

```
char c = -2;
unsigned int j =3;
cout << (c * j) <<endl;            //输出 4294967290,并非 - 6
cout <<typeid(c * j).name() <<endl;    //输出 unsigned int
```

因表达式 c * j 为无符号类型，因此输出一个正值。但二进制结果是正确的，4294967290 与 - 6 对于 int 是一样的二进制值。

在处理复杂表达式过程中，并不是将变量直接转换成最大范围的类型，而是在表达式处理过程中，按照计算次序逐步转换。例如：

```
int i =1; char ch =2;
float f =3.0f; double df =4.0;
cout << (ch * i +f * 2.0 - df) <<endl;
```

表达式 ch * i + f * 2.0 - df 的计算过程如下：

（1）将 ch 转换为 int 型，计算 ch * i，即 2 * 1，结果为 2，类型为 int；

（2）将 f 转换为 double 型，计算 f * 2.0，即 3.0 * 2.0，结果为 6.0，类型为 double；

（3）将 ch * i 的结果 2 转换为 double 型，计算 2.0 + 6.0，结果为 8.0，类型为 double；

（4）计算 8.0 - df，即 8.0 - 4.0，整个表达式的结果为 4.0，类型为 double。

用 auto 和 decltype 自动推导类型也遵循自动类型转换。例如：

```
auto a =2u;                    //a:unsigned
auto b =3l;                    //b:long
auto c =a * b;                 //c 的类型为 unsigned long
decltype(a * b)d;              //d 的类型为 unsigned long
```

自动类型转换的基本规则是"宽化"或"提升"，即将较小范围的数值类型转换到较大范围的数据类型，转换能保持值，但不一定能保持符号。

3.3.2 赋值类型转换

赋值类型转换出现在初始化表达式或赋值表达式中。如果右值表达式类型与左值表达式类型不同，将进行赋值转换到左值类型。即先计算右值表达式的值，然后将其转换为左值类型后再赋给左值。例如：

```
char ch = 'b';
short s = ch;              //char 转换到 short
cout << s << endl;         //输出:98

int i = 4000000;
s = i;                     //int 转换到 short
cout << s << endl;         //输出:2304,因为 i 的值超出 s 的存储范围,截断高位字节

float f = i;               //int 转换到 float
cout << f << endl;         //输出:4e +006

double d = 23.56;
i = d;                     //double 转换到 int,丢弃小数部分
cout << i << endl;         //输出:23

float t = 34;
i = t;                     //float 转换到 int
cout << i << endl;         //输出:34
```

赋值转换也发生在函数调用与函数返回时，相关内容将在第 5 章介绍。

赋值转换能实现任意两种算术类型之间的转换，因此也称其为标准转换（还包括枚举、指针、引用的转换，后面将介绍）。部分常见易出错的转换规则如表 3.12 所示。

表 3.12　部分赋值类型转换规则

转换	示例	说明	注意事项
大浮点转小浮点	double 转 float	若原值超过目标范围，则结果为 NaN（正无穷或负无穷）	丢失精度，有警告
浮点转整数	float 转 int	去掉小数部分。若原值整数超过目标范围，则结果错误	不做四舍五入。丢失精度，有警告
大整数转小整数	int 转 short	截断高位字节，保留低位字节。若原值超过目标范围，则结果错误	丢失精度，有警告。结果可能改变符号
相同字节大小的整数，无符号与有符号之间转换	unsigned int 转 int；int 转 unsigned int	保持原码不变	结果可能改变符号
有符号小整数转大整数	short 转 int；short 转 unsigned int	高位字节扩展符号位；低位字节不变	结果可能改变符号
无符号小整数转大整数	unsigned short 转 int；unsigned short 转 unsigned int	高位字节用 0 填充；低位字节不变	能保持符号和值

一般情况下，编译器对精度丢失会给出警告，如果忽视警告，就会产生意料不到的结果。例如：

```
int i =2, j =4;
double df;
df = i/j * 100;                          //i/j 的值为 0, 而不是期望的 0.5
cout << "df = " << df << '\t';            //输出 0, 而不是 50
i =4.6, j =5.7;                          //编译时给出警告
float x = i + j;                         //x 的值并不是 10.3, 而是 9 = 4 + 5
cout << "x = " << x << '\n';             //输出 9
```

3.3.3 强制类型转换

强制类型转换(type cast)也称为显式类型转换,是用类型转换运算符指明的一种转换操作,将一个表达式强制转换到另一种指定类型。传统 C 转换的一般形式如下:

 <目标类型名 >(表达式)   或   (目标类型名) <表达式 >

例如:

```
int a =7, b =2;
double y1 = a/b
```

此时 y1 的值是 3.0。如果希望得到 3.5, 就要对除法的操作数进行如下强制类型转换:

 y1 = double(a)/b;   或   y1 = (double)a/b;

该语句的计算过程如下:先将 a 的值转换为 double 型, 因除法(/)的两个操作数类型要一致, 将 b 自动转换为 double 型, 然后进行浮点数除法, 结果为 3.5。最后将 3.5 赋值给 y1。

需要注意的是, y1 = double(a/b)将得到 3.0, 这是因为该语句是先做整数除法, 得到 3 之后再转换到 double 类型。

基本类型之间的强制类型转换将按照前面赋值转换的规则进行。

关于强制类型转换, 说明以下两点:

(1)一个强制类型转换是否正确取决于所处理的值。一般来说, 传统的强制转换不安全。

(2)强制转换作用于表达式, 并非作用于数据存储单元, 因此不改变变量的类型和值。例如:

```
double width =2.36, height =5.5, area1;
int area2 = int(width) * int(height);    //area2 值为 10, width 和 height 仍为 double
area1 = width * height;                   //area1 值为 12.98
```

只有当自动类型转换和赋值转换都不能达到目的时, 才用强制类型转换。而传统的类型转换过于笼统, 功能过强且易失控、不安全, 因此 C++ 扩展了 4 种类型转换(见表 3.13)。

表 3.13 C++ 强制类型转换

类型转换	语法(尖括号不能少)	特点
静态转换	static_cast < 目标类型名 >(变量名/表达式)	编译时检查合法性。适用于基本类型、枚举、不含虚函数的类型。比较安全, 能替代传统 C 转换
动态转换	dynamic_cast < 目标类型名 >(变量名/表达式)	运行时检查合法性。适用于含虚函数的类型的指针和引用。指针转换后应判断指针是否为空, 若为空则转换失败。引用转换应捕获 bad_cast 异常。安全
常量转换	const_cast < 目标类型名 >(变量名)	专门针对 const 或 volatile 变量。会破坏既有的 const 约定, 建议慎用
重释转换	reinterpret_cast < 目标类型名 >(变量名)	专门处理指针转换。但指针之间的转换, 也可将指针随意转换到其他类型, 或将其他类型转换到指针, 因此技巧性和危险性并存

C++ 扩展类型转换将在后面介绍，主要使用静态转换和动态转换。

小　　结

（1）运算符与表达式是实现计算的基本元素。运算符对操作数进行运算。操作数可以是变量、字面值，也可以是一个表达式。

（2）表达式由运算符和操作数按一定规则组成。表达式根据某些约定、求值次序、结合性和优先级来计算。一个表达式在执行时得到一个确定的值，该值具有确定的类型并作为表达式的类型。

（3）表达式可分为左值表达式和右值表达式。

（4）类型转换包括自动类型转换、赋值类型转换及强制类型转换。

练　习　题

1. 下面要求操作数都是整型的运算符是_____。

　（A）/　　　　　　　　（B）<=　　　　　　　　（C）% =　　　　　　　　（D）=

2. 设有说明语句:double x, y; 则表达式 x =3, y = x +5/3 的值是_____。

　（A）4.66667　　　　（B）4　　　　　　　　（C）4.0　　　　　　　　（D）3

3. 假设变量 a, i 已正确定义，且 i 已正确赋值，下列是合法的赋值表达式的是_____。

　（A）a ==1　　　　　　　　　　　　　　　（B）a = ++i ++

　（C）a =a ++=5　　　　　　　　　　　　　（D）a =int(i)

4. 设有语句:int a =13, b =9, c; 执行 c =a/b +0.8 后，c 的值为_____。

　（A）1.8　　　　　　　（B）1　　　　　　　　（C）2.24444　　　　　（D）2

5. 若变量 a 是 int 类型，并执行了语句 a = 'A' +1.6; 下列叙述是正确的是_____。

　（A）a 的值是字符'A'　　　　　　　　　　（B）a 的值是浮点型

　（C）不允许字符型与浮点型相加　　　　　　（D）a 的值是字符'B'

6. 变量 x, y 和 z 均为 double 型且已正确赋值，下面表达式中不能正确表示数学式$\frac{x}{y \times z}$的是_____。

　（A）x * (1/(y * z))　　　　　　　　　　（B）x/y * z

　（C）x/y * 1/z　　　　　　　　　　　　　（D）x/y/z

7. 设有语句 int a =5; 则执行表达式 a -=a +=a * a 后，a 的值是_____。

　（A）-5　　　　　　　（B）25　　　　　　　（C）0　　　　　　　（D）-20

8. 有下面语句:auto a =2u; auto b = -3; auto c =a * b; c 的类型是_____。

　（A）unsigned int　　（B）int　　　　　　（C）long　　　　　（D）语法错误

9. 有下面语句:auto a =2u; auto b =3l(小写字母 l); decltype(a * b)c; c 的类型是_____。

　（A）unsigned int　　（B）int　　　　　　（C）long　　　　　（D）unsigned long

10. 有下面语句:auto a =2u; auto b =3; int i =1; auto v =i ==2? a:b; v 的类型是_____。

　（A）unsigned int　　　　　　　　　　　　（B）int

　（C）long　　　　　　　　　　　　　　　　（D）unsigned long

11. 表达式 16/4 * float(4) +2.0 的数据类型是_____。

　（A）int　　　　　　　（B）float　　　　　（C）double　　　　　（D）不确定

12. 设有语句:int m =13, n =3; 则执行 m% =n +2 后，n 的值是_____。

　　(A) 5　　　　　　(B) 1　　　　　　(C) 3　　　　　　(D) 0

13. 设有语句：int a = 5, b = 6, c = 7, d = 8, m = 2, n = 2；则逻辑表达式 (m = a > b) && (n = c > d) 运算后, n 的值为_____。

　　(A) 3　　　　　　(B) 2　　　　　　(C) 1　　　　　　(D) 0

14. 设有语句：int x = 8, float y = 8.8；下列表达式中错误的是_____。

　　(A) x % 3 + y　　　　　　　　　　　(B) y * y && ++ x

　　(C) (x > y) + (int(y) % 3)　　　　　(D) --- x + y

15. 整型变量 m 和 n 的值相等, 且为非 0 值, 下面表达式的值为零的是_____。

　　(A) m|n　　　　　　(B) m^n　　　　　(C) m||n　　　　　(D) m&n

16. 下面表达式中能正确表示逻辑关系："age ≥ 18 或 age ≤ 60" 的是_____。

　　(A) age >= 18 or age <= 60　　　　　(B) age >= 18 |age <= 60

　　(C) age >= 18 && age <= 60　　　　　(D) age >= 18 ||age <= 60

17. 下列程序的运行结果是_____。

```
int main(void){
int a = 9, b = 2;
    float x = 6.6f, y = 1.1f, z;
    z = a/2 + b * x/y + 1/2;
    cout << z << endl;
    return 0;
}
```

　　(A) 17　　　　　　(B) 15　　　　　　(C) 16　　　　　　(D) 18

18. 下列程序的运行结果是_____。

```
int main(void)
{int a = 5, b = 4, c = 3, d; d = (a > b > c); cout << d << endl; return 0; }
```

　　(A) 5　　　　　　(B) 3　　　　　　(C) 1　　　　　　(D) 0

19. 在算术表达式中, 下面类型转换中错误的是_____。

　　(A) 一个 int 值加上一个 float 值的类型为 float

　　(B) 两个 unsigned char 值相加的类型为 int

　　(C) 一个 char 值加上一个 short 值的类型为 int

　　(D) 一个 unsigned int 值加上一个 int 值的类型为 int

20. 下面程序的输出结果是_____。

```
int main(){
    int a = 10, b = 9, c = 8;
    c = a -= (b - 6);
    c = a % 8 + (b = 5);
    cout << "a = " << a << endl;
    cout << "b = " << b << endl;
    cout << "c = " << c << endl;
    return 0;
}
```

21. 下面程序的输出结果是_____。

```
int main(){
    int x, y, z;
    x = y = 5;
    z = ++x || ++y;
    cout << "x = " << x << endl;
    cout << "y = " << y << endl;
    cout << "z = " << z << endl;
    return 0;
}
```

22. 下面程序的运行结果是_____。

```cpp
int main(void){
    int a=1, b=2, c;
    cout<<"a=1, b=2"<<endl;
    cout<<" - (c=a==1):"<< - (c=a==1)<<endl;
    cout<<"c=a>=b:"<<(c=a>=b)<<endl;
    return 0;
}
```

23. 设 x 是 int 型变量，请写出判断 x 为大于 2 的偶数的表达式。

24. 设 x 是 int 型变量，请写出判断 x 的绝对值大于 8 的表达式。

25. 分别给出下列表达式的值：

(A) 1/3   (B) 1/3.0   (C) 1%3   (D) 21/3

26. 设有语句：int a=9, b=9, c=9; 分别给出下列表达式的值：

(A) a/=2+b++ - c++

(B) a+=b+c++

(C) a -= ++b-c --

(D) a *= b+c --

27. 分别给出下列表达式的值：

(A) !('5'>'8') || 3<9

(B) 6>3+2 - ('0'-8)

(C) 3*5 | 6<<2

(D) 'a'=='b'<=3&5

28. 根据题目要求，编写完整的程序。

(1) 从键盘上输入一个摄氏温度 C，求该温度所对应的华氏温度 F $\left(F = C\dfrac{9}{5} + 32 \right)$ 及绝对温度 K（K = C + 273.15）。

(2) 从键盘上输入任意两个整数，分别求它们的和、差、积、商，并输出结果。

(3) 输入任意一个浮点数，将其整数部分与小数部分分开并分别输出在两行上。例如：输入 23.45，输出

23

0.45

第4章　基本语句

语句是组成程序的基本单位。本章介绍 C++ 基本语句的分类、程序基本结构，并详细介绍其中的流程控制语句，包括选择语句、循环语句和跳转语句等。

4.1　语句分类

程序是由语句构成的，且每条语句用一个分号结尾。C++ 语句分类如表 4.1 所示。

表 4.1　C++ 语句分类

语句类别	功能
说明(声明)语句	引入新名称，如变量、函数、用户定义类型、类型别名、模板、静态断言等
表达式语句	表达式后加分号。执行特定计算，如赋值。单独一个分号称为空语句
选择语句	根据特定条件是否满足来执行不同代码。 有 if-else 和 switch 语句
循环语句	根据特定条件重复执行一段代码，直到不满足为止。 有 while,do-while,for,基于范围 for 语句
跳转语句	控制流转移。改变程序执行流程，转移到特定位置继续执行。 有 break,continue,return,throw,goto 语句(goto 限制使用)
复合语句	用一对花括号封装起来的一组语句，逻辑上看成一条语句，常出现在选择语句、循环语句中
异常处理语句	捕获异常处理异常:try-catch 语句(详见第 15.3.2 节)
标号语句	对特定语句添加命名并用冒号标注，与 goto 语句配合使用(不常用)

4.2　结构化编程基本结构

结构化编程有 3 种基本结构，即顺序结构、选择结构和循环结构。每一种基本结构都由若干模块组成。一个模块是一条复合语句的抽象，每一种结构都是一个模块，而且每个模块都能在内部嵌套更小的多个子模块。

每个模块的设计应遵循以下原则：

(1) 每个模块都应该是单入口、单出口；

(2) 每个模块都有机会执行，即不能让一些模块永远都不能执行；

(3) 模块中不应有死循环，不能只进不出(除非有特殊处理)。

4.2.1 顺序结构

顺序结构是指按从上向下的顺序依次执行各模块。如图 4.1 所示，一个模块中嵌套了两个模块，先执行 A 模块，再执行 B 模块。

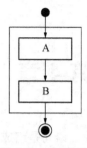

单入口要求：若 A 模块执行，B 模块就一定执行。即不允许在两个模块之间插入另一个入口，只执行 B 而不执行 A。须保证 B 执行之前，A 模块执行完毕。

单出口要求：当退出顺序结构时，A 和 B 模块都执行完毕。

图 4.1　顺序结构

如果在 A 模块中有一条 goto 语句，就可能导致 B 模块不能执行。如果在 B 模块中有标号语句，就可能使外部 goto 语句能跳转进入 B 模块执行，而 A 模块不能执行。这样就违背了单入口、单出口的原则。

模块中并非禁止所有的跳转。在任何模块中都允许执行以下两种跳转语句：

（1）return 语句：将当前函数的执行返回到调用方；

（2）throw 语句：引发异常到外层的异常捕获处理语句。

以上两种跳转语句都有确定的目标，一般情况下只有在满足特定条件时才使用这两种跳转语句。这与无条件跳转的 goto 语句不同。

顺序结构在逻辑上简单易理解，往往用来描述高层的执行顺序。例如，输入数据、计算结果、输出结果，三个模块按次序执行。每个模块都可递归地嵌套内部子模块，并且每个模块都应该是三种基本结构之一。

4.2.2 选择结构

选择结构是指根据特定条件的不同结果做出不同选择，执行不同语句。如图 4.2(a)所示，先计算一个条件，如果为真就执行 A 模块，否则就执行 B 模块(或者什么都不执行，如图4.2(b)的情形)。

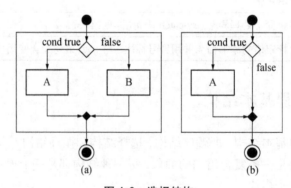

图 4.2　选择结构

单入口要求：如果 A 模块能执行，条件一定为真。不允许出现这样的情形，即执行了 A 模块，但没有执行条件判断，或者条件判断不为真。

单出口要求：在退出选择结构时，要么执行完 A 模块，要么执行完 B 模块。

如果 A 模块中有一条 goto 语句跳转到 B 模块中，或者跳转到其他地方，就会破坏单入口、单出口原则。

两个模块都应有机会执行，即该条件不应恒为真或假。

实现选择结构的语句有 if-else 语句和 switch 语句，其中模块 A 和 B 都是一个复合语句。

4.2.3　循环结构

循环结构是指按照特定条件重复执行特定模块，直到条件不满足为止。一个循环结构由一个条件和一个循环体（模块 A）构成。如图 4.3 所示，循环结构有（a）和（b）两种情形。

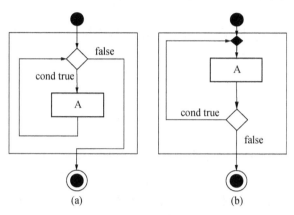

图 4.3　循环结构

情形（a）：前置条件。先判断条件，若为真就执行模块 A，再转去判断条件，直到条件为假，退出循环结构。这种情形对应 while 语句和 for 语句。

单入口要求：模块 A 执行，条件必须满足。不允许外部直接跳转到模块 A 执行。

单出口要求：当退出循环结构时，条件应该为假，除非执行跳转语句。

条件如果恒为真，而且模块 A 中没有跳转语句，就形成了死循环，不能退出循环结构；反之，条件如果恒为假，模块 A 将永远没有机会执行，违背设计原则。

情形（b）：后置条件。先执行模块 A，再判断条件，如果为真，再执行模块 A，直到条件为假，退出循环结构。这种情形对应 do-while 语句，且模块 A 至少执行一次。

对于以上两种情形，如果在模块 A 中有 goto 语句跳出，或者模块 A 中有标号语句使外部goto 语句能跳入，都会破坏单入口、单出口原则。

循环是最强有力的结构，让程序按条件自动执行，以得到预期结果；同时循环也是较复杂结构，它可能导致死循环，甚至使程序崩溃。

循环结构可以嵌套，即 A 模块中可包含更小的循环结构或者其他结构。

循环结构中，模块 A 中允许执行除 goto 之外的其他跳转语句：

① break 语句：结束循环，退出当前循环结构；

② continue 语句：结束本轮循环，跳转到当前循环结构的条件判断，尝试下一轮循环；

③ return 语句：当前函数的执行返回到调用方；

④ throw 语句：引发异常到外层的异常处理语句。

顺序结构、选择结构和循环结构是基本结构。结构化程序应仅由这三种基本结构嵌套形成，不允许出现 goto 语句。这是结构化编程最基本要求。结构化方法强调"自顶向下，逐步求精"的设计过程,即先从大处着眼,根据需求先描述一个抽象的过程框架,然后再对其中每一步进行分解、细化,逐步得到编码。

4.3 选择语句

选择语句也称为分支语句,包括条件语句(if 语句)和开关语句(switch 语句)。

4.3.1 条件语句

条件语句又称为 if 语句,根据一个条件来决定是否执行某条语句,或者从两条语句中选择一条执行。

1) if 语句

if 语句的语法格式为

```
if(<表达式>)
    <语句>
```

其中,<表达式>的值作为条件,若计算值为真非 0 就执行<语句>,否则就执行下一条语句(如图 4.4 所示)。条件表达式可以是任何表达式,但常用的是关系表达式或逻辑表达式;循环体语句可以是单条语句,也可以是一条复合语句(即用花括号括起来的多条语句)。

例如:

```
int a=1, b=2, c=1;
if (a>b)
    c=a-b;
cout << c << endl;
```

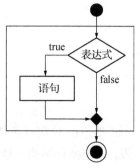

图 4.4 if 语句执行过程

在该程序中,if 语句判断 a>b 这个表达式的运算结果是否为真,若真,则执行 c=a-b 语句;如果为假,则会跳过语句 c=a-b,转而执行下面的 cout << c << endl 语句,输出 c 的值是 1。

当条件满足时所执行的一条语句可以是复合语句。例如:

```
float score=0;
cout << "Please Enter Score:";
cin >> score;
if (score>100 ||score<0)
{//复合语句开头
    cout << score << "is invalid. 0-100 is valid!" << endl;
    return;
}//复合语句结尾
```

如果忘记花括号,编译无错,但执行出错。当条件不满足时就执行下面的 return,不管它是否缩进。

为了使程序方便阅读,在书写条件语句时,受条件约束的语句都缩进一个 tab 位置。只有在语句很短时才与 if 条件写在同一行上。

2) if-else 语句

if-else 语句的语法格式为

```
if(<表达式>)
    <语句1>
else
```

　　　　<语句2>

其中，<表达式>的值作为条件，如果计算为真非0就执行<语句1>，否则就执行<语句2>（如图4.5所示）。

　　例如：

```
int x;
cout << "input x = ";
cin >> x;
if (x % 2 != 0)
    cout << "odd";        //若不能被2整除，则为奇数
else
    cout << "even";       //否则，为偶数
```

条件判断中往往使用C语言潜规则："非0为真"。比如if(x%2)等价于if(x%2!=0)。直接把算术表达式作为条件，就是将非0值转为逻辑真。建议用关系表达式或逻辑表达式作为条件比较直接，程序清晰可读。

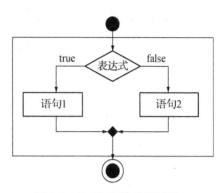

图4.5　if-else语的执行过程

　　条件运算符?：往往能替代简单的if-else语句。比如上面的if-else语句等价于

```
x % 2 ? cout << "odd" : cout << "even";
```

if-else用一个条件形成两个分支。为使程序方便阅读，一般将"else"与"if"书写在同一列上，在垂直方向对齐，而且将语句1和语句2都缩进一个tab位置。

　　3）if语句的嵌套

if-else中的语句1或语句2可以是又一条if-else语句，这就形成嵌套的if语句。例如：

```
if (表达式1)
    <语句1>
else if (表达式2)
    <语句2>
else
    <语句3>
```

这种结构的执行过程如图4.6所示。该结构用两个条件形成了三条分支，这样的嵌套方式可用n个条件形成n+1个分支，后一个条件计算以前一个条件为假作为前提。

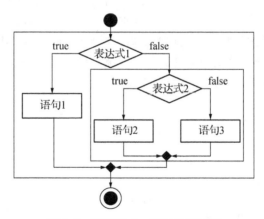

图4.6　嵌套if-else语句执行过程

例 4.1　实现一个函数 $y = \begin{cases} 1, & x>0, \\ 0, & x=0, \\ -1, & x<0, \end{cases}$ 任意给定自变量 x 的值，求函数 y 的值。

```cpp
#include <iostream>
using namespace std;
int main(void){
    float x, y;
    cout << "input x = ";
    cin >> x;
    if(x>0)                      //条件 1
        y = 1;                   //语句 1
    else if(x==0)                //条件 2
        y = 0;                   //语句 2
    else
        y = -1;                  //语句 3，此时 x<0
    cout << "x = " << x << "  y = " << y << endl;
    return 0;
}
```

下面语句也能实现相同的函数功能：

```cpp
y = 1;                           //先假设 x>0 的情形
if (x<=0)
    if (x==0)
        y = 0;                   //x==0 的情形
    else
        y = -1;                  //此时 x<0
```

在书写嵌套 if 语句时应注意 else 与 if 的配对。在书写时 else 与 if 垂直对齐，反映对应关系。对于上面代码，即便 else 左移与第一个 if 垂直对齐，也不改变程序功能。

else 与其前边最近的未配对的 if 配对。上面代码如果要使 else 与第一个 if 配对，就要用复合语句{}来改变配对关系：

```cpp
y = 1;
if (x<=0){
    if (x==0)
        y = 0;                   //x==0 的情形
}else                            //else 与第一个 if 配对
    y = -1;                      //此时 x>0
```

这样仅添加了一对花括号就改变了所实现的函数：当 x>0 时，y = -1；当 x<0 时，y = 1。

例 4.2　输入一个分数，输出相应的五分制成绩。设 90 分以上为"A"，80-89 分为"B"，70-79 分为"C"，60-69 分为"D"，60 分以下为"E"。

```cpp
#include <iostream>
using namespace std;
int main(void){
    int iScore = 0;
    cout << "Please Enter Score:";
    cin >> iScore;
    if (iScore >= 90)
        cout << "A";             // >=90
    else if (iScore >= 80)
        cout << "B";             //80-89
    else if (iScore >= 70)
        cout << "C";             //70-79
    else if (iScore >= 60)
        cout << "D";             //60-69
```

```
    else
        cout << "E";                    // < 60
    return 0;
}
```

上面程序用 4 个条件划分 5 个分支。由于在嵌套 if 语句中后一个 if 条件判断以前一个 if 条件不满足为前提,因此 if 条件的次序很重要。

4.3.2　switch 语句

switch 语句也称为开关语句、多选择语句、多分支语句等,它是根据一个整数表达式,从多个分支语句序列中选择执行一个分支。该语句的一般格式为

```
switch(<表达式>){
    case <整数常量表达式 1 >:<语句序列 1 >
                                [break;]
    case <整数常量表达式 2 >:<语句序列 2 >
                                [break;]
    ...
    case <整数常量表达式 n >:<语句序列 n >
                                [break;]
    [default:                    <语句序列 n + 1 >]
}
```

其中,<表达式>类型**只能是整型或枚举类型**。<常量表达式>的类型只能是整型值或枚举成员。每个<语句序列>可由一条或多条语句组成,也可为空。每个 case 常量及其后的语句序列构成一个 case 子句。一条 switch 语句包含一个或多个 case 子句,多个 case 子句的常量之间不应重复。如果有 break 语句,应该是语句序列最后一条语句。break 语句和最后的 default 子句都是任选的。一条完整 switch 语句涉及 4 个关键字,即 switch,case,break,default。

假设一条 switch 语句包含 default 子句,执行过程如图 4.7 所示。

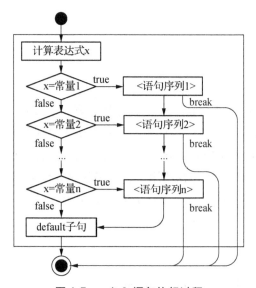

图 4.7　switch 语句执行过程

先计算表达式的值 x,再依次与下面的 case 常量进行比较。若 x 与某个 case 常量相等,则以此为入口,转去执行该 case 子句的语句序列,直到遇到 break 语句或 switch 语句结束的右花

括号为止。如果 x 与所有 case 常量都不相等，而且有 default 子句，就执行 default 子句，然后结束 switch 语句的执行。

每个 case 常量只是一个入口标号，不能确定是否为前一个 case 子句的终点。因此，若要使每个 case 子句作为一个条件分支，就应将 break 语句作为每个 case 子句的最后一条语句，这样每次执行只能执行其中一个分支。如此也是 switch 语句的习惯用法。

default 子句可以放在 switch 语句中的任何位置，但习惯上作为最后一个子句，此时不需要再将 break 作为它的最后一条语句。

例 4.3（同例 4.2） 输入一个分数，输出相应的五分制成绩。设 90 分以上为"A"，80 - 89 分为"B"，70 - 79 分为"C"，60 - 69 分为"D"，60 分以下为"E"。

```cpp
#include <iostream>
using namespace std;
int main(){
    float score=0;
    cout <<"Please Enter Score:";
    cin >>score;
    if (score >100 ||score <0){
        cout <<score <<"is invalid. 0-100 is valid!" <<endl;
        return;
    }
    switch (int(score/10)){    //必须为整数
        case 10:
        case 9: cout <<'A';        //两个 case 共用同一个语句序列
                break;
        case 8: cout <<'B';
                break;
        case 7: cout <<'C';
                break;
        case 6: cout <<'D';
                break;
        default:cout <<'E';
    }
    return 0;
}
```

上面程序允许输入浮点数成绩，假定合理的分数范围在 0 到 100 之间，并用 if 语句检查。对表达式 score/10 强制类型转换为 int，这是必要的。第一个 case 子句的语句序列为空，这样就与第二个 case 子句共用一个入口。这种方式可实现多入口执行同一个语句序列。

switch 语句能实现的功能用嵌套 if 语句同样能实现。在程序比较简短的情况下 switch 语句具有较好的可读性，但 switch 语句在使用中有许多限制和注意点，如条件表达式只能是整型或枚举、只能判断是否相等来确定入口、break 容易忘记等。

4.4　循环语句

C++ 提供了 3 种循环语句，即 while，do-while( ) 和 for 语句。循环有如下三要素：

（1）初始条件：设置启动循环的变量的初始值，避免恒为假的条件；

（2）终止条件：设置循环终止的出口点；

（3）循环变量的修改：循环过程中修改变量以达到终止条件，避免死循环。

4.4.1　while 语句

while 语句的语法格式为

```
while(<表达式>)
    <循环体语句>
```

其中，<表达式>确定执行循环的条件，可以是任意表达式，但通常是关系表达式或逻辑表达式。如图 4.8 所示，如果表达式的值为真非 0，就执行<循环体语句>，然后计算<表达式>再判断，直到<表达式>的值为假 0；如果在一开始表达式的值为假 0，则不执行<循环体语句>就结束 while 语句。<循环体语句>可以是单条语句或复合语句。

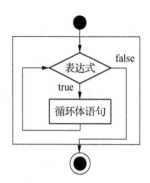

图 4.8　while 语句执行过程

下面代码计算 sum = 1 + 2 + 3 + ... + 100。

```
int sum = 0, i = 1;          //初始条件
while (i <= 100){            //循环条件，当 i = 101 时停止循环
    sum += i;
    i ++;                    //循环变量 i 修改，以控制循环次数
}
```

上面 while 语句中的循环体是一条复合语句，也可简化为如下单条语句：

```
while (i <= 100)
    sum += i ++;            //变量 i 后缀自增，以控制循环次数
```

如果在执行循环过程中循环无法终止，就形成死循环。死循环在语法上没有错误，但一般编程时应避免死循环。例如下面代码：

```
while (x = 3){
    ++ x;
    y = x;
}
```

由于循环条件表达式的值永远为 3，即永远为逻辑真，导致死循环。

while 语句的条件即便恒为真，也不一定是死循环，在函数体中可用跳转语句（如 break 或 return 语句）来停止循环。

例 4.4　计算 $1 + \dfrac{1}{2} + \dfrac{1}{3} + \dfrac{1}{4} + ... + \dfrac{1}{n}$ 的值刚好大于 3 时的项数 n。

```
#include <iostream>
using namespace std;
int main(void){
    int n -1;                //对循环变量 n 初始化 1
    double sum = 0;          //对累加求和变量 sum 初始化 0
    while (sum < 3){         //循环条件为 sum 小于 3
        sum += 1.0/n;        //A    修改循环变量 sum
        n ++;                //修改循环变量 n
    }
    cout << "n = " << n - 1 << "  sum = " << sum << endl;
    return 0;
}
```

执行程序，输出结果为

```
n = 11   sum = 3.01988
```

该程序中比较容易出错的是 A 行，是 1.0/n 而不是 1/n。因为 1/n 的值是 0，sum 永远达

不到 3，就形成了死循环。

在书写循环语句时，一般将循环体语句缩进一个 tab 位置，以方便程序阅读理解。

在 while 表达式中可直接用 cin >> n 循环输入整数，如下面代码：

```
int a, b;
while (cin >> a >> b)
    cout << a + b << endl;
```

要停止循环并非输入 0，而是输入 b 之后再输入 Ctrl + Z，然后换行（Enter）。

4.4.2　do-while 语句

do-while 语句是一种后置条件的循环语句，先执行循环体，再判断条件。其语法格式为

```
do
    <循环体语句>
while( <表达式> );
```

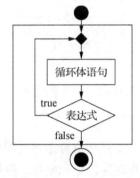

其中，<循环体语句> 是一条语句；<表达式> 可为任意表达式，但通常是一个关系表达式或逻辑表达式。如图 4.9 所示，先执行 <循环体语句>，然后计算 <表达式> 的值，如果表达式的值为真，再次执行 <循环体语句>，否则结束循环。

do-while 与 while 的区别在于，do-while 语句的循环体至少执行一次，while 的循环体可能一次都不执行。如果 while 的循环体至少执行一次，就可用 do-while 来实现。例如计算 sum = 1 + 2 + 3 + ... + 100，代码可写为

图 4.9　do-while 语句执行过程

```
int sum = 0, i = 1;          //初始条件
do
    sum += i ++ ;            //修改循环变量 i
while(i <= 100);            //循环条件，当 i == 101 时停止循环
```

例 4.5　从键盘输入若干字符，直至按下换行键结束，统计输入字母的个数。

```
#include <iostream>
using namespace std;
int main(void){
    int count = 0;
    char ch = 0;
    do{
        ch = cin.get();          //A
        if(ch >= 'A'&&ch <= 'Z' ||ch >= 'a'&&ch <= 'z')
            count ++ ;
    }while(ch! = '\n');          //用换行键作为循环终止条件
    cout << "count = " << count << endl;
    return 0;
}
```

上面程序中，A 行中的 cin.get() 函数用于从键盘读入任一字符（可读入空格、Tab、换行符等），并将读入字符赋给变量 ch。如果该字符是大写或小写字母，则 count 加 1，并继续循环，直至 A 行读入的字符为换行符时结束循环。

上面例子中要求循环体至少要执行一次，这也是选择 do-while 循环语句的原因，当然用 while 语句也同样能实现。

当 do-while 语句执行完成，while <条件> 不一定为假，函数体中可用跳转语句（如 break）

来停止循环。

4.4.3　for 语句

for 语句的一般语法格式为

```
for(<表达式1>; <表达式2>; <表达式3>)
    <循环体语句>
```

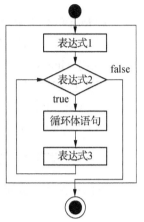

其中，<表达式 1>设置循环变量的初值；<表达式 2>设置循环控制条件；<表达式 3>对循环变量进行修改。<循环体语句>是单条语句或复合语句。

图 4.10 所示为 for 语句的执行过程：

（1）计算 <表达式 1>，对循环变量进行初始化；

（2）计算 <表达式 2>，作为循环条件；

图 4.10　for 语句执行过程

（3）如果 <表达式 2>的值为真(非 0)，则执行 <循环体语句>，否则就结束 for 语句；

（4）计算 <表达式 3>的值，修改循环变量，以控制循环次数；

（5）重复第(2)，(3)，(4)步。

下面代码计算 $sum = 1 + 2 + 3 + ... + 100$：

```
for(int sum=0, i=1; i<=100; i++)
    sum += i;
```

该 for 语句中，<表达式 1>是一个逗号表达式，说明了两个循环变量并初始化；<表达式 2>是循环条件；<表达式 3>对循环变量加 1 来控制循环次数；<循环体语句>是一条赋值语句。

上面的 for 语句可改变如下：

```
for(int sum=0, i=1; i<=100; sum+=i++);
```

将原先的 <循环体语句>放在 <表达式 3>中，而使得循环体语句变为一条空语句，即一个分号(这里我们看到空语句的一种用法)。注意分号不可缺少，如果不小心少写分号，下一条语句就将作为这个 for 语句的循环体语句。

在 for 语句中，<表达式 1>、<表达式 2>和 <表达式 3>都可以省略，但两个分号不能省略。如果省略了 <表达式 1>，那么循环变量初始化将放在 for 语句之前完成；如果省略了 <表达式 2>，意味着循环条件永远为真，在循环体中必须有跳转语句(例如 break)来终止循环；如果省略了 <表达式 3>，就要将循环变量修改代码放在循环体内完成。

下列 3 段代码都是计算 $sum = 1 + 2 + 3 + ... + 100$。

```
(1) i=1;                        //设置循环变量 i 的初值为 1
    for(; i<=100; i++)          //省略了 <表达式1>
        sum += i;
(2) for(i=1; ; i++)             //省略了 <表达式2>
        if(i>100)               //当 n 大于 100 时控制循环终止
            break;
        else
            sum += i;
(3) i=1;                        //设置循环变量 i 的初值为 1
    for(; i<=100; ){            //省略了 <表达式1>和 <表达式3>
        sum += i;
```

```
        i ++;                        //修改循环变量 i 的值,使其加 1
    }
```

对 for 语句,有以下几点说明:

(1) for 语句的循环体可能一次也不执行,也可能执行多次,这与 while 语句相似。因此, for 语句与 while 语句可以互相转换。

(2) <表达式 1>中所说明的变量仅存在于 for 语句范围之内, for 语句后面代码不可再访问。

(3) C++ 11 提供一种新的 for 语句:基于范围(range-based)的 for 语句,专用于数组或 STL 容器(如 vector)中元素的遍历(详见第 6.1.4 节)。

4.4.4 循环语句的比较

下面从循环三要素的角度来比较 3 种循环语句(见表 4.2)。

表 4.2 三种循环语句的比较

while 循环	do-while 循环	for 循环

<循环变量初始化>;
while(<循环条件>){
　<循环体语句>
　<改变循环变量>
}
	<循环变量初始化>;
	do{
	　<循环体语句>
	　<改变循环变量>
	} while(<循环条件>)
		for(<循环变量初始化>;
		　<循环条件>;
		　<改变循环变量>){
		　<循环体语句>
		}

(1) while 和 for 语句都是前置条件的循环结果,如果一开始循环条件不成立, while 和 for 语句不执行<循环体语句>;而 do-while 语句要执行一次<循环体语句>。

(2) for 语句在<表达式 3>中不仅能控制循环,而且还可实现循环体中的操作。

(3) 对于 while 和 do-while 语句,循环变量的初始化应在 while 和 do-while 语句之前完成, 循环体中应改变循环变量来控制循环结束; for 语句可在<表达式 1>中实现循环变量初始化, 在<表达式 3>中改变循环变量,因此 for 语句表达更加紧凑。

(4) while 语句能实现的,用 for 语句都能实现。通常 for 语句用得多, while 语句次之,用 得最少的是 do-while 语句。

4.4.5 循环的嵌套

如果在循环体内又包含了循环语句,就称为循环的嵌套。嵌套的层次没有数量限制。

当一个循环体内嵌套内层循环时,内层循环往往要使用外层循环的循环变量,但内层循环 中不应改变外层循环的循环变量。

例 4.6 按下面格式打印九九乘法表。

```
1 * 1 = 1
1 * 2 = 2   2 * 2 = 4
1 * 3 = 3   2 * 3 = 6    3 * 3 = 9
1 * 4 = 4   2 * 4 = 8    3 * 4 = 12   4 * 4 = 16
1 * 5 = 5   2 * 5 = 10   3 * 5 = 15   4 * 5 = 20   5 * 5 = 25
1 * 6 = 6   2 * 6 = 12   3 * 6 = 18   4 * 6 = 24   5 * 6 = 30   6 * 6 = 36
1 * 7 = 7   2 * 7 = 14   3 * 7 = 21   4 * 7 = 28   5 * 7 = 35   6 * 7 = 42   7 * 7 = 49
1 * 8 = 8   2 * 8 = 16   3 * 8 = 24   4 * 8 = 32   5 * 8 = 40   6 * 8 = 48   7 * 8 = 56   8 * 8 = 64
1 * 9 = 9   2 * 9 = 18   3 * 9 = 27   4 * 9 = 36   5 * 9 = 45   6 * 9 = 54   7 * 9 = 63   8 * 9 = 72   9 * 9 = 81
```

第1行到最后1行，总共有9行，分别标记1到9，这是外层循环，用一个变量i控制；对于每一行，从1到i，打印i个乘积，这是内层循环，用一个变量j控制。

另一个问题就是控制打印位置，使表格在垂直方向对齐。有多种办法可达到这个目的，比如采用<iomanip>中的输出控制函数setw(n)来控制后面输出的整数占用n个字符位。具体编程如下：

```
#include <iostream>
#include <iomanip>
using namespace std;
int main(){
    for (int i =1; i <=9; i ++){           //外层循环
        for (int j =1; j <=i; j ++)         //内层循环,要使用外层循环变量 i
            cout << ' ' <<j << '*' <<i << '=' <<setw(2) <<j * i;
        cout <<endl;
    }
    return 0;
}
```

setw(2)函数仅对后面输出的一个数据有效，因此每次输出乘法结果时都要设置。有关输出格式控制函数，我们将在第14章详细介绍。

4.5　跳转语句

编程中往往要根据某些条件来改变程序执行的流程，也就是控制流转移。跳转语句就是这样一类语句。执行该类语句将改变程序执行顺序，即不执行下一条语句，而跳到另一条语句处开始执行。跳转语句包括 break，continue，goto，return，throw 语句。

4.5.1　break 语句

break 语句只能出现在 switch 和循环语句中，当程序执行到该语句时，将终止 switch 或循环语句的执行，并将控制转移到该 switch 或循环语句之后的语句。前面介绍过，switch 语句中的每个 case 分支只起一个入口标号的作用，而不具备终止 switch 语句的功能，因此在 switch 语句内部，要终止该语句的执行，必须使用 break 语句。对于循环语句，在其循环体内，当循环条件满足而要终止该循环语句时，可使用 break 语句。图 4.11 所示为 3 种循环语句中的break 和 continue 语句的执行流程。

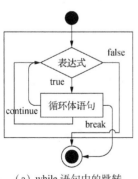

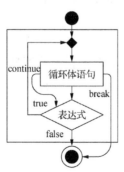

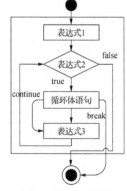

（a）while 语句中的跳转　　　（b）do-while 语句中的跳转　　　（c）for 语句中的跳转

图 4.11　循环语句中的 break 和 continue

例 4.7 输出 2～100 之间的所有素数，且每行输出 10 个，最后打印素数的个数。

像 2，3，5，7，11，13，…，只能被 1 和自己整除的自然数就是素数(或质数)。2 是第一个素数，除 2 之外的偶数都不是素数，所以只需检查从 3 到 100 的每个奇数是否满足整除要求，就能确定是否为素数。外层循环从 3 到 100 的每个奇数，用一个循环变量 i 控制。

对于每个奇数 i，检查是否能被某个值 j 整除，j 的范围是从 3 到 i 的平方根(不需要更大的范围)，这是内层循环。当发现 i 被 j 整除，那么 i 就不是素数，应立即停止内层循环(此时可用 break 语句来停止内层循环)。当内层循环停止后，再判断是被整除而循环停止，还是未被整除而循环完成。如果是循环完成，i 是一个素数，则计数、打印。内层循环结束，外层循环 i 到下一个奇数。外层循环结束后打印计数值。

编程如下：

```
#include <iostream>
using namespace std;
int main(void){
    int count =1;                        //2 是已知的第一个素数
    cout <<2 <<" ";                      //先输出 2
    for(int i =3; i <=100; i +=2){       //外层循环, 100 以内奇数
        int j;
        for(j =3; j * j <=i; j +=2)       //内层循环
            if(i% j ==0)                 //如果被整除, i 不是素数
                break ;                  //停止内层循环
        if(j * j >i){                     //如果循环完成, i 就是素数
            count ++ ;
            cout <<i <<"  ";
            if(count% 10 ==0)
                cout <<endl;             //控制每行输出 10 个
        }
    }
    cout <<"\ntotal " <<count <<" primes" <<endl;
    return 0;
}
```

运行程序，输出结果如下：

```
2  3  5  7  11  13  17  19  23  29
31  37  41  43  47  53  59  61  67  71
73  79  83  89  97
total 25 primes
```

在多重循环中，break 语句只终止其所在层次的循环，并非终止所有循环。

需要注意的是，break 语句(所有跳转语句)下面的相邻语句将没有机会执行。

4.5.2　continue 语句

continue 语句仅用于循环语句中，即停止本轮循环，跳转到当前循环语句的条件表达式，判断是否进行下一轮执行。对于 for 语句，则跳转到 <表达式 3> 开始执行。例如：

```
for(int i =1; i <=100; i ++){
    if (i% 3 ==0)
        continue;
    cout <<i <<" ";
}
```

上面 for 语句中输出数据中去掉了 3 的倍数。当 i 为 3 的倍数时，continue 语句结束本轮循环，转去执行 i ++ ，开始执行下一轮循环。

对于循环语句，如果将 continue 作为循环体中的最后一条语句将没有任何意义，这是因为循环体执行完最后一条语句将自动进行下一轮条件测试。

break 语句与 continue 语句的区别如下：

（1）break 语句是终止本层循环，continue 语句是终止本轮循环；

（2）break 语句可用于循环语句和 switch 语句中，continue 语句只能用在循环语句中。

4.5.3　goto 语句与标号语句

在编写汇编语言程序时经常要用到无条件跳转语句，这是因为机器语言支持无条件跳转语句。在 C/C++ 语言中也提供了无条件跳转语句 goto，其语法格式为

goto <语句标号>；

其中，语句标号是用户命名的标识符，用于标识某条语句的开始位置。语句标号放在该语句的最前边，用冒号":"与语句隔开。

当程序执行到 goto 语句时，将转移到所指定的语句标号处，以语句标号为新的入口点继续执行下面语句。标号语句可以在 goto 语句前面，也可以在 goto 语句的后面。goto 语句能从多重循环体中直接跳到循环的最外面，省却多个 break 语句。例如：

```
int i, j;
for (i =0; i <10; i ++){
    cout <<"Outer loop executing. i =" <<i <<endl;
    for (j =0; j <3; j ++){
        cout <<"Inner loop executing. j =" <<j <<endl;
        if (i ==5)
            goto stop;                          //goto 到 stop 语句
    }
}
/ * This message does not print: * /
cout <<"Loop exited. i =" <<i;                  //该语句没有机会执行
stop:                                           //标号语句
cout <<"Jumped to stop. i =" <<i <<endl;
```

上面代码中 goto 语句从两层循环中直接跳出来，看起来很灵活，但也造成一条语句永远没有机会执行。

所有的循环语句能实现的功能，采用条件语句加 goto 语句都能实现。但由于 goto 语句会破坏结构化模块设计，降低程序的可读性和可理解性，因此应少用或不用。结构化编程中严格禁止使用 goto。实践表明，不存在哪一种编程功能非要用 goto 不可，如果在程序中出现了 goto，总能找到消除的办法。

4.6　综合示例

利用本章学过的语句可设计实现更复杂的编程。下面，我们按照结构化设计方法来进行一些实际问题的求解。

例 4.8　已知 $\frac{\pi}{4} \approx 1 - \frac{1}{3} + \frac{1}{5} - \frac{1}{7} + \ldots$，试用该公式求 π 的近似值，直到第 n 项小于 10^{-6} 为止。

计算过程有如下二步：

（1）求 π/4 的多项式的值。用一个循环进行逐项累加，需要一个循环变量 i 表示从 1 开始的奇数，并作为每一项的分母。循环停止条件是 1.0/i 的值小于或等于 10^{-6}。注意每次循环都要改变符号，使正负交替累加。

（2）计算 π 并输出。

编程如下：

```
#include <iostream>
using namespace std;
int main(void){
    int n =1;                              //n =1, 3, 5, 7, ...
    double t =1, pi =0;
    const double eps =1e-6;                //eps 设置误差
    while (1.0/n >=eps){
        pi +=t/n;
        n +=2;                             //下一个奇数
        t = -t;                            //使各项以正负数交替出现
    }
    cout << "pi = " <<4 * pi <<"; n = " <<n <<endl;
    return 0;
}
```

执行程序，得到 π 的近似值为 3.14159，此时 n = 1000001，刚好大于 10^6，满足精度要求。注意 while 条件是 1.0/n >= eps，如果不小心写成 1/n >= eps，将会是什么结果？是否可以把 while 条件改为 n < 1000000？是否可改用 for 语句来实现？

例 4.9 兔子在出生两个月后就有繁殖能力。假设一对兔子每个月能生出一对小兔子，而且假设所有兔子都不死，现已知第 1 个月有 1 对新生兔子，要求计算并输出从第 1 个月到第 30 个月各月的兔子数量，且每行输出 5 项。

这种数列被称为斐波那契（Fibonacci）数列，前 6 项为 1，1，2，3，5，8。按此规律输出该数列的前 30 项。首先要找出各项值的规律。第 1 项和第 2 项为 1，后面每一项都是其前两项之和，例如 2 = 1 + 1，3 = 2 + 1，5 = 3 + 2，8 = 5 + 3。该过程需要两步：

（1）先确定并输出第 1 项（变量 a）和第 2 项（变量 b）。

（2）从第 3 项循环到第 30 项，用一个循环变量 i 控制。先计算第 i 项的值，即 c = a + b，再控制输出 c；然后推移变量 a = b，b = c，为计算下一项做准备。

编程如下：

```
#include <iostream>
#include <iomanip>
using namespace std;
int main(void){
    int a =1, b =1, count =2, i, c;
    cout <<setw(10) <<a <<setw(10) <<b;    //输出第 1 项和第 2 项
    for(i =3; i <=30; i ++){
        c =a +b;                           //当前项为前两项之和
        cout <<setw(10) <<c;               //输出的每个数占 10 个字符
        if( ++count% 5 ==0)
            cout <<endl;                   //每行输出 5 个数
        a =b; b =c;                        //推移数据项，为求下一项作准备
    }
    return 0;
}
```

以上程序用 for 语句实现。循环体中并没有用到循环变量 i,这里变量 i 仅用于控制循环次数。Fibonacci 数列是一种有用的数列,在后面学到函数递归调用时,还可用递归来实现。

例 4.10 输入一个十进制正整数,按逆序逐位输出(如输入 345,则输出 543)。反复输入、计算、输出,直到输入 0 结束。如果输入了负值,提示错误并重新输入。

整个过程是一个循环,对于每一次循环执行以下步骤:

(1) 输入一个正整数(如 345),并保存到一个变量 m 中。

(2) 如果 m 是 0 就停止循环。

(3) 如果 m 是负数,给出提示并重新输入。

(4) 计算每一位并输出(需要一个循环过程,每一轮循环处理一位数)。有以下三步:

① 对于 m,先求其个位数(除以 10 的余数)并输出(如 5);

② 再将 m 除以 10 的商赋给 m(如 34);

③ 重复①和②,直到 m 的值为 0(可用一个循环语句实现)。

编程如下:

```
#include <iostream>
using namespace std;
int main(void){
    int m, n;
    while(1){
        cout << "input an int(0 to exit):";
        cin >> m;                          //输入正整数 m
        if (m == 0)
            break;
        if (m < 0){
            cout << "input m error" << endl;
            continue;
        }
        while (m != 0){
            n = m % 10;                    //取 m 的最后一位数
            cout << n;                     //输出 m 的最后一位数
            m /= 10;                       //去掉当前 m 的最后一位数
        }
        cout << '\n';
    }
    return 0;
}
```

这个程序使用了嵌套循环,在外层循环中使用了一个恒为真的条件,但又用了带条件的 break 语句来停止外层循环,因此并非一个死循环。而当输入负数时,用 continue 来执行下一轮执行。当我们要反复输入执行程序时,这是一个可供借鉴的例子。内层的 while 条件是 m!=0,虽然可以简化为 while (m),但我们建议用条件表达式更清楚。

例 4.11(百钱买百鸡) 用 100 元钱要买 100 只鸡,已知公鸡每只 5 元,母鸡每只 3 元,小鸡每 3 只 1 元,要求每种鸡至少买 1 只,问公鸡、母鸡和小鸡各买多少只恰好花完 100 元?

首先我们判断该问题不容易找到一个现成的公式来直接计算,因此尝试采用穷举法。

(1) 最多能买到多少只公鸡?最少要用 3 元买 1 只母鸡,最少要用 1 元买 3 支小鸡,那么 $(100-3-1)/5=19$,至多能买 19 只公鸡。用 cock 表示买的公鸡数,从 1 到 19 循环。

(2) 最多能买到多少母鸡?$(100-5-1)/3=31$,最多 31 只。用 hen 表示买的母鸡数,从 1 到 31 循环。

（3）用 chicken 表示小鸡数，其值只能是 100 – cock – hen，而且应该是 3 的倍数（可用两层循环实现）。

编程如下：

```
#include <iostream>
using namespace std;
int main(void){
    int cock, hen, chicken;
    for(cock =1; cock <=19; cock ++)              //买的公鸡数为1~19只
        for(hen =1; hen <=31; hen ++){            //买的母鸡数为1~31只
            chicken =100 - cock - hen;
            if(5 * cock +3 * hen + chicken/3 ==100&&
                chicken% 3 ==0){                   //A    小鸡数为3的倍数
                cout << "cock = " <<cock <<"  ";
                cout << "hen = " <<hen <<"  ";
                cout << "chicken = " <<chicken <<endl;
            }
        }
    return 0;
}
```

执行程序，输出结果如下：

```
cock = 4   hen =18   chicken =78
cock = 8   hen =11   chicken =81
cock = 12  hen =4    chicken =84
```

注意，因 1 元钱买 3 只小鸡，所以小鸡数肯定是 3 的倍数。如果 A 行程序改写为

```
if(5 * cock +3 * hen + chicken/3 ==100)
```

想一想能否得到一样的结果？

例 4.12（猴子吃桃）　猴子第一天摘下若干桃子，当即吃了一半，又多吃了一个；第二天又将剩下的桃子吃掉一半，又多吃了一个。若以后每天都吃了前一天剩下的一半再多一个，到第 10 天想吃的时候就剩一个桃子了。问第一天共摘下多少个桃子？

首先我们判断不太容易找到一个现成的公式来直接计算。我们尝试从后往前推断：第 10 天开始时的桃子为 1，那么加 1 后的 2 倍就是第 9 天开始时的桃子数；第 9 天桃子数加 1 的 2 倍就是第 8 天的桃子数。以此推算共 9 次，就可以计算出第 1 天桃子的总数。

```
#include <iostream>
using namespace std;
int main(void){
    int a =1;
    for (int day =10; day >1; day --)        //循环9次
        a = (a +1) * 2;
    cout <<"第1天桃子的总数为:" <<a <<endl;
    return 0;
}
```

执行程序，输出结果如下：

```
第1天桃子的总数为:1534
```

程序代码非常简单，关键是从后往前推的思路。

小　结

（1）C++ 语句可分为 8 类，即说明语句、表达式语句、选择语句、循环语句、跳转语句、复合语句、异常

处理语句(后面介绍)、标号语句。

(2) 结构化编程的基本结构只有 3 种形式,即顺序结构、选择结构和循环结构。任何复杂的程序都是由这 3 种基本结构嵌套形成。结构化编程拒绝 goto 语句。

(3) 流程控制语句是一大类语句的统称,包括选择语句、循环语句和跳转语句。

(4) 选择语句用来根据特定条件选择执行特定语句,包括 if-else 语句和 switch 语句。

(5) 循环语句用来根据特定条件重复执行特定语句,包括 while 语句、do-while 语句和 for 语句。

(6) 跳转语句包括 break 语句、continue 语句、goto 语句和 return 语句。

练 习 题

1. 结构化编程的三种基本结构是_____。

 (A) 顺序结构、选择结构、循环结构   (B) 循环结构、转移结构、顺序结构

 (C) 递归结构、循环结构、转移结构   (D) 嵌套结构、递归结构、顺序结构

2. 有下面语句,变量 a 的值为_____。

```
int a = 3;
if ( ++a < 4)
    a ++ ; a ++ ;
```

 (A) 3   (B) 4   (C) 5   (D) 7

3. 有下面语句,变量 a 的值为_____。

```
int a = 4;
if (a% 2)
    a -= 2; -- a;
else
    ++a;
```

 (A) 2   (B) 3   (C) 4   (D) 编译错误

4. 有下面语句,输出结果为_____。

```
char c = 'B';
switch (c){
    case 'A':cout << "1";
    case 'B':cout << "2";
    case 'C':cout << "3";
    default: cout << "4";
}
```

 (A) 2   (B) 23   (C) 234   (D) 编译出错

5. 有下面语句,输出结果为_____。

```
int d = 3, c = 0;
while (d < 7)
    d ++ ; c++ ;
cout << c << endl;
```

 (A) 4   (B) 5   (C) 6   (D) 以上选项均不对

6. 有下面语句,输出结果为_____。

```
int x = 3;
do{
    cout << (x -= 2) << " ";
}while (!( -- x));
```

 (A) 1   (B) 3 0   (C) 1 -2   (D) 死循环

7. 下列 for 语句的循环次数是_____次。

```
for (int i =1; i <=5; sum ++ ) sum += i;
```

(A) 5　　　　　　　　(B) 4　　　　　　　　(C) 0　　　　　　　　(D) 无限

8. 下列 for 语句的循环次数是_____次。

```
for (int k =0; ; k ++)
```

(A) 无限　　　　　　　　　　　　　　　(B) 0

(C) 有语法错，不能执行　　　　　　　　(D) 1

9. 下列程序的输出结果是_____。

```
int main (void) {
int x =1, i =1;
for (; x <50; i ++) {
    if (x >=10) break;
    if (x % 2 != 0) {
        x += 3; continue;
    }
    x -= -1;
}
cout << x << ' ' << i << endl;
}
```

(A) 12　7　　　　(B) 11　6　　　　(C) 12　6　　　　(D) 11　7

10. 下列程序的输出结果是_____。

```
int main (void) {
    int n = 'm';
    switch (n ++) {
        default: cout << "error"; break;
        case 'k':case 'K':case 'l':case 'L':cout << "good" << endl; break;
        case 'm':case 'M':cout << "pass" << '\t';
        case 'n':case 'N':cout << "warn" << endl;
    }
}
```

(A) pass　　　　(B) warn　　　　(C) pass　warn　　　　(D) error

11. 按要求完成编程。

(1) 任意输入一个 int 整数，显示为二进制形式，要求显示全部位数。

(2) 任意输入一个 int 整数，显示为十六进制形式，要求用大写显示全部位数。

(3) 编程计算 32 位和 64 位整数最大能正确表示多大数的阶乘(即 x = n!)。当 x 达到最大时，n 为多少？

(4) 输入若干个字符，统计输入的数字字符的个数。

(5) 键盘上输入一个正整数 n，按下式求出 y 的值：

$$y = 1! + 2! + 3! + \ldots + n!$$

再编程分析：结果 y 应该是一个正整数，在最大整型范围内，可正确计算的最大的 n 和 y 分别是多少。

(6) 求一元二次方程 $ax^2 + bx + c = 0$ 的根。任意输入系数 a, b, c 的值，显示方程的根，并注意区别什么条件下无根、有一个根或两个根。

(7) 某个数列的前 5 项为 $\frac{1}{2}$，$\frac{3}{2}$，$\frac{5}{3}$，$\frac{8}{5}$，$\frac{13}{8}$，按此规律求出该数列的前 20 项，并显示每一项的分子和分母。

(8) 输入一个正整数 x，显示其所有因子，再在此基础上求出 1 ~ 100 之间的完全数。所谓完全数，是指该数刚好等于它的因子之和(本身除外)。例如，6 的因子为 1, 2, 3，且 6 = 1 + 2 + 3，因此 6 是一个完全数。

(9) 已知一瓶啤酒 2 元，若 4 个瓶盖能换 1 瓶新的啤酒，2 个空瓶也能换 1 瓶新的啤酒，问 10 元可以喝几瓶啤酒？

第5章 函数和编译预处理

程序设计中常常要重复使用一部分相同功能，这时就需要定义函数、调用函数。函数（function）是结构化编程的基本模块，也是程序主要构造单位。函数包括非成员函数、成员函数、Lambda 函数、运算符函数、函数模板等。本章将介绍非成员函数的定义与调用、函数原型、递归调用、函数重载以及作用域和存储类等。

编译预处理是 C/C++ 语句的特色之一，#include 就是最常用的编译预处理指令。本章将介绍其他预处理指令。

5.1 函数基本概念

前面各章的程序中都只有一个主函数 main()，但实际上一个程序往往由多个函数组成。每一个函数都具有确定的名称、形式参量和返回值，能完成一种特定的功能。函数的好处是对于调用方而言无需知道被调用函数内部如何实现的诸多细节，从而简化了调用方的编程。

所有的函数定义都是平行的，包括主函数 main。也就是说，在一个函数的函数体内，不能再定义另一个函数，即函数不能嵌套定义。但函数体内可以调用其他函数，这样形成嵌套调用的结构。习惯上把调用方称为主调函数。一个函数可以调用自己，称为递归调用。

一个 C++ 程序是从调用其中的 main 函数开始执行的。main 函数可以调用其他函数，被调用函数执行完成之后再返回 main 函数，最后由 main 函数返回以结束程序。一般情况下，main 函数不允许被其他函数调用。一个 C++ 程序必须有且仅有一个主函数 main，即一个 C++ 程序可能由多个源文件组成，但只能有一个 main 函数。

5.1.1 库函数和用户定义函数

从函数定义的角度看，函数可分为库函数和用户定义函数两种。

（1）**库函数**：C++ 系统、操作系统或第三方系统为方便用户编程而预定义的函数。这些函数都有原型说明在特定的头文件中。例如 < iostream > 文件包含了一组处理输入输出的对象和函数；再如 < math. h > 或 < cmath > 包含了一组数学计算的函数，如平方根 sqrt。只需在程序前的 #include 包含这些头文件，就可以在下面代码中调用这些函数。可参考相关文档获知有哪些头文件，以及这些头文件中所包含的函数说明及用法。

（2）**用户定义函数**：程序员根据自己需要而定义的函数。自定义函数是程序设计最常见的现象，这类函数往往功能独特，使用范围比较有限。

5.1.2 无参函数和有参函数

从函数调用时数据传送的角度来看，函数可分为无参函数和有参函数两种。

（1）**无参函数**：函数定义中没有定义形式参量（formal parameter，简称**形参 parameter**），那么函数调用也无需提供实际参量（actual parameter，简称**实参 argument**）。此时函数形参表为空，（）或（void）。

（2）**有参函数**：函数定义中有一个或多个形参，并按次序排列。每个形参都有确定的类型。要求该函数调用时要提供相应数量和类型的实参，并赋给形参，然后启动函数执行。有的形参只能输入数据，有的形参只能输出，也有形参既能输入也能输出（如数组、指针或引用类型形参）。

5.1.3 有返回函数和无返回函数

根据函数返回时是否有返回值，可把函数分为有返回函数和无返回函数两种。

（1）**有返回函数**：如果函数定义时确定了一个返回值类型，而不是 void，那么函数调用执行完后要向调用方返回一个结果，就是函数返回值。返回值的类型就是该函数的类型。例如 sqrt(2)是一个函数调用，它将返回一个 double 值作为结果（2 的平方根），那么 sqrt(2)的类型就是 double，可直接参与表达式计算。如果函数体中有多条路径返回，那么所有路径都要返回相同类型的值。

（2）**无返回函数**：如果函数定义时确定返回 void，那么该函数调用执行完成后将不会返回任何值。例如 setw(5)是一个函数调用，它的执行不会返回值，所以只能进行单独调用，而不能直接参与表达式计算。无返回并不意味着函数执行没有结果。函数的计算结果可以作用在函数之外的数据上，而不一定要返回。

一个函数可看作一封装的模块（如图 5.1 所示），它有一个名字，说明其功能和用途；还可能有一组有序的形参，说明调用时应输入哪些类型的实参及多少个实参；还可能有一个返回值，说明调用时能返回什么结果。

一个函数的名称、形参和返回值是该函数对内、对外联系的接口。对于函数的设计者来说，要关注该函数内部如何实现，按照输入的形参如何得到计算结果，以及如何返回结果；对于函数的调用方来说，可将一个函数看作是一个"黑盒"，除了接口外，不必关心其内部如何实现。

图 5.1　一个函数作为一个模块

5.2　函数的定义

一个函数定义由两个部分组成，即函数头和函数体。函数头包括返回类型、函数名及形参表，并确定了一个函数的调用形式；函数体提供一种实现方式，用一对花括号括起一组语句，并确定了该函数执行时的具体操作。需要注意的是，定义函数在先，调用函数在后。

5.2.1 传统函数定义

传统函数定义形式如下：

```
<返回类型 >函数名 (形参表)          //函数头
{函数体}
```

其中，<返回类型>确定该函数的返回值的类型。返回类型就是该函数的类型。如果无返回，则用 void。函数名是一个标识符，说明函数的功能和用途，通常是一个动词短语。函数名不允许与全局变量同名。圆括号中是形参表。如果无参可写 void，也可不写，但不能省略圆括号。

一个形参定义格式如下：

<形参类型> <形参名>[=缺省值]

其中，<形参类型>是该形参的类型，不能为 void 类型。<形参名>是一个标识符命名。多个形参之间要用逗号分隔，且不能重名。多个相同类型的形参必须单独指定类型，如(int x, int y)不能书写为(int x, y)。形参可以指定缺省值，但必须是形参表中最右边的形参(详见第 5.8.1 节)。

函数的名字与其形参表作为一个整体，称为该函数的基调(signature)。一个程序中不允许存在相同基调的多个函数，但允许名字相同、形参不同的多个函数存在，称为函数重载(详见第 5.4 节)。

函数体要用一对花括号封装，包含一组语句来实现函数的功能。

有返回函数的函数体中一定有 return 语句来返回某个结果。return 语句是一种跳转语句，当执行到 return 语句时立即返回到调用方。return 语句的格式为

return <表达式>；或　return；

第一种 return 语句格式用于有返回值的函数，其中 <表达式> 的值将作为返回值。如果 return <表达式>类型与函数定义的返回类型不同，就进行赋值类型转换(参见第 3.3.2 节)。对于有返回值的函数，函数体中每条路径执行结束都要以 return 结尾，而且返回表达式的类型应该与函数定义的返回值类型一致或兼容。例如，下面的函数求两个整数中的较大数：

```
int max(int x, int y)
{return (x > y? x:y); }
```

第二种 return 语句格式用于无返回值的函数。函数体中也可没有 return 语句，最后语句执行完后自动返回到调用者。例如下面函数将一个 int 的二进制逐位输出，每个字节之间用空格分隔：

```
void printBin(int a){
    for (int i =1; i <=32; i ++){
        cout << (a >> (32 - i) & 1);
        if (i% 8 ==0) cout <<"  ";
    }
}
```

一个函数体中一般不能定义另一个函数，但 Lambda 函数例外(详见第 8.8 节)。上面介绍的是传统函数的定义，第 5.7 节还将介绍 C++11 的 auto 函数。

5.2.2　函数定义的要点

在定义一个函数时要注意以下要点：

(1) 为函数确定一个有意义的名字，让程序员看到函数名就能明白函数的功能或用途。

(2) 函数体中允许出现多个 return 语句，但每次调用只能有一个 return 语句执行，因此只能返回一个值。如果函数体中有多个分支，每个分支都应返回。例如，大写字母转换为小写字母的函数 toLower 如下：

```
char toLower(char c){
    if(c >= 'A'&&c <= 'Z')
```

```
        return c+'a'-'A';
    }
```

编译该函数时将出现警告, 指出并非所有执行分支都有返回值。如果形参 c 是小写字母, 该函数就没有确定返回值。因此函数应修改如下:

```
char toLower(char c){
    if(c>='A'&&c<='Z')
        return c+'a'-'A';
    return c;
}
```

（3）有时函数体中需要知道自己函数的名称, C99 提供了一个预定义宏:_func_, 可获取当前函数的名称。C++11 沿用了这个宏。

（4）无返回函数体可为空, 但花括号{}不可省。空函数只在特定场合使用。

（5）main 函数应返回 int, 但 return 0;语句可省。

5.3 函数的调用

函数只有被调用时, 其函数体才能执行。函数调用(function call) 就是确定一个函数名并提供相应实参, 然后执行该函数体中语句。函数体执行结束时, 函数调用将返回值返回给调用方。C/C++ 程序中, main 函数直接或间接地调用其他函数来实现程序功能。

5.3.1 函数调用的形式

函数调用的形式为

<函数名>(<实参表>)

其中, <函数名>是已定义的一个函数的名字; <实参表>由零个、一个或多个实参(用逗号分隔)构成。如果是调用无参函数, 则<实参表>为空, 但圆括号不能省。因为圆括号是函数调用运算符, 具有很高的优先级。

<实参表>中, 每个实参都可能是一个表达式。一般<实参表>中的实参与被调用函数的<形参表>中的形参的类型和数量应该相一致。如果类型不同, 将用赋值类型转换将实参转换成形参类型, 然后再赋给形参。如果形参带缺省值, 那么实参个数可能少于形参个数。

一个函数调用是一个表达式, 其类型就是该函数返回类型, 其值就是函数中 return 语句所返回的值。无返回函数调用的类型是 void。

5.3.2 函数调用的方式

按函数调用在语句中的作用来看, 至少有 3 种函数调用方式。

1) 函数调用语句

函数调用语句就是一个函数调用加上一个分号构成的一条表达式语句。例如:

```
printBin(-1);
```

如果被调函数有返回, 则忽略返回值。对于无返回函数, 只能用这种调用方式。

2) 函数调用作为表达式

函数调用是高优先级的运算符。一个函数调用就是一个表达式, 具有明确的返回类型, 并且有返回函数调用可参与表达式计算。例如：

```
c =max(a, b);
d =max(a, b) +3 * max(c, d);
```

3）函数调用作为实参

一个函数调用也能作为另一个函数调用的实参，但要求该函数必须有返回值。例如：

```
m =max(max(a, b), c);
```

把 max 调用的返回值作为 max 函数的实参，求出 a, b, c 的最大值。此时作为实参的函数调用先执行，返回结果作为外层 max 函数调用的实参再次调用执行。

例 5.1　用实例验证一个数学定理:任何一个大于 2 的偶数都能分解为两个素数之和。例如:$4 = 2 + 2, 6 = 3 + 3, 8 = 3 + 5, \ldots$。

实例验证的一种途径是输入任意一个大于 2 的偶数，都能给出所有满足条件的分解。应能反复输入，而且能检查输入值的合法性。编程如下：

```
#include <iostream >
using namespace std;
bool isPrime(unsigned n){                    //函数定义，如果 n 是素数，返回 true, 否则 false
    if (n <2)
        return false;
    if (n ==2 || n ==3 || n ==5 || n ==7)    //10 以内的素数直接返回
        return true;
    for (unsigned i =2; i * i <=n; i ++)
        if (n% i ==0)
            return false;
    return true;
}
int main(){
    int n;
    for(; ; ){
        cout << "Input an even integer ( -1 to break):";
        cin >>n;
        if (n == -1)
            break;
        if (! (n >2&&n% 2 ==0)){
            cout << "Input error!" <<endl;
            continue;
        }
        for (int i =2; i <=n/2; i ++)
            if (isPrime(i) && isPrime(n -i))                //函数调用
                cout <<i << " +" <<n -i << " =" <<n <<endl;
    }
    return 0;
}
```

首先说明并定义一个函数 bool isPrime(unsigned n)。该函数检查形参 n 是否为素数，具有通用性。执行程序，当输入 14 时，输出结果为

```
3 +11 =14
7 +7 =14
```

5.3.3　函数调用与以值传递

函数说明在前，调用在后。函数调用执行时，每个形参和局部变量都分配独立的存储单元，用于接收实参传递来的数据。函数调用执行结束时，系统将回收分配给形参和局部变量的

存储单元。

如果函数的形参为普通变量(不是数组、指针或引用),那么在调用该函数时,实参将给形参赋值。这种参数传递方式称为以值传递(call by value),简称传值。传值是单向输入,由实参传给形参,形参值在函数体中的变化对实参值无任何影响。例如:

```cpp
#include <iostream>
using namespace std;
void swap(float x, float y){
    float t =x;
    x = y; y = t;
    cout <<"函数 swap:x = " <<x <<"   y = " <<y <<'\t';
}
int main(void){
    float a =4, b =7;
    cout <<"主函数:a = " <<a <<"  b = " <<b <<'\t';
    swap(a, b);
    cout <<"主函数:a = " <<a <<"  b = " <<b <<'\n';
    return 0;
}
```

执行程序,输出结果为

主函数:a = 4　b = 7　　　　　函数 swap:x = 7　y = 4　　　　　主函数:a = 4　b = 7

可以看到,调用 swap 函数后,main 函数中变量 a 和 b 的值不变。尽管函数 swap 中交换了两个形参的值,但并不能改变实参的值。

在第 8 章我们将介绍指针和引用,它们作为函数的形参时有另外两种传递方式。

函数调用时,多个实参的求值顺序与编译系统及其配置相关,可能从右向左计算,也可能从左向右。例如下列的代码:

```cpp
int x =5;
swap(x, x ++);
```

在不同编译系统或不同配置中运行结果可能有差异。

5.4　函数重载

函数重载(overload)就是多个函数具有相同的名称,但有不同的形参(个数不同或者类型不同)。函数的名称及形参作为一个整体,被称为函数的基调(signature)。函数重载是多态性的一种形式,重载的多个函数虽然名称相同,但基调不同,函数调用根据基调来区分。

为什么需要函数重载? 因为经常要设计这样一些函数:它们的功能语义相同或相似,但处理的形参的类型或者个数却不同。例如,下面几个输出函数分别输出 int 型、double 型、char 型:

```cpp
void print_int(int i){...}
void print_double(double d){...}
void print_char(char c){...}
```

在调用上述函数时,不仅要记住这些函数的不同名称,而且还要根据所处理数据类型来选择相应的形参,这将给函数调用带来麻烦。利用函数重载就能给这些函数取相同的名称,而用不同的形参来进行区分。例如,我们可以把上述函数定义为

```cpp
void print(int i){...}
```

```
void print(double d){...}
void print(char c){...}
```

在调用这些函数时，根据函数调用所提供的实参的类型来决定实际执行的是哪个函数。例如，print(1.0)将调用上面第二个函数 void print(double d)，这是因为1.0的类型为 double。

5.4.1 重载函数的定义

我们先来分析一个例子。

例 5.2 分别用函数实现求两个 int 数、float 和 double 数中的大数。

```
#include <iostream>
using namespace std;
int max(int x, int y)          //A    求两 int 中的大数
{  return (x>y? x:y); }
float max(float a, float b)    //B    求两个 float 中的大数
{  return (a>b? a:b); }
double max(double m, double n) //C    求两个 double 中的大数
{  return (m>n? m:n); }
int main(void){
    int a1, a2;
    float b1, b2;
    double c1, c2;
    cout <<"输入两个整数:\n";
    cin >>a1 >>a2;
    cout <<"输入两个单精度数:\n";
    cin >>b1 >>b2;
    cout <<"输入两个双精度数:\n";
    cin >>c1 >>c2;
    cout <<"max(" <<a1 <<', ' <<a2 <<") = " <<max(a1, a2) <<"\n";   //D
    cout <<"max(" <<b1 <<', ' <<b2 <<") = " <<max(b1, b2) <<"\n";   //E
    cout <<"max(" <<c1 <<', ' <<c2 <<") = " <<max(c1, c2) <<"\n";   //F
    return 0;
}
```

上面程序中定义了三个同名的 max 函数，形参的个数也相同，只是形参的类型不同，所以它们的基调不同。函数调用时，编译器将根据实参的个数和类型来确定应调用哪一个函数。这里，当实参为 int 型时，D 行调用由 A 行定义的函数 max；当实参为 double 型时，F 行调用由 C 行定义的函数 max。

定义重载函数时应注意以下几点：

（1）一般来说，一组重载函数具有相同的功能语义，函数名称应能反映其功能语义，因此一组重载函数之间应具有相同的功能，只是以不同的方式来处理不同的数据。

（2）如果两个函数的基调相同，仅返回值类型不同，就不能定义为重载函数。例如：

```
float fun(float x){...}
void fun(float x){...}          //编译报错
```

如果两个函数的形参仅区别在 const 修饰，也不能定义为重载函数。例如：

```
void f1(int) {...}
void f1(const int) {...}        //编译报错
```

即形参上添加 const/volatile 限定符仍视为相同基调。

5.4.2 重载函数的调用

每个合法的函数调用将唯一绑定一个被调用函数。这个过程由编译器完成，被称为静态

绑定(binding)。

重载函数的调用绑定是在编译时由编译器根据实参与形参的匹配情况来决定。先是根据函数名和实参构造一个函数候选集，包含一组函数，这些函数与被调用函数同名，而且形参与调用实参的个数相同，实参能转换到形参。然后按照下面的过程从候选集中选择最佳匹配：

（1）先尝试寻找**严格匹配**（即每个实参类型都与形参类型完全相同）。如果找到一个函数，则绑定该函数。例如：

```
print(1);                    //int 绑定到 void print(int)
print(2.3);                  //double 绑定到 void print(double)
print('c');                  //char 绑定到 void print(char)
```

（2）如果不能绑定，再通过**整型提升转换**寻求最佳匹配。例如：

```
short s = 3; print(s);              //short 绑定到 void print(int)
unsigned char c = 3; print(c);      //unsigned char 绑定到 void print(int)
```

（3）如果不能绑定，再通过**标准转换**（即赋值转换，详见第 3.3.2 节）寻求最佳匹配。例如：

```
print(1.0f);                 //float 绑定到 void print(double)
print(3L);                   //long 绑定到 void print(int)，但 DevC++ 报错
```

（4）如果不能绑定，再通过**用户定义转换**寻求最佳匹配，但仅限于用户定义类型（如结构或类）作为形参和实参。

（5）如果不能绑定或者绑定的函数多于一个，编译器报错。

这时调用 print(long long)，print(unsigned int)，print(unsigned long)等都产生二义性错误。

如果有多个形参，则情况比较复杂。例如前面 3 个 max 重载函数，有下面函数调用：

```
cout << max('a', 'b') << endl;      //正确，max(char, char)绑定到 max(int, int)
cout << max('a', 99) << endl;       //正确，max(char, int)绑定到 max(int, int)
cout << max(100, 'a') << endl;      //正确，max(int, char)绑定到 max(int, int)
cout << max('a', 12.3) << endl;     //错误，max(char, double)
cout << max(12, 12.3) << endl;      //错误，max(int, double)
cout << max(3.4f, 12.3) << endl;    //错误，max(float, double)
```

前 3 个调用是合法的，但后 3 个调用非法。读者可能认为应能绑定 max(double, double)，而实际上编译器产生二义性错误。

所谓多态性，就是一个名称具有多种具体形态。函数重载是一种静态的、编译时处理的多态性。后面我们将介绍动态的、在运行时处理的多态性。

5.5　嵌套调用和递归调用

函数调用允许嵌套。一个函数直接或间接地调用自己就是递归调用。

5.5.1　函数的嵌套调用

所有函数的定义都是平行的，不允许函数的嵌套定义。但允许在函数定义中调用另一个函数，即允许函数的嵌套调用。嵌套的函数调用返回时将根据嵌套层次逐层返回。如图 5.2 所示，函数 main()中调用函数 f()，函数 f()中又调用 g()，然后逐层返回：

```
int main(){
    ...
    f();
    ...
}
void f(){
    ...
    g();
    ...
}
void g(){
    ...
}
```

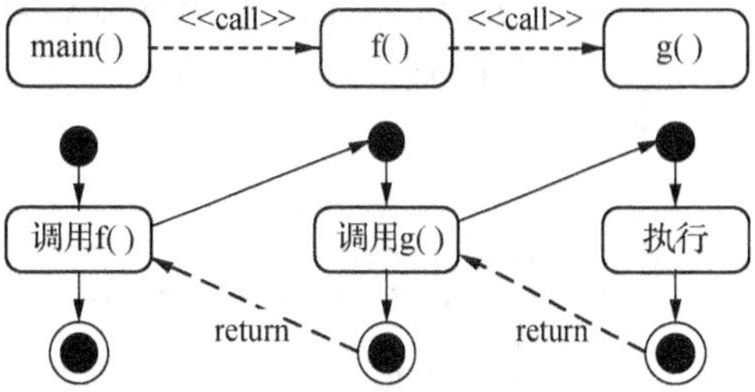

图 5.2 嵌套调用及返回

例 5.3 输入整数 n 和正整数 k,计算 $1^k + 2^k + 3^k + ... + n^k$ 的值(要求结果为整数值)。

```
#include <iostream>
using namespace std;
long long powers(int n, unsigned k){
    long long product = 1;
    for(unsigned i = 1; i <= k; i++)
        product *= n;
    return product;
}
long long sump(unsigned k, unsigned n){
    long long sum = 0;
    for(unsigned i = 1; i <= n; i++)
        sum += powers(i, k);
    return sum;
}
int main(void){
    unsigned n, k;
    cout << "input n and k:";
    cin >> n >> k;
    cout << sump(k, n) << endl;
    return 0;
}
```

上面程序中,函数 powers 用来计算 n^k,函数 sump 调用 powers,函数 main 再调用 sump 来输出计算结果。注意,<cmath>提供 pow(x, y)计算 x^y,其形参 x 与返回都是浮点数,而浮点数乘法比整数乘法有较大开销,而且精度不够,因此需要自编函数实现整数的幂乘计算。因 powers 函数中要执行 k 次乘法,故效率比较低,后面将介绍的递归函数可提供更高效率。

5.5.2 函数的递归调用

递归调用(recursive call)是一种特殊的函数调用,函数体中直接或者间接地调用了自己,其中直接调用自己为直接递归,间接调用自己为间接递归。

为何函数需要调用自己?因为在解决一个复杂问题时,常常将其分解成若干子问题。如果每个子问题的性质与原来问题的相同,只是处理的数据比原问题更小,就可通过对各子问题的求解和综合来解决整个问题,而子问题的求解可采用与原问题相同方式来解决。递归函数为上述设计方法提供了一种自然、简洁的实现机制,例如数学归纳法所表示的计算就适用递归函数来实现。

例 5.4 求阶乘 n! = 1 * 2 * 3 * ... * n,用数学归纳法表示为 $n! = \begin{cases} 1, & n = 1, \\ n * (n-1)!, & n \geq 2. \end{cases}$

如果 n>1，求 n! 的问题就能分解为求(n-1)! 再乘以 n。这个分解过程可持续进行，一直到求 1!。此时整个问题就解决了。

编程如下：

```cpp
#include <iostream>
using namespace std;
unsigned factorial(unsigned n){
    if(n==1)
        return 1;
    else
        return n*factorial(n-1);                //递归调用
}
int main(){
    unsigned n;
    cin>>n;
    cout<<n<<"!="<<factorial(n)<<endl;
    return 0;
}
```

上面 factorial 函数设计简单易懂，读者可自行测试。

在定义递归函数时，应注意两个关键：

（1）结束条件。结束条件确定何时不需要递归调用，而能直接得到结果。如例 5.4 中 n==1 即为结束条件，返回 1 作为结果。

（2）降低 n 或趋向结束条件。其确定了问题的分解和综合过程，属于问题求解的一般情形。如例 5.4 中，n>1 时就计算 n-1。

递归调用本质上是一种嵌套调用，只不过是嵌套调用自身。递归函数的一次调用执行包括递推和回归两个过程。上面例子中输入 n=4，递推和回归过程如图 5.3 所示。图中沿虚线箭头向下表示递推过程，一直持续到嵌套调用停止；沿虚线箭头向上表示回归过程，每一次回归都对应水平方向上返回的一个表达式结果，最终到达主函数。

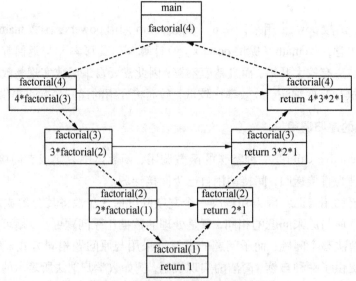

图 5.3　递归调用的递推和回归过程

如果不采用递归调用，实现上面 factorial 函数的一种形式如下：

```cpp
unsigned factorial2(unsigned n){
```

```
    unsigned s =1;
    for (unsigned i =1; i <=n; i ++)
        s * =i;
    return s;
}
```

比较这两种实现方式,递归函数更接近数学归纳法的描述,无循环,可读性更好;非递归实现具有更高计算效率,因为函数调用和返回需要栈操作开销,而这些隐式开销可能比简单的加法和乘法更大。

在递归函数中一般是先判断递归结束条件,然后进行递归调用,否则在执行程序时有可能产生无穷尽的递归调用。

下面是用递归函数来计算 x^n :

```
long long powers(long long x, unsigned n){
    return n ==0? 1:n% 2 ==0? powers (x * x, n/2):
        powers (x * x, (n -1)/2) * x;
}
```

该函数是递归计算的典范之一,用了最少数量的乘法,计算效率高。

例 5.5　求 Fibonacci 数列前 30 个数,要求每行输出 5 个数。Fibonacci 数列的递归公式为

$$f_n = \begin{cases} 1, & n = 1, \\ 1, & n = 2, \\ f_{n-1} + f_{n-2}, & n > 2 \end{cases}$$

显然,递归调用条件是 $n > 2$ 。编程如下:

```
#include <iostream>
#include <iomanip>
using namespace std;
int f(int n){
    if (n ==1 || n ==2)                    //递归结束条件
        return 1;
    else
        return f(n -1) + f(n -2);          //进行递归调用
}
int main(void){
    int i;
    for (i =1; i <=30; i ++){
        cout << setw(10) << f(i);
        if (i% 5 ==0)
            cout << "\n";
    }
    cout << "\n";
    return 0;
}
```

对上面例子,f 函数设计非常接近数学归纳法所表示的递归公式,但仔细分析其递推过程就能发现有重复计算。例如用 $n = 5$ 来调用递归函数 $f(5)$,递推过程如图 5.4 所示,可发现 $f(3)$ 重复计算了 2 次。因此,当计算 $f(n)$ 时, $f(n-2)$ 要重复计算两次,并应加以递归。当 n 比较大时,重复计算将导致很大开销。

另一方面,在 main 函数中调用 30 次 f 函数,实际上做了大量无效的计算。例如当 $i = 30$ 时调用 $f(i)$,那么在 f 函数中就要计算 $f(29)$ 和 $f(28)$,而在前面的 main 函数中已经计算过这两个值了,因为 i 是从 1 循环到 30 的。

第 4.5 节采用循环语句完成相同的功能,那是一种递推形式。对同一个问题,既可用递推

又可用递归,哪一种更好呢? 采用递归编程简洁易懂,采用递推则执行速度更快。但有些问题并不容易用递推来解决,最典型例子是汉诺(Hanoi)塔问题。

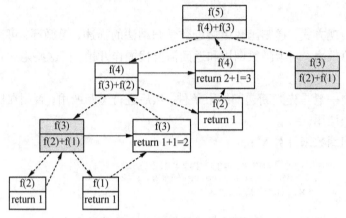

图 5.4 递归函数执行中的重复计算

例 5.6(汉诺塔问题) 如图 5.5 所示,有 A,B,C 三根柱子。设 A 柱上有 n 个盘子,每个盘子大小不等,且大盘子在下,小盘子在上。要求将 A 柱上的 n 个盘子移到 C 柱上,每一次只能移动一个盘子,在移动的过程中可以借助于任一根柱子作为过渡,但必须保证三根柱上的盘子都是大盘子在下,小盘子在上。要求输入任意 n >= 1,编程输出移动盘子的步骤。

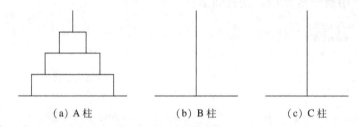

(a) A 柱 　　　　　 (b) B 柱 　　　　　 (c) C 柱

图 5.5 汉诺塔问题示意

先从实例分析入手。当 n = 1 时,只需 1 步;当 n = 2 时,需要 3 步;当 n = 3 时,需要 7 步。对求解过程进行归纳,就能发现可将移动 n 个盘子的问题简化为移动 n – 1 个盘子的问题。将 n 个盘子从 A 柱经 B 柱移到 C 柱可分解如下:

(1) 将 A 柱上的 n – 1 个盘子经 C 柱移到 B 柱上。此时 C 柱为空。当 n = 2 时,对应第 1 步;当 n = 3 时,对应前 3 步。

(2) 将 A 柱上的最大一个盘子移到 C 柱上。此时 A 柱为空。当 n = 2 时,对应第 2 步;当 n = 3 时,对应第 4 步。

(3) 将 B 柱上的 n – 1 个盘子(B 柱上的所有盘子)经 A 柱移到 C 柱上。当 n = 2 时,对应第 3 步;当 n = 3 时,对应后 3 步。

假设把 n 个盘子从 A 柱移到 C 柱的移动次数为 f(n),那么 f(n) = 2 * f(n – 1) + 1,且 f(1) = 1。显然这是一个递归公式,容易实现。

上面(1)和(3)是移动 n – 1 个盘子,只是柱子改变了。这种分解可一直递推下去,直到移动一个盘子结束。其实以上分解的三步骤只包含两种操作:一是将 n 个盘子从 x 柱经 y 柱移到

z 柱上，这是一个递归函数，可用 hanoi(int n, char x, char y, char z)函数实现；二是将一个盘子从 a 柱移到 b 柱，用函数 move(char a, char b)实现，也就是输出移动盘子的提示信息。

编程如下：

```cpp
#include <iostream>
using namespace std;
void move(char a, char b){
    cout <<a <<" to "<<b <<endl;
}
void hanoi(int n, char x, char y, char z){
    if (n ==1)
        move(x, z);                         //移动一个盘子
    else{
        hanoi(n -1, x, z, y);               //递归调用
        move(x, z);                         //移动一个盘子
        hanoi(n -1, y, x, z);               //递归调用
    }
}
unsigned hanoiCount(int n){                 //计算 n 个盘子需要移动的次数
    if (n ==1)
        return 1;
    else
        return hanoiCount(n -1) * 2 +1;
}
int main(void){
    int n;
    while(1){
        cout << "Input number of plates(0 to exit):";
        cin >>n;
        if (n ==0)
            break;
        if (n <0){
            cout <<"input error, retry" <<endl;
            continue;
        }
        hanoi(n, 'A', 'B', 'C');
        cout <<hanoiCount(n) <<"steps\n";
    }
    return 0;
}
```

执行以上程序时盘子数不能大(不要大于 16)，否则无法完成计算(有可能会导致栈溢出)。

上面函数 hanoiCount(int n)计算 n 个盘子的移动次数时直接使用了递归公式，用递归函数来实现。这看起来很简单，但能否更简单？如果不用递归，也不用循环，是否能解决此问题？经过分析可知，移动 n 个盘子的次数是 $2^n -1$，从二进制位来看，就是 n 个 1 位。如此我们能设计一个更高效率的函数(如下所示)：

```cpp
unsigned hanoiCount2(int n){
    if (n <32)
        return (1 <<n) -1;                  //n 个 1 位
    if (n ==32)
        return -1;                          //unsigned 的最大值为全 1 位
    return 0;
}
```

由于 int 整数最大值为 32 位，用整数 int 最多能计算 32 个盘子的移动次数。也可用 unsigned long long 计算最多 64 个盘子的移动次数。如果要移动 64 个盘子，假设 1 秒钟移动

1000 次，需要多少年？读者可以自行设计计算一下。

5.6　函数原型

一般来说，函数先定义后调用，但也可以先说明函数原型再调用函数，并在别的地方定义函数。函数原型（prototype）就是函数头部分，确定了函数调用的合法形式。函数定义可放在后面，或者另一个源文件中，或者编译后的库文件中（如 lib 文件）。一个函数只能定义一次，但原型说明可多次出现。

函数原型说明由返回类型、函数名和形参表组成。形参表必须包括形参类型，但不必对形参命名。函数原型说明的简单形式如下：

　　<返回类型> 函数名(形参表);

一个函数原型说明是一条说明语句，以分号"；"结束。

（1）函数原型说明应出现在该函数调用之前，通常在调用方函数定义之前。

例 5.7　列出 100 以内的所有素数。

```
#include <iostream>
using namespace std;
bool isPrime(unsigned n);                      //A    函数原型说明
int main(){
    for(int i=2; i<100; i++)
        if (isPrime(i))                        //B    函数调用
            cout <<i<<'\t';
    return 0;
}
bool isPrime(unsigned n){                       //C    函数定义
    if (n<2)
        return false;
    if (n==2 || n==3 || n==5 || n==7)
        return true;
    for (int i=2; i*i<=n; i++)
        if (n% i==0)
            return false;
    return true;
}
```

上面程序中，A 行是一个函数原型说明，如果去掉 A 行，编译器就会给出编译错误，指出 B 行中的函数调用出错；C 行开始是函数的完整定义。

（2）在函数原型说明中，<形参表> 可以只列出形参的类型而不写名称。例如，在上面例子中，A 行的函数说明可以写成

　　`bool isPrime(unsigned);`

原型说明中的形参可任意给出一个标识符，不一定与函数定义形参名相同。例如：

　　`bool isPrime(unsigned x);`

对于一组通用设计的函数，我们既希望能被更多的人在更多的编程中调用，但又不愿公开源代码被人篡改或滥用，也不想反复编译浪费时间，因此将这些函数原型说明放在一个头文件中，函数定义放在其他源文件中，再将这些源文件编译为库文件（如 lib 或 dll 文件），然后将头文件和库文件公开给他人使用。就像使用 <math.h> 中的 sqrt 函数，先用#include <math.h> 来说明函数原型，后面代码就能调用其中说明的函数，编译器既会检查调用合法性，同时能避

免对被调用函数重复编译。

本书附录 B 列出了常用头文件及其函数，读者可尝试调用更多函数来简化自己的编程。

5.7　auto 函数与尾随返回类型

C++ 11 引入了 auto 函数，就是用 auto 替代函数返回类型，让编译器自动推导其返回类型。如果需要 auto 函数的原型说明就可用尾随返回类型。更进一步，C++ 14 能根据函数体中 return 表达式来推导函数返回类型。如果 auto 函数中有多个 return 表达式，这些表达式应为相同类型。

auto 函数可以是递归函数，但递归调用必须在至少一个 return 语句之后。例如：

```
auto func(int i) {
    if (i ==1)
        return 1;                          //返回类型被推断为 int
    else
        return (func(i -1) + i);
}
```

下面情形就不能推导：

```
auto wrong(int i){
    if (i!=1)
        return (wrong(i -1) + i);          //编译错误
    else
        return i;
}
```

auto 函数调用可与 auto 变量初始化配合使用。例如：

```
auto v = func(5);
cout << func(v) << endl;
```

函数形参类型不能用 auto 推导，但可用 decltype(表达式)来推导。例如：

```
auto max(int a, decltype(a) b) {return a >b? a:b; }
```

此例说明第 2 个形参 b 与第 1 个形参 a 有相同类型。当要将形参类型与返回类型改为另一种类型时，如 long long 或 double，只需一次改动。

auto 函数在调用之前应该完成函数定义，除非用尾随返回类型来说明 auto 函数的返回类型。**尾随返回类型**(trailing return type)就是在形参表之后用“ -> 返回类型”说明 auto 函数的返回类型。其中，返回类型可直接指定，也可用 decltype(表达式)来推导。例如：

```
auto func(int i) ->decltype(i);
```

说明一个函数原型，返回类型与形参 i 类型一样。下面调用该函数：

```
auto v2 = func(9);
```

该函数定义中仍需说明其尾随返回类型：

```
auto func(int i) ->decltype(i){
    if (i ==1)
        return 1;
    else
        return (func(i -1) + i);
}
```

auto 函数可简化编程，利用自动类型推导，程序员无需记忆太多转换规则。例如：

```
auto multi(unsigned a, long b) ->decltype(a*b);
```

无需掌握 unsigned 与 long 计算结果的类型,编译器能自动推导。调用 auto 函数也简单,例如:

```
auto v3 =multi(2, -3);
```

如果想要看到 v3 的类型,因 VS 代码编辑器支持变量类型即时显示,只要把鼠标放在 v3 上就能看到其类型(如下所示):

```
auto v3| = multi(2, -3);
cout
        unsigned long v3
```

此外 C++ 14 还可用 decltype(auto)来推导模板函数的返回类型,详见第 13.2.10 节。

如果检查函数形参不满足计算条件,应尽早停止计算,但此时往往不能返回确定的类型的值,这时可以引发简单异常给调用方。例如:

```
auto quot(int a, int b){
    if (b==0)
        throw "divided by zero";        //若除数为 0 就引发异常来停止计算
    return double(a)/b;
}
```

上面使用 throw 语句引发一个异常通知调用方,调用方编码可以捕获该异常并处理,也可能忽略异常导致程序中止,但这样可避免"错误累积"。异常引发 throw 详见第 15.3.1 节。

一般的计算过程都是从已知的原始数据来逐步计算中间数据和最终结果。利用自动类型推导可减少数据类型的描述,一般仅需描述原始数据类型就能自动推导中间数据类型和最终结果类型。减少类型描述既能减少出错,也能减少代码变更的负担,从而简化编程。

5.8 特殊参数

特殊参数包括带缺省值的形参和可变参数。

5.8.1 带缺省值的形参

函数形参表中的最后一个或多个形参可说明缺省值。调用函数时,如果没有提供相应实参,形参就用指定的缺省值。例如 print 函数:

```
void print(int value, int base =10);
```

如果要调用该函数以十进制输出某个整数值,则可省略第 2 个实参:

```
print(x);
```

编译器将根据形参缺省值,把上述函数调用编译为

```
print(x, 10);
```

形参的缺省值能简化函数调用,但应注意下面几点:

(1)带缺省值的形参应处于形参表的最后面。

例 5.8 函数形参的缺省值。

```
#include <iostream>
using namespace std;
void f(int a, int b =1, int c =0){              //A
    cout <<"a = " <<a <<'\t';
```

```
    cout << "b = " <<b<< '\t';
    cout << "c = " <<c<<endl;
}
int main(void){
    int x = 0, y = 1, z = 2;
    f(x, y, z);                          //B    正确
    f(x, y);                             //C    相当于 f(x, y, 0)
    f(x);                                //D    相当于 f(x, 1, 0);
    f();                                 //E    错误, 第一个形参没有缺省值
    return 0;
}
```

上面程序中, 如果把 A 行修改成如下代码都是错误的:

```
void f(int a, int b =1, int c);
void f(int a =2, int b, int c);
void f(int a =2, int b =1, int c);
void f(int a =2, int b, int c =3);
```

从第一个带缺省值的形参开始, 其右边所有形参都应指定缺省值。

(2) 必须在函数调用前指定缺省值(在函数原型说明中若已指定形参缺省值, 则在其后定义函数时就不必再指定缺省值), 这是因为形参缺省值是提供给编译器在检查函数调用时使用的, 当发现调用函数中未提供相应实参时, 编译器就使用默认值。例如:

```
void f(int a, int b =1, int c =0);           //A    函数原型中给出缺省值
int main(void){
    int x = 0, y = 1, z = 2;
    f(x, y, z);
    f(x, y);
    f(x);
    return 0;
}
void f(int a, int b, int c){                 //B    函数定义中没有缺省值
    cout << "a = " <<a<< '\t';
    cout << "b = " <<b<< '\t';
    cout << "c = " <<c<<endl;
}
```

A 行是函数 f 的原型说明, 指定了后两个形参的缺省值。如果 B 行函数定义语句中再次指定形参默认值, 不论两处指定的形参默认值是否相同, 编译器都认为是重复指定, 会报错。

(3) 重载函数时同名函数形参缺省值可能发生二义性错误。例如:

```
void f(int a, int b =1, int c =0);           //A
void f(int a, int b);                        //B
int main(void){
    int x = 0, y = 1, z = 2;
    f(x, y, z);
    f(x, y);                                 //C    出错
    f(x);
    return 0;
}
```

A 行和 B 行的两个函数是重载函数, C 行报错, 这是因为函数调用 f(x, y) 具有二义性, 不能确定调用哪一个函数。

5.8.2　可变参数

函数形参定义可包括若干固定形参和最后一个可变形参(...)。形参表中固定形参在前, 可变形参在后。调用时, 先提供固定实参, 对于可变形参, 可提供 0 个、1 个或多个实参, 在函

数体中要调用 < stdarg. h > 中定义的 3 个函数(或宏)和 1 个类型来获取实参值,再完成计算。

例 5.9 用可变参数求若干个正整数的平均值,用 −1 表示结尾。

```cpp
#include <iostream>
#include <stdarg.h>
using namespace std;
int average(int first,...);                                    //A
int main(){
    int i=3, j=4;
    cout <<"Average is: " <<average(2, i, j, -1) <<endl;       //B
    cout <<"Average is: " <<average(5, 7, 9, 11, -1) <<endl;   //C
    cout <<"Average is: " <<average(-1) <<endl;                //D
    return 0;
}
int average(int first,...){
    int count =0, sum =0, i =first;
    va_list marker;                                            //E
    va_start(marker, first);                                   //F
    while(i!= -1){
        sum += i;
        count ++;
        i =va_arg(marker, int);                                //G
    }
    va_end(marker);                                            //H
    return(sum? (sum/count):0);
}
```

执行程序,输出结果为

```
Average is: 3
Average is: 8
Average is: 0
```

A 行定义的函数原型 average 中包含一个 int 形参和一个可变形参(用 3 个连续的点表示可变形参),这要求调用函数时至少提供一个 int 实参作为固定实参。该函数约定对 0 个到多个 int 值计算平均数,而且以 −1 结尾。

B 行调用提供了 4 个实参,因最后的 −1 作为结尾标记,因此只有 3 个实参参与计算。

C 行调用有 5 个实参,对 4 个实参计算平均值。

D 行仅有 1 个实参 −1,表示没有实参参与计算,约定返回 0。

E 行 va_list 表示实参表类型,marker 就是当前实参表的名字。

F 行调用 va_start 函数来对实参表中的可变实参初始化,并确定了可变实参的位置,即从 first 之后的实参都是可变实参。

G 行调用 va_arg 函数来获取下一个实参值,其中第一个实参是当前实参表,第二个实参确定实参的类型,该函数返回下一个实参值。一般在循环语句中调用该函数就能循环读出所有的实参。函数中要约定实参结束的条件(本例中用 −1 表示结束),也可用头一个实参来确定后面实参的个数,例如 int average(int num,...)。注意,没有其他办法能知道实参的个数。

H 行调用 va_end 函数对实参表 marker 复位。

以上在定义可变数量函数时,需要用到 1 个类型 va_list 和 3 个函数 va_start,va_arg,va_end,必须包含头文件 < stdarg. h >。建议不要对可变参数的函数定义重载函数。

上面可变形参是传统 C89 语言规范,比较复杂。C++ 11 引入了初始化列表,也可定义可变参数,使用也更简单(详见第 6. 4. 3 节)。

5.9 inline 函数与 constexpr 函数

inline 函数称为内联函数,可提高调用效率。constexpr 是 C++ 11 引入的修饰符,称为常量表达式,表示编译期确定的常量或编译器执行的函数。constexpr 函数在条件满足时既可提前到编译期计算,也可推迟到运行期计算。

5.9.1 inline 函数

用关键字 inline 修饰的函数称为内联函数,该函数的所有调用都被替换为其函数体。

由于函数的调用和返回都有一定的时间和内存的开销,如果定义一个简短函数,想避免调用和返回的开销,就可将其说明为内联(inline)函数。例如:

```
inline int max(int a, int b){
    return (a > b? a:b);
}
```

对于一个内联函数,编译器用其函数体来替代其每次调用。内联函数使目标代码变得更长,以换取更高的执行效率,也就是用空间换时间(这是一种性能优化策略)。内联函数对编程功能没有影响,递归函数与 auto 函数都可作为内联函数。

5.9.2 constexpr 函数

C++ 11 引入 constexpr 限定符,直译为常量表达式,表示编译常量,也就是在编译期要确定的值。constexpr 可限定类、函数和变量。C++ 14 进一步扩展了常量表达式,VS 2017 支持扩展,但 DevC++ 不支持扩展。

constexpr 限定的函数在条件满足且确实需要时,可提前到编译期计算,同时也隐含为内联(inline)函数,执行效率高。

constexpr 非成员函数的要求如下:① 形参与返回都是字面类型(literal type),基本类型(含 void)及其数组也都是字面类型(字面类型详见第 11.8 节);② 函数体中不能包含 asm 定义(即汇编语言)、goto 语句、try-catch 语句,以及说明非字面类型变量或未初始化变量、thread-local 变量。VS 编译器允许说明 constexpr 静态变量。

constexpr 函数可以是递归函数,也可以是 auto 函数。例如:

```
constexpr auto max(int a, int b){return (a > b? a:b); }
```

下面的递归函数计算整数阶乘:

```
constexpr int fac(int n){          //C++ 11 限制只能包含单条 return 语句
    return n == 1? 1:n * fac(n - 1);
}
```

也可改为

```
constexpr auto fac(int n){          //C++ 14(VS2017)允许多条语句,允许返回 auto
    if (n == 1) return 1;
    return n * fac(n - 1);
}
```

对于 constexpr 函数而言,如果实参为字面值或 constexpr 常量,且调用方需要在编译时得到结果用来替代一个字面常量(语法要求),此时就会在编译期运行;反之,如果实参不是字面值或 constexpr 常量，或者不用于替代字面常量，该函数就在执行时调用。新标准建议通用函数都尽可能添加 constexpr，这样可避免对同一个功能提供两个函数版本——编译运行版本和执行运行版本。

constexpr 函数调用可对 const 或 constexpr 常量初始化。例如：

```
const int n = fac(4);              //用24 初始化常量 n
constexpr int m = fac(5);          //用120 初始化常量 m
```

上面两个常量都在编译时调用函数并将计算结果作为初始化值，在运行时不调用。

VS 代码编辑器能即时编译，把鼠标放在 n 或 m 之上可立即看到计算结果（如下所示）：

```
const int n = fac(4);
constexpr int m = fac(5);

          constexpr int m = 120

return 0;
```

上面两个常量的区别为 const 是编译期或运行期确定的常量，而 constexpr 只能在编译期确定。因此 constexpr 常量的约束更强，可替代 const 常量。

在第 11.8 节，我们还将介绍 constexpr 限定类及构造函数与成员函数。

5.10　作用域

每个标识符（如变量名）都有确定的说明位置，决定了它将在什么范围内有效（能被访问）。作用域（scope）就是标识符的有效区域。一个作用域中不允许出现重名定义。作用域共分为 5 类，即局部作用域、函数作用域、文件作用域、函数原型作用域和类作用域。下面我们介绍前 4 种作用域，类（包括结构）作用域在后面介绍。

5.10.1　局部作用域

局部作用域也称为块作用域。一个块（block）就用一对花括号"{}"括起来的部分程序。块可以嵌套，即一个块中可嵌套内层块，而且嵌套层数没有限制。块之间不能有交叉，没有一条语句能同时位于两个非嵌套的块中。函数体是最常见的局部作用域。

一个块内说明的标识符（如局部变量），其作用域始于标识符的说明，止于该块的结尾，可被其内层块访问。

例 5.10　局部作用域示例。

```cpp
#include <iostream>
using namespace std;
int main(void){
    int i, j;
    i = 1; j = 2;
    if (i < j){
        int a, b;
        a = i ++;
        b = j;
        cout << a << '\t' << b << endl;
    }
    cout << i << '\t' << j << endl;
    return 0;
}
```

上面程序中有两个块。第一个是 main 函数块，其中说明了变量 i, j，其作用域是从定义到函数结束；第二个块是嵌套块，其中定义了变量 a, b，其作用域仅限于 if 语句块，不能在块外使用，但该嵌套块中可使用其外层块先前说明的变量 i 和 j。

在内层块中可说明与外层块中同名的标识符，而且在内层块中优先访问它。

例 5.11　同名变量的作用域示例。

```
#include <iostream>
using namespace std;
int main(void){
    int i =1, j =2, k =3;
    cout <<i <<'\t' <<j <<'\t' <<k <<endl;
    if(i <k){
        int i =5, j =6;                            //A
        k =i +j;                                    //B    k =5 +6
        cout <<i <<'\t' <<j <<'\t' <<k <<endl;
    }
    cout <<i <<'\t' <<j <<'\t' <<k <<endl;          //C
    return 0;
}
```

上面程序嵌套块中，A 行说明的变量 i 和 j 与外层说明的变量同名。B 行使用 i, j 时，访问的是内层说明的变量，而不是外层的同名变量，这是因为内层标识符优先，所以隐藏了其外层块中的同名标识符，也即不能访问外层块中的同名变量 i 和 j。

当程序执行到 C 行，退出了内层块，这时内层块中说明的变量就不存在了。

执行程序，输出结果为

```
1       2       3
5       6       11
1       2       11
```

在函数内说明的一个函数原型具有块作用域，从说明处开始到函数体结束都是该原型的有效范围，即能被有效调用。

函数的形参具有块作用域，从说明处开始到函数体结束都是形参标识符的有效范围。因此函数体内定义的局部变量不能与形参重名。

for 语句的表达式 1 中说明的循环控制变量具有块作用域，在 VS 或 DevC++（GCC）中，其作用域仅作用于 for 语句之内；但在早期 VC6 中，其作用域扩展到 for 语句之后的块尾。例如：

```
int main(){
    for(int i =0; i <10; i ++){
        cout <<i *i <<'\t';           //for 语句中说明的变量 i 具有块作用域
    }
    cout <<i;                         //VC6 ++ 允许，标准 C++ 不允许
    ...
}
```

具有块作用域的变量就是局部变量。局部变量存储在栈中。栈（stack）是一种"先进后出"的数据结构。外层块中说明的局部变量要先入栈（开辟空间），内层块中说明的局部变量后入栈，在当前栈中的变量能被访问。当内层块执行结束时，内层块的局部变量先出栈（回收空间），即不能再访问了，但仍能访问外层块中的局部变量。局部变量随着程序执行动态开辟和回收空间，因此不同块中用同一名字能访问不同变量（如例 5.11 中的 B 行和 C 行）。

5.10.2　文件作用域与全局作用域运算符

文件作用域(file scope)是说明在所有块和类之外的标识符的作用范围,从说明开始到当前文件结束。

在函数外定义的变量具有文件作用域。具有文件作用域的变量可在当前文件中被访问,称为全局(global)变量。在多文件组成的程序中,非静态全局变量可被其他文件访问,而静态全局变量仅限于当前文件中访问。通常我们所讲的全局变量指的是非静态全局变量。

例 5.12　文件作用域变量示例。

```cpp
#include <iostream>
using namespace std;
int i =11, j =22, k =33;                            //A
int main(void){
    cout <<i <<'\t' <<j <<'\t' <<k <<endl;          //B
    int i =1, j =2, k =3;                           //C
    cout <<i <<'\t' <<j <<'\t' <<k <<endl;          //D
    if(i <k){
        int i =5, j =6;
        k =i +j;                                    //k =5 +6
        ::i +=2;                                    //E
        cout <<i <<'\t' <<j <<'\t' <<k <<endl;
    }
    cout <<i <<'\t' <<j <<'\t' <<k <<endl;
    cout <<::i <<'\t' <<::j <<'\t' <<::k <<endl;     //F
    return 0;
}
```

A 行说明的 3 个变量是文件作用域的有效范围,即它们可被同一个文件中下面所有函数访问(例如 main 函数中的 B 行)。内层块中如果说明了相同名称的标识符,就隐藏外层同名标识符。C 行说明了内层作用域中的 3 个变量,使 D 行能访问,因为内层优先。

在内层块中,访问文件作用域中定义的同名全局变量要使用**全局作用域运算符**"::"。该运算符全称为"作用域解析运算符",全局作用域只是其一种用法,后面还将介绍它的其他用法。

E 行中用"::i"来确定被访问的是全局变量 i,而不是局部变量 i;F 行中也使用了这个运算符来访问全局变量。

执行上面程序,输出结果为

```
11      22      33
1       2       3
5       6       11
1       2       11
13      22      33
```

这里所有函数都具有文件作用域,因此不能定义与函数名同名的全局变量。

5.10.3　函数原型作用域

函数原型作用域简称原型作用域(prototype scope),是在函数原型形参表中说明的标识符所具有的作用范围,它从形参变量(标识符)定义开始到函数原型说明结束。由于函数原型中说明的形参标识符与该函数的定义和调用无关,仅有形式上的意义,故只要求多个形参不重名即可。

（1）函数原型的形参标识符可与其定义不同。例如：

```
float function (int x, float y);          //函数 function 的原型说明
…
float function (int a, float b)           //函数 function 的定义
{函数体}
```

（2）函数原型的形参标识符可省略。例如：

```
float function (int, float);
```

5.10.4　函数作用域

函数作用域（function scope）专门针对标号语句的标识符，从函数开始到函数结束的整个范围内均有效。需要注意的是，函数体内说明的局部变量只具有局部作用域，并没有函数作用域。函数体内说明的标号在整个函数中都能被 goto 语句使用，所以 goto 语句能往后跳也能往前跳，但不允许跳到另一个函数。结构化设计不提倡使用 goto 语句，因此函数作用域也就没有多大用处。

5.11　程序运行期存储区域

一个 C++ 程序在加载执行时，作为一个进程，系统为其分配内存空间。一个程序所涉及内存空间在逻辑上可分为如表 5.1 所示的若干区域。

表 5.1　程序运行期的存储区域

名称	说明	可伸缩型	生存期
代码区	代码段。执行代码所占区域。代码可访问下面数据区；代码可控制程序终止	不伸缩	全程。加载后占用，程序终止后释放
静态存储区	数据段。静态变量所占区域。包括全局静态变量和局部静态变量	不伸缩	全程。加载后占用，程序终止后释放
全局存储区	数据段。全局变量所占区域	不伸缩	全程。加载后占用，程序终止后释放
动态存储区	栈段。局部变量、函数形参所占区域	可伸缩	动态。当前代码执行进入局部变量作用域就存在，退出就释放
系统堆存储区	多进程共享区域。动态申请内存，使用后回收	可伸缩	动态。申请后占用，回收后释放

5.12　存储类

存储类（storage class）确定了变量占用内存的期限、可见性、链接性、存储区域。C++ 中变量的存储类包括自动（auto）、寄存器（register）、静态（static）、外部类型（extern）以及线程局部（thread_local，C++ 11 新增）。

在 C++ 11/VS2010 之前，关键字 auto 修饰的局部变量称为自动变量。C++ 11 之后，auto 变量的

含义改变为编译器自动推导变量类型，也可以推导 Lambda 函数形参类型、函数返回类型。此时自动变量是指局部作用域变量，即栈中可动态回收的变量。C++ 11 之前用 register 修饰的局部变量称为寄存器变量，register 指示编译器尽可能利用 CPU 寄存器来存储变量，以提高变量存取速度。现 C++ 11 弃用 register。下面介绍静态变量、外部变量和线程局部变量。

5.12.1　static 变量与多文件项目

静态变量就是用关键字 static 修饰的变量。静态变量存储在静态存储区中。在说明静态变量时，若没有指定初值，编译器将其初值置为 0(bool 将为 false)。例如：

```
static float y = 4.5f;                    //静态全局变量 y, 初值 4.5
static char s;                            //静态全局变量 s, 初值 0
void f(void){
    static int x;                         //静态局部变量 x, 初值 0
    cout << x << ', ' << y << ', ' << (int)s << endl;
}
```

说明在文件作用域中的静态变量称为静态全局变量，例如上面的 y 和 s；说明在块作用域中的静态变量称为静态局部变量，例如上面的 x。它们都存储在静态存储区中，生存期就是整个程序的运行期。

1) 静态局部变量

静态局部变量的特点是在程序开始执行时就分配内存，其生存期是全程的，其作用域是局部的，其他函数不能访问该变量；在程序执行退出其作用域时，系统并不收回其内存，当下次执行该函数时，该变量仍保持在内存中，且保留原来的值。

静态局部变量的作用是保存函数每次执行后的结果，以便下次调用该函数时能继续使用。

例 5.13　静态局部变量示例。

```
#include <iostream>
using namespace std;
int f(int i){
    static int r = 1;                     //说明静态局部变量
    r *= i;                               //改变静态局部变量
    return r;                             //返回静态局部变量
}
int main(void){
    for(int i = 1; i < 5; i++)
        cout << i << "! = " << f(i) << '\n';
    return 0;
}
```

执行上面程序，输出结果为

```
1! = 1
2! = 2
3! = 6
4! = 24
```

上面程序中 f(int i) 函数被调用了 4 次，分别计算 1 ~ 4 的阶乘，而且 f(int i) 函数内没有循环，只是说明了一个静态局部变量来保存每次调用后的计算结果。

2) 静态全局变量

静态全局变量区别于非静态全局变量之处在于静态全局变量仅限于本文件内使用，不能被其他文件使用，而非静态全局变量能被其他文件使用。当我们说"全局变量"时，一般是指非静态全局变量。

如果一个程序仅由一个文件组成,在说明全局变量时,有无 static 修饰没有什么区别。

如果一个程序由多文件构成,在一个文件中可说明一些静态全局变量仅供本文件中的多个函数或类使用,在其他文件中可说明同名的静态全局变量而不会导致重名。

例 5.14　静态全局变量示例。

一个程序由 3 个源文件 main. cpp,c1. cpp 和 c2. cpp 构成,结构如图 5.6 所示。

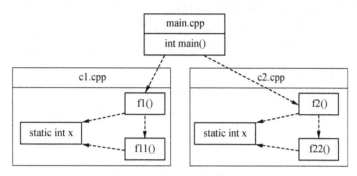

图 5.6　静态全局变量示例

文件 main. cpp 中只有 main( )函数,调用了另外两个文件中的 f1( )和 f2( )函数。文件 c1. cpp 和 c2. cpp 中分别定义了一个静态全局变量 x,分别供同一文件中的 2 个函数使用。

编程如下:

```
//main. cpp 文件
#include <iostream>
void f1();                           //函数原型说明
void f2();                           //函数原型说明
int main(){
    f1();                            //函数调用
    f2();                            //函数调用
    return 0;
}
//c1. cpp 文件
#include <iostream>
using namespace std;
static int x =11;
void f11(){
    cout <<"c1. cpp: x = " <<x <<endl;
}
void f1(){
    x +=2;
    f11();
}
//c2. cpp 文件
#include <iostream>
using namespace std;
static int x =22;
void f22(){
    cout <<"c2. cpp: x = " <<x <<endl;
}
void f2(){
    x +=2;
    f22();
}
```

在 VS 环境中，一个项目如果需要多个源文件，就在该项目的"源文件"中单击右键，再点击"添加"→"新建项"或"已有项"（可一次性添加多个已有项）。

执行该程序，输出结果为

```
c1.cpp: x=13
c2.cpp: x=24
```

不同源文件中可定义同名的静态全局变量。main()函数不能访问定义在其他文件中的静态全局变量 x。此时如果将 c1.cpp 或者 c2.cpp 中的 static 修饰去掉一个，将会是什么结果？答案是仍然正确。这是因为一个变量 x 为静态，其只能在本文件中访问，而另一个变量 x 虽为全局变量，但被静态变量屏蔽，并没有发生命名冲突。但如果将两个 static 都去掉，就会发生重复命名，将给出连接错误。

static 可修饰函数，限制它只能在本文件中被调用。

多个文件中名称共享的方式称为**连接性**（**linkage**）。用 static 说明的是内连接（本文件内访问，多文件可重名），用 extern 说明的是外连接（多文件共享，不可重名）。对于函数和全局变量，默认为外连接。

5.12.2　extern 变量

关键字 extern 修饰的全局变量称为外部变量。全局变量缺省为外部变量，所以外部变量的定义性说明可省略 extern。一个外部变量定义在一个文件中，可以被其他文件使用（只要先做一个引用性说明）。外部变量是 C++ 程序中最大范围的变量。在运行时，所有外部变量都存储在全局存储区，外部变量的生存期就是整个程序的运行期。

（1）**定义性说明**：说明全局变量并分配内存、初始化。一个外部变量只能做一次定义性说明。其格式为

［extern］<类型名> <变量名>[= <初始值>；]

注意，如果使用 extern 修饰就要显式初始化。例如：

extern int global =100;

如果不用 extern 修饰，初始值可缺省取 0，也可以显式初始化。我们建议对每个全局变量都做显式初始化。前面介绍的全局变量都是外部变量，显然在一个多文件项目中不能出现同名的多个外部变量。

（2）**引用性说明**：对于一个在其他文件中定义的全局变量，在当前文件中要先做引用性说明，然后后面的代码才可用该变量。一个外部变量可做多次引用性说明。

外部变量的引用性说明只有一种形式：

extern int global;　　　　　　　　//不能指定初始值

引用性说明告诉编译器下面代码要使用一个外部变量，而这个外部变量可能定义在后面，也可能在其他文件中。

以下两种情况会用到外部变量的引用性说明：① 在同一文件中，全局变量使用在前，定义在后；② 在多文件程序中，一个文件 f1 要使用在另一个文件 f2 中定义的全局变量 x，则在文件 f1 中要对 x 做引用性说明。

例 5.15　外部变量使用示例。

该程序由 2 个文件构成，文件 main. cpp 中定义了一个全局变量 x 供其中的 main( )函数和另一个文件 f1. cpp 中的函数 f1( )使用。文件结构如图 5.7 所示。

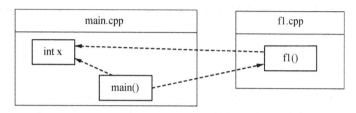

图 5.7　外部变量使用示例

编程如下：

```
//main. cpp
#include <iostream>
using namespace std;
void f1();                      //函数原型说明, extern 可缺省
int x =11;                      //定义全局变量 x, extern 可缺省
int main(){
    cout << "main. cpp: x = " << x << endl;
    f1();
    cout << "after call f1: x = " << x << endl;
    return 0;
}
//f1. cpp
#include <iostream>
using namespace std;
void f1(){                      //函数定义
    extern int x;               //外部变量 x 的引用性说明, extern 不可缺省
    x ++;                       //使用外部变量 x
    cout << "f1. cpp: x = " << x << endl;
}
```

上面程序的项目需要多文件配置(详见第 5. 12. 1 节)。执行程序后，输出结果为

```
main. cpp: x =11
f1. cpp: x =12
after call f1: x =12
```

每个函数原型说明都隐含着外部 extern 引用，这是因为每个函数(不包括类中的成员函数)都是全局的，都可被其他文件调用(调用前只需一个原型说明)。

extern 还可用于说明外部模板，详见第 13. 2. 2 节。

5. 12. 3　thread_local 变量

用 thread_local 修饰的变量称为线程局部变量，在多线程环境中各线程都独立持有该变量的一个拷贝，而不是多线程共享一个变量。它是 C++ 11 新增的一种变量存储类，具有如下作用：

① thread_local 可与 static 或 extern 共同修饰同一个变量；

② thread_local 仅用于数据的说明和定义，不能用于函数的说明和定义；

③ thread_local 不能用于自动变量(因为自动变量对于线程来说是独立拥有的)，可说明静态变量或全局变量，也可说明类或结构中的静态成员和非静态成员。

线程局部变量涉及线程局部存储(thread local storage，简写为 TLS)与多线程编程，读者可自行参阅相关文档和实例(多线程编程详见第 10. 11 节)。

5.12.4　存储类小结

一般来说，一个程序由多个源文件组成。如果多个文件之间需要共享某些数据，就需要定义非静态全局变量。

一个文件中可包含一组函数或类。如果同一文件中的多个函数或类之间需要共享某些数据，就要定义静态全局变量。

无论是非静态全局变量还是静态全局变量都会造成"数据耦合"，即多个函数或类依赖于外部定义的某个数据。数据耦合违背了结构化设计"低耦合"原则，在复杂程序设计中会导致可读性、可维护性降低。例如，全局变量难以修改，难以移动，导致依赖它的模块也难以修改和移动。使用全局变量与 goto 语句一样有害，应尽可能避免定义使用全局变量。而消除全局变量并非难事，经过更细致的分解，在函数设计时添加合适的形参和返回值就能解决。

结构化设计提倡"高内聚"设计原则，有关联的或者被依赖的数据和代码都封装在一起。这样的程序可理解性强，易于维护。显然，"高内聚"提倡使用局部变量。

如果一个函数执行中需要某些数据来存储每次执行的结果以供下次执行时使用，就需要定义块作用域中的局部静态变量。在后面的类中，在一个类的内部也往往需要定义静态数据成员作为类的成员（而不是对象的成员），它们属于类作用域中的局部静态变量。局部静态变量放在静态存储区，具有整个程序的生存期，这与全局变量一样，但它们的定义和使用都是局部的。因此，使用静态局部变量是比较合理的。

非静态局部变量则使用最为广泛，例如函数的形参、函数体内的非静态局部变量。

总之，当我们要定义使用一个变量时，应按照下面次序来优先选择：

① 非静态局部变量：函数调用或函数体内使用，动态存储，首选；

② 静态局部变量：函数或类内使用，静态存储，全程生存期；

③ 静态全局变量：单个文件内共享，应慎重使用；

④ 非静态全局变量：多文件共享，应尽量避免使用。

如果非要用全局变量，也应该定义为命名常量，使其不能更改。即便可以更改，也只允许一个函数更改，其他函数只能读取。如果一个全局变量能被多个函数更改，程序的理解和维护就麻烦了。

5.13　编译预处理

编译预处理（preprocessor）是在编译 C/C++ 源文件之前所进行的前期处理工作，简称预处理。预处理是 C/C++ 语言的一个重要特色。预处理指令如表 5.2 所示。

表 5.2　预处理指令

指令	语法形式	说明
包含文件	`#include <文件名>`	包含系统文件
	`#include"文件名"`	包含用户文件

指令	语法形式	说明
宏定义	#define 宏名	缺省值为 1
	#define 宏名 值	值中可调用其他宏名
	#define 宏名(形参表) 值	值中包含形参名,可用#和##运算符
	#define 宏名(x,...) 值	可变宏参量
取消宏	#undef 宏名	终止宏名的作用域
条件编译	#ifdef 宏名　#ifndef 宏名	判断已定义宏名或未定义宏名
	#if 常量表达式	判断常量表达式的值是否为非 0 运算符:defined(宏名)或 defined 宏名 算术、关系、逻辑表达式 只能对整数值和字符 char 值运算
	#else, #elif, #endif	判断分支与条件结尾
其他	#error 串	提示错误消息
	#line 正整数"文件名"	更改内部存储的当前文件名和当前行
	#pragma 指令	执行独有指令
	#import"文件名"[属性表] #import <文件名> [属性表]	从类型库文件导入信息
	#unsing "文件名"	编译选项/clr,导入元数据

预处理指令都以"#"开头,每条指令单独占一行,末尾没有分号。预处理指令可出现在程序中任何位置,但常位于开始位置。预处理指令先将源文件处理为临时文本文件,其中只有 C/C++ 指令,然后再对临时文件进行编译。

5.13.1　包含文件

包含文件就是将另一个源程序文件的全部内容插入到当前位置,用 include 指令实现。该指令有两种格式:

#include <文件名>　或　#include "文件名"

这两种格式在查找文件路径上有区别。

#include <文件名>:先从编译选项/I 指定的目录中查找,再从环境变量 INCLUDE 指定的目录中查找。如未找到就报错。这种格式用于包含系统文件,如 <iostream> , <math.h>。VS 菜单中单击"工具"→"Visual Studio 命令提示",进入 DOS 界面,执行 set 就能看到所有环境变量。

#include "文件名":查找次序为当前文件所在目录 A→目录 A 的父目录逐级向上→编译选项/I 指定目录→环境变量 INCLUDE 指定目录。如未找到就报错。这种格式常用于包含用户自己编写的文件。

对包含文件,应注意以下几点:

① #include 指令可出现在程序中任何位置,但通常放在程序开头。

② 一条 include 指令只能指定一个文件。

③ 包含可嵌套。例如：

file1. cpp 中有命令：　　　#include "file2.h"

file2. h 中有命令：　　　#include "file3.h"

④ 应避免包含关系中出现"环"。上面例子中，如果 file3. h 文件中包含了 file1. cpp 或 file2. h 或自己，都将形成环，导致预处理失败。

⑤ 同一个文件可能会被直接或间接包含多次，从而导致重复定义(如一个项目中的两个文件都包含了同一个文件，就可能出现这种情形)。后面我们将介绍如何用条件编译来解决此问题。

5.13.2　无参宏

一个宏(macro)是一个命名的字符串。一个宏在定义之后可用于宏调用、宏展开，也能用于作为条件编译的判断依据。

1) 宏定义与宏调用

无参宏就是没有形参的宏。定义无参宏的格式为

```
#define <标识符> [<字符串>]
```

其中，<标识符>为宏的名字，<字符串>是宏的值。宏的值不用双引号，如果用双引号，双引号就是值的一部分。如果宏没有值，就取 1 作为缺省值。例如：

```
#define PI 3.1415926
#define DEBUG
```

在此之后的代码中就可用 PI 来代替 3.1415926，用 DEBUG 来代替 1，这种使用宏的行为被称为"宏调用"。在编译预处理时，将用 3.1415926 替代每一个出现的 PI(字符串除外)，用 1 替代每一个 DEBUG，这种替换过程称为"宏展开"。又如：

```
#define PROMPT "面积为:"
```

在编译预处理时，将用"面积为:"来代替 PROMPT。

对于一个已定义的宏，可解除宏定义，以终止其作用域。解除宏的定义的格式为

```
#undef <宏名>                    //解除宏的定义
```

从定义宏到解除宏定义之间的区域是宏的作用域。如果没有#undef 指令，宏的作用域将延伸到当前文件尾。在同一作用域内，同一个宏名不允许重复定义。

无参宏一般用于常量定义及控制条件编译(后面将介绍条件编译)。

例 5.16　用无参宏求圆面积。

```
#include <iostream>
using namespace std;
#define PI 3.1415926
#define R 2.8
#define AREA PI * R * R               //A
#define PROMPT "面积为:"
#define CHAR '!'
int main(void){
    cout << PROMPT << AREA << CHAR << '\n';
    return 0;
}
```

执行程序后,输出结果为

面积为:24.6301!

2) 注意要点

关于宏定义、宏调用和宏展开,应注意以下规则:

(1) 宏名应符合标识符语法规则。通常宏名用大写字母表示,以区别程序中的变量名或函数名。

(2) 如果在宏作用域中有#include 指令,这个宏的作用域就延伸到被包含的文件中。此时包含#include 指令先起作用,然后再确定宏的作用域。

(3) 宏展开时不作任何计算,也不作语法检查,仅对宏名作简单串替换。例如:

```
#define A 3 + 3
#define B A * A
cout << B << '\n';                       //输出 15,并非 6 * 6
```

(4) 预处理指令无需分号结尾,定义宏尾端加分号也不报错,但在宏展开后编译报错。例如:

```
#define PI 3.1415;                       //A     没有错
int main(void){
    double r, area;
    cout << "输入半径:";
    cin >> r;
    area = PI * r * r;                    //B     编译报错
    cout << "面积为:" << area << '\n';
    return 0;
}
```

(5) 用户定义的宏用完后应及时消除宏定义,以避免被误调用。

(6) 如果宏名出现在字符串中,就不进行宏展开。

(7) 如何宏值中出现双引号,就应该配对出现。

(8) 宏调用时仅替换完整的标识符。例如:#define NAME "zhang" 对 NAMELIST 不替换。

3) 预定义宏

C++ 系统往往提供一些预定义宏(predefined macros),一般用 1 个或 2 个下划线开头。例如:宏"_FILE_"的值就是当前文件名,宏"_LINE_"的值是当前行的行号。预定义宏可直接调用。C++ 11 添加了宏_func_,能获取当前函数名。

例 5.17 预定义宏示例。

```
#include <iostream>
using namespace std;
int main(){
    cout << _DATE_ << endl;          //当前日期
    cout << _TIME_ << endl;          //当前时间
    cout << _TIMESTAMP_ << endl;     //当前文件的最后修改日期及时间
    cout << _FILE_ << endl;          //当前文件名
    cout << _LINE_ << endl;          //当前行号
    cout << _func_ << endl;          //当前函数名
    return 0;
}
```

执行程序,输出结果如下(当时的结果):

```
Mar 28 2017
20:47:40
Tue Mar 28 20:47:39 2017
d:\vcstd\ch05\ex0517.cpp
8
main
```

关于预定义宏的细节，请参看相关文档。

5.13.3 有参宏

所谓有参宏，就是带形参的宏。

1）有参宏的定义与调用

定义有参宏的一般格式为

`#define <宏名> (形参表) <含形参的串>`

当形参表中有多个形参时，相互之间用逗号隔开，且每个形参仅给出名称。例如：

```
#define V(a, b, c) a*b*c           //A
...
volum = V(3 +5, 8 -3, 6);          //B
```

A 行定义了求长方体体积的宏 V，三个形参 a，b，c 分别表示长方体的长、宽、高。

调用有参宏与调用函数类似。宏名后的圆括号中给出实参，在对宏调用进行替换时，先用实参替代宏定义中对应的形参，再将结果串替代宏调用。如 B 行经宏替换后为

```
volum = 3 +5 * 8 -3 * 6;
```

实参替换形参时，对实参不作计算。

对有参宏，应注意以下几点：

（1）在定义有参宏时，宏名与左圆括号之间不能有空格，否则将视为无参宏定义。例如：

```
#define AREA (a, b) (a) * (b)
```

编译预处理认为是将无参宏 AREA 定义为"(a, b)(a) * (b)"。

（2）宏调用中的实参如带运算符，应把每个实参都用圆括号括起来，以免出错。例如：

```
#define AREA(a, b) a*b             //A
...
c = AREA(2 +3, 2 +4);             //B
```

B 行经宏展开后，c 的值为 2 +3 * 2 +4 = 12，而不是预料的 5 * 6 = 30。如果将 B 行改为

```
c = AREA((2 +3), (2 +4));
```

或者将 A 行的宏定义改为

```
#define AREA(a, b) (a) * (b)
```

都能得到预期结果。

下面 max 宏计算两个值中的最大值：

```
#define max(a, b) (((a) > (b))? (a):(b))
```

这个宏可计算整数、浮点数，而无需重载定义多个函数。

（3）实参替换形参时遵循宏替换规则。比如串中形参不会被替换，不完整形参标识符不会被替换。

（4）如果实参中包含宏名，该宏不做展开。

（5）一个宏定义通常在一行内定义，宏定义多于一行时可用"\"续行。例如：

```
#define AREA(a, b) (a) * \
                   (b)
```

行尾的转义符"\"表示要跳过其后的换行符。

2）两个宏参运算符

在编写程序时经常需要利用有参宏的形参来形成可变的串或者标记，这就需要表 5.3 中的两个运算符。

表 5.3　宏参运算符

运算符	名称	语法	说明
#	串化(stringizing)	#形参	展开的实参用双引号围起来形成串
##	标记粘贴 (token pasting)	##形参 形参##	将实参粘贴到特定位置，再串接起来形成标记

如#define STR(str) "str"，形参 str 不起作用，结果总是" str"。应该用#运算符：

```
#define STR(str) #str
```

宏调用 STR(abc)的结果为"abc"。

C++11 支持串字面值的拼接，因此可定义下面的宏：

```
#define stringer(x) printf(#x"\n")        //调用 printf 函数，输出拼接的 2 个串
stringer(In quotes in the printf function call);
stringer("In quotes when printed to the screen");
stringer("This:\"prints an escaped double quote");
```

如果实参中有宏名，就不展开宏。如果要展开，就需要再定义一层宏。例如：

```
#define F abc
#define B def
#define FB(arg) #arg
#define FB1(arg) FB(arg)
printf(FB(F B));        //对 F 和 B 不展开，输出 F  B
printf(FB1(F B));        //先展开为 FB(F  B)，再展开 FB(abc  def)，输出 abc  def
```

##形参与前后字符拼接之后可形成新标记，可以是变量名、函数名、类型名、字面值等。例如：

```
#define paster(n) printf("token" #n " = %d", token##n)
int token9 =9;
paster(9);                //输出 token9 =9
```

##运算符使用灵活多变。若改变上面的宏值，调用不变，有下面的变化：

① 3##n 的结果是 39，合法字面值；

② n##3 的结果是 93，合法字面值；

③ ##n3 的结果是 n3，此时编译器要访问变量 n3；

④ 3n##的结果是 3n，此时编译报错，因为字面值 3n 非法。

因此，##如果出现在标识符的头部或尾部，就会被忽略。

3）有参宏与有参函数的区别

有参宏常用来取代功能简单、代码短小、运行时间短、调用较频繁的代码片段。有参宏与有参函数看起来相似，但有本质上的不同。

（1）定义形式不同。宏定义只给出形参名，而不指明形参类型；函数定义必须指定每个形

参的类型。

（2）调用处理不同。宏由编译预处理解析，而函数由编译器处理。宏调用仅作字符串替换，不做任何计算；而函数调用要先依次求出各个实参的值，然后才执行函数调用。

（3）函数调用要求实参类型必须与对应的形参类型一致，即做类型检查；而宏调用没有类型检查（例如上面的 max 在调用时，2 个实参可以是任意类型，可避免编写多个重载函数）。

（4）函数可用 return 语句返回一个值，而宏不返回值。

（5）多次调用同一个有参宏，经宏展开后会增加代码长度（就像内联函数）；而对同一个函数的多次调用不会明显增加代码长度。

4）可变宏参量

C99 引入可变宏参量（variadic macro）。可变宏参量与函数可变形参类似，用省略符（3 个小数点）表示 0 个或多个参数，宏体中用_VA_ARGS_表示宏展开的实参，也包括实参之间的逗号。例如：

```
#include <stdio.h>
#define CHECK1(x, ...) if (! (x)) {printf(_VA_ARGS_); }
#define CHECK2(x, ...) if ((x)) {printf(_VA_ARGS_); }
#define CHECK3(...) {printf(_VA_ARGS_); }
int main() {
    CHECK1(0, "here %s %s %s", "are", "some", "varargs1(1)\n");
    CHECK1(1, "here %s %s %s", "are", "some", "varargs1(2)\n");
    CHECK2(0, "here %s %s %s","are", "some", "varargs2(3)\n");
    CHECK2(1, "here %s %s %s", "are", "some", "varargs2(4)\n");
    CHECK3("here %s %s %s", "are", "some", "varargs3(5)\n");
    return 0;
}
```

执行上面程序，显示如下：

```
here are some varargs1(1)
here are some varargs2(4)
here are some varargs3(5)
```

对于可变宏参数，VS 允许宏调用是 0 个实参，DevC++（GCC）要求至少有 1 个实参。

5）断言

断言（assert）是 ANSI C 语言标准中的函数，在运行时检查特定条件是否满足。大多数的 C/C++ 系统都采用有参宏来实现，这种断言也被称为动态断言。C++ 11 中还有一种断言，称为静态断言（static_assert）。

要用断言就应包含 <assert.h> 或 <cassert>。断言语法格式如下：

```
assert(表达式);
```

其中，表达式的计算结果应该是一个整数或逻辑值，如果非 0 真，就继续执行；如果为 0 假，断言失败，显示出错位置（包括文件名、行号及表达式）并终止程序。

断言是最简单的逻辑判断，是进一步支持单元测试（unit test）的基础。假设编写了一个函数 int f(int a, int b) 计算返回 a 和 b 的最小公倍数，就需要编写输入输出语句来测试该函数是否正确。这样需要多次手工输入和人工观察判断结果是否正确。利用断言可建立一个简单测试函数，包含一组断言来实现自动测试。例如：

```
int f(int a, int b);
void testF(){
    assert(1 == f(1, 1));
```

```
    assert(2 == f(1, 2));
    assert(2 == f(2, 2));
    assert(6 == f(2, 3));
    assert(6 == f(2, -3));
    //...
}
int main(){testF(); ...}
```

启动测试函数,如果断言都正确则不显示任何东西;如果任何一个断言失败,就给出提示并终止程序,分析源代码中的缺陷,修正后再启动,直到全部断言正确。这种测试方法称为自动回归测试,可减少很多重复键盘操作和人工判断的负担。

在 assert 表达式中注意不要引入副作用,即可读取变量,但不要改变变量。

如果在包含 <assert. h> 语句之前定义宏 NDEBUG,下面程序中的断言就不参与编译。

5.13.4　条件编译

在编译源程序时,往往要根据某个条件来选择编译某一段代码,这就需要条件编译。条件编译指令类似 if-else 语句。条件编译有两种条件,一种是判断某个宏名是否定义,另一种是计算常量表达式。

1)宏定义作为条件

一般格式如下:

```
#ifdef <宏名>   或  #if defined <宏名>       //判断是否已定义指定宏
#ifndef <宏名>  或  #if ! defined <宏名>     //判断是否未定义指定宏
    <代码段 1>
#else
    <代码段 2>
#endif
```

例如:

```
#ifdef _DEBUG
    cout << "Debug";
#else
    cout << "Release";
#endif
```

如果 VS 选择 Debug 模式,就预定义_DEBUG 宏,否则就是 Release 模式,且

```
#ifdef _DEBUG  等价于  #if defined _DEBUG
```

运算符 defined 格式为

```
defined(<标识符>)  或   defined <标识符>
```

如果 <标识符> 已定义为宏名,运算符的值就为 1(真),否则为 0(假)。

#else 与#if 可以合并为#elif。例如:

```
int c = 'A';
#ifdef _WIN64
    cout << "x64:";                         //64 位编译执行
    cout << (long long)&c << endl;
#elif defined _WIN32
    cout << "x86:";                         //32 位编译执行
    cout << (int)&c << endl;
#else
    cout << "wrong:";
#endif
```

如果编译器选择 64 位编译，就预定义_WIN64 宏，而_WIN32 宏在 32 位和 64 位都定义。

2）常量表达式作为条件

在编译预处理过程中，可以计算一个常量表达式作为编译条件。它的格式与上面宏定义条件格式一样，区别只是其判断表达式。即格式为

```
#if <常量表达式>
    <程序段 1 >
#else
    <程序段 2 >
#endif
```

如果 < 常量表达式 > 的值为真(非 0)，就编译 < 程序段 1 >，否则就编译 < 程序段 2 >。这里的常量表达式不同于 C++ 11constexpr 限定的常量表达式，只能包含 int, char 常量和 defined 运算符，可构成算术、关系或逻辑表达式。

一般来说，宏展开时不进行计算。但如果在#if < 常量表达式 > 中出现宏调用，就对宏展开的整数值进行计算。

例 5.18 条件编译中的表达式计算示例。

```
#define HLEVEL 2
#define DLEVEL 4 + HLEVEL
#if DLEVEL >5                        //A    4 +2 >5，条件判定为真
    #define SIGNAL 1
    #if STACKUSE ==1
        #define STACK 200
    #else
        #define STACK 100
    #endif
#endif
#include <iostream>
using namespace std;
int main(){
    cout <<DLEVEL <<endl;             //B
    cout <<DLEVEL * DLEVEL <<endl;    //C
    cout <<SIGNAL <<endl;             //D
    cout <<STACK <<endl;             //E
    return 0;
}
```

执行程序，输出结果如下：

```
6
14
1
100
```

上面程序中，A 行宏 DLEVEL 的值经展开后为"4 +2"，在进行表达式计算后以 6 作为结果，这是算术计算的结果。下面 B 行和 C 行的宏展开仍为"4 +2"。

在该程序中，如果 A 行条件不满足，就不会定义 SIGNAL 和 STACK 这两个宏，结果是导致 D 行和 E 行编译出错。

5.13.5 条件编译示例

条件编译的一种常见用法是避免对同一个头文件多次包含。

例 5.19 如图 5.8 所示，在 f1. h 文件中说明了一个全局变量 x 和一个函数 f( )。在

main. cpp 文件中的 main( ) 函数如果要调用 f2. h 文件中的 f1( ) 函数, 就要包含 f2. h 文件。main( ) 函数还要访问 f1. h 中的全局变量 x, 也要包含 f1. h 文件。但因 f1( ) 函数也要访问全局变量 x, 也包含了 f1. h 文件, 这样 f1. h 文件就被 main 函数包含两次。

编程如下:

```
//f1.h
int x =11;
void f(){
    x +=2;
}
//f2.h
#include "f1.h"
void f1(){
    f();
}
//main.cpp
#include <iostream>
using namespace std;
#include "f1.h"
#include "f2.h"
int main(){
    cout << "x = " << x << endl;
    f1();
    cout << "x = " << x << endl;
    return 0;
}
```

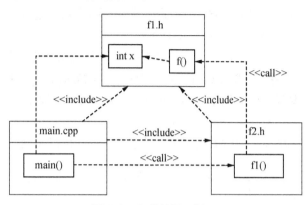

图 5.8　条件编译示例

这个例子并不需要多文件项目。通过包含文件将 3 个文件组成一个程序, 在对文件 main. cpp 进行编译时会发生全局变量 x 重定义错误, 这是因为 f1. h 文件被包含了两次。每个头文件都可能出现被多次包含的问题, 利用编译预处理能解决此类问题。

修改 f1. h 文件如下:

```
#ifndef F1_h
#define F1_h
int x =11;
void f(){
    x +=2;
}
#endif
```

第一条语句与最后一条语句构成一个条件编译控制。如果未定义宏 F1_h, 就是第一次插入。我们先定义此宏, 然后再插入下面的代码, 当再次要插入该文件时, 由于已定义了此宏, 就不会再次插入下面的代码, 从而避免重复定义。这种模式具有通用性。

5.13.6　其他预处理指令

除了上面介绍的预处理指令之外, 还有下面一些预处理指令。

（1）#error <字符串>

该指令用于产生编译错误信息, 将 <字符串> 作为错误信息并停止编译。该指令经常用于检查一致性, 以避免预处理过程中出现冲突。例如:

```
#if !defined(_cplusplus)
    #error C++ compiler required.
#endif
```

C++ 11 的静态断言(static_assert) 提供了更简单更强大的解决方法, 参见 13.2.6 节。

（2）#line ＜正整数＞ "文件名"

该指令更改内部存储的当前文件名和当前行，也就是更改预定义宏_FILE_和_LINE_的值。该指令经常用于在一个程序生成器中指出错误信息，使编译错误信息能指出原始文件中发生错误的地方，而不是生成文件中出错的地方。

（3）#pragma ＜指令＞

每个 C++ 系统都支持特定的硬件或操作系统的一些特性。该指令为编译器提供一种控制编译的方式，以保持与 C/C++ 语言的兼容性。其中 ＜指令＞是编译器独有的指令。当编译器发现一个 ＜指令＞不能识别时，只是给出警告但继续编译。例如：

```
#pragma message(字符串)
```

用来在编译时刻给出提示信息，指定的信息将出现在编译命令显示的地方。例如：

```
#if _M_IX86 == 500
    #pragma message("Pentium processor build")
#endif
```

（4）#import "文件名"［属性表］ 或 #import ＜文件名＞［属性表］

该指令从一个类型库文件（例如 TLB，ODL，EXE，DLL 等后缀文件）中导入信息，转换为 C++ 类，并生成两个头文件，用 C++ 源码重新构建类型库的内容。

以上指令都有较多细节，请参看相关文档。

小 结

（1）一个函数完成一项功能，是结构化编程的基本模块。一个结构化程序由多个函数构成。本章介绍非成员函数的基本概念、定义与调用。

（2）非成员函数的说明形式总结如图 5.9 所示。

图 5.9 非成员函数的说明形式

（3）函数说明中的无异常修饰符 noexcept 详见第 15.3.4 节。

（4）函数之间的关系可总结为两种，即编译期的函数重载、运行期的函数调用（包括递归调用）。

（5）变量说明总结如图 5.10 所示。

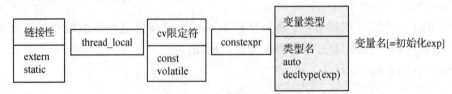

图 5.10 变量说明形式

（6）变量如果限定为 constexpr 就不能再说明为 const 或 volatile。

（7）编译预处理是在编译 C/C++ 源文件之前所进行的前期处理。有一套#预处理指令来实现文件包含、宏定义、条件编译等功能。

（8）本章主要介绍非成员函数，其也称为普通函数、常规函数或全局函数。函数概念还涉及成员函数、Lambda 函数、运算符函数、函数模板等。

练 习 题

1. 对于 C++ 的非成员函数，下面说法错误的是_____。

（A）函数的定义不能嵌套，但函数的调用可以嵌套

（B）函数的定义可以嵌套，但函数的调用不能嵌套

（C）一个程序执行从 main 函数开始

（D）main 函数可调用其他函数，而其他函数一般不调用 main 函数

2. 对于函数 void f(int x)，下面调用正确的是_____。

（A）int y = f(9);　　（B）f(9);　　　　（C）f(f(9));　　　　（D）x = f();

3. 对于函数重载，下面说法错误的是_____。

（A）函数名不同，但形参的个数与类型相同

（B）函数名相同，形参的个数或类型不同

（C）函数名相同，形参的个数和类型也相同

（D）函数名相同，返回值不同，与形参无关

4. 下面各对函数中满足函数重载规则的是_____。

（A）float fun(float x); void fun(float y);

（B）float funa(float x); void fun(float x, float y);

（C）float fun(float y); void fun(float x);

（D）float fun(float x, float y); void fun(float y);

5. 下列代码的运行结果是_____。

```
int f(int Int){
    if (Int ==0) return 1;
    return (Int + f(Int -1));
};
int main(void){
    int inT =9;
    cout << "result = " << f(inT) << '\n';
    return 0;
}
```

（A）result =1　　　（B）result =37　　　（C）result =46　　　（D）编译错

6. 下列递归函数中能正确执行的是_____。

（A）int f(int n) {if (n <1) return 1; else return n * f(n +1); }

（B）int f(int n) {if (n >1) return 1; else return n * f(n -1); }

（C）int f(int n) {if (abs(n) <1) return 1; else return n * f(n/2); }

（D）int f(int n) {if (n >1) return 1; else return n * f(n *2); }

7. 假设有 auto func(){auto a =2u; auto b =3L; return a +b; }那么 auto v =func(); 中 v 的类型是_____。

（A）int　　　　　（B）unsigned int　　（C）long　　　　　（D）unsigned long

8. 下面代码的运行结果是_____。

```
int f(int x){
    static int u =1;
    x += x;
    return u *= x;
}
int main(void)
{int x =10; cout << f(x) << '\t'; cout << f(x) << endl; return 0; }
```

(A) 10　20　　　　(B) 20　800　　　　(C) 20 400　　　　(D) 20　20

9. 下面代码的运行结果是_____。

```
int t(void)
{static int i =1; i += 2; return i; }
int t1(void)
{int j =1; j += 2; return j; }
int main(void){
    int j =2;
    t(); cout << "I = " << t() << "  ";
    t1(); cout << "J = " << t1() << '\n';
    return 0;
}
```

(A) I = 5　J = 3　　　(B) I = 5　J = 5　　　(C) I = 3　J = 5　　　(D) I = 3　J = -3

10. 下面代码的运行结果是_____。

```
float p(float x, int i)
{x = x +2.5; i = i +x; return x; }
int main(void){
    int i =10; float x =3.25;
    x = p(x, i) -1; cout << "x = " << x << ", i = " << i;
    return 0;
}
```

(A) x = 4.75, i = 10 　　　　　　　　(B) x = 5.75, i = 12

(C) x = 5.75, i = 10 　　　　　　　　(D) x = 4.75, i = 12.5

11. 下面程序的运行结果是_____。

```
int loop(int n){
    if(n ==1) return 10;
    else if(n% 2 ==0)
    return loop(n -1) +2;
    else return loop(n -1) +3;
}
int main(void)
{cout << loop(3) << endl; return 0; }
```

(A) 14　　　　　　(B) 15　　　　　　(C) 16　　　　　　(D) 10

12. 下面程序的编译运行结果是_____。

```
#define AA 10
#define D(x) x * x                    //A
int main(void){
    int x =1, y =2, t;
    t = D(x +y) * AA;                  //B
    cout << t;
    return 0;
}
```

(A) B 行中的表达式有错　　　　　　(B) 50

(C) 30 　　　　　　　　　　　　　　(D) A 行中的宏定义有错

13. 设有以下宏定义和语句，则 i 的值为_____。

```
#define ONE 1
#define TWO (ONE + ONE)
#define THREE ONE + TWO
i = THREE * 3 + TWO * 2;
```

(A) 13　　　　　　　　(B) 11　　　　　　　　(C) 9　　　　　　　　(D) 8

14. 下面代码执行输出是_____。

```
#define P 5
#define R 2 + P
int main (void)
{float a1; a1 = P * R * R; cout << "a1 = " << a1 << '\n'; return 0; }
```

(A) al = 75　　　　　　　　　　　(B) al = 245

(C) al = 49　　　　　　　　　　　(D) al = 25

15. 执行以下程序，输出结果是_____。

```
static int c;
int main (void) {
    #if c * 3
        int i = 10.88; cout << "i = " << i << "\n";
    #else
        int j = 10000.99; cout << "j = " << j << "\n";
    #endif
        return 0;
}
```

(A) j = 10000　　　　　　　　　(B) j = 10.88

(C) 语法错，无输出　　　　　　　(D) j = 10

16. 下面程序的输出结果_____。

```
int c_multiple(int a, int b) {
    int i;
    for (i = (a > b? a:b); i <= a * b; i ++)
        if (i % a == 0 && i % b == 0)
    return i;
}
int main (void) {
    cout << c_multiple(2, 5) << "\n";
    cout << c_multiple(6, 8) << "\n";
    return 0;
}
```

17. 下面程序的输出结果是_____。

```
void f(int n) {
    if(n/10) {cout << n % 10 << '\n'; f(n/10); }
    else cout << n;
}
int main (void)
{f(579); cout << endl; return 0; }
```

18. 下面程序的输出结果是_____。

```
void f(int n) {
    cout << n/10 << '\n';
    if(n/10) f(n/10);
}
int main (void)
{f(345); cout << endl; return 0; }
```

19. 下面程序的输出结果是_____。

```
int x = 100;
```

```
int main(void){
    int x =10, k =20; {
        int x =20;
        k = ::x;
        cout <<x <<'\t' <<k <<endl;
    }
    cout <<x <<'\t' <<k <<endl;
    return 0;
}
```

20. 下面程序的输出结果_____。

```
void swap(int p1, int p2)
{int p; p =p1; p1 =p2; p2 =p; }
int main(void){
    int x =20, y =40;
    cout <<"x = " <<x <<'\n' <<"y = " <<y <<'\n';
    swap(x, y);
    cout <<"x = " <<x <<'\n' <<"y = " <<y <<'\n';
    return 0;
}
```

21. 根据题目要求编写完整程序(可使用已有函数,也可自行添加函数)。

(1) 编写一个函数 int digitSum(int x),返回形参 x 的十进制数的各位数之和。例如:123 的各位数之和为 1 +2 +3 =6。

(2) 编写一个函数,计算组合数 C(n, k) =n!/(k! ×(n−k)!),其中 n, k 为正整数,且 n >k。分别求出组合数 C(4,2),C(6,4),C(8,7)的值。

(3) 设计函数,将十进制整数 int 与 long long 转换为十六进制数并输出(要求输出全部的十六进制数)。

(4) 孪生素数是指相差为 2 的一对素数(如 3 和 5,5 和 7,11 和 13)。设计一个程序,求出 500 之内所有孪生素数。

(5) 设计一个程序,对于输入的一个正整数 x,分解质因数,并且按从小到大的次序输出所有的质因数。例如:12 =2 * 2 * 3,13 =13,14 =2 * 7。

(6) 编写两个函数,分别计算两个整数的最大公约数和最小公倍数。

(7) 设计一个程序,把输入的整数逐位反序输出。例如:输入 3456,输出 6543。

(8) 设计一个程序,由 3 个文件组成,第 1 个文件 main. cpp 包含 main 函数,第 2 个文件 max. cpp 包含一个函数 max(int, int),第 3 个文件 hex. cpp 包含一个函数 toHex(int x)将形参 x 显示为十六进制。建立各文件,然后建立一个多文件项目,输入任意两个整数,求出最大值并以十六进制形式显示。如果不配置多文件项目,如何更改程序使之能构建运行?

(9) 已知三角形的三条边长分别为 a, b, c,则三角形的面积为

$$area = \sqrt{s(s-a)(s-b)(s-c)}$$

其中 s =(a +b +c)/2。试设计一个函数求三角形的面积。

第6章　数组与字符串

单个变量只能存放一个数据值,而程序往往要处理一组相同类型的数据,这就需要一种特殊的数据结构——数组。本章将介绍一维数组、二维数组和字符数组(包括字符串)的定义及使用。

6.1　一维数组

一个数组(array)是由相同类型的一组变量组成的一个有序集合。数组中的每个变量称为一个元素(element),所有元素共用一个变量名,就是数组的名字。数组中的每个元素都有一个序号,称为下标(index)。访问一个元素可用数组名加下标来实现。数组必须先定义后使用。

6.1.1　一维数组的定义

一维数组就是具有一个下标的数组。一个数组定义有3个要素,即类型、名称与大小,其语法格式为

　　<数据类型> <数组名>[<常量表达式>];

其中,<数据类型>确定了该数组的元素类型,可以是任意一种类型;<数组名>是一个标识符,作为数组变量的名字;方括号中的<常量表达式>一般是一个正整型数据,其值为元素的个数,即数组的大小或长度。注意这里的方括号[ ]表示数组,并非可缺省。例如:

```
int a[5];              //定义了一个 int 数组 a
float b[20];           //定义了一个 float 数组 b
double c[5];           //定义了一个 double 数组 c
```

如果一个数组有 n 个元素,数组中元素的下标从 0 到 n-1。例如上面的数组 a,元素类型为 int, a 是数组名,有5个元素,分别是 a[0], a[1], a[2], a[3],a[4]。

具有相同类型的数组可以在一条说明语句中定义。例如:

```
int a1[5], a2[4];     //同时定义两个整型数组
```

具有相同类型的单个变量和数组也可以在一条语句中定义。例如:

```
int x, y[20];            //同时定义整型变量和整型数组
```

系统为一个数组分配一块连续存储空间,该空间字节大小为 n * sizeof(<元素类型>),其中 n 为数组的长度。可用 sizeof(数组名)获取数组的字节大小。

数组的大小应该在定义时确定,可用一个正整数常量,也可用命名常量构成一个表达式。例如:

```
const int m =10;
int a[m +10];          //相当于 int a[20]
```

C++ 11 引入的 constexpr 函数也可用于确定数组大小。例如：

```
constexpr int howmany() {return 10; }
int aa[howmany()];
```

DevC++（GCC）的数组大小可用变量指定，即便变量没有初始化，也可以定义数组大小。例如：

```
int n, a[n];            //未指定大小
```

但 VS 不支持这种语法，因为这样无法用 sizeof(a) 获取数组实际大小。本书后面都采用指定大小的语法。

6.1.2 一维数组的初始化

在定义一个数组的同时可以给各元素赋予初值，其语法格式为

< 数据类型 > < 数组名 >[< 常量表达式 >] = { < 初值表 > };

其中，< 初值表 > 是用逗号隔开一组元素值，并且值的类型应与数组元素类型一致或兼容。例如：

```
int a[10]={1, 2, 3, 4, 5, 6, 7, 8, 9, 10};    //初始化数组的所有元素
float x[5]={2.1, 2.2, 2.3, 2.4, 2.5};         //初始化数组的全部元素
int b[10]={1, 3, 5, 7, 9};                    //初始化前 5 个元素，其余元素值为 0
int c[]={2, 4, 6, 8, 10};                     //由给定的元素个数确定数组 c 的大小
```

C++ 11 允许省略花括号之前的等号，所谓统一初始化。例如：

```
int a[10]{1, 2, 3, 4, 5, 6, 7, 8, 9, 10};
```

表 6.1 列出了上述 4 个数组初始化后各元素对应的数据值。

表 6.1 数组初始化后各元素的值

数组 a	元素值	数组 x	元素值	数组 b	元素值	数组 c	元素值
a[0]	1	x[0]	2.1	b[0]	1	c[0]	2
a[1]	2	x[1]	2.2	b[1]	3	c[1]	4
a[2]	3	x[2]	2.3	b[2]	5	c[2]	6
a[3]	4	x[3]	2.4	b[3]	7	c[3]	8
a[4]	5	x[4]	2.5	b[4]	9	c[4]	10
a[5]	6			b[5]	0		
a[6]	7			b[6]	0		
a[7]	8			b[7]	0		
a[8]	9			b[8]	0		
a[9]	10			b[9]	0		

C++ 11 允许用 auto 和 decltype 自动推导类型，对于数组也可以用于说明新的数组变量。例如：

```
int a1[]={1, 2, 3};
auto b1 = a1;                        //b1 类型为 int *
decltype(a1) b2;                     //b2 类型为 int[3]
```

上面程序中，第 1 个变量 b1 是一个 int 指针，而不是数组。因此不能用 auto 来推导数组，即便

有了初始化也不能推导。

对数组元素的初始化,应注意以下要点:

(1)可对全部元素赋初值,也可对前面部分元素赋初值,未赋值元素缺省为0;

(2)若对所有元素赋初值,可以不指定数组长度,编译器会根据初值表中数据个数自动确定数组长度。

6.1.3 一维数组的访问

在定义一个数组之后,就可以使用该数组,主要用法是通过下标访问各元素。数组中的每个元素由唯一下标来确定,通过数组名及下标就可以唯一确定数组中的一个元素。下标可以是表达式,其值必须是整数。例如下面代码:

```
int a[5], b[2], i, j;
a[0]=b[0]=2;                        //下标为常量
i=1; j=3;
a[i]=j;                             //下标为变量,
a[j+1]=8;                          //下标为表达式
a[j]=3*a[1];
a[b[0]]=a[i]+a[0];                 //下标是数组元素的值
b[1]=a[2];
int h[5];
for(i=0; i<5; i++)
    h[i]=i*i;                       //利用循环为数组元素赋值
```

表6.2给出了执行以上程序段后三个数组中各元素的值。

表6.2 三个数组中各元素的值

数组元素	数据值	数组元素	数据值	数组元素	数据值
a[0]	2	b[0]	2	h[0]	0
a[1]	3	b[1]	5	h[1]	1
a[2]	5			h[2]	4
a[3]	9			h[3]	9
a[4]	8			h[4]	16

关于数组的使用,注意以下要点:

(1)通过下标访问数组元素时需注意下标是否越界,尤其是使用表达式计算下标时。下标越界时访问不会有错误提示,只是访问邻近的内存单元。如果仅读取元素,结果无法预料;如果改变元素,就可能导致严重错误。

(2)两个数组即使类型和长度都相同,也不能直接赋值。例如:

```
int x[5], y[5]={2, 4, 6, 10, 100};
x=y;                               //语法错误,赋值号左边不是左值
```

若要将数组y中各元素依次拷贝到数组x中,可用循环语句来实现。例如:

```
for(int k=0; k<5; k++)
    x[k]=y[k];
```

(3)两个数组名之间不宜使用关系运算符,即使两者元素都相同,用关系运算符来判等也不会相同。例如:

```
if (x == y)...
```

结果恒为假，因为这是在判断两个数组的存储地址是否一样。数组名的本质是数组头一个元素的首地址（详见第 8 章）。

6.1.4 基于范围 for 语句

前面所使用的 for 语句是传统 C 语言形式。C++ 11 提供一种新式 for 语句，称为基于范围（range-based）for 语句，对一个数组或 STL 容器（如 vector）中的每个元素从头到尾遍历一次，简称"范围 for 语句"。范围 for 语句的简单形式如下：

```
for(<类型><元素变量名>：<数组名/容器名>){<元素变量名>可访问}
```

其中，<类型> 是元素的类型。由于可从数组或容器推导元素类型，故常用 auto 推导。< 元素变量名 > 是对每个遍历元素的命名。元素变量有两种传递方式，即拷贝和引用。例如：

```
int a[]={1, 2, 3, 4, 5};
for(auto e : a){cout << e << " "; }        //e 是元素的拷贝，改变 e 不能改变容器元素
for(auto & e : a) { ++e; }                 //e 是元素的引用，改变 e 可改变容器元素
```

将数组 a 中每个元素依次传给变量 e，在循环体中处理该变量 e。

例 6.1 范围 for 语句示例。

```
#include <iostream>
using namespace std;
int main() {
    int x[10]={1, 2, 3, 4, 5, 6, 7, 8, 9, 10};
    for(auto & y:x ) {                    //y 是引用 int&，循环体可改变元素
        cout << y ++ << "  ";             //先输出后 +1
    }
    cout << endl;
    for( auto y : x) {                    //y 类型为 int
        cout << y << "  ";
    }
    cout << endl;
    return 0;
}
```

执行程序，输出结果如下：

```
1  2  3  4  5  6  7  8  9  10
2  3  4  5  6  7  8  9  10  11
```

需要注意的是，采用引用方式时，其类型名要么是元素类型，要么是 auto，而不能是其他类型。

for 循环体中可用 break 停止，也可用 continue 停止本元素循环，开始下一个元素循环。

范围 for 作用于一个数组，只能在该数组的作用域范围内使用。如果将该数组传递给一个函数的数组形参，该函数内就不能再用范围 for。这是因为函数的数组形参只是一个指针，指向头元素，函数并不知道数组大小，则范围 for 就不能计算循环终点。此时可定义 C++ 11 函数模板，既能简化数组传递（不用再传递大小），也能使用范围 for 语句。例如：

```
template < class T, int N >
void print(const T (&ra)[N]){          //ra 是 T[N]数组的引用
    for (auto &x : ra)
        cout << x << "  ";
    cout << endl;
}
```

```
    print(x);                                    //调用时只传递数组名,无需传递大小
```

上面函数模板是通用的,可输出任意类型和大小的一维数组,读者可模仿使用。

6.1.5　一维数组的应用

利用数组可存储大量数据,并通过循环方式来访问,如此能实现多种问题的求解。下面我们通过几个实例来说明一维数组的应用。

1) 多项式计算

例 6.2(一元 n 次多项式计算)　假设有一个多项式 $y = 5x^5 - 3.2x^3 + 2x^2 + 6.2x - 8$,输入一个 x 值,求 y 的值。要求 x,y 以及系数都是 float。

一元 n 次多项式的一般结构为 $y = a_nx^n + a_{n-1}x^{n-1} + \cdots + a_2x^2 + a_1x + a_0$。如果按次序直接计算,会有多次重复,比如计算 $x^5 = x * x * x * x * x$ 就重复计算了 $x^4 = x * x * x * x$,而浮点数乘法计算开销很大,因此我们应寻求更高效率的解决办法。

n 次多项式分解为 n 个一次式来计算可避免重复计算。例如可将多项式 $5x^5 - 3.2x^3 + 2x^2 + 6.2x - 8$ 分解为 $((((5x + 0)x - 3.2)x + 2)x + 6.2)x - 8$,这时可将各个系数依次存放在一个数组中(n 次多项式有 n+1 个元素),然后重复计算 n 个一次式就可得到结果。

编程如下:

```
#include <iostream>
using namespace std;
int main(void){
    const int n = 5;                                    //n 次多项式
    double a[n+1] = {5, 0, -3.2, 2, 6.2, -8}, y = a[0], x;    //n+1 个系数
    cout << "input x = ";
    cin >> x;
    for(int i = 0; i < n; i++)
        y = y * x + a[i+1];
    cout << "y = " << y << endl;
    return 0;
}
```

例 6.3(数组排序)　对一个数组中的 n 个元素按由小到大排列,即升序排序。例如原先数据为 int a[6] = {6, 4, 2, 1, 3, 5},排序之后的结果应为{1, 2, 3, 4, 5, 6}。

排序方法是常用算法,这里我们先介绍选择排序算法,再介绍冒泡排序算法。

2) 选择排序

对 n 个元素执行选择排序,可分为 n-1 轮。第 1 轮是在所有 n 个元素中选择一个最小元素放在头一个元素位置,这个过程需要 n-1 次比较和 1 次交换。此时头一个元素 a[0] 就是最小值,而剩余的 n-1 个元素(从 a[1] 到 a[n-1])仍然是无序的。第 2 轮就在剩余元素中再次选择一个最小的放在次排头位置 a[1]。如此循环 n-1 轮,就能对 n 个元素实现升序排列。每一轮中的主要操作就是比较和交换。

下面以 int a[6] = {6, 4, 2, 1, 3, 5} 为例,说明每一轮的过程。设外层循环变量 i 从 0 循环到 4。在每一轮过程中,设 minValue 为最小值,minIndex 为最小值的下标。在每一轮开始时,设头一个元素为最小值,然后依次与后面元素比较。在每次比较之后,如果发现更小的元素,就更新这两个值。当比较完成之后,如果最小值不是头一个元素,就将最小值与头一个元素进行交换,使头一个元素成为参与排序的元素的最小值。

第 1 轮：i = 0, minValue = 6, minIndex = 0

    minValue = 4, minIndex = 1   ⑥ ④ 2 1 3 5
    minValue = 2, minIndex = 2   6 4 ② 1 3 5
    minValue = 1, minIndex = 3   6 4 2 ① 3 5
    minValue = 1, minIndex = 3   6 4 2 1 ③ 5
    minValue = 1, minIndex = 3   6 4 2 1 3 ⑤

    a[0]与 a[minIndex]交换：   ① 4 2 ⑥ 3 5   a[0]为最小值，不参与下面循环

第 2 轮：i = 1, minValue = 4, minIndex = 1

    minValue = 2, minIndex = 2   1 ④ ② 6 3 5
    minValue = 2, minIndex = 2   1 4 2 ⑥ 3 5
    minValue = 2, minIndex = 2   1 4 2 6 ③ 5
    minValue = 2, minIndex = 2   1 4 2 6 3 ⑤

    a[1]与 a[minIndex]交换：   1 ② ④ 6 3 5   前两个有序，不参与下面循环

第 3 轮：i = 2, minValue = 4, minIndex = 2

    minValue = 4, minIndex = 2   1 2 ④ ⑥ 3 5
    minValue = 3, minIndex = 4   1 2 4 6 ③ 5
    minValue = 3, minIndex = 4   1 2 4 6 3 ⑤

    a[2]与 a[minIndex]交换：   1 2 ③ 6 ④ 5   前三个有序，不参与下面循环

第 4 轮：i = 3, minValue = 6, minIndex = 3

    minValue = 4, minIndex = 4   1 2 3 ⑥ ④ 5
    minValue = 4, minIndex = 4   1 2 3 6 4 ⑤

    a[3]与 a[minIndex]交换：   1 2 3 ④ ⑥ 5   前四个有序，不参与下面循环

第 5 轮：i = 4, minValue = 6, minIndex = 4

    minValue = 5, minIndex = 5   1 2 3 4 ⑥ ⑤

    a[4]与 a[minIndex]交换：   1 2 3 4 ⑤ ⑥   前五个有序，全部升序排列，结束

编程如下：

```cpp
#include <iostream>
using namespace std;
void selectSort(int data[], int n){
    int i, j, minValue, minIndex, temp;
    for(i = 0; i < n-1; i ++){                  //外层循环 n-1
        minValue = data[i];                     //假设第 i 个元素为最小
        minIndex = i;                           //保存值与下标
        for(j = i +1; j < n; j ++){             //内层循环 i 之后每个元素下标为 j
            if(minValue > data[j]){
                minValue = data[j];
                minIndex = j;
            }
        }
        if(i != minIndex){                      //判断是否需要交换[i]与[minIndex]
            temp = data[i];
            data[i] = data[minIndex];
            data[minIndex] = temp;
        }
    }
}
int main(){
    int a[6] = {6, 4, 2, 1, 3, 5};
    selectSort(a, 6);
    for (auto y : a)
```

```
        cout << y <<"\t";
    return 0;
}
```

选择排序算法关键是两层嵌套循环和两个条件语句。对 n 个元素排序最多需要 n−1 次交换, 比较次数为 n∗(n−1)/2。

上面的函数 selectSort 对一个 int 数组按选择排序算法进行升序排列。第一个形参 data 是一个 int 数组, 不需要确定大小; 第 2 个形参 n 确定该数组的大小。

数组作为函数形参, 如果形参前有 const 修饰, 那么该数组的元素在函数中就不能被改变, 而只能读取; 反之, 如果没有 const 修饰, 函数中就可以改变数组元素作为结果。

上面实现的选择排序算法具有较少的交换次数, 但需要两个变量来记录每一轮的最小值 minValue 及下标 minIndex。还有一种比较简单的实现, 编程如下:

```
void selectSort2(int data[], int n){
    int i, j, temp;
    for(i=0; i<n-1; i++)
        for(j=i+1; j<n; j++)
            if(data[i]>data[j]){
                temp=data[i];
                data[i]=data[j];
                data[j]=temp;
            }
}
```

这个排序算法与前一种比较, 最多交换次数与比较次数相同, 都是 n∗(n−1)/2。虽然交换次数可能更多, 但编程简单, 在性能要求不高的情况下可用。

上面选择排序的例子告诉我们: ① 对数组元素如何建立两两组合——用两层嵌套来实现两两组合; ② 比较规则以后可能有更多变化; ③ 如何交换两个元素——用三个赋值来实现一个交换。

3) 冒泡排序

冒泡排序的特点是比较和交换在相邻元素之间进行, 就像水中的气泡, 比较轻的(较小的)向上冒, 比较重的(较大的)就沉在下面, 上冒一次就需要一次交换。以升序为例, 对 n 个元素进行冒泡排序也分为 n−1 轮。每一轮进行相邻比较和交换, 使最大元素排在最后。在下一轮冒泡中, 最后的元素不参与比较和交换。

编程如下:

```
void bubbleSort(int data[], int n){
    int i, j, temp;
    for(i=0; i < n-1; i++)                    //外层循环控制总轮次
        for(j=0; j < n-1-i; j++)              //内层循环控制比较次数
            if(data[j] > data[j+1]){          //是否需要相邻交换
                temp=data[j];
                data[j]=data[j+1];
                data[j+1]=temp;
            }
}
```

冒泡排序算法对 n 个元素排序, 比较次数是 n∗(n−1)/2, 与选择排序一样; 最多交换次数等于比较次数, 大于选择排序的 n−1 次交换。理论上说, 冒泡排序算法复杂度更高, 但代码实现却较简单。

冒泡排序算法的一种改进算法称为快速排序, C 标准库 < stdlib. h > 中给出了一个快速排序库函数 qsort，可对任意类型数组进行排序，其中涉及函数指针，会在第 8 章介绍。C++ 标准库 < algorithm > 也提供了一个排序函数 sort，使用起来很简单，将在下面介绍。

为了方便测试排序算法，下面一个函数产生伪随机数序列来填充一个数组：

```cpp
#include <stdlib.h>
#include <time.h>
#include <iostream>
using namespace std;
void makeRandom(int data[], int n){
    srand(time(NULL));                    //取当前时间秒数作为随机数发生器种子
    for(int i =0; i < n; i ++)
        data[i] = rand() % 100;           //填充 100 以内的随机数
}
```

按如下方式来测试各种排序算法：

```cpp
int main(){
    int a4[10];
    makeRandom(a4, 10);                   //填充随机数
    for (auto y : a4)                     //打印排序前的数据
        cout << y << '\t';
    bubbleSort(a4, 10);                   //调用某一种排序算法
    for (auto y : a4)                     //打印排序后的数据
        cout << y << '\t';
    return 0;
}
```

4）两分查找

例 6.4 已知一个数组中的元素按升序排序。给定一个值 x，在该数组中查找 x 是否存在，若存在就返回其下标。例如在升序数列{ - 56， - 23，0，8，10，12，26，38，65，98}中，如果查找数据为 38，应返回下标 7；如果查找数据为 39，应返回 - 1，表示未找到。

在一个数组中查找一个值，最简单的就是顺序查找，称为线性查找，最多比较次数为 n 次。但如果该数组元素是有序的，就有一种快速查找方法，称为两分查找法，能大幅度降低比较次数。

两分查找也称为折半查找或字典查找（英文字典按字母顺序升序排列，中文字典按中文拼音字母顺序升序排列），过程如下：

（1）将 n 个元素确定为一个查找范围，求中间位置 binary = n/2。

（2）如果 x 等于 a[binary]，就找到了，返回 binary 下标，结束；如果 x 小于 a[binary]，就将前面 binary 个元素作为下一轮查找的范围，回到第（1）步；如果 x 大于 a[binary]，就将后面 binary - 1 个元素作为下一轮查找的范围，回到第（1）步。

如此递推，每一轮查找时查找范围折半，直到找到或未找到。

这种方法的关键问题如下：

（1）如何确定一个查找范围。设置 3 个变量：low 指向查找范围的底部，high 指向查找范围的顶部，binary 指向折半的位置，即查找范围的中部 binary = (low + high)/2。

（2）如何确定未找到而停止循环。在前半区查找时，使 high = binary - 1；在后半区查找时，使 low = binary + 1。如果 low > high，则未找到，停止循环。

编程如下：

```cpp
#include <iostream>
using namespace std;
```

```
int searchBy(int data[], int n, int x){
    int low = 0;                                    //标识查找区间
    int high = n - 1;
    int binary = (low + high) / 2;                  //确定折半位置
    while(x!= data[binary] && low <= high){         //循环条件控制
        if(x < data[binary])
            high = binary - 1;                       //在前半区间查找
        else
            low = binary + 1;                        //在后半区间查找
        binary = (low + high) / 2;
    }
    if (low <= high)
        return binary;
    else
        return -1;
}
int main(void){
    int s[10] = { -56, -23, 0, 8, 10, 12, 26, 38, 65, 98 };
    int x;
    while(1){
        cout << "input ( -100 to exit)x = ";
        cin >> x;                                    //输入待查找数据
        if (x == -100)
            break;
        int i = searchBy(s, 10, x);
        if (i == -1)
            cout << "Not found" << endl;
        else
            cout << "Found at " << i << endl;
    }
    return 0;
}
```

上面例子中设计了一个 searchBy 函数来完成两分查找。其中,第 1 个形参确定一个待查数组,该数组的元素应该按升序排列;第 2 个形参确定了该数组的长度;第 3 个形参确定了要查找的数据。返回值如果为 - 1,表示未找到;如果不是 - 1,就是找到的元素的下标。但如果要查找的值有多个同值元素,就不能确定究竟是哪一个下标被返回。

C 标准库 < stdlib. h > 中提供了一个两分查找函数 bsearch,其中涉及函数指针,将在第 8 章介绍。C++ 标准库 < algorithm > 也提供了一个两分查找函数 binary_search,将在下面介绍。

6.1.6　调用标准算法简化数组编程

前面介绍的排序和查找算法只是原理性说明,实际编程中应尽可能调用系统中提供的现成算法来简化编码,提高编码质量。例如标准算法 < algorithm > 可对一维数组或容器进行各种计算,如排序、二分查找、遍历、线性查找、随机生成等(该算法详见第 13. 4. 4 节)。下面我们将数组作为一种简单容器来调用算法中的函数以简化编程。

例 6. 5　调用算法示例。

```
#include < iostream >
#include < algorithm >                    //A
using namespace std;
int main() {
    int a[10];                            //B    定义 10 个 int 元素的数组
    generate(a, a + 10, rand);            //调用 generate 生成伪随机数
    for (auto x:a)                        //输出显示
```

```
            cout << x << "  ";
      cout << endl;
      sort (a, a + 10);                      //调用 sort 升序排序
      for (auto x : a)                       //输出显示
            cout << x << "  ";
      cout << endl;
      if (binary_search(a, a + 10, 15724))   //调用 binary_search 二分查找
            cout << "15724 found" << endl;
      else
            cout << "15724 no found" << endl;
      auto it = find(a, a + 10, 15724);      //调用 find 做线性查找
      if (it == a + 10)
            cout << "15724 no found" << endl;
      else
            cout << * it << " found by find" << endl;
      return 0;
}
```

执行程序, 输出结果如下:

```
41   18467   6334   26500   19169   15724   11478   29358   26962   24464
41   6334   11478   15724   18467   19169   24464   26500   26962   29358
15724 found
15724 found by find
```

上面的程序中, A 行包含头文件 < algorithm > , 则后面就可调用其中函数; B 行定义 10 个 int 元素的数组, 作为被调用函数的操作对象。第 1 行输出是产生随机数之后; 第 2 行输出是升序排序之后。

上面调用了 4 个函数, 每个函数的前 2 个实参都是确定数据范围, 其中 a 是头一个元素, 而 a + 10 是最后元素的下一个空位。

函数 generate 的第 3 个实参是 rand, 就是 < stdlib. h > 的 rand 函数, 取随机数。

函数 sort 省略了第 3 个实参, 即升序排序。第 3 个实参可以是一个 Lambda 表达式, 以确定排序的比较规则。

函数 binary_search 执行两分查找, 第 3 个实参就是要找的值, 返回 bool 值表示是否找到。需要注意的是, 该函数仅对升序排序的数组查找管用。

函数 find 执行线性查找(从头到尾查找), 第 3 个实参就是要找的值, 返回一个称作迭代器的变量, 相当于下标。如果下标到达 a + 10 尾端就是未找到; 如果未到达尾端, 就表示找到, 而且 * it 就是要找的值, 可理解为按下标求值。

以上 4 个函数都简单实用, 读者可模仿使用。

如何计算数组元素的平均值呢? 没有现成算法可调用, 下面编写一个函数来实现:

```
double getAvg(int a[], int n) {
    double sum = 0;
    for_each(a, a + n, [&sum](auto x) {sum += x; });
    return sum/n;
}
```

函数中第 3 行调用 for_each 函数, 第 3 个实参是一个 Lambda 表达式, 其中[& sum]表示用引用方式访问外边的 sum 变量, 而且要改变其值。最简单形式是[&], 说明该 Lambda 表达式用引用方式访问外边的所有变量(引用和 Lambda 表达式将在第 8 章介绍)。

使用 C++ 11 函数模板实现更简单、更通用。例如:

```
template < class T, int N >
```

```
T getAvg(const T(&ra)[N]){
    T s = 0;
    for (auto &x : ra) s += x;
    return s/N;
}
```

调用函数模板:auto r = getAvg(a);无需传递数组大小。

以上几个例子中调用了 < algorithm > 的 5 个函数作用于一个 int a[10]数组,编码简单实用,且没有使用任何下标循环,故此不存在下标越界的危险。读者可参照相关文档尝试其他函数。

6.2　二维数组

二维数组就是具有两个下标的数组,确定一个元素需要两个下标值。二维数组经常用来表示矩阵或二维表。习惯上将二维数组的第一个下标称为行下标,第二个下标称为列下标。

6.2.1　二维数组的定义

二维数组的定义与一维数组类似,其语法格式为

< 数据类型 > < 数组名 >[< 常量表达式 1 >][< 常量表达式 2 >];

例如:

```
int a[3][5], b[2][3];              //数组 a 是 3 行 4 列, 数组 b 是 2 行 3 列
float score[30][6];               //数组 score 是 float 元素, 30 行 6 列
```

其中,a 数组是一个二维数组,包含 15(3 * 5)个数组元素。可以将二维数组 a[3][5]看成是由 a[0],a[1],a[2]这 3 个元素组成的一维数组,而 a[0],a[1],a[2]又是各包含 5 个元素的一维数组,即

```
a[0]:a[0][0] a[0][1] a[0][2] a[0][3] a[0][4]
a[1]:a[1][0] a[1][1] a[1][2] a[1][3] a[1][4]
a[2]:a[2][0] a[2][1] a[2][2] a[2][3] a[2][4]
```

a 数组中的各个元素在内存中按先行后列的顺序存储。

由于二维数组可被看作一维数组,故此二维数组也称为数组的数组。

6.2.2　二维数组的初始化

二维数组的初始化与一维数组类似,例如:

```
int a[][4]={{1,2,3,4},{3,4,5,6},{5,6,7,8}}; //按行初始化数组的全部元素
int b[][4]={1,2,3,4,3,4,5,6,5,6,7,8};        //按数据顺序初始化数组的全部元素
int c[][3]={{1,3,5},{5,7,9}};                //初始化全部数组元素,隐含行数为 2
int d[][3]={{1},{0,1},{0,0,1}};              //初始化部分数组元素,其余值为 0
```

以上都是正确的初始化数组元素的格式。其中,数组 a 与数组 b 的初始化是等价的,可省略内层花括号。这隐含着一维数组与二维数组之间的等同性,在第 8 章将介绍两者之间的转换。

通常,用矩阵形式表示二维数组中各元素的值。下面用 3 个矩阵形式表示上述 a, c, d 个数组初始化后各元素对应的数据值:

a 数组	c 数组	d 数组
1 2 3 4	1 3 5	1 0 0
3 4 5 6	5 7 9	0 1 0
5 6 7 8		0 0 1

定义二维数组时，如果对所有元素赋初值，可以不指定该数组的行数，系统会根据初始化表中的数据个数自动计算数组的行数，但一定要指定列数。

6.2.3 二维数组的应用

在二维数组中，每个元素是通过数组名及行、列下标来确定的。

遍历一个二维数组一般需要两层循环，即行循环和列循环。可用范围 for 两层循环。例如：

```
int b[3][4]={{1, 2, 3, 4}, {5, 6, 7, 8}, {9, 10, 11, 12}};
for (auto &x : b){                 //注意必须是引用 &x
    for (auto y : x)
        cout <<y<<"  ";
    cout <<endl;
}
```

对二维数组也可建立一个通用的输出函数模板，以简化编程。例如：

```
template < class T, int N1, int N2 >
void print(const T(&ra)[N1][N2]){
    for (auto &x:ra) {
        for (auto &y:x) cout <<y<<"  ";
        cout <<endl;
    }
}
```

例 6.6 已知一个 $3*4$ 的矩阵 a，将其转置后输出。

矩阵转置就是将矩阵 a 的行列互换，生成一个新的矩阵 b，即将 a 矩阵的 a[i][j] 元素变成 b 矩阵的 b[j][i] 元素。算法为 b[i][j] = a[j][i]。例如：

a 矩阵				b 矩阵		
1	2	3	4	1	3	5
3	4	5	6	2	4	6
5	6	7	8	3	5	7
				4	6	8

编程如下：

```
#include <iostream>
using namespace std;
template < class T, int N1, int N2 >
void print(const T(&ra)[N1][N2]){
    for (auto &x : ra) {
        for (auto &y : x)
            cout <<y<<"  ";
        cout <<endl;
    }
}
int main(void){
    int a[][4]={{1, 2, 3, 4},
                {3, 4, 5, 6},
                {5, 6, 7, 8}};
    int b[4][3];
    print(a);                          //打印 a[3][4]
    for(int i =0; i <4; i ++)          //实现矩阵转置
        for(int j =0; j <3; j ++)
            b[i][j] = a[j][i];
    print(b);                          //打印 b[4][3]
```

```
        return 0;
}
```

例6.7 编程实现两个矩阵的乘法运算。

根据矩阵乘法的运算规律:$M[m1][n] \times N[n][n2] = Q[m1][n2]$,矩阵 M 的列数必须等于矩阵 N 的行数,两个矩阵才能相乘,并且矩阵 Q 的行数等于矩阵 M 的行数 m1,矩阵 Q 的列数等于矩阵 N 的列数 n2。二维数组 m, n, q 中,$q[i][j] = \sum_{k=1}^{n} m[i][k] \times n[k][j]$。

下面是求 $M[3][4] \times N[4][3] = Q[3][3]$ 的程序:

```cpp
#include <iostream>
using namespace std;
template <class T, int N1, int N2>
void print(const T(&ra)[N1][N2]){
    for (auto &x:ra) {
        for (auto &y:x)
            cout <<y<<"  ";
        cout <<endl;
    }
}
int main(void){
    int m[3][4] = {      {1, 2, 3, 4},
                         {2, 2, 3, 1},
                         {5, 4, 2, 3}};
    int n[4][3] = {      {6, 3, 2},
                         {2, 8, 1},
                         {6, 9, 5},
                         {2, 4, 6}};
    int q[3][3] ={0};                                    //A
    for(int i =0; i < 3; i ++)
        for(int j =0; j < 3; j ++)
            for(int k =0; k < 4; k ++)                   //B
                q[i][j] +=m[i][k] * n[k][j];
    print(q);
    return 0;
}
```

执行程序,输出结果如下:

```
36   62   43
36   53   27
56   77   42
```

上面程序中,A 行将数组 q 的所有元素赋初值为 0,B 行循环求出数组 q 中的一个元素。

例6.8 按下列格式打印杨辉三角(也称为 Pascal 三角),要求打印前 10 行,即

```
                        1
                      1   1
                    1   2   1
                  1   3   3   1
                1   4   6   4   1
              1   5   10   10   5   1
            1   6   15   20   15   6   1
          1   7   21   35   35   21   7   1
        1   8   28   56   70   56   28   8   1
      1   9   36   84   126   126   84   36   9   1
```

　　杨辉三角形类似于一个表格形式，从第 2 行开始头尾都是 1，其他数字等于其上方相邻两个数字之和。可用一个二维数组来存放，这样需要两步计算：

　　第 1 步，生成二维数组 a[10][10]；

　　第 2 步，控制打印输出。

　　以上关键是第 1 步。我们取杨辉三角形前 5 行（如下所示）：

$$
\begin{array}{ccccc}
 & & 1 & & \\
 & 1 & & 1 & \\
1 & & 2 & & 1 \\
\end{array}
$$

　　　　　　　　　　　　　　1　3　3　1

　　　　　　　　　　　　1　4　6　4　1

按二维数组分析元素分布规律：数组中头一列 a[i][0] 和最后一列 a[i][i] 元素都为 1；其他每个元素都是其上一行同列元素与上一行前一列元素之和，即

$$a[i][j] = a[i-1][j-1] + a[i-1][j]$$

　　编程如下：

```cpp
#include <iostream>
#include <iomanip>
using namespace std;
int main(void){
    const int m=10;
    int a[m][m];
    for(int i=0; i < m; i++){              //生成数据
        a[i][0]=1;                         //将数组中头一列元素 a[i][0] 置 1
        a[i][i]=1;                         //将数组中最后一列元素 a[i][i] 置 1
        for(int j=1; j < i; j++)
            a[i][j]=a[i-1][j-1]+a[i-1][j];              //计算其他元素的值
    }
    for(int i=0; i < m; i++){              //按要求格式输出
        for(int k=0; k < 30-2*i; k++)
            cout <<" ";
        for(int j=0; j <=i; j++)
            cout << setw(5) <<a[i][j];
        cout <<endl;
    }
    return 0;
}
```

6.3　数组与函数

　　在定义一个函数时，数组可作为函数的形参（前面我们已用到一维数组作为函数形参的例子）。一个函数不能返回一个数组，因此往往返回一个指针来指向一个数组（指针在第 8 章介绍）。数组的元素具有特定类型和值，在调用一个函数时数组元素可作为函数调用的实参，条件是类型相符。

　　一个数组的名称实际上是该数组元素存储区域的首地址。一个数组作为一个函数形参时，函数调用用一个数组作为实参。实参数组传递给形参数组时，并没有传递实参数组中的各个元素，而是把实参数组的首地址传递给形参，这样函数体中就能利用形参数组来访问实参数组中的元素，如果没有 const 修饰该形参，函数体中还能改变实参数组中的元素。

由于数组实参传递给形参的只是数组的地址,而没有包含实参数组的长度,所以往往需要再增加一个形参来表示数组的长度。

如果一个函数中产生一个数组作为计算结果,可采用数组形参,但应返回结果元素的个数。调用方可先定义一个空数组,然后作为实参来调用函数,函数返回填入元素的个数,调用方就能使用该计算结果。

例 6.9　设计一个函数,对一个正整数分解质因数,并将各因数按从小到大顺序存放在一个 int 数组中。例如:15 = 3 * 5; 16 = 2 * 2 * 2 * 2; 17 = 17; 18 = 2 * 3 * 3。

该函数原型设计为

```
int primeFactors(int n, int a[]);
```

其中,形参 n 是要分解的整数,分解的因子将存放到数组 a 中,返回一个整数表示因子的个数。同时约定:如果 n < 2,就返回 0。

编程如下:

```cpp
#include <iostream>
#include <assert.h>
using namespace std;
//对 n 分解质因数,因数存放到数组 a 中,返回因数个数
int primeFactors(int n, int a[]){
    if (n < 2) return 0;
    int i = 2, t = n, count = 0;
    while (i <= n && t != 1) {
        if (t% i) i++;
        else {
            a[count++] = i;
            t /= i;
        }
    }
    return count;
}
//测试程序,测试大于 1 的整数
void test1(int n){
    if (n < 2) return;
    int fact[32];                        //A      最多 31 个因数
    int num = primeFactors(n, fact);
    int m = 1;
    for (int i = 0; i < num; i++){
        cout << fact[i] << "*";
        m *= fact[i];
    }
    cout << '\b' << "=" << m << endl;    //'\b'表示回退一个字符
    assert(m == n);                      //断言
}
int main(){
    for(int i = 2; i < 21; i++)          //测试 2~20 之间的整数
        test1(i);
    return 0;
}
```

执行程序,输出结果如下:

```
2 = 2
3 = 3
2 * 2 = 4
5 = 5
```

```
2 * 3 = 6
7 = 7
2 * 2 * 2 = 8
3 * 3 = 9
2 * 5 = 10
11 = 11
2 * 2 * 3 = 12
13 = 13
2 * 7 = 14
3 * 5 = 15
2 * 2 * 2 * 2 = 16
17 = 17
2 * 3 * 3 = 18
19 = 19
2 * 2 * 5 = 20
```

上面程序中，函数 int primeFactors(int n, int a[ ]) 在调用前要先说明一个 int 数组，这个数组的大小应该能容纳最大 int 值分解的所有因子，因为最大的 int 值不超过 2^{31}，故因子数组大小应不小于 31。A 行说明的数组大小为 32，是符合要求的。

在测试函数 test1 中使用了 < assert. h > 的一个有参宏 assert 断言。

一维数组作为形参时，可以不指定数组的大小，需要另加一个形参来指定大小。

二维数组作为形参时，至少要确定列的大小，这样就限制了实参数组选择的灵活性。

例 6.10　设计一个函数，求两个矩阵的和。

根据矩阵加法运算规则：A[m][n] + B[m][n] = C[m][n]，只有矩阵 A 的行数和列数分别等于矩阵 B 的行数和列数时，这两个矩阵才能相加，结果矩阵 C 的行数和列数等于矩阵 A 的行数和列数。算法为 $c_{ij} = a_{ij} + b_{ij}$。

下面以 n 行 4 列数组为例，编程如下：

```cpp
#include <iostream>
using namespace std;
void plus4(int x[][4], const int y[][4], int n){
    for(int i = 0; i < n; i ++)
        for(int j = 0; j < 4; j ++)
            x[i][j] += y[i][j];
}
void print2D(const int c[][4], int n){        //输出矩阵各元素的值
    for(int i = 0; i < n; i ++){
        for(int j = 0; j < 4; j ++)
            cout << c[i][j] << "\t";
        cout << endl;
    }
}
int main(void){
    int a[3][4] = {1, 3, 4, 2,
                   2, 3, 1, 2,
                   3, 5, 4, 2};
    int b[3][4] = {3, 2, 6, 5,
                   4, 3, 7, 2,
                   3, 3, 1, 4};
    plus4(a, b, 3);                            //数组作为实参
    print2D(a, 3);                             //数组作为实参
    return 0;
}
```

上面函数只能传递处理 n 行 4 列的数组，受到很大限制。在第 8 章我们将介绍如何用指针来传递任意行任意列的二维数组。

6.4　容器 vector 与 map

如果需要一个数组在运行时大小能动态伸缩，就应选用一种 STL 序列容器，而 vector(向量或矢量)就是其中最简单最常用的一种容器；如果需要一维数组的下标不局限于从 0 开始的整数，比如字符串做下标，就可使用 map 容器。下面简单介绍这两种容器(STL 容器详见第 13.4 节)。

6.4.1　vector

一个 vector 管理一组元素，加入和删除元素适合在尾端操作。就像超市收银员为顾客结账时逐件扫描加入商品，新加入的商品信息总是出现在票据尾端，而且编码时不知道购物车上最多允许有多少商品。vector 可用下标访问各个元素，称为随机访问。

在定义 vector 变量之前应先包含#include < vector >。

定义一个向量有多种形式，其中最简单形式如下：

vector < 元素类型 > 变量名；　　　//基本类型或自定义类型及其指针类型

例如：　　　vector < int > v1;

一个 vector 变量是一个对象，需要调用成员函数来操作。下面是几个常用成员函数：

① push_back(元素)；　　　//将指定元素添加到尾端

② pop_back()；　　　//删除尾端一个元素

③ size()；　　　//元素个数

④ begin()；　　　//头一个元素的位置

⑤ end()；　　　//最后元素后的空位置

⑥ erase(位置)；　　　//删除确定位置上的元素，后面元素前移

例如：

```
vector < int > v1;
v1.push_back(1);                        //添加第 1 个元素
v1.push_back(2);                        //添加第 2 个元素
cout << "size = " << v1.size() << endl;  //此时应有 2 个元素
v1.pop_back();                          //取出尾端 1 个元素 2
cout << "size = " << v1.size() << endl;  //此时应有 1 个元素
v1.pop_back();                          //取出尾端 1 个元素 1
cout << "size = " << v1.size() << endl;  //此时应有 0 个元素
```

对于一个 vector 变量 v，可用"v[下标]"来访问各元素，下标范围是从 0 到 size() − 1。例如：

```
for(int i = 0; i < 10; i ++)
    v1.push_back(i + 1);
for (size_t i = 0; i < v1.size(); i ++)
    cout << v1[i] << "  ";
cout << endl;
```

上面 size_t 是用 typedef 定义的 unsigned int 的类型别名，很多库函数都用到。

用下标访问时，如果下标越界，则引发 out_of_range 异常。异常引发后，如果没有捕获处理就导致程序中止。

如果不用下标来遍历各元素，可用范围 for 语句。例如：

```
for(auto x:v1)
    cout << x << "  ";
cout << endl;
```

如果要多次执行遍历，就建立一个函数，以方便调用。例如：

```
void print(vector <int> &v) {
    cout << "Total " << v.size() << " elems:" << endl;
    for (auto x : v)
        cout << x << "  ";
    cout << endl;
}
```

容器 vector 可与 <algorithm> 算法相结合，提供更强功能。

例 6.11　vector 应用示例。

先调用 generate 随机生成 10 个 100 以内整数，然后调用 sort 升序排序，之后调用 binary_search 执行二分查找，再调用 find 做线性查找，若找到则调用成员函数 erase 删除该元素。

编程如下：

```
#include <iostream>
#include <vector>
#include <algorithm>
using namespace std;
void print(vector <int> & v) {
    cout << "Total " << v.size() << " elems:" << endl;
    for (auto x:v)
        cout << x << "  ";
    cout << endl;
}
int main() {
    vector <int> v1(10);                                               //A
    generate(v1.begin(), v1.end(), [] {return rand() % 100 +1; });     //B
    print(v1);
    sort(v1.begin(), v1.end(), [](auto x1, auto x2){return x1 < x2; });   //C
    print(v1);
    const int wanted =65;
    if (binary_search(v1.begin(), v1.end(), wanted))                   //D
        cout << "found " << endl;
    else
        cout << "no found" << endl;
    auto it =find(v1.begin(), v1.end(), wanted);                       //E
    if (it !=v1.end()) {
        v1.erase(it);                                                  //F
        cout << wanted << " was deleted from the vector" << endl;
        print(v1);
    }
    return 0;
}
```

上面程序中，A 行定义一个 vector 有 10 个 int 元素。

B 行调用 generate 算法产生 100 以内随机数。其中，前 2 个实参 v1.begin()，v1.end()确定填入元素的范围，下面几个算法函数也以相同方式来确定元素范围；第 3 个实参是一个 Lambda 表达式，其中用 return 语句返回所生成的元素。

C 行调用 sort 算法，第 3 个实参通过一个 Lambda 表达式确定排序规则为升序。

D 行调用 binary_search 算法，查找一个元素。返回 true 表示找到，否则未找到。

E 行调用 find 算法执行线性查找，返回一个位置。返回位置是一个迭代器(iterator)变量所确定的位置，而迭代器可认为是类似下标或指针的概念(详见第 13.4.2 节)。如果找到元素，返回位置应指向该元素，而不等于 v1.end( )。

F 行调用成员函数 erase 删除所找到的元素，迭代器位置作为函数调用的实参。

执行程序，输出结果如下：

```
Total 10 elems:
42 68 35 1 70 25 79 59 63 65
Total 10 elems:
1 25 35 42 59 63 65 68 70 79
found
65 was deleted from the vector
Total 9 elems:
1 25 35 42 59 63 68 70 79
```

因为未设置随机数种子，默认种子导致每次都生成相同的一组伪随机数。

对于 vector，如果调用 erase 来删除中间元素，导致后面元素前移，代价较大。实际上在 vector 上调用 sort 也是不推荐的，因为交换元素代价也很大。如果要频繁地在序列中间添加或删除元素，就应选用另一种容器 list(详见第 13.4.7 节)。

vector 可实现任意大小且大小可变的一维数组，可嵌套使用，如 vector < vector < int > >，还可实现任意行、不等列的二维数组或矩阵(详见第 13.4.7 节)。

函数不能返回一个数组，但可返回一个 vector 作为计算结果，比如对正整数 n 分解质因数的函数为 vector < int > primeFactors(unsigned n)。C++ 11 中无需担心函数返回一个大对象的拷贝赋值的负担。读者可自行实现该函数。

6.4.2　map

map 也称为映射。对于一个一维数组，例如 int a[20]，实际上就是定义了一个从下标到 int 值的映射 map < unsigned, int >，每个元素都是一个下标与一个 int 值的对偶。

一个 map 映射变量包含一组对偶(或有序对)pair < key, value >。一个对偶表示从一个键 key 到一个值 value 的决定关系。一个 map 容器中的所有键 key 组成一个集合 set，即键不重复且按升序排序。此时 map 中的键的类型从无符号整数扩展到所有类型。

例如，一个学生名单上有学号、姓名、性别、班级、成绩等。其中学号是不重复的，因此学号到姓名的对应关系就是一个映射 map < 学号, 姓名 >；学号到性别的关系也是一个映射 map < 学号, 性别 >；如果姓名不重复，也可建立从姓名到性别的映射 map < 姓名, 性别 >。

要使用映射 map，应先包含#include < map >。

创建一个映射 map 有多种方式，最简单是仅说明键和值的类型，以及变量名称。例如：

```
map < unsigned, int > a;        //相当于定义数组 int a[v]，大小 v 是动态伸缩的
```

对于一个 map 变量，访问其成员最简单的方式是用下标，与访问数组元素一样。例如：

```
a[0]=11;                //添加 <0, 11>
a[1]=22;                //添加 <1, 22>
a[2]=33;                //添加 <2, 33>
```

可根据自己需要添加新的对偶或改变已有的对偶。例如：

```
a[7]=44;                //添加 <7, 44>，键可以是不连续的
a[2]=55;                //修改 <2, 33> 为 <2, 55>，即用新对偶取代原对偶
```

如果要查看元素个数，可调用成员函数 size。例如：

```
cout << a. size () << endl;
```

如果要遍历各个元素，最简单方法是使用范围 for 语句。例如：

```
for (auto x:a)
    cout << x. first << ":" << x. second << endl;
```

其中 x 表示一个对偶元素，x. first 是键的值，x. second 是键对应的值。

如果要多次输出映射中的所有元素，可建立如下一个函数：

```
void print (map < unsigned, int > & m) {
    cout << "Total " << m. size () << " elems:" << endl;
    for (auto x:m)
        cout << x. first << ":" << x. second << endl;
}
```

然后就能调用该函数(如 print (a) ;)，此时输出：

```
Total 4 elems:
0:11
1:22
2:55
7:44
```

映射 map 有如下一组常用成员函数：

① size () ;   //元素个数
② begin () ;   //正向头一个元素的位置
③ end () ;   //正向最后元素后的空位置
④ rbegin () ;   //逆向头一个元素的位置
⑤ rend () ;   //逆向最后元素后的空位置
⑥ find (键) ;   //按键查找，返回迭代器位置，若等于 end( )表示未找到
⑦ erase (位置) ;   //删除确定位置上的元素，后面元素前移
⑧ emplace (键，值) ;   //添加一个 <键，值 >，等同于 m[键] = 值;

如果要以一个键 key 查找一个对偶是否存在，可调用成员函数 find。例如：

```
auto it = a. find (2);         //查找键为 2 的元素
if (it != a. end ())           //若找到
    a. erase (it);             //则删除该元素
```

如果要按逆向遍历各个元素，下面代码使键按降序输出：

```
for (auto it = a. rbegin (); it != a. rend (); it ++)
    cout << it -> first << ":" << it -> second << endl;
```

上面语句中使用了迭代器类型和变量 it。迭代器类型复杂，可用 auto 简化。迭代器 it 变量相当于一个指针变量，(* it)表示当前迭代器所指向的元素，it -> first 和(* it). first 是键，it -> second 和(* it). second 是对应的值。

使用映射 map 时，应注意以下要点：

(1) 如果用下标读取不存在的下标键不会引发异常，而是按新键添加一个新对偶，值取缺省值(取 0 值)。例如：

```
cout << a[99] << endl;        //读取新下标键，先添加 <99, 0 >，再输出 0
```

(2) 不能修改元素的键(如 x. first = 22;)，可用新对偶取代(如 a[22] = 33;)，也可先删除再添加。

（3）在范围 for 语句中不要删除元素后再继续循环，应在删除元素后 break 停止循环。

map 中的键相互不重复。如果要表示有重复键的映射，应使用多值映射 multimap 容器（简称多射）。多射具有与映射 map 基本一样的操作函数，区别是键可重复，且不能下标访问。

map 中的键是升序排序的，可反向遍历，从 rbegin( ) 到 rend( ) 得到降序输出，但不能按值做排序。例如一个 map < 姓名，成绩分数 >，只能按姓名升序或降序访问，不能按成绩分数排序。若需按成绩排序，可将键 - 值逆转生成一个多射 multimap < 成绩分数，姓名 >。多射中的键允许重复，则成绩分数就可能重复。多射与映射 map 一样默认为按键升序，如果要按成绩降序排序，就按逆向遍历。

例 6.12　map 应用示例：按值降序排序。

```cpp
#include <iostream>
#include <string>
#include <map>
using namespace std;
int main(){
    map <string, int> gd{{"张三", 86}, {"李四", 92}, {"王五", 78}, {"赵六", 84}};
    for (auto g : gd)
        cout <<g. first <<":" <<g. second <<endl;              //A
    multimap <int, string> gd2;
    for (auto g : gd)
        gd2. emplace(g. second, g. first);                     //B    生成多射
    cout <<"按成绩降序排序:" <<endl;
    for (auto rit = gd2. rbegin(); rit != gd2. rend(); rit ++)  //C    逆向遍历
        cout <<rit ->second <<":" <<rit ->first <<endl;        //D
    return 0;
}
```

上面程序中，A 行按姓名升序输出；B 行将键 - 值逆转生成一个多射 < 成绩，姓名 >，自动按成绩升序排序，允许相同成绩；C 行按逆向遍历，得到成绩降序的输出；D 行将显示 < 姓名，成绩 >。

执行程序，输出结果如下：

```
李四:92
王五:78
张三:86
赵六:84
按成绩降序排序:
李四:92
张三:86
赵六:84
王五:78
```

上面程序中使用了 < string > 中的 string 类型，详见第 6.6.2 节；对映射 map 变量 gd 的初始化采用了 C++11 新的初始化列表；map 容器详见第 13.4.9 节。读者也可自行查看文档和实例。

6.4.3　初始化列表与统一初始化

C++11 引入初始化列表（initializer list），支持所谓的统一初始化（uniform initialization）。其语法特征是花括号括起一个或多个初始值，而且可省略前面的等号。例如：

```cpp
int a[] = {2, 4, 6};                           //传统初始化
int b[] {1, 3, 5};                             //C++11 初始化列表
vector <int> c{3, 4, 5};                       //初始化列表
map <int, float> d{{1, 2.0f}, {2, 3.3f}, {4, 4.4f}}; //初始化列表
```

可以在函数设计中使用 initializer_list，因其不限实参数量，使用方便灵活。

initializer_list < T > 是一个模板类，在 < initializer_list > 中说明，被 < iostream > 间接包含。

例如，一个函数计算一组整数的平均值：

```
double avg(initializer_list <int> intlist){       //尖括号中说明元素类型 <int>
    if (intlist.size()==0)                        //用 size() 返回实参数量
        return 0;
    int sum=0;
    for (auto e : intlist)                        //用范围 for 做遍历
        sum += e;
    return double(sum) / intlist.size();
}
```

然后就可调用如下：

```
cout << avg({3, 2, 3, 5, 6}) << endl;             //可计算任意数量的整数
cout << avg({}) << endl;                          //0 个元素
```

统一初始化有一个特点是防止类型收窄(type narrowing)，当用较大数据来初始化较小类型的变量时，编译器将报错。例如：

```
char c1 =250;                                     //编译时最多只是警告
char c2{250};                                     //编译时至少警告，VS 编译错误
```

统一初始化能提供更严格的数据检查，但仅针对单个变量。如果是对数组初始化，仍然是给出警告。

初始化列表用于函数形参可部分替代传统的可变参数(详见第 5.8.2 节)，使用更简单。初始化列表更多的应用是在容器类的构造函数中，如 vector，map 等。

6.5 字符数组与字符串

在程序中经常要处理各种字符文本数据，例如人的姓名、住址、身份证号等。传统 C 语言没有提供语言级字符串 string 类型，字符串往往要通过 char 数组或 char 指针来实现。下面介绍字符数组，以及字符数组所支持的字符串。

字符数组就是字符型元素组成的数组，一个字符串则是由 0 值结尾的字符数组。字符数组也分为一维数组和多维数组，一维数组可存放一个字符串，多维数组可存放多个字符串。下面主要介绍一维字符数组的定义、初始化和操作。前几节所介绍的一般性数组的定义及初始化方法同样适用于字符数组，但字符串自有其特点。

C++ 所涉及的字符串有三种，即基于字符数组的字符串、基于字符指针的字符串(详见第 8 章)、基于 string 类型的字符串。

6.5.1 字符数组的定义

字符数组定义的语法格式与一般性数组的定义一样，即

```
char <数组名>[ <常量表达式>];
```

其中，<数组名>是标识符；<常量表达式>的值必须是正整数，说明数组的大小，即字符的个数。例如：

```
char s1[5], s2[10];          //定义两个字符型数组 s1, s2
char s3[5][10];              //定义一个二维字符数组 s3
```

其中，s1 数组包含 5 个字符元素，且每个元素都是 char 变量；s3 是一个二维数组，可以存放 5 个字符串，每个字符串最多可以存放 10 个字符。

字符数组还有宽字符 wchar_t 类型。例如：

```
wchar_t a[5];                    //5 个 wchar_t 占用 10 个字节
```

Unicode 编码的字符类型 char16_t 与 char32_t 也可定义数组。

6.5.2　字符数组的初始化

对字符数组可用字符或字符串进行初始化。

1）用字符常量进行初始化

采用字符常量初始化字符数组，其语法格式为

char <数组名>[<常量表达式>] = {<字符常量初值表>};

这种方法是一般数组的初始化方法，要逐个列出各个元素的值，比较麻烦。例如：

```
char s1[8] = {'C', 'o', 'm', 'p', 'u', 't', 'e', 'r'};
char s2[10] = {'m', 'o', 'u', 's', 'e'};
char s3[][5] = {{'b', 'o', 'o', 'k'}, {'b', 'o', 'o', 'k', '2'}};
```

字符数组 s1 中的 8 个字符元素都进行了初始化，且最后一个元素不是 0，故 s1 不能作为字符串来处理，只能作为字符数组。这是因为每个字符串都要用 0 值来结尾（注意不是字符'0'）。字符数组 s2 就被初始化为一个字符串。同理，s3[0] 是一个字符串，而 s3[1] 则不是。一个字符数组的当前值是否是字符串，决定了对它的处理方式的不同。

2）用字符串进行初始化

采用字符串字面值来初始化字符数组，其语法格式为

char <数组名>[<常量表达式>] = <字符串常量>;

例如：

```
char s11[] = "Computer", s22[] = "mouse";
char s33[][5] = {"one", ""};
```

表 6.3 列出了上述 6 个数组初始化后各元素对应的数据值。

表 6.3　数组初始化后各元素的值

数组元素	数据值	数组元素	数据值	数组元素	数据值	数组元素	数据值	数组元素	数据值	数组元素	数据值
s1[0]	C	s2[0]	m	s3[0][0]	b	s11[0]	C	s22[0]	m	s33[0][0]	o
s1[1]	o	s2[1]	o	s3[0][1]	o	s11[1]	o	s22[1]	o	s33[0][1]	n
s1[2]	m	s2[2]	u	s3[0][2]	o	s11[2]	m	s22[2]	u	s33[0][2]	e
s1[3]	p	s2[3]	s	s3[0][3]	k	s11[3]	p	s22[3]	s	s33[0][3]	\0
s1[4]	u	s2[4]	e	s3[0][4]	\0	s11[4]	u	s22[4]	e	s33[0][4]	\0
s1[5]	t	s2[5]	\0	s3[1][0]	b	s11[5]	t	s22[5]	\0	s33[1][0]	\0
s1[6]	e	s2[6]	\0	s3[1][1]	o	s11[6]	e			s33[1][1]	\0
s1[7]	r	s2[7]	\0	s3[1][2]	o	s11[7]	r			s33[1][2]	\0
		s2[8]	\0	s3[1][3]	k	s11[8]	\0			s33[1][3]	\0
		s2[9]	\0	s3[1][4]	2					s33[1][4]	\0

字符 char 数组可表示中英文混合串，按 GBK 编码，每个中文字符占 2 个字节。例如：

```
char name[] = "28 研究所";                //占用 9 字节
```

UTF - 8 编码的字符串也可作为 char 窄串，但需要加前缀 u8。例如：

```
char str1[] = u8"Hello World";
char str2[] = u8"□ = \U0001F607 is O: -)";
```

对 wchar_t 数组的宽串初始化应添加前缀 L。例如：

```
wchar_t b[] = L"size";                    //占用 10 字节
wchar_t c[] = L"28 研究所";               //占用 12 字节
wchar_t d[] = L"";                        //占用 2 字节
```

对 char16_t 和 char32_t 数组的宽串的初始化应分别添加前缀 u 和 U。例如：

```
char16_t strr1[] = u"hello";
char32_t strr2[] = U"hello";
```

C++ 11 支持 raw 串（也译为毛串或原生串），其中可包含任意字符，包括双引号"、反斜杠 \、换行符，且不需要转义符。毛串常用于 HTML 和 XML 串，应添加前缀 R。例如：

```
char raw_narrow[] = R"(An unescaped \ character)";
wchar_t raw_wide[] = LR"(An unescaped \ character)";
char raw_utf8[] = u8R"(An unescaped \ character)";
char16_t raw_utf16[] = uR"(An unescaped \ character)";
char32_t raw_utf32[] = UR"(An unescaped \ character)";
```

C++ 11 支持两个字面值的拼接，有 2 种等价写法。例如：

```
char strp1[] = "12" "34";
char strp2[] = "12\                       //反斜杠也称为续行符
    "34";
```

串中若有转义符应特别小心。例如：

```
char strp3[] = "\x05five";
```

并非所期望的 5 个字符，而是 4 个，原因是 '\x05f' 被当做 1 个字符。因此下面拼接书写形式更安全：

```
char strp4[] = "\x05" "five"
```

关于字符串初始化，说明以下几点：

（1）用字符串初始化时，系统在字符串末尾自动加上一个 0 值，作为字符串的结尾标志。因此字符数组长度至少要比字符串中的字符个数大 1。

（2）系统能根据字符串的长度（即字符个数）来确定数组的大小。

（3）用字符串初始化一维字符数组时，大多省略花括号。

（4）除了毛串，其他字符串中都可带有转义字符（见第 2.3.4 节）。

（5）不含任何字符的字符串"" 称为空串，尾 0 也要占 1 个字符。

（6）除了用字符数组定义字符串，字符串还可以用字符指针或类型（如 std::string）来定义。

6.5.3　字符数组的输入输出

字符数组的输入输出可以逐个元素处理，也可以按字符串的方式处理。

1）逐个元素处理

方式 1　用 cin >> 和 cout <<。例如：

```
char s1[5];
for(int i =0; i < 5; i ++)
cin >> s1[i];                         //A    设执行时输入:ab c d efgh
for(int i =0; i < 5; i ++)
cout << s1[i];                        //执行时输出:abcde
```

其中,A 行用 cin >> 在输入单个字符时,将跳过空格、制表符和换行符,因此用 cout << 输出时就没有这些分割符。A 行程序在执行时可以多输入字符,用回车结束,超过的字符被暂存在输入缓冲区中,可能会被下面其他输入 cin 指令误读。

这种方式可以输入输出中英文混合串,但实际上比较少用。

方式 2　用 cin. get 和 cout. put 函数。例如:

```
char s2[5];
for(int i =0; i < 5; i ++)
cin.get(s2[i]);                       //A    设执行时输入:a b cdef
for(int i =0; i < 5; i ++)
cout.put(s2[i]);                      //执行时输出:a b c
```

其中,A 行用 cin. get 输入时,可以读取空格符、制表符和换行符,因此下面调用 cout. put 函数输出时能看到这些分割符。A 行在执行时也可以多输入字符。

这种方式也可输入输出中英文混合串。

2) 按字符串处理

将一个字符数组作为一个串来输入输出。例如:

```
char s3[5];
cin >> s3;                            //A    设输入:ab cdefgh
cout << s3;                           //输出:ab
```

其中,A 行的 cin >> 从输入流中连续读取字符,直到遇见空格、制表符或换行符时结束。如果输入字符数超过了数组大小,就会侵占相邻内存,可能会导致严重错误而被迫退出。所以输入分割符之前的字符数应小于长度。例如输入"abcd"是安全的,但如果输入超过 4 个字符就要出错,程序中止并给出提示。虽然将数组长度加大可以提高安全性,但也不可靠。

比较安全的串输入是调用 cin. getline 函数。例如:

```
char s4[5];
cin. getline(s4, 5);                  //A    设输入:a bcdef
cout << s4 << endl;                   //输出:a bc
```

其中,A 行调用 cin. getline 函数从输入流中提取一行字符作为一个字符串,直到换行符。该函数第 1 个形参为字符数组,第 2 个形参确定了至多可读取的字符个数。读取的一行字符中可包括空格、制表符。

用 cout 输出字符串时,其并不关心字符数组的大小,而是连续输出字符,直到尾 0。

3) 宽字符串处理

对 wchar_t 数组的输入应采用 wcin,如果包括中文,还需要添加本地化控制。例如:

```
wchar_t ee[20];
wcin. imbue(locale("chs"));           //设置中文简体字符集输入
wcin >> ee;
```

以这种方式如果输入超过 19 个字符就会导致溢出错误,建议采用 wcin. getline 输入,即

```
wchar_t s4[5];
```

```
wcin.imbue(locale("chs"));
wcin.getline(s4, 5);
```

对 wchar_t 数组的输出应采用 wcout，如果包含中文，还需要添加本地化控制。例如：

```
wchar_t c[] = L"28 研究所";
wcout.imbue(locale("chs"));              //设置中文简体字符集输出
wcout << c << endl;
```

其中 imbue 函数用于设置本地区域，以确定 cout 输出的字符集。如果没有设置或设置错误都会导致仅能输出英文字符，而其他字符不能输出。

上面宽串输入输出适用于 VS，而 DevC++ 5.11（GCC4.9.2）不适用，因其 < iostream > 尚不能支持中文宽串的输入输出。可调用 < stdio.h > 中的 printf/wprintf 和 scanf/wscanf 函数来实现，但要先添加编译选项：− finput − charset = GBK。例如：

```
#include <locale.h>
#include <stdio.h>
using namespace std;
int main(){
    setlocale(LC_ALL, "chs");            //设置中文简体字符集
    wchar_t ws[] = L"中文字符串";
    printf("printf: %ls\n", ws);
    printf("%ls\n", L"能看到吗? 输入中文串:");
    wchar_t in[10];
    scanf("%ls", in);                    //A
    printf("%ls\n", in);
    return 0;
}
```

需要注意的是，上面 A 行调用 scanf 在 VS 中被认为是不安全函数，编译时会出错，建议调用 scanf_s 与 wscanf_s。将 A 行改为

```
wscanf_s(L"%ls", in, _countof(in));
```

上面程序就可在 VS 上编译执行。

6.5.4 字符数组的操作

字符数组的操作形式与前面整数数组的操作形式是一样的，都是用下标指定元素进行读取或写入，以实现各种转换或计算。

应注意区别被处理的字符数组是否为字符串。如果是字符串，就有尾 0，就能用函数计算其元素个数，而不需要另外指定元素个数。

应注意窄串与宽串在处理中英文混合串时的共性与区别。窄串中一个英文字符占 1 字节，一个中文字符占相邻 2 字节（称为多字节编码）。因此窄串 str[i] 指的是第 i 个字节，也是第 i 个元素。而宽串（如 wchar_t）中任何一个中英文字符都占 2 字节，包括尾 0。因此宽串 wstr[i] 指的是第 i 个元素或第 i 个字符，而不是第 i 个字节。

下面代码段将一个表示星期几的从 0 到 6 的整数 week 转换为符合中文习惯的"星期日"到"星期六"的输出，采用了宽串处理，只能在 VS 上运行：

```
wchar_t weekday[] = L"日一二三四五六";
wcout.imbue(locale("chs"));
wcout << L"星期" << weekday[week] << endl;
```

访问任何数组的元素，如果下标越界，不仅导致溢出，还可能导致更严重的安全性问题。C++ 11 提供带边界检查（bound − checking）的一组安全函数，每个安全函数名都有_s 后缀，如

strcpy_s，strcat_s 等。VS 在编译传统调用（如 strcpy）时报错，建议调用安全函数（如 strcpy_s）；对传统 scanf 函数调用也报错，建议改为 scanf_s 调用。如果坚持调用老版本，就要在文件首行定义一个宏：#define _CRT_SECURE_NO_WARNINGS。

6.6 字符串处理函数

C++ 系统提供了许多处理字符串的函数，并在头文件 < cstring > 或 < string. h > 中给出了这些函数的原型说明。本节首先介绍基于字符数组的串处理函数，然后介绍 string 类型（应包含 < string. h >）。

6.6.1 字符数组处理函数

一部分函数执行没有副作用，例如求字符串长度、比较两个字符串，因此这些函数调用是安全的。但也有一部分函数具有副作用，会改变字符串的长度或元素内容，如串拷贝、串拼接等。调用这些函数时应注意实参数组的大小是否足够大。对于有副作用函数，VS 会编译报错，并建议调用对应的安全函数。

一部分函数要返回一个生成的字符串作为结果，但因函数不能返回数组，所以往往返回一个指针，指向结果数组的首地址。可直接用 cout 输出，而指针将在第 8 章介绍。

1）字符串长度

函数原型为

```
int strlen(const char s[]);
```

其中，形参 s 是字符数组（或字符串常量），该函数返回 s 中字符串的字符个数，即字符串的长度。字符串的尾 0 并不计算在长度内。例如：

```
char s1[10] = "flower";
cout << strlen("watch") << endl;        //输出值为 5
cout << strlen(s1) << endl;             //输出值为 6
cout << sizeof(s1) << endl;             //输出值为 10
```

strlen 函数没有副作用，但仍有潜在的安全威胁，VS 提供了一个安全函数版本 strnlen_s。

2）字符串拷贝

函数原型为

```
char * strcpy(char to[], const char from[]);
```

其中，形参 to 为接收字符串的数组（如果该数组原先有内容的话，就会被覆盖），形参 from 可以是字符数组或字符串常量。该函数将 from 中存放的字符串或字符串常量拷贝到字符数组 to 中，并返回一个指针指向 to 字符串。注意，to 数组长度应不小于 from 的长度。例如：

```
char str1[10] = "flower", str2[100], str3[20], str4[6];
strcpy(str2, str1);                     //将字符串"flower"拷贝到 str2 中
cout << str2 << endl;                   //输出为:flower
cout << strcpy(str3, "南京");           //将"南京"拷贝到 str3 中，再输出
```

strcpy 函数调用时如果 to 数组长度不够，就会导致缓冲区溢出，进而导致更严重的安全问题。例如，strcpy(str4, str1)就是危险的，因 str1 中的字符串" flower" 占用了 7 个字节空间，而 str4 只有 6 个字节。

如果要限制最多拷贝的字符个数，有函数原型如下：

```
char * strncpy(char to[], const char from[], int size);
```

此函数最后一个形参 size 限制最多拷贝多少字符，其应不大于 to 数组的大小。

VS 对于 strcpy 提供安全函数 strcpy_s。

3）字符串拼接

函数原型为

```
char * strcat(char s1[], const char s2[]);
```

其中，形参 s1 是一个字符数组，形参 s2 是一个字符数组或字符串常量。该函数将 s2 串拷贝到 s1 串之后，使 s1 成为一个拼接串，并返回指针指向 s1 串。例如：

```
char s2[10] = "day", s1[20] = "week";
cout << strcat(s1, s2);                //构成新串"weekday"，输出 weekday
cout << s1 << endl;
```

显然，应确保数组 s1 长度足够大，以能存放拼接后的字符串，否则会导致错误。

可利用函数的返回值进行连续计算。例如：

```
char str3[40] = "南京";
cout << strcat(strcat(str3, "理工大学"), "计算机学院");
```

如果要限制最多拷贝的字符个数，有函数原型如下：

```
char * strncat(char s1[], const char s2[], int size);
```

此函数最后一个形参 size 限制最多拷贝的字符个数。

出于安全性考虑，VS 建议调用 strcat_s 和 strncat_s。

4）字符串比较

函数原型为

```
int strcmp(const char s1[], const char s2[]);
```

其中，形参 s1 和 s2 都可以是字符数组或字符串常量。该函数比较 s1 和 s2 这两个字符串的大小，即按从前到后的顺序逐个比较对应字符的 ASCII 码值。若 s1 中的字符串大于 s2 中的字符串，则返回值大于 0（如 1）；若两字符串相等，则返回 0；否则返回值小于 0（如 −1）。例如：

```
char s1[10] = "week", s2[20] = "day";
cout << strcmp(s1, s2) << endl;        //输出结果为 1
cout << strcmp(s2, s1) << endl;        //输出结果为 −1
cout << strcmp(s1, "week") << endl;    //输出结果为 0
```

如果在比较时要忽略字母大小写，可以调用下面函数：

```
int _stricmp(const char s1[], const char s2[]);
```

如果要限制最多比较的字符个数，可调用下面函数：

```
int strncmp(const char s1[], const char s2[], int size);
```

此函数最后一个形参 size 确定了仅比较前面 size 个字符。

宽字符串的处理与窄串处理相对应，如表 6.4 所示。

表 6.4　窄串与宽串分别调用不同的处理函数

串处理功能	窄串处理函数		宽串处理函数
	老版本	安全函数	
求串长、字符数	strlen	strnlen_s	wcslen
串拷贝	strcpy	strcpy_s	wcscpy_s
串拼接	strcat	strcat_s	wcscat_s
串比较	strcmp	strcmp	wcscmp

除了上面所介绍的函数之外，系统还提供了很多关于字符和字符串处理的函数。读者可参看相关文档。

在使用这些库函数时，应注意以下几点：

（1）在库函数中，字符数组作为形参，一般用字符指针来表示字符数组。例如：

```
int strlen(const char * str);
```

（2）在调用这些库函数时，要保证数组应具有足够大小，如果要纳入的串长度超过了数组的大小，将导致缓冲区溢出。

（3）在调用这些库函数时，要确保调用实参不是空指针 NULL，否则结果难料。

C++ 编程应尽可能调用 C++ 标准库，而不是 C 函数库，虽然后者运行效率高，但内存安全方面需要注意的问题太多，使程序员不能全心去解决实际问题。如果真的需要用字符串，而且 C++ 标准库可用，就应避免用字符数组来表示字符串，而应采用 < string > 提供的 string 类型。

6.6.2　string 类型

如果需要长度可动态伸缩的、操作安全的字符串，就需要使用 < string > 的 string 类型。< string > 中提供了 4 种不同字符类型的串，如表 6.5 所示。

表 6.5　串类型

串类型名称	中文名称	字符类型	输出	输入
string	串、窄串	char	cout	cin
wstring	宽串	wchar_t	wcout	wcin
u16string	小 u 串	char16_t	不支持	不支持
u32string	大 U 串	char32_t	不支持	不支持

以上 4 种串类型都来自 basic_string 模板类（模板类参见第 13.3 节），下面主要介绍 string。

创建一个 string 串有多种方式，下面是几种常用的创建方式：

```
string str1;                        //创建一个空串
const char * cstra = "Hello Out There. "; //用字符指针定义一个常量串，称为 C 串
string str2(cstra, 5);              //从 C 串创建，实参 5 确定前 5 个字符，为 Hello
string str3(str2, 2, 3);           //从 string 创建，从第 2 个字符开始，共 3 个字符，为 llo
string str4(5, '8');               //由 5 个 8 组成的串 88888
string str5("Hello World");        //从串面值创建串
//从 string 创建，用头、尾 2 个迭代器，为 World
string str6(str5.begin() +6, str5.end());
char chararr[20] ="C++ Programming";
//从字符数组创建，从第 4 个字符开始，共 7 个字符，为 Program
string str7(chararr, 4, 7);
```

访问一个串 str 中各元素有多种方式。与字符数组一样，可用下标 str[i] 访问串中指定元素，下标范围从 0 到 str. size( ) − 1。成员函数 size 或 length 都返回串中字符个数，即串长（相当于 strlen 函数）。若下标越界，则引发 out_of_range 异常，以防止非法访问。例如：

```
for (size_t i =0; i < str7. size(); i ++)
    cout << str7[i] << " - ";
```

用下标可读写字符元素的值。例如：

```
str7[i] =toupper(str7[i]);              //转大写字符
```

遍历各个字符可用范围 for 语句。例如：

```
for (auto c:str7)
    cout << c << " - ";
```

如果要改变字符元素，也可用范围 for 语句。例如：

```
for (auto &c : str7)                    //用引用说明变量 c
c =toupper(c);                          //转大写字符
```

可用赋值运算符" = "来取代 strcpy 函数。例如：

```
str7 ="C++ new programming";
```

可用关系运算符" < , <= , > , >= , == , ! = "来取代 strcmp 函数。例如：

```
if (str5 < str6) ...
if(str6 =="World") ...
```

可用加法运算符" + "或者" += "来取代 strcat 函数。例如：

```
str7 +=" " + str6 +" is wonderful";
```

使用以上二元运算符时，右操作数可以是 string 变量，也可以是串字面值。

string 能动态改变字符串的长度，无需担心因串过长而导致溢出或越界问题。

注意不能调用 sizeof(str7)来查看串中有多少字符，因为 sizeof 函数返回该对象在栈内存中所占用字节数，而 string 用堆内存动态存储串内容。

string 变量的创建与操作函数都适用于宽串 wstring，区别只是输入和输出不同。如果 wstring 宽串含有中文字符，输入输出前就需要设置编码。下面是 VS 中的设置方式：

```
wcin.imbue(locale("chs"));
wcout.imbue(locale("chs"));
```

附录 B 中列出了 string 类型常用函数。读者也可参阅相关文档和实例。

6.6.3　字符串应用示例

例 6.13　对于一个中英文字符串，计算各个字符出现的次数，再按出现次数降序排序。

宽字符串 wchar_t 和宽串 wstring 非常适合描述中英文混合串，每个元素都是一个字符。

设计方法如下：先创建一个宽串 wstring，然后计算各字符出现次数，保存为一个映射 map < wchar_t, int > ，再生成一个多射 multiset < int, wchar_t > 自动按次数升序排序，最后按逆向遍历输出降序结果。

编程如下：

```
#include < iostream >
#include < string >
#include < map >
```

```
using namespace std;
int main(){
    const wchar_t * str = L"知之为知之,不知为不知,是知也";
    wstring wstr(str);                                      //A
    map < wchar_t, int > wcc;
    for (auto wc : wstr) {                                  //B
        if (wcc.find(wc) != wcc.end())                     //若已出现
            wcc[wc] ++;                                     //计数加 1
        else
            wcc[wc] = 1;                                    //若未出现,添加计数为 1
    }
    cout << "串长:" << wstr.size() << ",共有" << wcc.size() << "个不同字符:" << endl;
    multimap < int, wchar_t > wcc2;
    for (auto wc : wcc)                                     //C
        wcc2.emplace(wc.second, wc.first);
    wcout.imbue(locale("chs"));                            //D
    for (auto rit = wcc2.rbegin(); rit != wcc2.rend(); rit ++)   //E
        wcout << rit -> second << ":" << rit -> first << endl;
    return 0;
}
```

上面程序中,A 行由原串创建一个宽串;B 行遍历宽串中的每个字符,计数并存入一个映射;C 行将映射逆转为一个多射(自动升序);D 行控制 wcout 输出编码为中文简体(注意 DevC++ 中控制有所不同);E 行按逆序遍历,输出降序结果。

执行程序,显示结果如下:

```
串长:15,共有 7 个不同字符:
知:5
之:2
为:2
不:2
,:2
是:1
也:1
```

原串中的逗号是英文字符,其他都是中文字符。读者可尝试处理其他串。

例 6.14　在一组不同的中国人姓名中查找某个姓氏的全部姓名,并给出匹配数量。假设姓名数量很多,应尽可能提高查找性能。

设计方法:建立一个 vector < wstring > 存放已有的姓名串。中国人的姓名结构是姓在前名在后,这种查找就是比较姓名串中前几个字符。最简单办法是遍历每个姓名串来查找,但如果姓名数量很多时,这种遍历式查找性能很低,原因是有很多比较结果不匹配。一种简单改进是对姓名按升序排序,在比较失配之后判断是否应中止循环。

编程如下:

```
#include < iostream >
#include < string >
#include < vector >
#include < algorithm >
using namespace std;
int main() {
    vector < wstring > names{L"张三", L"李四", L"王五", L"赵六", L"王老五", L"张小三"};
    sort(names.begin(), names.end(),
        [](auto x1, auto x2) {return x1 < x2; });                       //A

    wcin.imbue(locale("chs"));
    wcout.imbue(locale("chs"));
    for (auto n : names)
```

```
        wcout <<n <<endl;

    wstring wanted;
    cout << "输入一个姓氏:";
    wcin >> wanted;
    int count =0, comp =0;
    for (auto n : names) {
        if ((comp = n. compare(0, wanted. size(), wanted)) ==0){      //B
            wcout <<n <<endl;
            count ++;
        }else if (comp ==1) {                                        //C
            cout << "break loop" <<endl;
            break;
        }
    }
    cout << "total " << count <<endl;
    return 0;
}
```

上面程序中，A 行调用了 < algorithm > 中 sort 算法对姓名串的向量 vector 进行升序排序，其中第 3 个实参是一个简单的 Lambda 表达式，说明排序规则为升序。关于 Lambda 表达式，详见第 8.8 节。也可采用 set 容器实现自动排序，详见第 13.4.8 节。

B 行调用 compare 成员函数进行子串比较，其中第 1 个实参 0 表示从头一个字符开始匹配，第 2 个实参表示要匹配的字符个数，第 3 个实参是要查找串。若返回 comp ＝＝0，表示匹配成功；若返回 1，表示当前串大于查找串。该函数详细说明请参阅文档。

C 行在没有匹配时判断当前串是否大于查找串，及时终止不必要的循环，以提高查找性能。

小　　结

（1）一个数组是由相同类型的一组变量组成的一个有序集合。数组是已有类型的一种复合类型。本章介绍了一维数组、二维数组，作为数组的补充，简单介绍了两种常用容器 vector 和 map。

（2）字符数组往往作为字符串，本章介绍了字符串的相关概念和操作，也介绍了 string 类型。

（3）C++ 11 引入基于范围的 for 循环，简称范围 for。其与传统 for 语句不同，无需下标就能遍历数组的元素，可避免下标越界的问题。

（4）本章开始引入 STL 算法，其作用于一维数组，可简化编程的复杂性。

（5）C++ 11 引入初始化列表（initialier list），支持统一初始化。它是花括号形式的一种初始化方法，不仅可作用于数组元素、单个变量初始化，还可用于结构或类的初始化。

（6）数组类型扩展了类型的空间。本章仅涉及基本类型的数组，后面章节还要介绍其他复合类型（如指针）和用户定义类型的数组。

练　习　题

1. 下面数组说明语句中在 VC 中是错误的是_____。
   (A) int a[] ={1, 2};　　　　　　　　　　　(B) char a[3];
   (C) char s[10] ="test";　　　　　　　　　　(D) int n, a[n];
2. 假设有 int a[10] ={9, 1, 6, 0, 8}; 数组元素 a[5] 的值是_____。
   (A) 8　　　　　　　(B) 0　　　　　　　(C) 6　　　　　　(D) 随机值

3. 下面语句编译会报警的是_____。

(A) int a[] {1, 2, 3, 4};

(B) float b[]{1.1f, 2.2f, 3.3f};

(C) double c[]{3, 4.3, 5.5, 6};

(D) char cc[] {128, 127, 126};

4. 假设有 float af[] = {1.1f, 2.2f, 3.3f, 4.4f, 5.5f}; 下面语句中错误的是_____。

(A) for (double e : af) {cout << e << " "; }

(B) for (auto e : af) {cout << e << " "; }

(C) for (float &e : af) {cout << e << " "; }

(D) for (int &e : af) {cout << e << " "; }

5. 下面数组说明语句中错误的是_____。

(A) int b[][3] = {0, 1, 2, 3};

(B) int d[3][] = {{1, 2}, {1, 2, 3}, {1, 2, 3, 4}};

(C) int c[100][100] = {0};

(D) int a[2][3];

6. 有语句 int b[][3] = {{9}, {1, 6}, {0, 8}, {1, 2, 3}}; 数组元素 b[3][2]的值是_____。

(A) 3　　　　　　(B) 8　　　　　　(C) 6　　　　　　(D) 9

7. 下面数组说明语句中正确的是_____。

(A) char s4[2][3] = {"xyz", "abc"};

(B) char s1[] = "xyz";

(C) char s3[][] = {'x', 'y', 'z'};

(D) char s2[3] = "xyz";

8. 下面数组说明语句中错误的是_____。

(A) char s4[] = "Ctest\n";

(B) char s3[20] = "Ctest";

(C) char s2[] = {'C', 't', 'e', 's', 't'};

(D) char s1[10]; s1 = "Ctest";

9. 有语句 char s[5][5] = {"abc", "efgh"}; 值为字符 g 的数组元素是_____。

(A) s[4][4]　　　　　　　　　　　(B) s[1][4]

(C) s[1][3]　　　　　　　　　　　(D) s[1][2]

10. 执行以下代码段后, t 的值为_____。

```
int b[3][3] = {0, 1, 2, 0, 1, 2, 0, 1, 2}, t = 1;
for(int i = 0; i < 3; i ++)
    for(int j = i; j <= i; j ++)
        t = t + b[i][i] + b[j][j];
```

(A) 7　　　　　　(B) 9　　　　　　(C) 4　　　　　　(D) 3

11. 对于一个函数 void sort(int a[], int n); 设有语句:int b[7]; 调用下面函数能正确执行的是_____。

(A) sort(b);　　　　　　　　　　(B) sort(b, 9);

(C) sort(b, sizeof(b)/sizeof(int))　(D) b = sort(b, 7);

12. 下列程序的输出结果是_____。

```
int main(void){
int i, k, a[10], p[3];
```

```
        k = 5;
        for (i = 0; i < 10; i ++) a[i] = i;
        for (i = 0; i < 3; i ++) p[i] = a[i * (i + 1)];
        for (i = 0; i < 3; i ++) k += p[i] * 2;
        cout << k << endl;
        return 0;
    }
```

(A) 21   (B) 22

(C) 23   (D) 24

13. 下列程序的输出结果是_____。

```
    int main(void) {
        char w[][10] = {"ABCD", "EFGH", "IJKL", "MNOP"}, k;
        for(k = 1; k < 3; k ++) cout << w[k];
        cout << endl;
        return 0;
    }
```

(A) BCD   (B) EFGH

(C) IJKL   (D) EFGH IJKL

14. 根据题目要求,编写完整程序并加以验证(允许调用系统函数)。

(1) 编写一个函数 bool isSorted(const int a[], int n),判断数组 a 中元素是否按升序排列。

(2) 编写一个函数 void getRandom(int a[], int n),生成 0 到 100 之间的随机整数作为数组元素;再编写一个函数 int getMax(const int a[], int n),在数组 a 中找出最大值并返回下标。

(3) 编写一个函数 void trim(char a[]),将字符串 a 的前后所有空格过滤掉,中间空格要保留。例如:字符串 " ab c "的过滤结果是"ab c"。

(4) 任意输入一个浮点数,作为一笔金额,显示为中文金额格式(银行里经常要用这种格式)。例如:输入 1234.56,输出"壹仟贰佰叁拾肆元伍角陆分"。0 为零,7 为柒,8 为捌,9 为玖,10 为拾,还有万、亿。若四舍五入精确到分,尝试你能准确处理的最大金额是多少。

(5) 编写一个函数 bool isSmith(int n),判断一个正整数 n 是否为 Smith 数,并尝试计算大于等于 4937774 的下一个 Smith 数。

Smith 数的概念:一个非素数,其各位数之和等于其所有质因数的各位数之和。例如:

4 = 2 * 2, 4 = 2 + 2, 所以 4 就是一个 Smith 数;

22 = 2 * 11, 2 + 2 = 2 + 1 + 1, 22 也是一个 Smith 数;

27 = 3 * 3 * 3, 2 + 7 = 3 + 3 + 3, 27 也是一个 Smith 数。

(6) 先编写一个函数 int getRev(char a[]),计算并返回字符串 a 的逆序;再要求任意输入 MAX 个字符串(MAX 是一个宏,值为大于 2 的正整数),每个串不多于 20 个字符,计算各串的逆序数,并按逆序数升序输出各串及其逆序数。

逆序的概念:在一个字符串中,如果存在 i < j,并且 a[i] > a[j],则称 a[i] 和 a[j] 构成 1 个逆序。例如:"DAABEC"的逆序是 5,其中 D 与 A, A, B, C 构成 4 个逆序,E 与 C 构成 1 个逆序。

(7) 一个集合 set 中各个元素相互之间不相等。先编写一个函数 int getSet(int rs[], const int a[], int n),从数组 a 中取出相互不等的元素放入数组 rs 中,并返回 rs 中元素的个数。此时数组 rs 中各元素都不相等,就构成一个集合 set。例如:a = {3, 1, 2, 3, 1, 5, 2, 1},那么结果 rs = {3, 1, 2, 5},返回 4。要求测试验证该函数的正确性。

然后尝试设计一个函数,不仅能得到集合数组,而且还能得到集合中各元素出现的次数。例如上面例子中,集合 rs = {3, 1, 2, 5},其中各元素出现次数分别为 {2, 3, 2, 1}。

再设计一个函数,将集合中的各个元素按出现次数降序排序,最后输出各个元素及其出现次数。例如,上

面例子输出结果如下(显示格式为"元素值:出现次数"):

1:3

3:2

2:2

5:1

(8) 编写一个函数 int getWordCount(char a[]),统计字符串 a 中的单词个数,其中单词之间用一个或多个空格或 tab 符隔开。

(9) 将 54 张扑克牌去掉大王和小王,随机发给 4 个人,每人 13 张牌。编写一个程序,计算 13 张牌中是否有五连顺,即判断是否有连续牌面值且不低于 5 张(包括 10, J, Q, K, A)。

(10) (报数游戏)21 个人围成一个圈,编号依次为 1 ~ 21。现从第 1 号开始报数,报到 5 的倍数的人离开,若一直报下去直到最后只剩下 1 人,求出此人的编号。

第7章 结构、枚举、联合体

基本数据类型(整数型、浮点型)以及这些类型的数组类型不足以描述更加复杂的数据结构。本章介绍的结构、枚举、联合体都属于用户定义类型。用户要先定义这些类型,再定义该类型的变量来完成计算。

7.1 结构

在编程中往往要将多个数据聚合起来表示一个实体。例如:表示平面上的一个点需要 x 和 y 这两个值;表示一名学生就应包括其学号、姓名、性别、成绩等多个属性;表示一个日期就要描述年、月、日这三个属性;表示一个时刻需要描述时、分、秒这三个属性;表示一个分数需要分子和分母这两个整数;表示一张扑克牌需要牌面和花色。如果把这些数据当作彼此独立的变量,就难以反映它们之间的关系。因此需要将这些数据聚合起来形成一个整体,此时就需要结构类型。

结构(structure,简写为 struct)也称为结构体,是一种用户定义的、由多个成员组成的类型。结构类型可定义数组,也能包含静态成员。尽管 C++ 中结构是与类 class 几乎相同的类型,都有封装性、继承性、多态性、模板等,但本书先介绍的传统 C 语言的结构仅包含数据成员。

7.1.1 结构类型的定义

定义一个结构类型要用一条结构说明语句,格式如下:

```
struct <结构类型名>{
    <成员类型> <成员名1>;
    <成员类型> <成员名2>;
    ...
    <成员类型> <成员名n>;
};
```

其中,struct 是定义结构类型的关键字;<结构类型名>是用户命名的标识符;花括号内的部分称为结构体,由若干成员组成。下面先介绍数据成员。

每个数据成员有自己的数据类型和名称,其中成员名是用户自己定义的标识符。各成员名不能重复,因为一个结构类型为其成员提供了一个共同作用域。

成员的数据类型可以是除自己之外的任意类型。若几个成员具有相同数据类型,各成员名之间用逗号隔开,就像定义同一类型的多个变量一样。数组成员必须说明大小。

1) 成员定义与初始化

C++ 11 允许对非静态成员添加初始化。例如:

```
struct mystruct {
```

```
    int a = 7;
    bool b = false;
    char name[20] = "";
    decltype(3.4) c = 3.4;      //double
}
```

　　成员初始化与变量初始化形式相同，只是不能用 auto 来自动推导成员类型，但可用 decltype 来推导成员类型。注意，如果采用这种初始化方式，该结构在说明变量时就不能用花括号对其结构变量做初始化，除非提供构造函数(构造函数详见第 7.1.8 节)。

　　从逻辑上看，各个成员之间是无序的，这是因为各个成员是按名访问的。但从数据存储来看，一个结构变量的各成员是按说明的次序来存储的，而且初始化也按次序进行。

　　定义一个结构类型是一条完整的说明语句，所有成员要用一对花括号括起来，最后用分号结束。下面定义一个结构类型来表示学生的各种信息：

```
struct Student{
    char num[13];                //学号
    char name[20];               //姓名
    char sex;                    //性别，用'f'表示女性，'m'表示男性
    float score[5];              //5 门课程的成绩，应确定各下标所对应的课程
};
```

该 Student 结构类型中包含 4 个成员，每个成员都说明了其类型和名字。

　　一些结构类型具有通用性。例如日期包含年、月、日三个成员，但可以用如下一个结构类型来表示日期：

```
struct Date{
    short year, month, day;      //占 6 字节
};
```

　　定义一个结构类型时，可使用前面已定义的其他结构类型。例如，要表示学生的出生日期和入学日期，就可以在上面的 Student 结构类型中添加两个新成员：

```
struct Student{
    ...
    Date birthdate;              //出生日期
    Date enrolldate;             //入学日期
};
```

　　下面的 Employee 是描述职员的结构类型：

```
struct Employee{
    char num[5], name[20];       //职员编号和姓名，占 25 字节
    char sex;                    //性别，占 1 字节
    Date birthday;               //出生日期，占 6 字节
    Date employdate;             //受雇日期，占 6 字节
};
```

这里成员的类型是否可以是自己的结构类型呢？例如，职员的经理也是一名职员：

```
struct Employee{
    ...
    Employee manager;            //编译错误
};
```

编译上面的结构类型报错，即不允许结构类型作为其成员的类型。但允许结构的指针作为其成员的类型(第 8 章将介绍指针)。

　　多数结构类型定义在函数之外，使多个函数能使用。结构类型也可定义在函数体中，此时只能在此函数内使用，但这种情形不多见。

2) 结构大小与成员对齐

每一种结构类型都具有确定的存储大小，使用 sizeof(类型名)可以知道该类型的字节大小。例如 sizeof(Date)为 6，sizeof(Employee)为 38，即各个成员字节大小之和。

改变成员次序是否会改变结构的大小？答案是可能的。例如，将 Employee 的前 2 个成员移到后面：

```cpp
struct Employee {
    char sex;                          //性别，占 1 字节
    Date birthday;                     //出生日期，占 6 字节
    Date employdate;                   //受雇日期，占 6 字节
    char num[5], name[20];             //职员编号和姓名，占 25 字节
}
```

此时 sizeof(Employee)为 40。为何多占用 2 字节？可通过调用 offsetof(s, m)查看结构 s 中成员 m 的偏移位置来分析：

```cpp
cout << offsetof(Employee, sex) << endl;           //0, +1 +1 = 2
cout << offsetof(Employee, birthday) << endl;      //2, +6
cout << offsetof(Employee, employdate) << endl;    //8, +6
cout << offsetof(Employee, num) << endl;           //14, +5
cout << offsetof(Employee, name) << endl;          //19, +20 +1 = 40
```

从各成员偏移位置能看出，第一个 sex 成员虽然只有 1 字节，但与下一个成员之间填充了 1 个字节，最后一个成员 name 之后也填充了 1 个字节，凑成 2 的倍数。

这里被调用的 offsetof(s, m)是一个有参宏，定义在 < stddef. h >中，被 < iostream >间接包含。

C++ 11 允许对结构类型中的成员用 sizeof 来查看大小。例如：

```cpp
cout << sizeof(Employee::name) << endl;
```

如果结构中含有 int 或 float 类型的成员，该结构类型的字节大小就会扩展到 4 的整数倍。例如，在 Employee 结构类型中添加一个 int 成员：

```cpp
int salary;                                        //工资，占 4 字节，新加成员
```

此时 sizeof(Employee)为 44。为适应 32 位计算，以 4 字节为单位(称为字对齐)来访问内存能提高效率。同理，64 位计算中最好按 8 字节对齐。

C++ 11 引入运算符 alignof(类型)，返回值为一个整数，说明该类型按多少字节对齐。比如 alignof(Employee)的值为 4，那么 sizeof(Employee)应该是 4 字节的倍数。

如果结构中含有 double 类型的成员，该结构类型的字节大小就会扩展到 8 的整数倍。例如，在 Employee 结构类型中再添加一个 double 成员：

```cpp
double highestSalary;                  //最高工资，占 8 字节，新加成员
```

此时 alignof(Employee)的值为 8，sizeof(Employee)为 8 字节的倍数，故 sizeof(Employee)为 56，并非 44 + 8 = 52，即结构的大小有时并不一定是各成员大小之和。

为了控制对齐属性，C++ 11 引入修饰符 **alignas(整数)**，这个整数应该是 2 的幂，如 2，4，8 等，设置一个成员或一个结构按指定整数字节对齐。例如：

```cpp
struct alignas(16) Bar {
    int i;                             // 4 bytes
    int n;                             // 4 bytes
    alignas(4) char arr[3];
    short s;                           // 2 bytes
```

```
};
cout << alignof(Bar) << endl;                              //输出 16
```

注意，编译选项/Zp 和#pragma pack 都可能影响结构中成员的对齐边界。

7.1.2　说明结构变量

结构类型定义之后，像基本类型一样，就可创建该类型的变量(也称为实例或对象)。其格式为

　　　[struct] <结构类型名> <变量名表>;

其中，关键字 struct 可有可无；<结构类型名>必须在该说明语句之前说明或定义。如果有多个变量，就用逗号隔开。例如，对于前面已定义的结构体类型可定义：

```
struct Student stu1;                                        //定义 Student 类型变量 stu1
Employee emp1, emp2;                                        //定义 Employee 类型变量 emp1 和 emp2
```

上面这种格式是最常见的，还有下面两种不太常用的格式也能说明结构变量。

(1) 定义结构类型的同时说明变量，其格式为

```
struct <结构类型名>{<结构成员表>}<变量名表>;
```

其中，变量名表所列举的变量之间用逗号分开。

(2) 匿名结构类型说明变量，其格式为

```
struct {<结构成员表>}<变量名表>;
```

匿名类型说明变量之后使下面编程不易再说明变量，除非用 C++11 中的 decltype，从已定义的变量 a 用 decltype(a)来推导类型并说明新变量。

7.1.3　结构变量的初始化

在说明一个结构变量时可初始化各成员，初始化方式如表 7.1 所示。

表 7.1　变量的两种初始化方式

初始化方式	说明	示例
构造	从类型创建一个新对象。 要调用**构造函数**，由系统自动生成或者自定义构造函数(构造函数详见第 7.1.8 节)	struct Date{ 　　short year, month, day;}; Date d1 = {2009, 3, 17}; 成员次序对应各个值
拷贝	从已有对象拷贝一个新对象，复制各成员。 要调用**拷贝构造函数**，由系统自动生成或自定义生成	Date d2 = d1; d2 的各成员与 d1 相同

如果结构中的成员是数组或结构变量，可用嵌套的花括号。例如：

```
struct Student{
    char num[13], name[20];
    char sex;
    Date birthdate;
    Date enrolldate;
    float score[5];
};
...
Student s1 = {"0806559919", "张三", 'm',
```

```
                    {1990, 5, 3}, {2008, 9, 3},
                    {87, 83, 86, 92, 91}}};
```

数组和满足以下条件的结构或类称为聚合类型(aggregate type):一是无显式定义构造函数;二是非静态数据成员都是公有;三是无基类和虚函数。

聚合类型变量初始化允许仅对前面成员初始化,C++14 称为 NSDMI(未指定数据成员初始化)。在列举各成员值时,可以仅对前面成员初始化,但不能用逗号跳过某个成员。而后面未指定初始化的成员自动填充 0 值,即整数值为 0,浮点值为 0.0,逻辑值为 false。例如:

```
struct S {int a; const char * b; int c; int d = b[a]; };    //d初始化使用前面成员
S ss = {1, "asdf"};
struct X {int i, j, k = 42; };
X a[] = {1, 2, 3, 4, 5, 6};
X b[2] = {{1, 2, 3}, {4, 5, 6}};                             //与 a 一样
int main() {
    cout << ss.c << endl;                                   //0
    cout << ss.d << endl;                                   // 115 == 's'
}
```

7.1.4 结构变量的使用

结构变量可执行的运算如表 7.2 所示。

表 7.2　结构变量可执行的运算

可执行的运算	说明	示例
赋值	同类型的两个结构变量之间,复制所有成员,调用**赋值运算符函数**,系统自动生成该函数	a = b; 等价于 调用函数 a.operator = (b)
访问成员	访问其成员。成员运算符".".形式:变量.成员名 语法上允许访问静态成员,但不建议使用	a.name,非常量数据成员是左值
typeid(变量)	获取变量的类型标识	cout << typeid(a).name();
sizeof(变量)	获取变量的字节大小	cout << sizeof(a);
decltype(变量)	获取变量的类型,用于说明新变量或形参	decltype(a) newvar;

赋值运算符函数的详细介绍请见第 10.3.2 节。

对于一个结构变量,不能用 cin 或 cout 直接输入或输出,除非该结构支持 >> 或 << 运算符函数(参见第 12.2.2 节),否则只能逐个对其基本类型的成员进行输入和输出。

两个结构变量之间不能进行算术、关系或逻辑运算,除非结构支持相应的运算符函数。

对于一个结构变量 v,可用 decltype(v) newV; 语句来说明新变量 newV,而无需类型名。这意味着即便一个结构类型是匿名定义的,也可定义新变量。例如:

```
struct {int x, y; }a[5];
decltype(a[0]) a1{3, 4};
```

新变量 a1 的类型是匿名结构类型。这种方式对于枚举和联合都可用。

对于一个结构变量,可访问其成员,格式为

```
<结构变量 >. < 成员名 >
```

其中,"."称为**成员运算符**,用于指定结构变量中的某个成员。例如:

```
Student s1;
strcpy(s1.num, "0806559919");
```

```
strcpy(s1.name, "张三");
s1.sex = 'm';
s1.birthdate.year = 1990;              //嵌套的成员访问
s1.birthdate.month = 5;
s1.birthdate.day = 3;
```

如果用字符数组实现字符串，就要调用函数（如 strcpy 或 strcpy_s）来实现串的赋值，比较麻烦。建议改用 string 类型来简化。

如果一个成员是结构类型或数组，就不能像初始化那样为它赋值。下面赋值是错误的：

```
s1.enrolldate = {2008, 9, 3};          //错误
s1.score = {87, 83, 86, 92, 91};       //错误
```

结构类型可作为函数的形参或返回值。实参变量将赋值给形参，此时要复制所有成员，然后开始执行函数。这种形式计算性能较低，因此一般采用结构类型的引用 & 作为函数形参。函数可返回一个结构类型，使得函数能返回更复杂的计算结果，当多个值封装为一个结构再返回，可以简化很多复杂编程。

例 7.1 输入一名职员的编号、姓名、性别、出生日期和工资，然后输出。

```cpp
#include <iostream>
#include <iomanip>
#include <string>
using namespace std;
struct Date{
    short year, month, day;
};
struct Employee{
    string num, name;
    char sex;
    Date birthday;
    float salary;
};
Employee inputAnEmp(){                    //结构类型作为函数的返回值
    Employee emp;
    string sex;
    cout << "输入编号 姓名 性别 出生年 月 日 工资(空格分隔)" << endl;
    cin >> emp.num >> emp.name >> sex;
    if (sex == "男" || sex == "m")
        emp.sex = 'm';
    else if (sex == "女" || sex == "f")
        emp.sex = 'f';
    else
        emp.sex = 'N';
    cin >> emp.birthday.year >> emp.birthday.month;
    cin >> emp.birthday.day >> emp.salary;
    return emp;
}
void printAnDate(Date &d){                //结构类型的引用作为函数形参
    cout << d.year << '.' << d.month << '.' << d.day;
}
void printTitle(){
    cout << setw(5) << "编号" << setw(10) << "姓名" << setw(5) << "性别";
    cout << setw(13) << "出生日期" << setw(8) << "工资" << endl;
}
void printAnEmp(Employee& emp){           //结构类型的引用作为函数形参
    cout << setw(5) << emp.num << setw(10) << emp.name;
    cout << setw(5) << (emp.sex == 'f'? "女":"男");
    cout << setw(5) << ' ';
    printAnDate(emp.birthday);
```

```
        cout << setw(8) << emp.salary << endl;
}
int main(void){
    Employee e1 = {"024", "李四", 'f', {1977, 8, 3}, 4567};
    Employee e2 = inputAnEmp();          //A
    printTitle();
    printAnEmp(e1);
    printAnEmp(e2);
    return 0;
}
```

执行程序，输入输出如下：

```
输入编号 姓名 性别 出生年 月 日 工资 (空格分隔)
023 张三 男 1983 2 8 3456
编号        姓名 性别     出生日期      工资
 024        李四   女    1977.8.3     4567
 023        张三   男    1983.2.8     3456
```

上面"输入输出"中第 2 行是输入的数据。

上面程序中，函数 inputAnEmp 中定义了一个 Employee 变量，并用 cin 输入各成员的值，最后返回该变量，A 行则用返回的变量来初始化变量 e2。

函数 printAnEmp 的形参为 Employee& 引用类型，接收一个 Employee 变量并用 cout 输出。如果形参去掉 & 就会赋值所有成员给形参，从而导致性能降低。引用类型作为函数形参详见第 8.7.3 节。

7.1.5　结构的数组

一个结构类型作为一种类型，不但可定义单个变量，也能定义数组。结构的数组与基本类型的数组基本相同。

1）结构数组的定义及初始化

结构数组的定义格式与基本类型数组的定义格式一样。结构数组中的每个元素作为一个结构变量，初始化需要一个花括号，其中再嵌套各元素的值。例如：

```
struct Student{
    char num[12], name[20];
    char sex;
    float mathscore;
};
...
Student st[2] = {{"001", "Wangping", 'f', 84}, {"002", "Zhaomin", 'm', 64}};
```

定义一个结构数组时，就为多个结构元素分配了存储空间。与普通数组一样，如果未列出后面元素的初始化值，就用 0 来初始化。

2）结构数组的使用

对于一个结构数组，先用数组下标指定一个元素，再用成员运算符指定结构的成员。下面我们通过例子说明结构数组的用法。

例 7.2　对一组学生的一门课程成绩进行统计并输出。

已知一组学生的学号、姓名、性别、年龄和数学成绩，统计这些学生的成绩，不仅包括平均分，还要统计各分数段的人数及百分比，同时输出不及格学生名单。

编程如下：

```cpp
#include <iostream>
#include <iomanip>
#include <string>
using namespace std;
struct Student{
    string num, name;
    char sex;
    float mathscore;
};
struct GradeLevel{                          //成绩统计结构类型
    float average;                          //平均分
    int ac;                                 //90-100分人数
    int bc;                                 //80-89分人数
    int cc;                                 //70-79分人数
    int dc;                                 //60-69分人数
    int ec;                                 //0-59分人数
};
void printGradeLevel(GradeLevel &gl){
    int number = gl.ac + gl.bc + gl.cc + gl.dc + gl.ec;
    cout << "统计数据:" << endl;
    cout << "考生数量:" << number << " 平均成绩:" << gl.average << endl;
    cout << "90-100:" << gl.ac << "; 占" << (float)gl.ac/number * 100 << "%" << endl;
    cout << "80-89: " << gl.bc << "; 占" << (float)gl.bc/number * 100 << "%" << endl;
    cout << "70-79: " << gl.cc << "; 占" << (float)gl.cc/number * 100 << "%" << endl;
    cout << "60-69: " << gl.dc << "; 占" << (float)gl.dc/number * 100 << "%" << endl;
    cout << "0-59:  " << gl.ec << "; 占" << (float)gl.ec/number * 100 << "%" << endl;
}
void printTitle(){
    cout << setw(6) << "学号" << setw(10) << "姓名";
    cout << setw(5) << "性别" << setw(6) << "成绩" << endl;
}
void printAStud(Student& s){
    cout << setw(6) << s.num << setw(10) << s.name;
    cout << setw(5) << s.sex << setw(6) << s.mathscore << endl;
}
//统计分数,并打印不及格名单
GradeLevel stat_outE(Student s[], int n){
    GradeLevel level = {0};
    float sum = 0;
    for(int i = 0; i < n; i++){
        sum += s[i].mathscore;
        if (s[i].mathscore >= 90)
            level.ac++;
        else if (s[i].mathscore >= 80)
            level.bc++;
        else if (s[i].mathscore >= 70)
            level.cc++;
        else if (s[i].mathscore >= 60)
            level.dc++;
        else{
            level.ec++;
            printAStud(s[i]);
        }
    }
    level.average = sum / n;
    return level;
}
int main(void){
    Student st[10] = {{"001", "Wangping", 'f', 84}, {"002", "Zhaomin", 'm', 64},
                      {"003", "Wanghong", 'f', 54}, {"004", "Lilei", 'm', 92},
                      {"005", "Liumin", 'm', 75}, {"006", "Meilin", 'm', 74},
```

```
                    {"007", "Yetong", 'f', 89}, {"008", "Maomao", 'm', 78},
                    {"009", "Zhangjie", 'm', 66}, {"010", "Wangmei", 'f', 39}};
    cout <<"不及格学生名单:" <<endl;
    printTitle();
    GradeLevel gl = stat_outE(st, 10);
    printGradeLevel(gl);
    return 0;
}
```

执行程序,输出结果如下:

```
不及格学生名单:
   学号        姓名 性别   成绩
  003   Wanghong    f    54
  010    Wangmei    f    39
统计数据:
考生数量:10 平均成绩:71.5
90-100:1;占10%
80-89: 2;占20%
70-79: 3;占30%
60-69: 2;占20%
0-59:  2;占20%
```

例 7.3 已知一组学生结构的数组,其结构类型与例 7.2 一样,要求对这一组学生按其一门课程成绩降序输出。

前一章我们简单介绍了 map 与 multimap。这里对此问题的解决方法是从已知数组中建立一个多重映射 multimap <成绩,下标>,自动按成绩升序排序,然后做逆向遍历,输出为成绩降序。

编程如下:

```cpp
#include <iostream>
#include <iomanip>
#include <string>
#include <map>                            //要用到 multimap 类型
using namespace std;
struct Student{
    string num, name;
    char sex;
    float mathscore;
};
void printTitle(){
    cout <<setw(6) <<"学号" <<setw(10) <<"姓名";
    cout <<setw(5) <<"性别" <<setw(6) <<"成绩" <<endl;
}
void printAStud(Student& s){
    cout <<setw(6) <<s.num <<setw(10) <<s.name;
    cout <<setw(5) <<s.sex <<setw(6) <<s.mathscore <<endl;
}
void printStuds(Student s[], int n){         //打印一组学生
    printTitle();
    for(int i =0; i < n ; i ++)
        printAStud(s[i]);
}
int main(void){
    Student st[10] ={{"001", "Wangping", 'f', 84}, {"002", "Zhaomin", 'm', 64},
                    {"003", "Wanghong", 'f', 54}, {"004", "Lilei", 'm', 92},
                    {"005", "Liumin", 'm', 75}, {"006", "Meilin", 'm', 74},
                    {"007", "Yetong", 'f', 89}, {"008", "Maomao", 'm', 78},
                    {"009", "Zhangjie", 'm', 66}, {"010", "Wangmei", 'f', 39}};
    printStuds(st, 10);                      //先打印排序前的名单
```

```
    cout << "按成绩从高到低排序:" << endl;
    multimap < float, int > st2;                    //对应 <成绩, 下标 >
    for (int i = 0; i < 10; i ++)
        st2.emplace(st[i].mathscore, i);            //转换到多射的元素
    for (auto it = st2.rbegin(); it != st2.rend(); it ++)    //逆向遍历
        printAStud(st[it -> second]);               //从下标到元素
    return 0;
}
```

上面例子中实现了排序，但未编写也未调用排序算法，而是利用了 multimap 的性质。程序中未改变原始数组元素，性能较高，适用于大量数据的计算。

7.1.6　结构中的静态成员

对于结构类型中的成员，不能用 register, auto, extern 来修饰，但可用 static 来修饰。用 static 修饰的结构成员就是静态成员。

静态成员不同于非静态成员，其特点如下：

（1）静态成员的值为该结构类型的所有变量所共享，也即静态成员的值属于结构类型。虽然通过一个结构变量能修改静态成员值，但它只是一个值，所以其他结构变量也能看到这个变化。

（2）在运行时静态成员的值将存储在静态存储区中，其生存期是从程序开始执行到程序结束退出。因此即便没有定义该类型的任何变量，该类型的静态成员的值也存在且可访问。

除了在结构类型定义中要说明静态成员之外，还要求在全局空间中定义这个静态成员，分配空间并初始化，格式如下：

< 数据类型 > < 结构类型名 > : : < 静态成员名 > [= < 初值 >];

其中，::是作用域解析运算符；< 结构类型名 > 是静态成员所在的结构类型；< 静态成员名 > 已经在该结构类型定义中说明，并且已确定其 < 数据类型 >；对于 < 初值 >，如果未显式初始化，那么 < 初值 > 缺省为 0。

例如，对于前面定义的 Employee 职员类型，如果要描述所有职员的一个最低工资标准，就可以在 Employee 结构类型中添加一个成员 lowerestSalary。由于这个值并非某个职员自身的数据，而是所有职员共享的一个值，所以该成员应为静态成员。编码如下：

```
struct Employee{
    //其他非静态成员
    float salary;                           //非静态成员
    static float lowerestSalary;            //静态成员的说明
};
float Employee::lowerestSalary = 800;       //静态成员的定义及初始化
```

访问一个结构类型中的静态成员应使用下面格式：

< 结构类型 > : : < 静态成员名 >

例如：

```
if (emp.salary < Employee::lowerestSalary)
    emp.salary = Employee::lowerestSalary;
```

虽然也能通过某个结构变量来访问其静态成员，但容易误解为访问该变量自己的成员，因此不推荐使用。

静态常量 const 成员只需结构中说明并初始化，无需在结构之外定义或初始化。

例 7.4 已知一组员工信息，包括工资。编写一个函数，设置新的最低工资标准，并检查所有职员工资，若职员工资低于最低工资标准，就将其工资更改为最低工资；计算调整工资的职员数量，并计算总共需要增加多少开支。

```cpp
#include <iostream>
#include <string>
#include <vector>
#include <iomanip>
using namespace std;
struct Date{
    short year, month, day;
};
struct Employee{
    string num, name;
    char sex;
    Date birthday;
    float salary;
    static float lowerestSalary;             //静态成员的说明
};
float Employee::lowerestSalary = 2000;       //静态成员的定义及初始化
void printAnDate(Date &d) {
    cout << d.year << '.' << d.month << '.' << d.day;
}
void printTitle() {
    cout << setw(5) << "编号" << setw(10) << "姓名" << setw(5) << "性别";
    cout << setw(13) << "出生日期" << setw(8) << "工资" << endl;
}
void printAnEmp(Employee& emp) {
    cout << setw(5) << emp.num << setw(10) << emp.name;
    cout << setw(5) << (emp.sex == 'f' ? "女" : "男");
    cout << setw(5) << ' ';
    printAnDate(emp.birthday);
    cout << setw(8) << emp.salary << endl;
}
void setLowerSal(vector<Employee>& emps, float newS) {
    int count = 0;
    float diff = 0;
    Employee::lowerestSalary = newS;
    cout << "当前最低工资标准为" << Employee::lowerestSalary << endl;
    cout << "下面员工工资得到调整:" << endl;
    printTitle();
    for (auto e : emps)
        if (e.salary < Employee::lowerestSalary) {
            diff += Employee::lowerestSalary - e.salary;
            e.salary = Employee::lowerestSalary;
            printAnEmp(e);
            count ++;
        }
    cout << "总共" << count << "名员工得到调整, 需增加开支:" << diff << endl;
}
int main(){
    vector<Employee> emps{{"024", "张三", 'm', {1969, 8, 3}, 6430},
                          {"026", "李四", 'f', {1977, 8, 3}, 4567},
                          {"028", "王五", 'm', {1982, 3, 23}, 3567},
                          {"030", "赵六", 'm', {1992, 4, 12}, 2567}};
    setLowerSal(emps, 3000);
    setLowerSal(emps, 4000);
    return 0;
}
```

上面程序中采用向量 vector<Employee> 来保存一组职员；setLowerSal 函数用来对一组

职员设置一个新的最低工资，检查并调整每个职员的工资。

注意，当用 sizeof(结构)计算一个结构的字节大小时，其中的静态成员不包括在内。

7.1.7　结构的嵌套定义

一个结构 A 可定义在另一个结构 B 内部，结构 A 称为嵌套类型(nested type)，结构 B 称为 A 的圃类型(enclosing type)。例如：

```
struct Person {
    char name[20];
    struct Address {                    //说明 Address 是 Person 的一个内嵌结构
        char city[20];
        char street[20];
    }resideAddr;                        //A      用嵌套结构说明第 1 个变量
    Address jobAddr;                    //B      用嵌套结构说明第 2 个变量
};
void myfunc(){
    Person p1 ={"张三", {"南京", "孝陵卫"}, {"上海", "东昌路"}};          //C
    cout <<p1.resideAddr.city <<"; " <<p1.resideAddr.street <<endl;
    cout <<p1.jobAddr.city <<"; " <<p1.jobAddr.street <<endl;
    Person::Address myAddr ={"北京", "王府井"};           //D
}
```

嵌套类型说明之后就可在其圃类型中直接用其名称来说明该类型的变量(例如 B 行)。

圃类型变量初始化时，可对其嵌套类型成员也做初始化(例如 C 行)。

访问嵌套类型成员时，应说明完整路径，即

<圃类型变量>. <成员变量>. <嵌套成员变量>

例如：　p1.resideAddr.street

嵌套类型可独立使用，可说明变量、做函数形参或返回类型，需要完整的嵌套类型名且应包含其圃类型，即

<圃类型名称>::<嵌套类型名称><变量名>;

其中使用了作用域解析运算符::(例如 D 行)。

在使用嵌套类型时，应注意以下要点：

① 圃类型中可能没有嵌套类型的成员，也可能有多个嵌套类型的成员；

② 嵌套类型还包括结构中的 typedef/using 说明的类型别名(typedef 详见第 7.5 节)；

③ 结构中的嵌套类型也可以是其他类型，如枚举、类等；

④ 定义嵌套类型的原因是当用到类型 A 时往往要用到类型 B，后者作为嵌套类型。

7.1.8　C++ 结构的构造函数与成员函数

C++ 扩展了结构类型，可添加构造函数、成员函数、析构函数等(与类是一样的)。区别只是结构中的成员缺省为公有(public)访问，即外界可自由访问；而类中的成员默认为私有(private)访问，即外界不可自由访问。关于类的访问控制详见第 9.1.2 节。

构造函数(constructor)是在创建结构的实例或对象时自动执行的一种特殊成员函数，其对非静态数据成员初始化，以简化结构类型的使用。结构中如果没有定义构造函数，当创建该结构实例时，编译器就执行自动生成缺省构造函数。而缺省构造函数是可以无参调用的构造函数。

构造函数名称与结构名称一致，可无参也可多参，不说明其返回值，函数体中无需 return 语句。例如：

```
struct Date {
    short year, month, day;              //3 个成员
    Date(){}                             //第 1 个构造函数，无参，空体
    Date(int y, int m, int d)            //第 2 个构造函数，有参
        :year(y), month(m), day(d) {}    //成员初始化表
};
```

上面程序中，第 1 个构造函数是无参构造函数。如果未显式定义任何构造函数，编译器将自动生成这样一个构造函数。如此就可用 Date d2; 形式来说明结构的变量。

第 2 个构造函数有 3 个形参，在形参之后和函数体之前分别对 3 个成员对应初始化。这样可以定制初始化过程，而且支持多种灵活方式。例如有一个函数 void print(Date d)，就可以临时构造一个日期来调用，如 print(Date(2017, 3, 9))。

表 7.3 中列出不同构造函数所支持的创建实例的方式。

表 7.3　构造函数与创建实例方式

构造函数	实例变量说明方式	说明

无构造函数	Date d1; //OK
	Date d2 = {2017, 3, 9}; //OK
	print(Date(2017, 3, 9)); //错误
	print(Date{2017, 3, 9}); //OK
		第 1 行调用缺省的无参构造函数；
		第 2 和第 4 行先调用缺省构造函数，然后利用成员的公有和有序性来初始化，兼容传统初始化；
		第 3 行用圆括号显式调用带参构造函数

仅有 Date()	Date d1; //OK
	Date d2 = {2017, 3, 9}; //错误
	print(Date(2017, 3, 9)); //错误
	print(Date{2017, 3, 9}); //错误
		只允许无参形式创建实例

仅有
Date(y, m, d)
	Date d1; //错误
	Date d2 = {2017, 3, 9}; //OK
	print(Date(2017, 3, 9)); //OK
	print(Date{2017, 3, 9}); //OK
		只允许带参形式创建实例

定义
Date()
Date(y, m, d)
	Date d1; //OK
	Date d2 = {2017, 3, 9}; //OK
	print(Date(2017, 3, 9)); //OK
	print(Date{2017, 3, 9}); //OK
		为推荐方式，既可满足传统方式，又有定制的灵活性

构造函数的作用是检查形参合法性，并对数据成员进行合理初始化。例如用一个结构来表示分数，约定分母只能是正整数，而且要求初始化为化简后的分数。编程如下：

```
struct Fraction{                             //分数
    int a, b;                                //a 为分子，b 为分母，非静态数据成员
    Fraction(int x, int y) :a(x), b(y) {     //构造函数
        if (b==0)
            throw "denominator is zero";     //若分母为 0，则用异常停止构造
        if (a==0) {                          //若分子为 0，分母统一为 1
            b=1;
            return;
        }
        int t = getGCD(a, b);                //调用事先提供的函数计算最大公约数，符号与 b 相同
```

```
        if (t !=1) {                                //若需化简,则化简分子分母
            a/ = t;
            b/ = t;
        }
    }
    void print () {                                 //成员函数
        cout << "(" << a << "/" << b << ")";        //直接访问数据成员
    }
};
Fraction operator + (Fraction&f1, Fraction&f2) {    //加法运算符函数
    return Fraction(f1. a * f2. b + f1. b * f2. a, f1. b * f2. b);
}
```

上面程序的最后是一个加法运算符函数,实现两个分数相加。例如:

```
using f = Fraction;                  //为 Fraction 类型取一个简短的别名,方便下面使用
f f1 = f(1, 2) + f(2, 3) + f(1, 6);
f1. print ();
```

读者可模仿实现其他运算,如减法、乘法和除法。关于运算符函数将在第 12 章详细介绍。

C++ 结构中也可定义成员函数(比如上面的 print 成员函数)。成员函数是封装在结构或类中的函数,可通过访问数据成员来完成特定计算,而无需用形参传递结构变量。调用成员函数要用成员运算符。上面构造函数与成员函数的调用示例如下:

```
Fraction a1(3, 4), a2 (-3, 4), a3 (3, -4), a4 (-3, -4), a5 (-6, -8), a6(0, -3);
a1. print (); a2. print (); a3. print (); a4. print (); a5. print (); a6. print ();
```

结构中也可定义析构函数。析构函数与构造函数相反,在撤销对象时自动调用执行。析构函数用"~结构名()"来命名。一个结构或类中只有一个析构函数,如果未定义,系统就自动生成一个空的析构函数。

C++ 将结构作为类,关于类的详细介绍将从第 9 章开始。

7.2　位域

前面介绍的命名变量的最小单位是一个字节。典型类型就是 bool 类型,只有两个值,实际上只需要 1 位就可表示。我们经常遇到大量的小范围值的情形,例如描述一名职员的性别、是否已婚、是否为部门经理、是否休假、工资级别等信息。如果每个数据都用 1 个、2 个或 4 个字节来表示,在内存紧张的情况下就显得浪费空间,这在嵌入式编程环境中尤显突出。有时我们要在程序中控制特定的设备接口,如串行接口、定时器接口、磁带机驱动器等,都需要按位进行操作。此时就要用到位域。

位域(bit field)是一种特殊的结构成员类型,也称为位段。一个位域有一个名称,描述了在结构中所占位数,能直接按名操作(如初始化、赋值、比较等)。位域计算节省内存,也能提高程序可读性,但执行效率可能较低,而且往往依赖特定处理器和系统。下面我们介绍的例子都运行在 32 位 x86 处理器和 VS 之上。

7.2.1　位域的定义

一个位域就是结构类型中的一个成员,一个结构中可定义多个位域,并且位域能与普通成员混合定义。定义一个位域的格式为

```
<类型> <位域名>:<位数>;
```
其中, <类型> 只能是 unsigned int, signed int 或 int 类型(这是标准 C++ 的要求), VC6.0 系统扩展了 char, short 和 long 类型, 且带不带符号都可以; <位域名> 是一个标识符, 作为位域的名称, <位域名> 缺省表示这几位跳过不用; <位数> 是一个正整数, 要求不大于 <类型> 的位长。例如:

```
struct CELL {
    unsigned short character : 8;      // 00000000 ????????
    unsigned short foreground : 3;     // 00000??? 00000000
    unsigned short intensity : 1;      // 0000?000 00000000
    unsigned short background : 3;     // 0???0000 00000000
    unsigned short blink : 1;          // ?0000000 00000000
};
```

各个位域成员按二进制从最低位开始占用自己的位数。总共占用 16 位, 即 unsigned short 的 16 位数, 用 2 字节描述了 5 个成员。位域成员可与其他成员混合, 但多个位域成员往往集中描述。例如:

```
struct Employee{
    char num[5], name[20];
    unsigned gender : 1;               //性别 0=女, 1=男
    unsigned isMarriaged : 1;          //是否已婚 0=false, 1=true
    unsigned isManager : 1;            //是否为经理 0=false, 1=true
    unsigned lay_out : 1;              //是否休假 1=休假, 0=在岗
    unsigned salaryLevel : 4;          //工资级别 0-15
};
```

在结构中定义了 5 个位域。位域的类型都是 unsigned int, 每个位域有名字, 而且确定了位数。这 5 个位域总共有 8 位, 但占用了一个字长, 即 32 位。这是因为在一个结构中取所有位域类型中最长的位数, unsigned 位长为 32; 同时要求按字对齐, 即该结构的字节长度应该是 4 的整数倍, 这里 5+20+4=29, 对齐到 32。因此 sizeof(Employee) 的值为 32 字节。

将上面的 5 个位域类型由 unsigned 改变为 unsigned char:

```
struct Employee{
    char num[5], name[20];
    unsigned char gender : 1;          //0=女, 1=男
    unsigned char isMarriaged : 1;     //0=false, 1=true
    unsigned char isManager : 1;       //0=false, 1=true
    unsigned char lay_out : 1;         //1=休假, 0=在岗
    unsigned char salaryLevel : 4;     //工资级别 0-15
};
```

这样 5 个位域按 char 类型取位长并对齐, 只占 1 个字节, sizeof(Employee) 的值就是 26 字节, 即 5+20+1=26。

对于含位域的一个结构, 这些位域按什么次序排列是与特定系统相关的。在 VC 系列中, 位域按从最低位到最高位排列。例如:

```
struct Mybitfields{
    unsigned short a:4;                // 00000000 0000????
    unsigned short b:5;                // 0000000? ????0000
    unsigned short c:7;                // ???????0 00000000
};
void test(void){
    Mybitfields test={2, 31, 6};
    cout << sizeof(test) << endl;
}
```

结构变量 test 的长度是 2 字节，3 个位域按下面逻辑次序排列：

```
00001101  11110010
cccccccb  bbbbaaaa
```

我们看到位域 b 跨越了两个字节，这两个字节的 16 进制值为 0x0DF2。处理器将 test 值作为一个 unsigned short 类型数据。在 x86 处理器系统中存储这两个字节时，低字节在前，高字节在后，因此在物理内存中 0xF2 字节在前，0x0D 字节在后。在后面我们将采用联合体类型来观察此结构的细节。

注意一个位域不能是一个数组，不能定义位域的指针，也不能对位域求地址。

7.2.2　位域的使用

位域作为结构的成员，其使用方式与普通成员一样。

在给一个位域赋值时，如果超过它的数值范围，就会自动丢弃高位数据，这相当于按此位域长度求模。例如对于上面的 Mybitfields 结构，有下面代码段：

```cpp
Mybitfields test;
test.a = 19;                              //A
cout << test.a << endl;                   //输出 3
if (test.a == 19%16)
    cout << "19%16 == 3" << endl;         //输出 19%16 == 3
```

位域 a 的位数是 4，值的范围是 0～15。A 行赋值 19，按 16 求模，实际存储的是 19%16 = 3。

例 7.5　位域的使用示例：管理一组职员的信息。

```cpp
#include <iostream>
#include <iomanip>
using namespace std;
struct Employee{
    char num[5], name[20];
    unsigned char gender : 1;            //0 = 女, 1 = 男
    unsigned char isMarriaged : 1;       //0 = false, 1 = true
    unsigned char isManager : 1;         //0 = false, 1 = true
    unsigned char lay_out : 1;           //1 = 休假, 0 = 在岗
    unsigned char salaryLevel : 4;       //工资级别 0 - 15
};
void printAnEmp(Employee& emp){
    cout << setw(5) << emp.num << setw(10) << emp.name;
    cout << setw(5) << (emp.gender == 0 ? "女":"男");
    cout << setw(5) << (emp.isMarriaged == 1 ? "已婚":"未婚");
    cout << setw(5) << (emp.isManager == 1 ? "经理":"员工");
    cout << setw(5) << (emp.lay_out == 1 ? "休假":"在岗");
    cout << " 工资级别:" << setw(2) << (int)emp.salaryLevel << endl;
}
void printEmps(Employee emps[], int n){
    for(int i = 0; i < n ; i ++)
        printAnEmp(emps[i]);
}
void f1(Employee emps[], int n){
    for(int i = 0; i < n; i ++)
        if (emps[i].gender == 0 && emps[i].lay_out == 0)
            emps[i].salaryLevel ++;
}
int main(){
    Employee emplist[4] = {{"001", "张三", 1, 0, 0, 0, 7},
                           {"002", "李四", 0, 1, 0, 1, 8},
                           {"003", "王五", 1, 1, 1, 1, 12},
```

```
                    {"004", "赵六", 0, 0, 0, 0, 3}};
    cout <<"调整工资之前" <<endl;
    printEmps(emplist, 4);
    f1(emplist, 4);
    cout <<"调整工资之后" <<endl;
    printEmps(emplist, 4);
    return 0;
}
```

以上结构类型 Employee 中定义了 5 个位域，程序中描述了如何对位域进行初始化、条件判断、组成逻辑表达式、赋值等操作。其中 f1 函数是对所有在岗的女职员加一级工资。

执行程序，输出结果如下：

```
调整工资之前
001        张三    男 未婚 员工 在岗 工资级别: 7
002        李四    女 已婚 员工 休假 工资级别: 8
003        王五    男 已婚 经理 休假 工资级别:12
004        赵六    女 未婚 员工 在岗 工资级别: 3
调整工资之后
001        张三    男 未婚 员工 在岗 工资级别: 7
002        李四    女 已婚 员工 休假 工资级别: 8
003        王五    男 已婚 经理 休假 工资级别:12
004        赵六    女 未婚 员工 在岗 工资级别: 4
```

在以下情况下要使用位域：

① 内存紧张时，如嵌入式开发环境中节省内存就很重要；

② 需要控制硬件设备；

③ 为了满足特殊需要，例如必须使用他人定义的含位域的结构类型。

7.3　枚举

在编程中经常用到这样一些类型：只有有限的几个值或实例。例如：性别 Gender 作为一种类型只有男和女 2 个值；季节 Season 作为类型只有 4 个值；星期作为类型只有 7 天；扑克牌只有 4 种花色；逻辑型 bool 类型只有 false 和 true2 个值。这些类型都具有有限的实例，不允许再说明或创建新的实例，这样的类型就可使用枚举。

枚举(enumeration，简称 enum)是一种用户定义的、由多个语义相关的整型命名常量组成的类型。枚举类型的一个变量本质上就是一个 int 值，只是取值范围受到限制，而且通过命名能增强程序可读性。

7.3.1　枚举类型及枚举变量

1) 枚举类型

定义一个枚举类型的格式为

```
enum [ <枚举类型名> ] {
    <枚举元素 1> [ = <整型常量 1> ],
    <枚举元素 2> [ = <整型常量 2> ],
    ...
    <枚举元素 n> [ = <整型常量 n> ]
};
```

其中，enum 是定义枚举类型的关键字；<枚举类型名>是用户定义的标识符。枚举元素也称为枚举常量,一个枚举类型应包含多个枚举常量,并用逗号分隔。每个枚举常量可指定一个整数常量或常量表达式,如果缺省,就会从 0 或前一个指定值开始递增给枚举常量指定一个值。例如:

```
enum Gender{female, male};
enum Season{spring =1, summer, autumn, winter};
```

枚举类型 Gender 说明了 2 个常量:female 和 male,分别对应整数 0 和 1。

枚举类型 season 有 4 个常量:spring,summer,autumn 和 winter。spring 的值被指定为 1,那么剩余各元素的值依次为 2,3,4。

枚举常量的值也可用 16 进制整数来初始化,并且多个枚举常量的值可以重复。

在同一作用域中定义多个枚举类型时,枚举之间所有成员都不能重名。例如:

```
enum E{e1, e2};
enum E2{e2, e3};
```

此时 E 中的 e2 与 E2 中的 e2 重名,编译器指出重定义错误,原因是传统枚举类型属于弱类型枚举,不能为其成员提供独立的作用域。

枚举类型可以定义为全局类型,也可定义在函数中作为局部类型。全局枚举类型中的各个枚举常量本质上都是全局命名常量,程序中直接读取成员,而不能添加类型名。例如:

```
enum E{e1, e2};
enum E2{ee2, e3};
void test(){
    //cout <<E::e1 <<endl;                           //编译出错
    cout <<e1 <<endl;                                 //输出 0
    cout <<e2 <<endl;                                 //输出 1
    cout <<ee2 <<endl;                                //输出 0
    cout <<e3 <<endl;                                 //输出 1
    //…
}
```

上面例子说明,枚举常量隐式转换为 int 再输出。

2) 枚举类型的变量

定义枚举类型的变量及初始化与结构类同。例如:

```
enum Season{spring, summer, autumn, winter}s =winter;    //定义枚举类型及变量 s
enum Weekday{Sun, Mon, Tues, Wed, Thurs, Fri, Sat};      //定义枚举类型
Weekday day1 =Fri, day2 =Wed;                            //先定义类型,后定义变量
enum{red, green, blue}a1, a2;                            //匿名类型,只定义变量
```

枚举类型的一个变量本质上是一个 int 值,可用一个枚举成员来初始化。

7.3.2　枚举的使用

枚举变量与整数类型变量一样,可进行赋值运算、判等运算、逻辑运算等。

枚举变量可隐式转换为 int,因此可将一个枚举变量赋值给一个 int 变量。例如:

```
Weekday day1 =Mon, day2 =Tues;
int day =day1; //OK
```

但不能将一个 int 隐式转换为枚举类型,因此不能对一个枚举变量赋值为一个 int 值,即便该值是有效的成员值。例如:

```
day2 =day; //error
```

可采用 C 强制类型转换(参见第 3.3.3 节)或 static_cast 将 int 转换为枚举类型。例如:

```
day2 = Weekday(day);
day2 = static_cast < Weekday > (day);
```

虽然枚举变量可参与算术运算，但要作为 int 型参与算术运算，而且结果不再是枚举类型。例如，day1 + day2 的类型是 int 型，而不是 Weekday 类型。同时虽然可用强制类型转换将一个 int 值转换为一个枚举值，但结果不一定是合法的枚举常量。例如：

```
Weekday day1 = Fri, day2 = Wed;
Weekday day3 = Weekday(day1 + day2);              //day3 的值为 8
cout << day3 << endl;                             //输出 8
```

枚举量之间的运算非常有限。例如，按二进制位定义的枚举量之间仅可进行按位或运算。在输入输出时，如果用 cin 输入一个枚举变量，只能作为 int 值输入；同样，如果用 cout 输出一个枚举变量，也只能输出其 int 值，而不是命名常量的名字。

枚举类型可作为函数的形参或返回值的类型。例如：

```
float getAverageSalary(Employee emps[], int n, Gender sex);
```
枚举类型 Gender 作为此函数的形参，按性别计算一组职员的平均工资。

枚举类型可作为结构类型中成员的类型。

例 7.6 枚举类型的应用示例。

```
#include < iostream >
#include < string >
#include < vector >
using namespace std;
enum Gender{female, male};                        //定义枚举类型
struct Employee{
    string num, name;
    Gender sex;                                   //枚举类型作为成员类型
    float salary;
};
float getAverageSalary(vector < Employee > emps, Gender sex){
    float sum = 0;
    int count = 0;
    for(auto e : emps)
        if (e.sex == sex){                        //关系运算
            sum += e.salary;
            count ++ ;
        }
    if (count > 0)
        return sum / count;
    return 0;
}
int main(){
    vector < Employee > emps{{"001", "张三", female, 1200},
                             {"002", "李四", male, 1400},
                             {"003", "王五", female, 1600},
                             {"004", "赵六", male, 1500}};
    cout << "女性平均工资:" << getAverageSalary(emps, female) << endl;
    cout << "男性平均工资:" << getAverageSalary(emps, male) << endl;
    return 0;
}
```

上面程序中枚举类型 Gender 作为一个结构成员的类型，是一个函数的形参。在函数中枚举变量之间可进行关系运算，枚举常量也可用来初始化结构成员。

传统枚举类型的大小都是 4 字节，即一个 int 值的大小。

枚举可定义在结构或类中，作为结构或类的嵌套类型。此时要访问枚举成员就要添加结

构名或类名在作用域运算符之前，即<结构名>::<成员名>。

建议将嵌套枚举类型名加入，如<结构名>::<枚举类型名>::<成员名>，此时明确要求访问指定枚举类型中的成员。

嵌套的枚举类型可说明变量或作为函数形参，但应说明结构名和作用域。其格式为

<结构名>::<枚举类型名><变量名>

例如：

```
struct S{
    int x;
    enum E{e1, e2} e;                //内嵌枚举类型1
    enum E2{ee2, e3};                //内嵌枚举类型2, 这两个枚举中的成员之间不重名
};
int myFunc(){
    cout << sizeof(S) << endl;       //输出8, 内嵌枚举类型E2并不占内存
    cout << S::E::e1 << endl;        //输出0, 访问内嵌枚举的成员, 有枚举作用域
    cout << S::e1 << endl;           //输出0, 访问内嵌枚举的成员, 无枚举作用域
    cout << S::E2::e3 << endl;       //输出1, 访问内嵌枚举的成员, 有枚举作用域
    cout << S::e3 << endl;           //输出1, 访问内嵌枚举的成员, 无枚举作用域
    S::E2 e11 = S::E2::e3;           //用内嵌枚举说明变量并初始化
    S s1 = {1, S::E::e1};            //结构变量说明及初始化
    S s2 = {2, S::e2};               //结构变量说明及初始化
}
```

枚举类型有两种用法，一种是定义枚举类型的实例，然后操作该实例（就像例7.6）；另一种是使用枚举类型中的成员，经常在结构或类中定义枚举类型，而后通过作用域运算符来使用其中的枚举成员。

使用枚举类型有两个好处，一是约束整数常量的有效范围，使用枚举常量，编译器能检查正确性；二是用一组命名常量代替整数编码表示特定语义，改善可读性，易于理解。

7.3.3　强类型枚举

前面介绍的是传统C语言中的枚举，C++11扩展了**作用域限定**scoped枚举类型，也称为强类型枚举，而将传统枚举作为"无作用域限定unscoped"枚举。

作用域限定枚举的说明语法如下：

enum [class|struct] <标识符> [:类型]{枚举常量表};

即在enum后加class或struct就称为强类型枚举。

强类型枚举不能是匿名的，必须给出<标识符>命名；[:类型]可指定一种整数类型作为存储类型，默认为int。

对强类型枚举，访问其成员必须用"标识符::成员名"，不能缺少枚举类型名。例如：

```
enum class Suit {Heart, Diamond, Club, Spade};
void PlayCard(Suit suit){
    if (suit == Suit::Club){
        /*...*/
    }
}
```

相同作用域中的不同强类型枚举之间可定义同名成员。例如：

```
enum class E {e1, e2};
enum class E2{e2, e3};                   //e2是同名成员
```

强类型枚举变量不能隐式转换为整数int。例如：

```
Suit hand = Suit::Club;
int intHand = hand;                //error
```

强类型枚举变量需要显式强制类型转换才能转换为 int。例如：

```
int intHand = (int)hand;
int intHand2 = static_cast < int > (hand);
```

同理，cout 不能直接输出强类型枚举成员或其变量，应该先强制转换为整数后再输出。例如：

```
cout << int(E::e2) << endl;
cout << static_cast < int > (E2::e2) << endl;
```

强类型枚举变量不能参与算术运算，原因是强类型枚举变量是作为对象而不是整数，因此不能隐式转换为整数。

从传统的无作用域限定的枚举添加一个 class 或 struct 就成为强类型枚举，增加了很多限制，但强类型编程确实应该如此。

另外 C++ 11 还支持枚举的**前向说明**，就是先说明枚举类型名称而不说明枚举变量，然后可用枚举类型来说明变量，最后再说明其中的枚举变量。例如：

```
enum E;
E e;
enum E{small, middle, big};
void test(){
    e = middle;
}
```

C++ 11 支持枚举前向说明，仅仅是为了使所有自定义类型都支持前向说明，其本身没有太大意义。因为枚举类型仅依赖整数，不能相互依赖，也不能依赖任何其他用户定义类型，是最简单的用户定义类型，完全可以一次性完整说明。

7.4 联合体

联合体(union)也称为联合或共同体，是一种用户定义类型，由若干成员组成，且多个成员共享同一块存储空间。对于一个联合体变量，在某一时刻只能使用其中一个成员，而且读出数据的成员与写入数据的成员应该相同，否则结果难料。C++ 11 放宽了联合成员的类型范围，引入**非受限联合体**，加强了联合体的功能。

7.4.1 联合体类型的定义

定义一个联合体类型的格式为

```
union <类型名>{
    <成员类型1> <成员名1>;
    <成员类型2> <成员名2>;
    ...
    <成员类型n> <成员名n>;
};
```

其中，<成员类型> 可以是已定义的任何类型，包括结构类型、枚举类型、联合体类型，以及这些类型的数组。定义联合体类型与定义结构类型的格式相同，只是用 union 代替 struct。例如：

```
union Number{
    unsigned char c[4];
    int x;
    float y;
};
```

定义了一个联合体类型 Number，其中包含 3 个成员。每个成员都是 4 字节，所以 Number 类型变量的大小就是 4 字节。联合体的大小就是其最大成员的大小。

联合体的各成员之间具有互斥的语义。比如大学课程成绩有两种表示方式，一种是等级方式，即 A 优、B 良、C 中、D 及格、E 不及格，用单个字符就可表示；另一种是百分制方式，用从 0 到 100 的一个浮点数表示，即由一个 float 就可表示。对于一门课程只能选择其一。课程成绩就可描述为一个联合体类型：

```
union CourseGrade{
    char level;
    float num;
};
```

联合体的定义形式与结构是一样的，区别只是结构中各成员之间是共存关系，而联合体中的各成员之间是互斥关系。

7.4.2 联合体变量的说明及使用

1) 联合体变量的说明及初始化

说明联合体变量的方法与结构相同，区别是初始化只能针对第一个成员。例如：

```
union Number{
    unsigned char c[4];
    int x;
    float y;
}n1 = {0, 1, 2, 3};                          //对第 1 个成员 c 初始化
```

2) 联合体变量的使用

联合体变量及成员的使用与结构变量相似，区别在于多个成员共享同一空间，并且联合体变量的大小是其中最大成员的大小。

例 7.7 利用联合体的特点，查看整数和浮点数的内存实际存储情况。

```
#include <iostream>
using namespace std;
union Number{
    unsigned char c[4];
    int x;
    float y;
};
void printBytes(Number n){                   //联合体作为形参
    cout << "bytes:";
    cout << hex << (int)n.c[0] << "-" << (int)n.c[1]\
        << "-" << (int)n.c[2] << "-" << (int)n.c[3] << endl;
}
int main(){
    Number a;                                //说明联合体变量
    a.x = 1;                                 //对其中 int x 成员赋值 1
    cout << "int =1" << endl;
    cout << "float = " << a.y << endl;       //以其中的 float y 成员输出
    printBytes(a);                           //以其中的 char c[] 成员输出
    a.y = 1;
```

```
    cout << "\nfloat =1.0" << endl;
    cout << "dec int = " << dec << a.x << endl;
    cout << "hex int = " << hex << a.x << endl;
    printBytes(a);
    return 0;
}
```

上面程序中，printBytes 函数按字节次序以 16 进制打印各字节内容。

执行程序，输出结果如下：

```
int =1
float =1.4013e -045
bytes:1 -0 -0 -0

float =1.0
dec int =1065353216
hex int =3f800000
bytes:0 -0 -80 -3f
```

该程序先说明了一个联合体变量 a，然后把 int 值 1 赋给它，就能看到对应的 float 值，以及各字节的排列。这个程序也验证了对于多字节整数，Intel x86 系统按低位字节在前、高位字节在后的顺序进行存储。

例 7.8 利用联合体，验证结构中的位域成员的排列规律。

```cpp
#include <iostream>
using namespace std;
struct Mybitfields{
    unsigned short a:4;
    unsigned short b:5;
    unsigned short c:7;
};
union BitBytes{
    unsigned char c[2];
    Mybitfields bitb;
};
int main(void){
    BitBytes a;
    a.bitb.a =2;
    a.bitb.b =31;
    a.bitb.c =6;
    cout << "bytes:" << hex << (int)a.c[0] << " - " << (int)a.c[1] << endl;
    return 0;
}
```

上面程序中，含位域的结构类型 Mybitfields 前面已有介绍，这里我们要验证在物理内存中各位域的排列规律。

执行程序，输出结果如下：

```
bytes:f2 -d
```

在使用联合体时应注意以下要点：

① 对于一个联合体变量，用哪个成员写入就应该用该成员来读出，否则结果难料；

② 当写入一个"小"成员时，仅改变部分字节，而不改变其他字节；

③ 在实际开发过程中，联合体往往要与枚举配合使用，用枚举变量的值对应联合变量的成员。

7.4.3 非受限联合体

传统 C 联合体的成员的类型是有限制的，只有基本类型及其复合类型（如数组、指针等）、POD（plain old data）类型可以成为联合的成员。如果结构中有自定义构造函数，该结构就不是 POD 类型（POD 类型详见第 11.7 节），也就不能作为联合体的成员。联合体成员也不能是静态成员、引用成员、模板类等。

C++ 11 则放宽了这些限制。C++ 11 联合体支持任意类型的成员，也就是非受限联合体（unrestricted union）。其成员可以是非 POD 类型，也可以是静态成员、引用成员、模板类等。同时联合体可说明构造函数、析构函数和成员函数等，语法形式上与结构一样。

对于一个联合体，如果包含了非 POD 类型成员（如常见的 string 类型），就不能简单说明其实例，因为它自身不会自动生成构造函数、析构函数和赋值函数，也不会自动调用非 POD 成员的构造函数和析构函数，这导致说明联合变量时编译出错。例如：

```
union UT {
    int n;
    string s;                           //非 POD
};
UT u1;                                  //编译出错
```

要说明 UT 变量就要自行添加构造函数和析构函数。例如：

```
union UT {
    int n;
    string s;
    UT(){}                              //空的构造函数
    ~UT(){}                             //空的析构函数
};
```

这样可以说明联合的变量：

```
UT u1;
```

也可访问其非 POD 成员，例如：

```
u1.n =55;
cout <<u1.n <<endl;                     //输出 55
```

访问非 POD 成员虽然编译无错，但运行出错。例如：

```
UT u2;
u2.s ="hello";                          //运行错误
cout <<u2.s <<endl;
```

要解决此问题，可将 UT 的构造函数与析构函数改为

```
UT() {new(&s)string; }                  //调用 string 构造函数
~UT() {s. ~string(); }                  //调用 string 析构函数
```

构造函数中的语句 new(&s)string 称为 placement new 定位创建，就是将 string 创建在其 s 地址上。析构函数中的语句 s. ~string( )是对成员 s 显式调用析构函数，如果没有定义析构函数，编译将出错。关于 new 运算符请参看第 8.6.1 节。

加上构造函数和析构函数之后，当联合变量被撤销时其成员只能是 s，而不能是整数 n。这样 n 成员就不能再用了。例如前面的 u1 变量，在撤销时就会执行这个析构函数，运行将会出错。

由于联合体 UT 中两个成员之间是互斥的，当创建联合变量时可分别调用两个构造函数来

对应这两个成员。但析构函数只有一个，无法简单区别当前对象是否为 string。当撤销一个联合变量时，系统并不知道应执行哪个成员的析构函数。解决此问题的办法如下：① 建立一个枚举变量来指定联合变量使用哪个成员；② 采用匿名联合体，并放弃联合体中定义构造与析构函数；③ 建立一个结构或类来封装枚举和匿名联合体，并建立多个构造函数和一个析构函数。下面是一个例子：

```cpp
struct MyUT {
    enum E {INT, String};                   //嵌套的枚举
    E kind;
    union {                                 //匿名联合体
        int n;
        string s;                           //非 POD 类型
    };
    MyUT(int a) :n(a) {kind = INT; }        //第 1 个构造函数, 对 int n 成员初始化
    MyUT(const char * str) {                //第 2 个构造函数, 对 string s 成员初始化
        new (&s)string(str);                //定位创建
        kind = String;
    }
    ~MyUT() {if (kind == String) s. ~string(); }        //显式调用析构函数
    void show() {                           //成员函数
        if (kind == INT)
            cout << "n = " << n << endl;
        else if (kind == String)
            cout << "s = " << s << endl;
    }
};
int main() {
    MyUT u1{3};                             //调用第 1 个构造函数, 使用 int n 成员
    u1. show();
    MyUT u2 ( "hello" );                    //调用第 2 个构造函数, 使用 string s 成员
    u2. show();
    return 0;
}
```

上面程序中，第 2 个构造函数仍需使用定位创建。这是因为 string 变量不仅占用栈空间，也同时持有堆空间来存放串数据。如果一个成员类型仅占用栈空间，如 Student, Date 等，就不需要定位创建，只需调用构造函数即可。

这里析构函数不可缺少，这是因为 string 成员所占用的堆空间必须调用析构函数才能回收，否则就会导致内存泄漏。

main 函数中，虽然 u1 和 u2 是同一类型 MyUT，但不能相互赋值。这是因为拷贝赋值函数被自动删除，除非自行定义拷贝赋值函数（参见第 10.3 节）。

C++ 11 支持匿名联合体。当一个结构或类中封装一个匿名联合体，再加上一个枚举类型来指定联合成员，就可实现一种所谓的"联合式类"（union – like class），其可具有可变成员。这种编程模式在一个结构或类中利用嵌套的联合体与枚举实现"互斥型分类"，在一定范围内可替代类的继承。

7.5 类型别名 typedef 与 using

用关键字 typedef 给一个已有的数据类型起一个同义词（称为类型别名），目的是简化编程，增强可读性。其语法格式如下：

```
typedef <类型> <类型别名>;
```

其中，<类型>可以是任何类型，<类型别名>是一个标识符。这是一条说明语句，可以出现在函数之外，也可说明在函数或结构中。函数中的别名具有局部作用域。如果别名出现在结构中，该结构就定义了一个嵌套类型，结构之外就要用作用域运算符::来使用该别名，即

```
<结构名>::<别名>
```

类型别名作为类型来使用，可说明变量或数组、函数形参、返回值等。例如：

```
typedef float REAL;                    //将 float 定义为 REAL
typedef unsigned int size_t;           //将 unsigned int 定义为 size_t
REAL x, y;                             //等同:float x, y;
typedef struct B{
    char name[20];
    char author[10];
    float price;
}BOOK;                                 //定义结构类型 B, 定义了一个别名 BOOK
BOOK book[10];                         //等同:B book[10];
typedef char AUTHOR[10];               //给 char[10]起别名 AUTHOR
AUTHOR author;                         //等同:char author[10];
```

C++ 11 采用 using 为已有数据类型起一个别名，语法如下：

```
using <类型别名> = <类型>;
```

这种方式与上面 typedef 具有相同效果。例如：

```
using size_t = unsigned int;
using AUTHOR = char[10];
```

但用 using 说明更简单、易理解。

需要注意的是，typedef 与 using 并未产生新的数据类型，只是产生已有类型的别名。

小　　结

（1）结构、枚举和联合体是传统 C 语言的用户定义类型，C++ 与 C++ 11 扩展了很多。

（2）从定义形式上看，结构与联合体是一样的，区别只是结构的各成员之间是共存的，而联合体的成员之间是互斥的。

（3）枚举类型是最简单的用户定义类型，它不依赖任何其他类型，能支持结构或联合体，因此实际编程中枚举往往嵌套定义在结构或类中。联合体往往需要枚举来指明所选择的成员。

（4）C++ 将结构扩展为类一样的类型，区别是各成员默认为公有（public）。

（5）C++ 11 引入强类型枚举，使枚举中的各成员拥有共同的作用域，也使得多个枚举类型之间可拥有同名的枚举常量而不至于发生冲突。C++ 11 编译器仍保留传统的枚举。

（6）C++ 11 非受限联合体是对传统联合体的扩展与升级，其成员类型扩展到所有类型，而且联合体中可定义构造函数、析构函数、成员函数等，与 C++ 结构一样。

（7）关键字 typedef 用于为一个已定义的数据类型起一个别名。C++ 11 的 using 说明也能实现相同功能，而且在某些类型说明更简单清晰。

（8）下面的图 7.1 概括了前面各章所介绍的所有类型，这种分类来自 C++ 11 的 <type_traits>。从图中可知，结构、枚举和联合都属于复合类型；结构与类统称为 class。复合类型还包括指针和引用，我们将在下一章介绍。

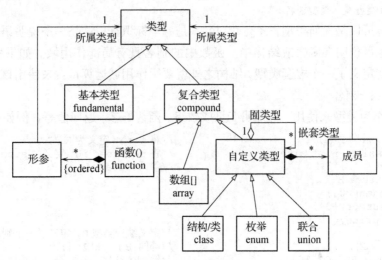

图7.1 类型概括

练 习 题

1. 设有语句:struct xy{int x ; float y; char z ; } example; 下面叙述中错误的是_____。

    (A) struct 是结构类型的关键字　　　　　(B) example 是结构类型的名称

    (C) x, y, z 都是结构的成员名称　　　　　(D) xy 是结构类型的名称

2. 设有语句 struct mys {int m1 =2; int m2; }; 下面语句中错误的是_____。

    (A) mys a0;　　　(B) mys a1 ();　　　(C) mys a2{};　　　(D) mys a3{5, 6};

3. 分析下面语句:

    ```
    struct Property{
        char name[20];
        char value[40];
    }p1 = {"name", "ZhangSan"}, p2 = {"age"}, p3 = {, "blue"}, p4 = p1;
    ```

    (A) p1 出错　　　(B) p2 出错　　　(C) p3 出错　　　(D) p4 出错

4. 有以下语句:struct Point{int x, y; }ps[3] = {{1, 2}, {3, 4}}; 那么 ps[1].x 和 ps[2].y 的值分别是_____。

    (A) 1　2　　　(B) 1　4　　　(C) 3　4　　　(D) 3　0

5. 设有以下枚举类型说明语句:

    enum weekday{Mon =1, Tues, Wed, Thurs, Fri, Sat, Sun =0}week;

    下面赋值语句中错误的是_____。

    (A) week =weekday(1);　　　　　(B) week =1;

    (C) week =Mon;　　　　　(D) week = (weekday)1;

6. 下列程序的输出结果是_____。

    ```
    int main(void){
        enum tag{Up =1, Down, Left, Right}x = Up, y;
        enum tag z = Left; y = Down;
        cout <<x <<"  " <<y <<"  " <<z <<endl;
        return 0;
    }
    ```

（A）Up　Down　Left　　（B）1　2　3　　　　　（C）0　1　2　　　　　（D）Up　Left　Down

7. 设有语句 enum struct Myenum{Red, Green, Yellow}; 下面语句中错误的是_____。

（A）Myenum e1；　　　　　　　　　　（B）Myenum e2 = Red；

（C）Myenum e3 = Myenum::Green；　　　（D）Myenum e4[4]；

8. 下面语句中是正确（无警告无编译错）的是_____。

（A）union work{char ch[10]; int i; float f; }x = {"teacher", 10, 6.3};

（B）union work{char ch[10]; int i; float f; }x = {"teacher"};

（C）union work{char ch[10]; int i; float f; }x = {10};

（D）union work{char ch[10]; int i; float f; }x = {6.3};

9. 设有以下语句：

　　　　union Numeric{int i; float f; double d; }u;

变量 u 所占存储单元的字节数为_____。

（A）16　　　　　　　（B）4　　　　　　　（C）8　　　　　　　（D）12

10. 设有以下说明语句：

```
struct test{
    int i; char ch; float f;
    union uu {char s[5]; int m[2]; } ua;
} ex;
```

下列对成员 m[1]的正确引用是_____。

（A）ex. m[1]　　　（B）ex. uu. m[1]　　　（C）ex. ua. m[1]　　　（D）ex. test. m[1]

缺省配置下，sizeof(test) 的值是_____。

（A）12　　　　　　　（B）9　　　　　　　（C）22　　　　　　　（D）20

11. 下面代码的输出结果是_____。

```
int main(void){
    union baby {
        char name[10];
        int number;
    }b = {"YangYang"};
    cout << b. name << "  ";
    b. number = 65;
    cout << b. name << "  " << b. number << endl;
    return 0;
}
```

（A）YangYang　YangYang　65　　　　　（B）YangYang　　65　65

（C）YangYang　A　65　　　　　　　　　（D）YangYang　65

12. 下面程序的输出结果是_____。

```
struct mys {
    int a;
    char n[6];
    double b;
};
int main() {
    cout << alignof(mys) << endl;
    cout << sizeof(mys) << endl;
    cout << sizeof(mys::n) << endl;
    mys s1;
    cout << sizeof(s1) << endl;
    cout << sizeof(s1. n) << endl;
    return 0;
}
```

13. 下面程序的输出结果是_____。

```
struct A{
    int x, y;
    static int dx;
};
int A::dx = 3;
int main(){
    cout << A::dx << endl;
    A a1 = {1, 2}, a2 = {3, 4};
    cout << a2.dx << endl;
    a1.dx = 2;
    cout << a2.dx << endl;
    cout << A::dx << endl;
    return 0;
}
```

14. 根据要求编写完整的程序。

（1）编写一个函数，求解一元二次方程 $ax^2 + bx + c = 0$。要求函数形参为 f(int a, int b, int c)，设计一个结构作为该函数返回类型，让函数调用方按自己需要输出结果，而函数体中无需输出结果。

（2）编写一个结构 Point{int x, y}，表示平面上的点；在此基础上编写一个函数，计算两个点之间距离；再设计一个结构：三个点构成三角形，能判等是否构成一个三角形，并进一步计算其周长和面积。

（3）编写一个结构 Fraction{int a, b}，表示分数，其中分子为 a，分母为 b。为简化计算，约定分母为正整数，分子为整数，输出一个分数应化简分子分母；同时约定，分子为 0 时，分母为 1，表示值为 0 的分数。编写一组函数或成员函数，对两个分数进行判等，比较大小，并能计算和、差、积、商。

（4）建立一个结构类型 Course 表示课程，包括课程编号、课程名称、考核方式。建立一个枚举类型表示两种考核方式，其中一种是百分制；另一种是等级制，即 A，B，C，D，E。一门课程只能选其一种考核方式。建立一个结构类型，表示学生成绩，包括学号、姓名、课程编号、考核成绩。注意，考核成绩的类型应该是一个联合体，它的一个值要么是一个百分制成绩，要么是一个等级成绩，要根据该课程的考核方式来定。

第8章　指针和引用

在程序运行时变量和函数都存放在内存中,通过变量名来访问数据、通过函数名来调用函数都是直接访问方式,还有一种间接访问方式就是用指针。指针的本质是内存地址,作为一种复合类型,往往用于说明函数的形参,使实参能通过指针传递,以提高函数调用的效率。利用指针能动态地使用内存,提高内存使用效率。指针也能用来表示变量之间的语义关联,以构成复杂的数据结构。指针是 C 程序中最常见类型,而引用是 C++ 扩展的新类型,C++ 11 中又引入右值引用。引用主要用于函数形参和返回类型。本章介绍指针和引用的概念及应用,最后将简单介绍 Lambda 表达式,它与引用有关。

8.1　指针及指针变量

指针(pointer)的本质是内存地址,指针变量就是专门存储地址的一种变量,而通过指针变量所存储的地址来访问数据是一种间接寻址方式。由于处理器的机器语言能支持间接寻址,所以使用指针可以达到较高的计算性能。

8.1.1　指针概念与求址运算

计算机内存被划分为以字节为单位的存储单元,每个存储单元都有一个固定编号,这个编号就是内存地址。对于 32 位系统,地址宽度就是 32 位,一个地址需要 4 个字节,寻址范围是从 0 开始到 0xFFFFFFFF(用 16 进制表示),共 4GB 字节;对于 64 位系统,地址宽度是 64 位,一个地址需要 8 个字节,寻址范围是 4GB * 4GB 字节。

C++ 编译器对不同对象或变量按其数据类型分配合适大小的内存空间。当加载程序执行时,程序代码和变量都加载到内存中,然后通过代码访问变量来完成计算。尽管一个变量可能占用多个字节,但都通过第一个字节的地址来访问。存放某个变量的第一个字节的地址就是该变量的首地址。

指针即内存单元的地址,而数据是内存单元中的内容(或值)。

假设程序中说明 int a = 68;为变量 a 分配 4 字节的内存空间。又假设在一次运行时其首地址为 0x0065FDF4,那么通过该地址就能找到变量 a 在内存中的存储单元,从而对变量 a 进行访问。0x0065FDF4 就是变量 a 的指针的值。知道一个变量的地址和变量的类型就能对变量进行访问,就如同知道房间号就能找到房间,从而找到房间里的人。

指针是一种特殊的数据类型。所有类型的变量,无论是基本类型、用户定义类型还是这些类型的数组,在每次运行时都有确定的地址,因此它们都可通过指针来访问。一个指针不仅要有地址值,而且还要确定其类型,表示它能指向什么类型的数据,这决定了通过它要取用多少字节作为该变量的值。

同一个变量在不同机器上执行或在不同时刻执行，其地址都不一样。这是因为在加载一个程序时，系统根据当前可用内存来确定使用哪一块内存。因此编程中一个具体的地址值没有多大意义，不应该直接用一个地址常量来为一个指针赋值。如果通过这个地址常量读写其内容，将得到不可预知的结果，甚至导致严重错误而退出。所以对指针的操作应小心谨慎。

如何获取一个变量的内存地址呢？取地址运算符 & 放在变量前就得到该变量的内存地址。例如 b 是一个变量，那么 &b 就表示它的地址。用 cout 输出一个地址时，默认为十六进制显示(字符类型的地址除外)。下面例子能看到一组局部变量的内存地址。

例 8.1 显示一组局部变量的首地址。

```cpp
#include <iostream>
using namespace std;
int main(){
    bool b = true;
    char c = 'c';
    short s = 3;
    int i = 4;
    float f = 1.0f;
    double d = 1.0;
    cout << "&b = " << &b << endl;
    cout << "&c = " << hex << (int)&c << endl;    //(int)用于 32 位编译, (long long)用于 64 位
    cout << "&s = " << &s << endl;
    cout << "&i = " << &i << endl;
    cout << "&f = " << &f << endl;
    cout << "&d = " << &d << endl;
    return 0;
}
```

执行程序，输出结果如下：

```
&b = 0025F8CA
&c = 25f8cb
&s = 0025F8CC
&i = 0025F8D0
&f = 0025F8D4
&d = 0025F8D8
```

上面这段代码在不同机器上或不同时刻运行，显示的地址都不一样。这里是在 x86/32 位中使用 VS Release 优化编译所得到的结果，从中能看到局部变量在内存中的一些排列规律(如图 8.1 所示)。

每个变量在运行时刻都具有明确的内存地址，且每个地址都是 32 位二进制值。其中变量 s 类型为 short 应占 2 字节，但实际上却分配了 4 字节空间，目的是与下面的 int 变量对齐。每个编译系统都有自己的分配内存优化方法。如果以 Debug 编译，地址顺序将颠倒过来，而且地址不连续。这是由于 VS 调试模式中先说明的变量先入栈，而且添加了调试数据。

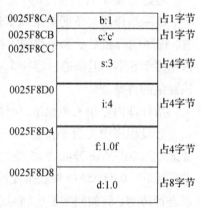

图 8.1　一组局部变量的存储地址

如果一个变量存放的是某个对象或值的地址，就说该变量是一个指针变量，且指向某个对象或值。在 C++ 程序设计中，指针变量只有确定了指向才有意义。

8.1.2　指针变量的说明与初始化

指针变量就是专门存放地址的一种特殊变量,指针变量中存放的是地址值,一个指针的值就是一个地址。

指针变量与其他变量一样,在使用之前必须先说明。说明指针变量的一种格式为

<类型名> * <变量名> [= & <变量>];

其中,<类型名>是这个指针变量所指向的对象的类型,简称指针类型,它可以是任何一种类型;*表示这个变量是一个指针变量,这个变量的类型就是"<类型名> *";<变量名>是一个标识符;说明指针变量时可以初始化,等号后给出一个变量的地址,该地址由取地址运算符 & 作用于一个已有变量来得到该变量的地址(此时要求该变量的类型与指针类型相符)。

假设程序中说明了一个变量 int i = 4,在运行时该变量 i 的地址为 0025F8D0。说明一个指针变量:

```
int * pa = &i;
```

此时指针变量 pa 中就存放了变量 i 的地址,即 pa 中存放的值为 0025F8D0。我们称 pa 指针指向了变量 i (如图 8.2 所示)。

图 8.2　指针变量的值与其所指内容

此时访问变量 i 就有两种方式,一是按变量名 i 来访问,二是通过指针变量 pa 来访问。前一种访问方式称为直接寻址,后一种称为间接寻址。间接方式的好处是一个指针 pa 在不同时刻可指向不同的整数变量,这样通过一个指针变量就能访问多个同类型数据。

一个已有变量名前加一个"&",就是取该变量的地址,称为求址运算(address-of)。例如,"&i"是一个表达式,用来求变量 i 的地址。如果 i 的类型是 int,那么表达式 &b 的类型就是"int *"(以此类推)。这里"&"是一个单目运算符,在第 3 章介绍的"&"则是一个双目按位逻辑与运算符。本章后面还将介绍"&"的第三种用法——左值引用。

一个指针变量初始化除了指向已有变量外,还可为 NULL。NULL 是一个宏,其值为 0,说明在多个头文件中,例如 < iostream > 中包含的 < ios >。值为 NULL 的指针称为空指针。当一个指针变量暂时无法确定其指向或暂时不用时,可将它赋 NULL。在使用一个指针前应判定不为空,以保证程序正常执行。C++ 11 中建议用 nullptr 代替 NULL,详见第 8.1.4 节。例如:

```
int * ip1 = NULL              //说明一个指针变量 ip1 并初始化为 NULL,应改为 nullptr
```

在初始化一个指针变量时,不能直接用一个整数值来做初始化值,但添加强制类型转换后就可以。例如:

```
int * p = 0x0025F8D0;                 //编译错,int 不能转换到 int *
int * p2 = (int *) 0x0025F8D0;        //ok
```

但即便第二个说明编译成功,我们仍不能确定该地址能否存放一个 int 变量。

C++ 11 支持 auto 说明指针变量。例如:

```
int a = 3;
auto * pa1 = &a;                 //pa1:int *
auto pa2 = &a;                   //pa2:int *
auto pa3 = pa1;                  //pa3:int *
auto pa4 = NULL;                 //pa4:int
```

```
auto pa5 = nullptr;                          //pa5:std::nullptr_t
```

当用 & 表达式进行初始化，auto 与 auto * 的效果是一样的。用 NULL 初始化不能用 auto 说明指针，虽编译没有错但推导出的类型是 int。用 nullptr 推导出的类型 nullptr_t 是正确类型，该类型就是用 using 说明的：

```
using nullptr_t = decltype(nullptr);
```

在说明一个指针变量后，无论该指针变量指向何种类型，32 位系统都为其分配 4 个字节的存储空间，64 位系统为 8 字节。

8.1.3 指针的运算

既然指针就是地址，那么指针的运算实际上就是地址的运算。但由于内存地址是特殊的数据，故使指针所能进行的运算受到一定限制。指针运算总结如表 8.1 所示。

表 8.1 指针的运算

指针运算类别	说明	示例
赋值	确定或改变指针所指对象或变量	ptr = NULL; ptr = &a; ptr = &b
解引用或间接引用	从指针计算其所指内容，解引用运算符为 " * " 注意：对空指针，解引用导致运行错误	* ptr = 33; int b = * ptr; * ptr 是左值

算术计算	仅限于指针对整数的加减法，自增自减，前提是指针 ptr 已指向某个数组某元素。
	ptr + n 表示指向该元素之后第 n 个元素；
	ptr - n 表示指向该元素之前第 n 个元素；
	ptr ++; ++ptr; 指针后移一个元素；
	ptr --; --ptr; 指针前移一个元素；
	ptr1 - ptr2 两个指针之间的元素个数。
	注意：超过数组边界可能导致运行错误
		int a[10], * ptr = &a[5];
		* (ptr +3) 就是 a[8]
		* (ptr -2) 就是 a[3]
		++ptr; 后移指向 a[6]
		-- ptr; 前移指向 a[4]
		int *ptr1 = &a[5],
		    ptr2 = &a[8];
		cout << ptr2 - ptr1; 输出 3

关系运算	仅限于指针与空指针之间，或两个指针之间； 仅限于判等运算 == 与 !=	ptr != NULL; ptr1 != ptr2 if(ptr) 等价于 if(ptr != NULL)
delete	仅限于用 new 得到的指针，撤销动态对象	int * a = new int{20}; delete a;
typeid(指针)	获取指针类型标识	cout << typeid(ptr).name()
sizeof(指针)	获取指针变量的字节大小。所有类型的指针，32 位系统均为 4，64 位系统均为 8	cout << sizeof(ptr)
decltype(指针)	获取指针变量的类型，用于说明新变量或形参	decltype(ptr) newptr;

注:虽然编译器可能允许其他运算，但可能是无意义的或者危险的运算。

1) 赋值运算

一个指针变量如果既没有初始化，也没有赋值，它的值就是随机值，指向就不确定。如果此时使用指针变量，就会访问不确定的存储单元，可能有很大危害。因此指针变量在使用之前必须有确定的指向，通过给指针赋值就可使之指向确定的数据。

下面例子说明如何给指针赋值，以及应注意的一些问题。

```
int a =16, b =28;           //说明整型变量 a, b
float x =32.6f, y =69.1f;   //说明浮点型变量 x, y
```

```
int *pa, *pb =&b;                //说明两个指向 int 对象的指针变量 pa, pb, 并使 pb 指向变量 b
float *px, *py =NULL;            //说明两个指向 float 对象的指针变量 px, py, 使 py 为空指针
px =&x;                          //使指针 px 指向变量 x
*pa =&b;                         //非法, 左值与右值的类型不同, 左值是 int 型, 右值是 int *型
pa =pb;                          //pa 和 pb 都指向同一个变量
pa =&x;                          //非法, pa 指向对象的类型只能是 int 型, 而 x 是 float 型
pb =0x3000;                      //非法, 不能用整数字面值给指针变量赋值
```

在为指针赋值时应保证指针类型的一致性。例如,不能把一个 int 变量的地址赋给一个 float 指针,反之也不行。即便使用强制类型转换能通过编译,也可能会在运行时出错。

需要注意的是,赋值运算还隐含在函数调用时,实参传递给形参也是一种赋值。

2）间接引用运算

对于一个指针变量,能通过它的值来访问对应地址的值。这种由地址求内容的过程就是间接引用运算。" * "作为一种单目运算符放在一个指针变量之前,称为 dereference,含义是"解引用",也称为"间接引用"。例如:

```
int a =16, b =28;
int *pa, *pb =&b;
cout <<*pb <<endl;              //输出 pb 所指对象 b 的值 28
pa =&a;
cout <<a <<endl;               //输出 a 的值 16
*pa =32;                       //修改 pa 所指对象 a 的值, 使 a 的值变成 32
cout <<a <<endl;               //输出 a 的值 32
```

可以看出," * 指针变量"是一个左值,因此在赋值语句中既可作左值,也可作右值。作为左值可赋值改变指针所指变量的值,作为右值就是读取指针所指变量的值。

如果指针 pa 的类型是"int *",那么" *pa"的类型就是 int,这就是解引用的含义。

"&"求址运算与" *"解引用运算是一对互逆的运算:

① 对于任一个变量 v," *&v"表达式等价于 v,即 *&v == v;

② 对于任一个指针变量 p,"&*p"表达式等价于 p,即 &*p == p。

上面是两个重要的等价式,将用于后面的数组访问。

至此," *"有三种不同的含义,随其所作用的对象及位置的不同而不同。例如:

```
int a =16, b =28;
int *pa =&a, *pb;             //*表示 pa, pb 是指针变量, 指针说明
a *=a *b;                     //*表示乘法运算, 双目运算符
*pa =123;                     //*表示间接引用 pa 所指向的对象 a, 单目运算符
```

指针的一个重要用途是定义函数形参。在调用函数时所提供的实参(即主调方某变量的地址)必须符合形参的指针类型才能将实参赋值给形参。函数内通过形参指针就能访问主调方的变量。

例 8.2　指针作为函数形参的示例。

```
#include <iostream>
using namespace std;
void square(double *d){          //A
    if (d)                       //B    等价于 if(d!=NULL)
        *d =*d * *d;             //C    等价于 *d =(*d) * (*d);
}
int main(){
    double d1 =2.2;              //D
    square(&d1);                 //E
    cout <<d1 <<endl;           //F    输出 4.84
```

```
    return 0;
}
```

上面程序中，A 行定义了一个函数 square，其形参为一个 double 型指针。此函数对指针所指向的某个 double 变量求平方，没有返回值。B 行先判断形参指针不为空，这是指针作为形参的通常处理方法，目的是防止通过空指针进行有害操作。C 行包含了间接引用运算符、乘法运算符和赋值运算符，完成平方计算。注意 C 行并没有改变指针 d，而是改变了指针 d 所指向的调用方实参的值。

主函数 main 中在 D 行定义了一个局部变量 d1。E 行调用 square 函数，实参为 &d1，即变量 d1 的地址被赋值给函数形参 d，使形参 d 指向变量 d1（如图 8.3 所示），在执行函数 square 时就能读取并改变该变量的值。

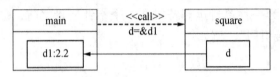

图 8.3　函数形参指向主调方的变量

用指针作为函数形参的好处就是用传递地址来代替传递值。不管多大对象，传地址只需 4 字节，所以适合传递"大"对象给函数处理，提高计算效率。

3）算术运算

指针的算术运算有三种，即与整数的加减运算、自增自减、两个指针之间的减运算。这些运算的前提是指针指向某数组的某元素，而且不越界。

（1）与整数的加减运算

既然指针变量存储的是数据的内存地址，就可将指针视为类似整型的变量。指针加上或减去一个整数的结果应该是一个新的地址值。

指针的加减运算与普遍变量的加减运算不同。一个指针加上或减去一个整数 n，表示指针从当前位置向后或向前移动 n 个 sizeof(＜数据类型＞) 字节的存储单元。指针的数据类型决定了加减运算的单位尺度。

一个数组是一组相同类型的元素的集合，每个元素的字节大小相同。指针的加减运算就是元素指针的前移或后移，可用来访问数组元素。例如：

```
int a[] = {11, 22, 33, 44, 55, 66, 77, 88};              //定义一个 int 数组 a
cout << "a = " << a << endl;                             //输出 a 是头一个元素的地址
int *pb = &a[4];                                         //pb 指向 a[4]元素
cout << "pb = " << pb << "; *pb = " << *pb << endl;      //输出 a[4]元素的地址和值
//输出 a[7]元素的地址和值
cout << "pb +3 = " << pb +3 << "; *(pb +3) = " << *(pb +3) << endl;
//输出 a[2]元素的地址和值
cout << "pb -2 = " << pb -2 << "; *(pb -2) = " << *(pb -2) << endl;
```

假设数组变量 a 的首地址是 0x0012FF60，则 a[4]元素的地址计算如下：

```
pb = &a + 4 * sizeof(int) = 0x0012FF60 + 4 * 4 = 0x0012FF70
pb +3 = &pb +3 * sizeof(int) = 0x0012FF70 + 3 * 4 = 0x0012FF7C, 指向 a[7]元素
pb -2 = &pb - 2 * sizeof(int) = 0x0012FF70 - 2 * 4 = 0x0012FF68, 指向 a[2]元素
```

图 8.4 给出了指针移动示意图。注意这种计算只能用于访问数组，而且访问地址不能越界，就如同下标不能越界一样。

通过上面例子我们知道,一个指针加减一个整数常量就是指针后移或前移,但要注意不能使两个指针变量相加。我们也看到,一个数组的名字本质上就是头一个元素的地址,但这个指针的值是一个常量,不能改变它的值。

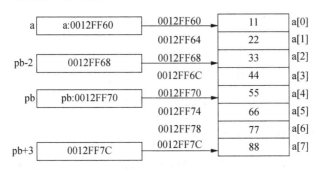

图 8.4　指针的加法和减法运算

（2）自增、自减运算

指针的自增、自减运算是指针加减运算的一种特例,就是指针从当前位置向后或向前移动 sizeof(数据类型)字节大小的 1 个存储单元。例如:

```
int a[] = {11, 22, 33, 44, 55, 66, 77, 88};
int *pb = &a[4];
int *p1 = pb --;
```

此时,指针 p1 指向 a[4],而 pb 指向 a[3]元素。

注意,指针的自增、自减往往与间接引用混合运算,此时应注意计算顺序及语义。例如:

```
int a[] = {11, 22, 33, 44, 55, 66, 77, 88};
int b, *p = &a[4];
```

下面分别计算各个表达式语句(以自增为例):

```
b = *p ++;           //先取 p 指向的 a[4]的值 55,然后使指针 p 后移指向 a[5]
b = *(p ++);         //等同于 *p ++
b = (*p) ++;         //读取 p 指向的 a[4]的值 55,然后对其自增 1,成为 56
b = * ++p;           //先使指针 p 后移指向 a[5],然后读取 p 所指向的值 66
b = ++ *p;           //先读取 p 指向的变量 a[4],然后对 a[4]自增 1,成为 56
b = ++ *p ++;        //a[4]自增 1,成为 56,然后指针 p 后移指向 a[5]
```

（3）两指针相减

只有当两个指针都指向同一数组元素时,这两个指针的相减才有意义。两个指针相减的结果为一整数,表示两个指针之间数组元素的个数。例如:

```
int a[10] = {11, 22, 33, 44, 55, 66, 77, 88};
p1 = &a[1];          //p1 指向 a[1]
p2 = &a[6];          //p2 指向 a[6]
cout << p2 - p1;     //输出 5
```

对于两个指针,不适合进行其他算术运算,如加、乘、除、求余等,也不适合按位运算。这些计算即便能编译执行,但结果难以控制,因此是危险的。

4）关系运算

指针关系运算一般有下列两种情况:

（1）比较两个指针所指向的对象在内存中的位置,如相等还是不相等,判断两指针是否指向同一个对象;

(2) 判断一个指针是否为 NULL 或 nullptr，即判断空指针（NULL 是一个宏，值为 0）。

例如下面代码段：

```
int a[10], *p1, *p2;
p1 = &a[1];                          //p1 指向 a[1]
p2 = &a[6];                          //p2 指向 a[6]
if(p1 ==p2)
    cout << "equal" << endl;
else
    cout << "not equal" << endl;     //执行
if (p1 !=NULL)
    cout << "p1 is not null" << endl;   //执行
```

8.1.4　用 nullptr 替代 NULL

传统 C 语言编程中用 NULL 或 0 来判断空指针。C++ 引入函数重载之后，如果还用 NULL 就可能导致运行错误，原因是宏 NULL 的值是 0，其类型为 int，并非指针类型。

假设有 2 个重载函数如下：

```
void f1(char * str) {
    if (str !=NULL)                  //NULL 可改为 nullptr
        cout << "string is " << str << endl;
    else
        cout << "str is null" << endl;
}
void f1(int a) {cout << "int a is " << a << endl; }
```

函数调用 f1(NULL) 将执行哪一个函数？程序员原意是用空指针调用第 1 个函数，但实际上执行第 2 个函数，因为 NULL 是 int 整数 0。

C++ 11 引入 nullptr 作为空指针字面值，其类型是 std::nullptr_t。nullptr 是关键字，不依赖任何头文件。空指针作为函数实参时，采用 f1(nullptr) 调用可防止错误执行重载函数。

用 nullptr 替代 NULL，它与 NULL 之间判断相等（==）或不相等（!=）是一致的。例如：

```
int * p1 =nullptr;
if (p1 ==NULL)                       //true
    cout << "p1 is NULL" << endl;
int * p2 =NULL;
if(p2 ==nullptr)                     //true
    cout << "p2 is nullptr" << endl;
```

需要注意的是，无论对哪一种空指针执行间接引用，都会导致严重错误。

8.2　指针与结构

结构作为一种自定义类型，也可说明指针变量。而指针变量也可作为结构的成员。

8.2.1　结构的指针

说明一个结构类型的指针与基本类型一样。假设已定义一个结构 Employee，就能定义该类型的指针。例如：

```
Employee emp, * ep1 = &emp;               //说明一个指针 ep1 指向一个结构变量 emp
```
通过一个结构指针变量，就能访问该结构变量内的各个成员。其格式为

<结构指针变量> -> 成员名

其中，"->"是一种成员访问运算符(中间不能有空格)，左边是一个结构或类的指针变量。成员访问运算符的优先级高于间接引用运算符 * 和求址运算符 &。如果用间接引用运算符，等价形式如下：

(* <结构指针变量>). 成员名

注意，上面表达式中不能缺少圆括号。例如：

```
ep1 -> sex = 'f'              //通过指针来访问结构的成员
(* ep1). sex = 'f'            //等价方式，较少使用
```

例 8.3　结构的指针示例。

```
#include <iostream>
#include <string>
#include <iomanip>
using namespace std;
struct Date{                         //定义生日类型的结构体
    short year, month, day;
};
struct Employee{                     //定义职工信息结构类型
    string num, name;
    char sex;
    Date birthday;
    float salary;
};
void printAnDate(Date * d){          //结构指针作为函数形参
    if (d != NULL)
    cout << d -> year << '.' << d -> month << '.' << d -> day;
}
void printTitle(){
    cout << setw(5) << "编号" << setw(10) << "姓名" << setw(5) << "性别";
    cout << setw(13) << "出生日期" << setw(8) << "工资" << endl;
}
void printAnEmp(Employee * emp){     //结构指针作为函数形参
    if (emp == NULL) return;
    cout << setw(5) << emp -> num << setw(10) << emp -> name;
    cout << setw(5) << (emp -> sex == 'f'? "女":"男");
    cout << setw(5) << ' ';
    printAnDate(&emp -> birthday);       //A
    cout << setw(8) << emp -> salary << endl;
}
int main(void){
    Employee e1 = {"024", "李四", 'f', {1977, 8, 3}, 4567};
    Employee * ep = &e1;
    printTitle();
    printAnEmp(ep);                      //B
    return 0;
}
```

执行程序，输出结果如下：

编号	姓名	性别	出生日期	工资
024	李四	女	1977.8.3	4567

上面程序中，printAnDate 函数有一个指针形参 Date * d，表示该函数将接受一个 Date 变量的地址。在 A 行调用时，用 &emp -> birthday 表达式来计算 emp 所指结构变量的 birthdate 成员的地址。

函数 printAnEmp 有一个指针形参 Employee * emp，表示该函数将接受一个 Employee 变

量的地址。在 B 行调用时，用一个 ep 指针作为实参，调用前已指向一个 Employee 结构变量 emp，此时传给形参的只是 4 字节的地址。

通过结构指针访问其成员的方法在使用函数库时也有用。下面程序显示当前日期、时间 和星期(其中 tm 是一个结构，其成员包含了年月日、时分秒等)：

```
#define _CRT_SECURE_NO_WARNINGS
#include <iostream>
#include <time.h>
using namespace std;
int main(){
    time_t ltime = time(NULL);          //取得当前时间, time_t 是当前秒单位计时
    tm * now = localtime(&ltime);       //转换为本地时间, tm 是一个结构类型
    int year = now->tm_year +1900;      //取得当前年份
    int month = now->tm_mon +1;         //取得当前月份, 0-11
    int day = now->tm_mday;             //取得当前日, 1-31
    int hour = now->tm_hour;
    int min = now->tm_min;
    int sec = now->tm_sec;
    int week = now->tm_wday;            //0-6, 0 是周日, 1 是周一
    cout << year << "-" << month << "-" << day << " " << hour << ":" << min << ":"
        << sec << " 星期" << week << endl;
    return 0;
}
```

上面程序中，第 1 行宏定义是因为 VS 对 localtime 函数调用报错，并建议调用安全函数 localtime_s，但 DevC++ 不支持。该程序能在 DevC++ 上运行。

8.2.2　指针作为结构成员

指针变量可作为结构的成员，使结构变量能通过指针来关联一个变量。

修改上面 Employee 结构类型，让每个职员都知道自己的经理 manager 是谁：

```
struct Employee{
    ...
    Employee *manager;                  //添加一个指针变量, 指向一个 Employee 变量
};
```

该结构添加一个成员 manager，不是 Employee 类型，而是 Employee 指针类型。

下面代码可确定一名雇员如何作为另一名雇员的经理：

```
Employee emp1;
Employee emp2;
emp1.manager = &emp2;
```

例 8.4　指针作为结构的成员示例。

设计一个函数，能为一组职员设置一名经理，也能为一组职员撤销经理(这里将用到结构 的数组)。

编程如下：

```
#include <iostream>
#include <string>
#include <iomanip>
using namespace std;
struct Date{
    short year, month, day;
};
struct Employee{
```

```
        string num, name;
        char sex;
        Date birthday;
        float salary;
        Employee * manager;                                 //指针成员
};
void printAnDate(Date * d){
        if (d!=NULL)
            cout << d->year << '.' << d->month << '.' << d->day;
}
void printTitle(){
        cout << setw(5) << "编号" << setw(10) << "姓名" << setw(5) << "性别";
        cout << setw(13) << "出生日期" << setw(8) << "工资" << setw(12)
            << "经理姓名" << endl;
}
void printAnEmp(Employee * emp){
        if (emp==NULL) return;
        cout << setw(5) << emp->num << setw(10) << emp->name;
        cout << setw(5) << (emp->sex=='f'? "女":"男");
        cout << setw(5) << ' ';
        printAnDate(&emp->birthday);
        cout << setw(8) << emp->salary;
        cout << setw(12) << (emp->manager==NULL?"空":emp->manager->name) << endl;
}
void printEmps(Employee emps[], int n){                      //打印一组职员
        printTitle();
        for(int i=0; i < n; i++)
            printAnEmp(&emps[i]);                            //打印一名职员
}
void setManager(Employee emp[], int n, Employee * mgr){ //为一组职员设置经理
        for(int i=0; i < n; i++)
            emp[i].manager=mgr;
}
int main(void){
        Employee emps[] = {{"021", "张三", 'm', {1983, 3, 4}, 3456},
                            {"024", "李四", 'f', {1977, 8, 3}, 4567},
                            {"027", "王五", 'm', {1970, 9, 2}, 5432}};
        int n = sizeof(emps) / sizeof(Employee);
        printEmps(emps, n);                                 //输出初始记录
        setManager(emps, n, &emps[2]);                      //设置王五为经理
        printEmps(emps, n);
        setManager(emps, n, NULL);                          //撤销经理
        printEmps(emps, n);
        return 0;
}
```

执行程序，输出结果如下：

编号	姓名	性别	出生日期	工资	经理姓名
021	张三	男	1983.3.4	3456	空
024	李四	女	1977.8.3	4567	空
027	王五	男	1970.9.2	5432	空
编号	姓名	性别	出生日期	工资	经理姓名
021	张三	男	1983.3.4	3456	王五
024	李四	女	1977.8.3	4567	王五
027	王五	男	1970.9.2	5432	王五
编号	姓名	性别	出生日期	工资	经理姓名
021	张三	男	1983.3.4	3456	空
024	李四	女	1977.8.3	4567	空
027	王五	男	1970.9.2	5432	空

上面程序中，setManager 函数为一组职员设置一名经理，其中第 3 个形参是一个指针。调

用时如果实参是一名职员的地址，就设置其为经理；如果实参是一个空指针，就表示撤销这些职员的经理。在结构类型中，通过指针成员 manager 表示实例之间的语义关联（如图 8.5 所示）。

printEmps 函数和 setManager 函数都有结构数组作为形参。在调用函数时，并非将整个数组的内容传递给形参，而是仅传递了数组的指针。

emps 是结构的数组，不能改变为结构的向量

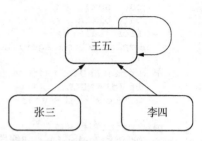

图 8.5 指针表示实例之间关联

vector < Employee >。这是因为容器中的元素的内存地址是易变的，因此不能采用容器元素的内存地址（物理属性）来建立元素之间的语义关联，而应采用逻辑属性（如员工编号）来建立语义关联。

8.3 指针与数组

指针与数组之间有密切关系。一个数组名本身就是一个指针，可用指针来访问数组元素；可以用字符指针定义字符串常量；可以定义指针的数组，其每个元素都是一个指针；还能定义一个指针指向另一个指针，即二级指针。

8.3.1 用指针访问数组

一般情况下，使用数组名加下标来访问数组元素，数组名本身就是头一个元素的地址，下标换算为偏移地址来确定元素的位置，因此可直接用指针来访问数组。

1）一维数组

一个数组名就是一个指针，指向头元素，是一个常量，不可做左值。例如：

```
int a[5] = {1, 2, 3, 4, 5};
```

定义了一个数组 a，其中 a 表示该数组的首地址，即第 0 个元素的地址。由指针的加法运算规则可知 a+1 就表示了第 1 个元素的地址，同理，a+i 表示第 i 个元素的地址（0 <= i <= 4）。

由间接引用运算符语义可知 *(a+i) 表示第 i 个元素，即 a[i]，因此有下面的等价式：

```
a[i] == * (a + i)            //两者都表示了第 i 个元素的值
```

在上面等价式两侧都进行求址运算 &，就能得到下面的等价式：

```
    &a[i] == & * (a + i) == a + i       //两种都表示了第 i 个元素的地址
```

显然当 i == 0 时，&a[0] == a，说明数组名 a 就是第 0 个元素的地址。

上面使用了前面介绍的一个等价式：对于任何一个指针 p，& * p == p 成立。

这些等价式还可用于二维数组的访问。

例 8.5　用指针常量访问一维数组元素。

```
#include <iostream>
using namespace std;
int main(void){
    int a[] = {1, 2, 3, 4, 5};
    for(int i = 0; i < 5; i++)
        cout << "a[" << i << "] = " << * (a + i) << " at " << a + i << endl;
```

```
    return 0;
}
```

执行程序,输出结果如下:

```
a[0] =1 at 0x0012FF6C
a[1] =2 at 0x0012FF70
a[2] =3 at 0x0012FF74
a[3] =4 at 0x0012FF78
a[4] =5 at 0x0012FF7C
```

需要证明的是,在不同机器上或在不同时刻执行该程序时,输出的地址值不同。

使用指针变量也能访问一维数组元素,指针加 1 就后移 1 个元素。例如:

```
int a[] ={1, 2, 3, 4, 5};
int *p =a;                      //指针变量 p 指向数组 a 的首地址
for(int i =0; i < 5; i ++, p ++)
    cout <<"a[" <<i <<"] =" << *p <<" at " <<p <<endl;
```

结果与上面相同。

2) 二维数组

二维数组也是一个指针。例如:

```
int b[3][4] ={{11, 12, 13, 14},
              {21, 22, 23, 24},
              {31, 32, 33, 34}};
```

二维数组 b 可看成是一个一维数组,它有 3 个元素:b[0],b[1],b[2],而每个元素又分别是一个一维数组,分别有 4 个 int 元素,形成 3 行 4 列的形式:

```
b[0]:  b[0][0]  b[0][1]  b[0][2]  b[0][3]
b[1]:  b[1][0]  b[1][1]  b[1][2]  b[1][3]
b[2]:  b[2][0]  b[2][1]  b[2][2]  b[2][3]
```

对于一维数组 b[i],前面得到一个等价式:

```
b[i] == * (b +i)
```

利用此等价式可导出 b[i][j] 元素的等价式:

```
b[i][j] == * (b[i] +j) == * (* (b +i) +j) == (* (b +i))[j]
```

这样访问二维数组元素就有 4 种形式。

例 8.6 用指针访问二维数组元素。

```
#include <iostream>
#include <typeinfo>
using namespace std;
int main(){
    int b[3][4] ={{11, 12, 13, 14},
                  {21, 22, 23, 24},
                  {31, 32, 33, 34}};
    cout <<typeid(b).name() <<endl;
    cout <<typeid(b[1]).name() <<endl;
    for(int i =0; i < 3; i ++){
        cout <<b[i][0] <<"  ";
        cout << * (b[i] +1) <<"  ";
        cout << * (* (b +i) +2) <<"  ";
        cout << (* (b +i))[3] <<endl;
    }
    return 0;
}
```

执行程序,输出结果如下:

```
int [3][4]
int [4]
11  12  13  14
21  22  23  24
31  32  33  34
```

上面程序中先输出了 b 和 b[1] 的类型名称，然后分别用 4 种形式来输出各元素（每一列用一种形式）。虽有多种形式来访问二维数组元素，但最简单仍是下标 b[i][j] 形式。

3）数组的指针

前面例子中 a 是一维数组，b 是二维数组，可以发现 &a 与 b+1 的类型是类同的，都是指向一维数组的指针。&a 的类型是 int(*)[5]，b+0 和 b+1 的类型是 int(*)[4]。这种指针称为数组的指针，用来指向一维数组。

定义数组的指针变量的语法格式如下：

　　<类型>(*变量名)[大小][=初始值];

其中，<类型>是数组元素的类型，<大小>是数组元素的个数。该变量就是指向某个确定类型、大小的数组的指针。例如，int(*bp)[4] 就定义了一个数组的指针 bp 指向 int[4] 的数组，bp 的类型为 int(*)[4]。

一维数组的指针常作为矩阵的行指针来访问二维数组。例如：

```
int b[3][4];
int (*bp)[4] =b;                        //定义 bp 指针，可指向 int[4]，初始化指向 b
```

因 b+0==b，b 的类型也是 int(*)[4]。于是 bp 的用法与 b 一样，可用 4 种形式来访问二维数组 b。

数组的指针常用来作为函数的形参来代替二维数组的形式，而在第 6 章中是二维数组作为函数形参。例如下面函数打印 row 行 4 列的矩阵：

```
void print2D(int a[][4], int row)
```

第 1 个形参等价于数组的指针：

```
void print2D(int (*a)[4], int row)
```

4）传递任意行任意列的矩阵

如果想打印一个 3 行 3 列的矩阵，就不能调用上面的 print2D 函数，因为它只能处理 n 行 4 列的矩阵。有一种简单办法，就是将二维数组转换为一维数组传递给函数形参，函数中再将一维数组当做二维数组来处理。

例 8.7　用函数处理任意行任意列的矩阵。

```
#include <iostream>
using namespace std;
void print2D(int *a, int row, int col){      //打印 row 行 col 列的 int 矩阵
    for(int i =0; i < row; i ++){
        for(int j =0; j < col; j ++)
            cout <<a[i * col +j] <<'\t';      //A
        cout <<endl;
    }
}
int main(void){
    int a[][4] = {{1, 2, 3, 4},
                  {3, 4, 5, 6},
                  {5, 6, 7, 8}};
    int b[4][3], i, j;
```

```
    print2D((int *)a, 3, 4);              //B    打印 3 行 4 列的矩阵
    for(i = 0; i < 4; i ++)               //实现矩阵转置
        for(j = 0; j < 3; j ++)
            b[i][j] = a[j][i];
    print2D((int *)b, 4, 3);              //C    打印 4 行 3 列的矩阵
    return 0;
}
```

上面程序中定义了一个函数 print2D 来打印 row 行 col 列的 int 矩阵，其中第一个形参是一个 int 指针。A 行将 i 行 j 列的二维下标 a[i][j] 映射到一维下标 a[i * col + j]，这是将一维数组转换为二维数组的关键语句，它利用了二维数组元素行列连续存储的特点。

在 main 函数中两次调用了 print2D 函数，调用前要将二维数组强制转换为 (int *)，即一维数组。

传递任意行任意列的矩阵还有一种办法是采用二级指针，即指针的数组，将在后面介绍。

8.3.2　指针与字符串

第 6 章介绍过用字符数组和 string 来存储字符串，本节介绍用指针来定义和处理字符串。

1）用指针定义字符串

利用字符的指针变量可定义字符串常量。例如：

```
char *s1 = "C++ Programming";
```

注意区别于下面用字符数组定义的串：

```
char s2[] = "C++ Programming";
```

上面两条语句分别定义了两个字符串。这两种定义的差别如下：

（1）**存储方式不同**。s1 串的含义是先在内存中申请一块空间并存入串值，然后将头元素地址赋给 s1。如果另一个字符指针（如 s3）也说明相同串值，就不用重新申请空间，只是返回相同地址。这种存储方式称为"串池（string spooling）"，其中串内容不能更改。而 s2 是一个字符数组，其串值放入一个独立的不共享的存储空间中。

（2）**指针的可变性不同**。指针 s1 是一个变量，可以改变。例如：

```
s1 = s2;                                  //s1 指向 s2, s1 原先的字符串就不能再访问
s1 = "Java Programming";                  //s1 指向新的串
```

而 s2 是一个常量，不能改变。

（3）**内容的可变性不同**。s1 串的内容不可更改，无论是否用 const 限定；而用字符数组定义的 s2 串内容可改变。例如：

```
strcpy(s1, "abc");                        //编译不报错，运行出错
strcpy(s2, "Java Programming");           //可以执行，但可能越界了
```

如果需要一个字符串常量，应加 const 修饰。若修改该串，编译时就可能报错。例如：

```
const char *s1 = "C++ Programming";
```

只有字符的指针可定义所指向的串值，其他类型的指针都不能用来定义值。

C++ 11 建议用 auto 来说明更简单，也能起到相同作用。例如：

```
auto s1 = "C++ Programming";              //const char *
```

C++ 11 也支持宽串和 Unicode 串的 auto 定义方式。例如：

```
auto s2 = L"C++ 程序设计";                 // const wchar_t *
```

```
auto s3 = u"hello";                          // const char16_t *
auto s4 = U"hello";                          // const char32_t *
auto s5 = R"("Hello")";                      // raw const char *
```

2）用指针处理字符串

用指针 p 来处理字符串，*p 是所指字符，p++ 用于后移指针，这比数组下标访问更灵活。

例 8.8　用指针实现字符串求串长和串拷贝。

```
#include <iostream>
using namespace std;
size_t strLength(const char * s){
    if (s == NULL) return 0;
    const char * s1 = s;
    while (* s ++ != 0);
    return s - s1 - 1;
}
size_t strCopy(char * to, const char * from, size_t n){
    if (to == NULL || from == NULL || n == 0)
        return 0;
    size_t i = 0;
    while (i < n - 1 && * from != 0){
        * to ++= * from ++;
        i ++;
    }
    * to = 0;
    return i;
}
int main(){
    char * s1 = "Java Programming";
    char s2[] = "C++ Programming";
    s1 = s2;
    s1 = "C/C++ Programming";
    cout << strLength(s1) << ":" << s1 << endl;
    s1 += 6;
    cout << strLength(s1) << ":" << s1 << endl;
    cout << strLength(s2 + 4) << ":" << s2 + 4 << endl;
    cout << strLength("") << endl;
    char * s3 = NULL;
    cout << strLength(s3) << endl;
    char s4[8] = "No Use";
    cout << strCopy(s4, s1, 8) << endl;
    cout << s4 << endl;
    return 0;
}
```

执行程序，输出结果如下：

```
17:C/C++ Programming
11:Programming
11:Programming
0
0
7
Program
```

读者可自行尝试其他测试。

注意，如果函数的形参为 char *，它往往要求函数调用提供一个字符串实参，而不是提供指向单个字符的地址。这也是 C 语言字符指针表示字符串的习惯用法。

8.3.3　指针的数组

指针也可定义数组。如果一个数组中的元素都是同一类型的指针，则称这个数组为"指针的数组"。定义指针的数组的一般格式如下：

　　<类型> ＊ <数组名> [大小] [={…}];

其中"<类型> ＊"就是数组中各元素的类型；<数组名>是数组的标识符；[大小]确定了数组中元素的数量，大小可以为空，如果后面有初始化，就按初始化元素个数来确定大小。例如：

```
int b[3][4];
int *p[]={b[0], b[1], b[2]};
```

定义了一个指针数组 p，其中 p[ ]表示 p 是一个数组，有 3 个元素；然后与"int ＊"结合，表示每个元素都是一个 int 指针，此时 p 的类型为 int ＊[3]。

表 8.2 对比了指针的数组与数组的指针。

表 8.2　指针的数组与数组的指针的比较

区别	指针的数组	数组的指针
语义	一个数组，其中每个元素都是一个指针，并且这些指针都具有相同类型	一个指针，指向一种数组，这种数组具有确定的元素类型和大小
定义类型	<类型名> ＊[n]	<类型名> (＊)[n]
形参兼容类型	n 可缺省； 兼容二级指针：<类型名> ＊＊； 不兼容二维数组：<类型名> [m][n]	n 不可缺省； 兼容二维数组：<类型名> [m][n]； 不兼容二级指针
用法举例	① 访问二维数组，例如： 　　int b[3][4]; 　　int ＊ p[3] ={b[0], b[1], b[2]}; 　　p 与 b 一样能访问各元素； ② 作为函数形参来传递任意列的矩阵； ③ 处理字符串的数组； ④ 处理结构的数组	① 访问二维数组，例如： 　　int b[3][4]; 　　int (＊p)[4] =b; 　　p 与 b 一样能访问各元素； ② 作为函数形参来传递固定列的矩阵

1）访问二维数组

对于二维数组，指针的数组也能用来访问各元素。

例 8.9　用指针的数组来访问二维数组元素。

```
#include <iostream>
#include <typeinfo.h>
using namespace std;
int main(){
    int b[3][4]={{11, 12, 13, 14},
                 {21, 22, 23, 24},
                 {31, 32, 33, 34}};
    int *p[]={b[0], b[1], b[2]};            //A
    cout <<typeid(p).name() <<endl;
    for(int i=0; i < 3; i++){
        cout <<p[i][0] <<" ";
        cout << * (p[i] +1) <<" ";
        cout << * (* (p+i) +2) <<" ";
```

```
            cout << (*(p+i))[3] <<endl;
        }
        return 0;
}
```

执行程序，输出结果如下：

```
int * [3]
11  12  13  14
21  22  23  24
31  32  33  34
```

上面程序中，A 行定义了一个指针的数组 p，并进行初始化，使其 3 个元素（即 3 个 int 指针）分别指向二维数组 b 的 3 行的头一个元素（如图 8.6 所示）。

指针的数组 p 在初始化之后，就与二维数组 b 一样能用 4 种形式来访问各元素。

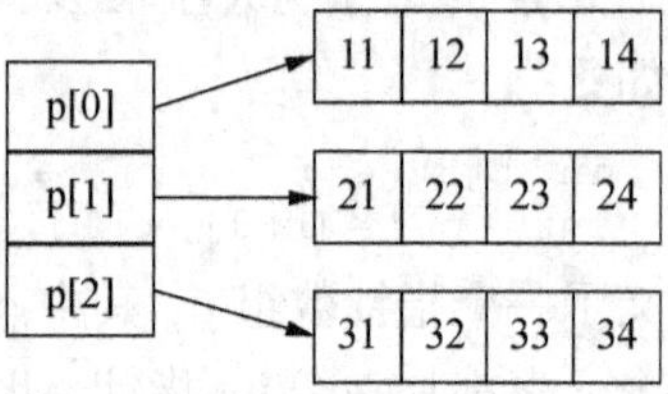

图 8.6 用数组的指针指向二维数组

2）二级指针

一个指针变量拥有自己的存储区间，因此也有自己的地址。如果一个指针变量中存放了另一个指针的地址，就称该指针变量为"指针的指针"，即二级指针。说明二级指针变量的语法格式为

<数据类型> ** <变量名>

其中，** 指明其后的变量名为二级指针。

例如：

```
int x =32;
int *p = &x;
int **pp = &p;
```

则 x，p 和 pp 三者之间的关系如图 8.7 所示。

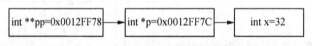

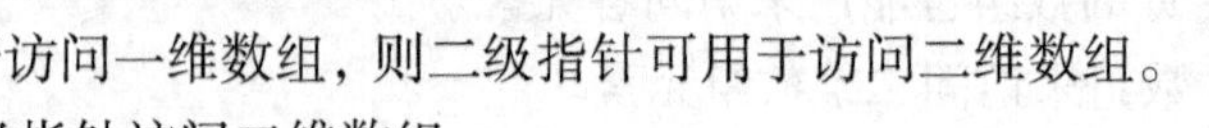

图 8.7 一级指针和二级指针之间的关系

指针变量 p 是一级指针，它指向 x；指针变量 pp 是二级指针，它指向 p。通过 p 和 pp 都可以访问 x。利用间接引用运算符，*pp 就是它所指向变量 p 的值，即 x 的地址；**pp 就是它所指向的变量 p 所指向的变量的值，即 x 的值。

一级指针可用于访问一维数组，则二级指针可用于访问二维数组。

例 8.10 用二级指针访问二维数组。

```
#include <iostream>
using namespace std;
int main(){
    int b[][4] ={{11, 12, 13, 14},
                 {21, 22, 23, 24},
                 {31, 32, 33, 34}};
    int *p[] ={b[0], b[1], b[2]};       //A    定义指针的数组，并指向二维数组
    int **pp =p;                         //B    定义一个二级指针，指向指针的数组
    for(int i =0; i < 3; i ++){
        cout <<pp[i][0] <<" ";
        cout << *(pp[i] +1) <<" ";
        cout << *(*(pp +i) +2) <<" ";
```

```
            cout << ( * (pp + i)) [3] << endl;
    }
    return 0;
}
```

二级指针可以用来访问二维数组，但不能直接指向一个二维数组。上面程序中 A 行先定义一个指针的数组 p，类型为"int ＊[3]"，初始化使其各元素指向二维数组 b[3][4]的 3 行；然后 B 行将 p 赋给一个二级指针 pp，使 pp 指向指针的数组 p。这样才能通过二级指针 pp 来访问二维数组。

第 8.3.1 节介绍了如何把一个任意行任意列的二维数组传递给函数的一个办法：先将二维数组转换为一维数组，即把一级指针作为形参；在函数中再将二维下标映射到一维下标；然后调用方用强制类型转换把二维数组转换为一级指针。下面我们采用二级指针作为函数形参，可直接访问二维数组。

例 8.11　用二级指针形参来传递任意行任意列的二维数组。

```
#include <iostream>
using namespace std;
void print2D(int ** a, int row, int col){
    for(int i =0; i < row; i ++){
        for(int j =0; j < col; j ++)
            cout << a[i][j] << '\t';
        cout << endl;
    }
}
int main(void){
    int a[][4] ={{1, 2, 3, 4},
                 {3, 4, 5, 6},
                 {5, 6, 7, 8}};
    int b[4][3], i, j;
    int *p1[] ={a[0], a[1], a[2]};          //A
    print2D(p1, 3, 4);
    for(i =0; i <4; i ++)                    //实现矩阵转置
        for(j =0; j <3; j ++)
            b[i][j] =a[j][i];
    int *p2[] ={b[0], b[1], b[2], b[3]};    //B
    print2D(p2, 4, 3);
    return 0;
}
```

采用二级指针作为形参虽能简化函数的设计，但调用方在调用之前要先定义一个指针的数组，并使各元素指向二维数组的各行（A 行和 B 行），然后才能作为实参来调用函数。这样调用方编程就比较麻烦。相比较而言，用一级指针做形参来传递矩阵更简单一点。

上面我们提供了两种办法来传递二维数组给函数。无论哪一种办法，传递一个二维数组都需要 3 个形参。假如要设计一个函数计算两个矩阵相乘，就需要 6 个形参。过多的形参会导致调用不方便、易出错，不能满足高级语言进行复杂计算的要求。后面我们将介绍面向对象的封装性设计，一个矩阵可封装为一个对象来处理。

如果要处理 double 型的二维数组，那么前面处理 int 数组的函数都不适用，要再添加一组函数。本书后面将介绍用模板（template）来处理多种类型的数据，而无需重复编程。

3）字符串的数组

在实际编程中往往要处理一组相关字符串。既然一个字符指针 char ＊能定义一个字符串，那么字符指针的数组就能定义一组字符串。例如：

```
char * c1[] = {"Red", "Green", "Blue"};
```

定义了一个字符串数组，有 3 个元素，其中每个元素就是一个 char * ，即一个字符串。

第 6 章中使用字符的二维数组也能定义一组字符串。例如：

```
char c2[][6] = {"Red", "Green", "Blue"};
```

这两种定义在内存存储方面有很大差异，下面通过一个例子来分析。

例 8.12 用指针的数组和二维数组来定义一组字符串。

```
#include < iostream >
using namespace std;
int main(){
    char * c1[] = {"Red", "Green", "Blue"};
    char c2[][6] = {"Red", "Green", "Blue"};
    cout <<&c1[0] <<":" <<hex << (int)c1[0] <<":" <<c1[0] <<endl;
    cout <<&c1[1] <<":" <<hex << (int)c1[1] <<":" <<c1[1] <<endl;
    cout <<&c1[2] <<":" <<hex << (int)c1[2] <<":" <<c1[2] <<endl;
    cout <<hex << (int)c2[0] <<":" <<c2[0] <<endl;
    cout <<hex << (int)c2[1] <<":" <<c2[1] <<endl;
    cout <<hex << (int)c2[2] <<":" <<c2[2] <<endl;
    return 0;
}
```

32 位编译执行程序，输出结果如下：

```
0x0012FF74:425020:Red
0x0012FF78:4260c8:Green
0x0012FF7C:425024:Blue
12ff60:Red
12ff66:Green
12ff6c:Blue
```

这两种定义形式之间的差别如图 8.8 所示。

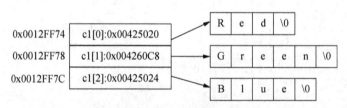

（a）用指针的数组来定义一组字符串

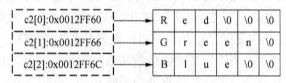

（b）用二维数组来定义一组字符串

图 8.8 两种定义形式具有不同的存储结构

用指针的数组来定义一组字符串（如 c1），首先 c1 是一个数组，有 3 个元素，每个元素都指向一个字符串，而且这 3 个元素也有自己的存储空间，大小为 4 * 3 = 12 字节；其次这三个字符串并不需要连续的内存空间，仅占用自身所需大小:4 + 6 + 5 = 15 字节。因此定义这些串总共占用了 12 + 15 = 27 字节空间。注意，这种串的内容不可改变。

用二维数组来定义一组字符串(如 c2),每个串所占字节长度一样,第二维的大小起码是最长串的长度加 1。这里最长串"Green"长度为 5,所以定义了 6 个字节。这些长度相同的串连续存放,总共占用 6 * 3 = 18 字节。这时如果串比较短,就浪费了一些空间,而且短串越多,浪费就越多。如此定义的串内容可变。

用指针的数组来定义一组字符串,每个串都有自己独立的空间,其地址保存在数组的各元素之中。这些地址的排列就形成了一种"索引",每一个索引关联一个实体,利用这种索引能实现更灵活的计算。例如用指针的数组对一组字符串进行排序,可避免交换串的实体,而仅交换"索引"。

例 8.13 对一个字符串数组按升序排序,并输出结果。

```cpp
#include <iostream>
#include <string.h>
#include <algorithm>                              //sort
using namespace std;
int main(void){
    char * week[] = {"Monday",
                     "Tuesday",
                     "Wednesday",
                     "Thursday",
                     "Friday",
                     "Saturday",
                     "Sunday"};
    const int num = sizeof(week)/sizeof(char *);      //计算元素个数
    sort(week, week + num, [](auto s1, auto s2){return strcmp(s1, s2) < 0;});
    for (auto s : week)                           //输出排序后的结果
        cout << s << endl;
    return 0;
}
```

上面程序中调用了 <algorithm> 中的排序函数 sort,前 2 个实参确定要排序的元素范围,第 3 个实参用一个 Lambda 表达式确定排序规则。

执行程序,输出结果如下:

```
Friday
Monday
Saturday
Sunday
Thursday
Tuesday
Wednesday
```

排序函数调用之前的 week 数组与调用之后的结果如图 8.9 所示。

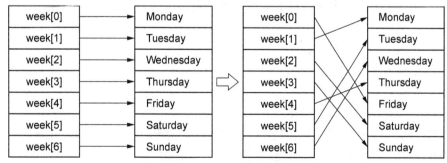

图 8.9 字符串数组的排序

　　排序并未改变各字符串的存储内容，只是改变了指针数组 week 中的指针的值，即改变了各个串的索引，避免了字符串内容交换时所需的串复制，提高了执行效率。这是指针运用的一个重要例子。

　　字符串的数组经常作为函数的形参。例如，main 函数有一种重载形式如下：

```
int main(int argc, char *argv[]);
```

其中，argc 表示命令行中参数(字符串)的个数；argv 是一个字符串数组，包含了命令行输入的各个字符串，可将 argv 的类型写为"char ** argv"。这种 main 函数在命令行启动程序时能带一组参数。例如"copy sourcefile destinfile"是一个命令行指令，用于将源文件 sourcefile 复制到目标文件 destinfile 中，其中 copy 是执行程序名，sourcefile 和 destinfile 是命令参数。该命令行由三个字符串 copy，sourcefile 和 destinfile 组成，这些字符串都存放在 argv 数组中。

　　例 8.14　命令行参数示例。

```
#include <iostream>
using namespace std;
int main(int argc, char *argv[]){
    cout << "argc = " << argc << endl;
    cout << "The program name is " << argv[0] << endl;
    for (int i = 1; i < argc; i++)
        cout << "argv[" << i << "] = " << argv[i] << " ";
    cout << endl;
    return 0;
}
```

执行此程序需要在 DOS 命令行输入命令行，例如：ex0814 abc xyz

执行程序，输出结果如下：

```
F:\CTest\Debug>ex0814 abc xyz
argc = 3
The program name is ex0814
argv[1] = abc argv[2] = xyz
```

　　这样就能在命令行启动程序时，通过命令参数来控制程序的执行。如果用 DOS 批处理文件(.bat)启动程序，main 函数返回的整数就可被批处理指令%errorlevel%获取。

　　4) 处理结构的数组

　　采用指针的数组所建立的"索引"尤其适合处理"大"对象的数组，例如结构的数组。第7.1.5 节介绍了如何对一组 Student 结构按成绩进行排序，即利用 multimap 容器建立一个索引 multimap<成绩，下标>。下面采用指针的数组来建立索引，然后对索引进行排序。

　　例 8.15　对结构数组进行多种排序示例。

　　对于一组学生，根据每个属性都能进行排序。例如：

　　① 选择 0，退出；

　　② 选择 1，按学号升序排序；

　　③ 选择 2，按姓名升序排序；

　　④ 选择 3，按性别排序；

　　⑤ 选择 4，按数学成绩降序排序。

　　不同的排序方式要求不同的比较规则。可调用<algorithem>中的 sort 排序算法，并用不同的 Lambda 表达式来表示不同的比较规则。

　　编程如下：

```cpp
#include <iostream>
#include <iomanip>
#include <string>
#include <algorithm>
using namespace std;
struct Student{
    string num, name;
    char sex;
    float mathscore;
};
void printTitle(){
    cout << setw(6) << "学号" << setw(10) << "姓名";
    cout << setw(5) << "性别" << setw(6) << "成绩" << endl;
}
void printAStud(const Student * s){
    cout << setw(6) << s->num << setw(10) << s->name;
    cout << setw(5) << s->sex << setw(6) << s->mathscore << endl;
}
void printStuds( Student * s[], int n){                  //打印一组学生
    printTitle();
    for_each(s, s+n, [](auto stu) {printAStud(stu); });
}
void printChoice(){
    cout << "选择 0, 退出\n";
    cout << "选择 1, 按学号升序排序\n";
    cout << "选择 2, 按姓名升序排序\n";
    cout << "选择 3, 按性别排序\n";
    cout << "选择 4, 按数学成绩降序排序\n";
}
int main(void){
    Student st[] = {{"002", "Wangping", 'f', 84}, {"001", "Zhaomin", 'm', 64},
                    {"004", "Wanghong", 'f', 54}, {"003", "Lilei", 'm', 92},
                    {"006", "Liumin", 'm', 75}, {"005", "Meilin", 'm', 74},
                    {"008", "Yetong", 'f', 89}, {"007", "Maomao", 'm', 78},
                    {"010", "Zhangjie", 'm', 66}, {"009", "Wangmei", 'f', 39}};
    const int num = sizeof(st) / sizeof(Student);        //A
    Student * t = st, * stp[num];                        //B
    generate(stp, stp+num, [&t] {return t++; });         //C
    printStuds(stp, num);                                //先打印排序前的名单
    while(1){
        printChoice();
        int choice = 0;
        cin >> choice;
        if (choice == 0)
            break;
        if (choice >=1 && choice <=4){
            switch (choice){
                case 1: sort (stp, stp+num, [](auto s1, auto s2)
                            {return s1->num < s2->num; }); break;
                case 2: sort (stp, stp+num, [](auto s1, auto s2)
                            {return s1->name < s2->name; }); break;
                case 3: sort (stp, stp+num, [](auto s1, auto s2)
                            {return s1->sex < s2->sex; }); break;
                case 4: sort (stp, stp+num, [](auto s1, auto s2)
                            {return s1->mathscore > s2->mathscore; }); break;
            }
            printStuds(stp, num);
        }
    }
    return 0;
}
```

上面程序中，A 行计算元素个数；B 行定义了结构的指针 st 和结构指针的数组 stp；C 行调用 < algorithem > 中的 generate 生成函数来对数组 stp 的各元素赋值，使其指向原数组中的各元素。

程序中调用了 < algorithm > 中的排序函数 sort，前 2 个实参确定要排序的元素范围，第 3 个实参用一个 Lambda 表达式确定排序规则。

程序中未改变原先结构数组 st 的实体，只是改变了索引 stp。运用指针能提高计算效率，主要是用指针传递大对象和指针数组作为索引来实现。

8.4　指针与函数

指针的一个重要作用就是给函数传递"大"对象。指针不仅可作为函数的形参，也能作为函数的返回值。函数也可有指向自己的指针，通过函数的指针也能调用函数。

8.4.1　指针作为形参

指针作为函数形参，本章前面已出现多次。指针作为函数形参的传值方式称为地址传递，适用于传递"大"对象（如结构变量）或者数组。下面总结指针作为形参的各种用法和要点。

（1）用数组名作为形参和实参

数组名作为形参和实参，实际上是形参和实参共用内存中的一个数组。如果在被调用函数中修改了某个数组元素的值，那么在调用方函数中也能反映出来。

（2）数组和指针交替作为形参和实参

数组名本质就是指针，数组名既可作实参也可作形参，同样指针变量既可作实参也可作形参。它们的功能都是使指针变量指向数组的首地址。

如果一个指针作为函数形参，就要明确调用方实参是应提供一个数组还是一个对象的地址。例如一个函数原型为 void printAStud(const Student * s)，其功能是打印 s 所指向的一个 Student 结构变量，而不是处理 Student 结构的一个数组。如果调用实参是一个数组，编译不会出错，但只处理头一个元素，而这并不是该函数的正确用法。

如果字符指针作为形参，一般是要求实参提供一个字符串，而不是单个字符的地址。例如：int strlen(const char * str)，如果提供了单个字符的地址，编译能通过但运行可能出错。

假设一个函数原型为 int sum(const int * p, int n)，其功能是对 n 个连续 int 值求和并返回，它希望第 1 个实参能提供一个 int 数组，第 2 个实参说明该数组的大小。如果函数调用的第 1 个实参是单个整数的地址，而且第 2 个实参不是 1，编译不会出错，但结果无法预料。

指针作为形参可表示计算结果。例如将 n 厘米转换为 x 英尺 y 英寸，一个函数原型为

```
void cm2ftinch(int cm, int * ft, int * inch);
```

第 2 和第 3 个指针形参都表示单个 int 值的地址，调用前应说明两个 int 变量：

```
int x, y;
cm2ftinch(193, &x, &y);
```

数组和指针交替作为形参和实参时,有以下三个等价关系:

① 一级指针(如 int ＊)等价于一维数组(如 int[n]);

② 数组的指针(如 int (＊)[n])等价于二维数组(如 int[ ][n]);

③ 二级指针(如 int ＊＊)等价于指针的数组(int ＊[n])。

注意,数组与指针的区别如下:

① 用数组可定义实体,而用指针来引用实体并传递给函数来操作实体。只有字符指针能定义字符串常量实体,其他指针都不能用来定义实体。

② 所有数组名都是常量,不能作为赋值的左值;而非 const 指针都可变,可作为赋值的左值。

8.4.2　函数返回指针

函数可以返回指针,指向特定实体作为计算结果。例如:

```
char * strcpy(char * to, const char * from)
```
把 from 串的内容拷贝到 to 串,并返回 to 串的首地址。

如果一个函数的返回值为一个指针类型,函数体中就要用 return 语句返回一个地址值给调用方。

例 8.16　编写一个函数 trim 将一个字符串前后空格去掉,并返回结果串的首地址。

例如,对" ab c "处理后的结果应为"ab c"。可分 3 个步骤:先收缩串尾的空格,再收缩串头的空格,最后各字符前移。

编程如下:

```
#include <iostream>
#include <string.h>
using namespace std;
char * trim(char * s){
    if (s==NULL) return NULL;
    if (strlen(s)==0) return s;
    char *tail=s+strlen(s) - 1;              //第1步:收缩串尾的空格
    while (*tail==' ') tail--;
    if(tail < s+strlen(s) - 1)
        *(tail +1) = '\0';
    char * head=s;                            //第2步:收缩串头的空格
    while (*head==' ') head++;
    char *h=s;                                //第3步:各字符前移
    if(head > h)
        while (*h++ = *head++);
    return s;
}
int main(){
    char s[]=" ab c ";
    cout<<strlen(s);                          //输出原串长
    char * s1=trim(s);
    cout<<":"<<s1<<":"<<strlen(s1)<<endl;     //输出处理之后的串及长度
    return 0;
}
```

函数可返回指针,但不能返回函数内的非静态局部变量的地址。这是因为函数内部非静态局部变量都存放在栈中,当函数返回时,栈弹出,局部变量都被撤销,此时若再通过返回指针来访问已被撤销的数据,就会导致严重错误。

函数返回指针有如下几种情形：

① 返回指针是某个形参指针（该形参所指对象表示计算结果）；

② 返回局部静态变量的地址；

③ 返回全局变量的地址（很少用）；

④ 返回动态创建的对象的地址（后面将介绍）。

指针作为形参可返回计算结果，而引用变量作为形参也能起到相同作用。

8.4.3　函数的指针

在程序运行时，每个函数都有自己的存储地址，因此函数也有自己的指针。函数指针就是函数在运行时刻的内存地址。本质上，一个函数名就是一个指针常量，指向该函数代码首地址。函数指针是一种复合类型，函数指针变量能指向不同名称而形参与返回都确定的函数，然后就能用该指针来调用函数。

1）函数指针的定义与操作

函数指针变量的语法格式为

<返回类型>（* <指针变量名>）（<形参表>）[= <函数名>]；

其中，<返回类型>为此类函数返回值的类型；<指针变量名>就是指针名，注意指针名和 * 要用圆括号括起来；<形参表>也要用圆括号括起来。

<形参表>和<返回类型>决定了该指针变量可指向的一类函数。例如：

```
int (*fp1)(int *, int);
void (*fp2)(void);
```

其中，fp1 是指向一类函数的一个指针变量，此类函数有两个形参，且返回 int；fp2 也是一个函数的指针变量，它所指向的函数没有形参，也没有返回值。

用 typeid(函数名).name() 可以看到该函数的类型。例如用 typeid(fp1).name() 可看到 fp1 类型为"int (_cdecl *)(int *, int)"。其中"_cdecl"是 VC 扩展的一个关键字，说明 C/C++ 函数的一种缺省调用方式。

如果程序中多次使用某一类函数指针，而且函数类型又比较长，为方便使用，常常用 typedef 或 using 为该类函数起一个别名，然后就可多次用它来说明函数指针变量。例如：

```
typedef int (*FP1)(int *, int);        //FP1 就是一类函数的别名
```

或者用 C++ 11 的 using 说明：

```
using FP1 = int (*)(int *, int);       //效果相同，但更简单直观
FP1 fp1;                               //用别名来说明函数指针变量
```

在说明函数指针变量的同时可以进行初始化，也可用赋值语句使指针指向某个函数。

对一个函数指针变量赋值时，可把具有相同形参和返回类型的函数名，或者将求址运算符 & 作用于这个函数名，然后赋给函数指针变量。例如：

```
int fun(int * a, int n){...}
void fun1(void) {...}
fp1 = fun;
fp2 = &fun1;
```

注意，只能将具有相同函数形参和返回类型的函数名赋给函数指针变量。例如：

```
fp2 = fun;
```

是不允许的，因形参不同。

用函数指针变量如何调用函数呢？其实就是将函数指针变量名或者间接引用运算符作用于函数指针变量，然后再提供实参调用被指向的函数。下面用指针 fp1 调用函数 fun，用 fp2 调用 fun1：

```
fp1(a, 5);                      //调用 fp1 所指向的函数 fun
(*fp1)(a, 5);                   //调用 fp1 所指向的函数 fun
fp2();                          //调用 fp1 所指向的函数 fun1
```

如果没有对函数指针赋值就调用，与访问未初始化的指针一样，结果不可预料。

2）函数指针的简单应用

函数指针主要用于一组具有相同形参和返回值的函数的选择和调用。

例 8.17　任意输入两个操作数和一个四则运算符，完成相应运算，并给出结果。

```
#include <iostream>
using namespace std;
float add(float x, float y){
    cout <<x <<" + " <<y <<" = ";
    return x + y;
}
float sub(float x, float y){
    cout <<x <<" - " <<y <<" = ";
    return x - y;
}
float mul(float x, float y){
    cout <<x <<" * " <<y <<" = ";
    return x * y;
}
float div(float x, float y){
    cout <<x <<" / " <<y <<" = ";
    if (y ==0){
        cout <<" 除数为 0, 结果应为异常";
        return 0;
    }
    return x/y;
}
int main(void){
    float a, b;
    char c;
    float (*p)(float, float);                    //A
    while(1){
        cout <<"输入格式:操作数 1 运算符 操作数 2\n";
        cin >>a >>c >>b;
        switch(c){                               //B
            case '+': p =add; break;
            case '-': p =sub; break;
            case '*': p =mul; break;
            case '/' : p =div; break;
            default: cout <<"输入出错! \n"; continue;
        }
        cout <<p(a, b) <<'\n';                    //C
        cout <<"继续吗? (y/n):";
        cin >>c;
        if(c !='y' &&c !='Y') break;
    }
    return 0;
}
```

上面程序中，A 行说明了一个函数指针 p，能指向具有两个 float 形参并返回 float 的函数。

而 A 行前面就定义了 4 个这样的函数，分别完成加、减、乘、除运算。

　　B 行开始的语句根据输入的运算符把完成不同运算的函数名赋给指针变量 p，使指针 p 指向对应的函数；然后 C 行通过指针变量 p 来调用执行函数，得到结果。

　　定义一个函数指针，不仅确定了一组目标函数的形参和返回值，也确定了这一组函数的某种共同语义，就像上面的四则运算。C 行 p(a, b) 调用的是一类具有共同语义的函数，但具体执行的是其中一个函数。函数也是一种复合类型，这种类型需要用函数的指针或者函数的引用来标识。

　　3）函数指针的数组

　　指针的数组的语法形式为 * [ ]，函数指针的形式为 (*) ( )，那么函数指针的数组如何定义呢？函数指针的数组的语法格式如下：

```
//简写为 ( * [ ]) ( )
< 返回类型 > ( * < 数组名 > [大小]) (形参) [ = {函数名 1，函数名 2，…}];
```

例如：

```
float ( * pa[4]) (float, float) = {add, sub, mul, div};        //这 4 个函数来自例 8.17
```

函数指针的数组定义比较复杂，容易出错。建议先用 using 说明函数指针的类型别名，然后再定义其数组。例如：

```
using PF = float( * ) (float, float);
PF pa[4] = {add, sub, mul, div};
```

函数指针的数组的使用与普通数组一样，通过下标确定一个元素，就是一个函数指针，然后进行处理或调用。例 8.17 中部分代码等价实现如下：

```
int i;
switch(c){
    case '+': i =0; break;
    case '-': i =1; break;
    case '*': i =2; break;
    case '/' : i =3; break;
    default: cout <<"输入出错！\n"; continue;
}
cout <<pa[i](a, b) <<'\n';
```

　　4）函数指针作为形参和返回值

　　函数指针可作为函数的形参，则函数体中就可通过函数指针来调用函数。当函数指针作为函数形参时，为了简化描述，往往先用 typedef 或 using 定义一个类型别名，然后再把该别名用于函数的形参或返回类型。

　　例 8.18　函数指针作为形参示例。

```
#include < iostream >
using namespace std;
int inc(int a){return ( ++a); }
int multi(int * a, int * b, int * c){return ( * c = * a * * b); }
typedef int( * FUNC1) (int);                      //A
typedef int(FUNC2) (int * , int * , int * );       //B
//typedef int ( * FUNC2) (int * , int * , int * );  //C
//using FUNC2 = int( * )(int * , int * , int * );    //D
void show(FUNC2 fun, int arg1, int * arg2){        //E
    FUNC1 p =inc;                                 //F
    int temp =p(arg1);
    fun(&temp, &arg1, arg2);
```

```
        cout << * arg2 <<endl;                              //输出 110
    }
    int main () {
        int a;
        show (multi, 10, &a);
        cout <<a <<endl;                                    //输出 110
        return 0;
    }
```

上面程序中，A 行用 typedef 定义一个别名 FUNC1，其类型为 int(∗)(int)；B 行定义的别名 FUNC2 虽然没有显式说明为函数指针，其实本质上仍然是函数指针类型(与 C 行一样)；C++11 建议采用 using 替代 typedef，如 D 行，效果一样但更清晰；如果不用别名，E 行的函数形参就比较复杂：

```
    void show(int(fun)(int *, int *, int *), int arg1, int * arg2)
```

F 行说明一个函数指针并初始化，右值可以是函数名 inc，也可以是 &inc，后者并非二级指针，而仍然是函数指针。

函数指针可定义为另一个函数 A 的返回类型，返回某个函数 B，让 A 的调用方能继续调用函数 B。此时建议先定义函数指针的别名，然后作为函数的返回类型。例如：

```
    FUNC1 pf1 () {return inc; }                             //inc 是例 8.18 中的函数
```

如果不用类型别名 FUNC1，等价的定义如下：

```
    int (* pf2 ())(int) {return inc; }
```

函数指针做函数返回的定义比较难懂，可采用 auto 函数及尾随返回类型来简化。例如：

```
    auto pf3 ()  -> int (*)(int) {return inc; }
    auto pf4 ()  -> FUNC1 {return inc; }
```

尾随返回类型也可用 decltype(表达式)形式，从表达式来推导返回类型，因此另一种等价形式如下：

```
    auto pf5 ()  -> decltype (&inc) {return inc; }
```

上面三个 auto 函数定义都比较容易理解。关于 decltype 推导规则详见第 8.7.7 节。

C++14 进一步简化了尾随返回类型，可从 return 表达式中推导返回类型，定义也更简单。例如：

```
    auto pf6 () {return inc; }
```

对上面函数 pf1 到 pf6 的调用都是一样的，从左向右执行。例如：

```
    cout <<pf6 ()(3) <<endl;                                //输出 4
```

先执行 pf6( )，返回的函数再被实参 3 调用执行。

C++11 将函数纳入复合类型，可用 < type_traits > 中的 is_compound < 函数名 > 来验证。函数类型只能通过函数指针或函数引用来显式定义。

8.5　void 指针与 const 指针

关键字 void 用于说明函数无参和无返回值，void 指针可实现通用性编程(传统 C 语言中常见)；关键字 const 用来说明常量，但对于指针具有更丰富的形式和语义。

8.5.1 void 指针

void 指针是指向不确定类型的指针, 任何类型的指针都可赋给 void 指针变量。对于一个 void 指针变量, 在对其进行间接引用或算术运算之前, 必须将其强制转换为某一种具体类型的指针。在转换前, void 指针变量除了可被赋值之外, 不能执行任何与类型相关的计算, 否则结果难料。

void 指针经常作为函数形参, 可接受任何类型的地址作为实参。

例 8.19 用函数实现任意一种类型的两个数据交换。

```cpp
#include <iostream>
using namespace std;
void swap(void *p1, void *p2, int elemsize){        //void 指针作为形参
    char *c1 = (char *)p1, *c2 = (char *)p2;        //强制转换为 char * 指针
    for(int i =0; i < elemsize; i ++){
        char c =c1[i];
        c1[i] =c2[i];
        c2[i] =c;
    }
}
int main(void){
    int a =3, b =4;
    swap(&a, &b, sizeof(int));
    cout <<a <<", " <<b <<endl;
    double x =5.5, y =6.6;
    swap(&x, &y, sizeof(double));
    cout <<x <<", " <<y <<endl;
    return 0;
}
```

void 指针作为函数形参是传统 C 语言的通用性函数设计方式, 它能接收任意类型的指针实参。上面程序中 swap 函数实现任意一种类型的两个变量之间的交换, 要求这两个变量是同一类型; 需要第 3 个形参确定该类型的字节数, 即长度 sizeof(类型), 否则结果不可预料。函数内将 void 指针强制转换为 char 指针, 然后逐个字节处理。

在主函数中分别交换了 int 和 double。实际上该函数可交换所有 POD 类型(详见第 11.7 节)。

CRT(C Run-Time)函数库中经常用 void 指针来实现通用性编程。例如, 在 <stdlib.h> 中提供了一个通用的快速排序算法 qsort 函数, 可对任意类型数组进行排序, 该函数就包含了 void 指针, 用来指向被排序的数组。函数原型如下:

```cpp
void qsort(void *base, size_t num, size_t width,
    int (_cdecl *compare)(const void *elem1, const void *elem2));
```

其中, 第 1 个形参确定了被排序的数组; 第 2 个形参确定元素数量; 第 3 个形参确定每个元素字节大小; 第 4 个形参是函数指针, 要求提供一个比较函数, 此函数的形参也是 void 指针。

在 <stdlib.h> 中还有一个两分查找函数 bsearch, 函数原型如下:

```cpp
void *bsearch(const void *key, const void *base, size_t num, size_t width,
    int (_cdecl *compare)(const void *key, const void *datum));
```

其中, 第 1 个形参 key 指向要查找的一个值; 后面的形参与 qsort 一样。

例 8.20 调用函数实现排序与两分查找。

```cpp
#include <iostream>
```

```
#include <stdlib.h>
using namespace std;
int compInt(const void *p1, const void *p2) {        //A    比较函数
    return *(int *)p1 - *(int *)p2;                  //B    先转换为(int *)再解引用
}
int main() {
    int a[] = {5, 2, 7, 3, 6, 1};
    qsort(a, sizeof(a)/sizeof(int), sizeof(int), compInt);   //C    快速排序函数
    for (auto y : a)
        cout << y << " ";
    cout << endl;
    int b = 3;                                         //指定要查找的一个值
    int *r = (int *) bsearch(&b, a, sizeof(a) / sizeof(int), sizeof(int),
        compInt);                                      //两分查找函数
    if (r)                                             //若返回指针不为空, 则找到
        cout << *r << " found" << endl;
    else
        cout << " no found" << endl;
    return 0;
}
```

对于一个 void 指针, 用强制类型转换可将其转换为任意一种具体类型的指针, 但如果转换类型与实际类型不符, 就会出现运行错误, 因此这种转换具有潜在危险性。

利用 void 指针实现通用性函数编程, 虽能节省内存, 但指针类型转换容易出错, 而且不易纠错。对于通用性设计, 更好的方案是函数模板(详见第 13.2 节)。对于排序、查找等功能, 建议调用 <algorithm> 中的函数, 用迭代器替代指针, 不易出错(详见第 6.1.6 节)。

8.5.2 const 指针

关键字 const 是一种修饰符, 表示常量不可变。在说明语句中, 用 const 修饰的变量称为命名常量。下面介绍用 const 修饰的指针变量, 其主要用于函数形参或返回值。

我们首先用三种不同形式来说明 const 型指针变量或形参, 如表 8.3 所示。

表 8.3 const 修饰指针变量的不同方式

const 修饰示例	约束	说明

int a = 3, b = 4;
const int *p1 = &a;
char const *p2 = &a;
	指针所指内容不可改变, 如
	  *p1 = 5; //编译错误
	指针可变, 如
	  p1 = &b;
		typeid 可识别 const
		p1, p2 类型标识:int const *

int * const p3 = &a;	指针所指内容可改变, 如
	  *p3 = 5;
	指针不可改变, 如
	  p3 = &b; //编译错误
		typeid 不识别 const
		p3 类型标识:int *

const int * const p4 = &a;	指针所指内容与指针都不能改变	typeid 不识别第 2 个 const p4 类型标识:int const *

const 指针用作函数形参, 限制在函数体内不能修改指针变量的值, 或不能修改指针所指向的数据值。该修饰对于函数调用方来说是重要约定, 如 int strlen(const char * str) 限制函数体中不能改变 str 串值。

在定义重载函数时, f(int *) 与 f(const int *), f(const int *) 与 f(int * const)可重载,但 f(int *)与 f(int * const)不能定义重载函数。函数调用匹配规则如下:① const 指针实参不能匹配非 const 指针形参,只能匹配 const 指针形参;② 非 const 指针实参优先匹配非 const 指针形参,若后者不存在则匹配 const 指针形参。

函数可返回 const 指针,例如 const int * f1(),它要求返回值只能赋给一个 const 指针,如

```
const int * p1 = f1();
```

通过返回的指针 p1 不能改变指针所指向的内容,即遵循一个基本约束:受限定常量不能传给无限定变量,而无限定变量可传给受限定常量。这种传递往往发生在函数调用实参到形参、函数返回到被赋值的左值之间。

C++11 允许用 const 修饰 auto 推导的指针。例如:

```
double * foo() {static double d = 3; return &d; }
const float * bar() {static float f = 4; return &f; }
auto a = foo();                              //a : double *
const auto b = foo();                        //b : double * const
const auto * c = foo();                      //c : const double *
auto d = bar();                              //d : const float *
const auto e = bar();                        //e : const float * const
const auto * f = bar();                      //f : const float *
float * fp = bar();                          //编译错
```

const 与 volatile 还可用于限定类的成员函数,详见第 10.9 节。

8.6 动态使用内存

在实际编程中,往往要根据需要动态申请使用内存,用完之后系统再回收。例如程序要多次打开对话框与用户交互,每次创建对话框时都动态申请使用一块内存,当关闭一个对话框时系统就回收这块内存,这样就提高了内存使用效率。在此过程中,申请、使用和回收内存都需要指针。操作系统以"堆"管理各进程共享的内存。string 和 STL 容器都用到动态内存。

传统 C 语言编程调用 < stdlib. h > 中的 malloc 和 free 函数来申请和回收内存,而 C++ 编程可使用 new 和 delete 运算符来实现。下面介绍这两种运算符。

8.6.1 new 运算符

在程序执行过程中,可能希望根据动态输入或动态计算得到的一个整数值来说明一个数组的大小,但这用数组说明语句是无法实现的。尽管可变长数组是 C99 标准之一,不过 VC 系列不支持。DevC++(GCC)可在运行时指定数组大小,例如:

```
int n; cin >> n;
float a[n];
```

但 VC 编译器指出数组 a 说明错误,因为 n 不是常量表达式。

此时可用 new 和 delete 运算符来动态申请内存和回收。例如:

```
int n; cin >> n;
float *p = new float[n];                     //申请 n 个 float 空间
p[0] = 1.2f;                                 //使用动态空间
...
delete []p;                                  //回收动态内存
```

上面程序中，new 运算符动态分配 n 个 float 元素的数组，并使 p 指向这个数组，且该数组大小由 n 的值来确定的。动态分配的内存是操作系统所管理的堆内存，并非当前函数的栈内存，因此编程中如果程序不再使用申请到的内存时，要及时用 delete 回收。操作系统中的多个进程都以相同方式申请、使用和回收堆内存。

用 new 运算符分配内存空间，格式如下：

```
格式 1：<指针>=new <类型>;
格式 2：<指针>=new <类型>{初值};                //也允许圆括号(初值)
格式 3：<指针>=new <类型>[<大小>]{初值};
格式 4：<指针>=new <类型>[<大小1>][<大小2>]{初值};
```

其中，<指针>是 new 返回的一个指针；<类型>是要创建对象的类型，可以是基本类型，也可以是用户定义类型或指针类型。

格式 1：创建单个对象，调用缺省构造函数

请求系统分配由 <类型> 确定的一块内存空间，并把首地址返回给指针，且指针类型为 <类型> *。如果 <类型> 为用户定义类型，如结构或类，就自动执行其缺省构造函数。如果没有缺省构造函数，就不能采用格式 1。

格式 2：创建单个对象，调用带参构造函数

C++ 11 之前版本用圆括号给出初始化值，显式调用带参构造函数。C++ 11 建议采用{统一初始化}，区别是如有带参构造函数就调用，如果未定义任何构造函数，就先调用空的缺省构造函数，然后对公有成员依次初始化。例如：

```
struct Point {int x, y; };                    //未定义构造函数，且所有成员都缺省公有
Point *pa=new Point{3, 4};                     //用花括号对公有成员初始化
cout <<pa ->x <<", " <<pa ->y <<endl;          //x=3, y=4
```

所有格式都允许用 auto 推导 new 返回类型。例如：

```
auto pz=new auto (3.2);      //pz:double *,相当于 double *pz=new double{3.2}
```

注意，此时 new auto 之后要用圆括号，不能用花括号。

格式 3：创建一维数组

请求分配指定类型和大小的一维数组。C++ 11 之前对动态创建的数组元素不能初始化。C++ 11 可用花括号对各元素初始化，例如：

```
int *a1=new int[5]{83, 84, 85, 86, 87};
```

此时 new 表达式类型为 "<类型> *"。

对数组元素的初始化是可选的，如果不加初始化就调用缺省构造函数。

对于用户定义类型的初始化，不同编译器有所区别。例如：

```
auto pa3=new Point[3]{{1, 2}};        //DevC++能正确初始化，VS 初始化就不起作用
```

如果为 Point 添加带参构造函数 Point(int, int)，VS 初始化就能起作用。

格式 4：创建二维数组

此时 new 表达式类型为 "<类型>(*)[<整数表达式2>]"，即一维数组的指针，等价于二维数组。例如：

```
int(*a2)[3]=new int[2][3]{{1, 2, 3}, {4, 5, 6}};
for (int i=0; i < 2; i ++) {
    for (int j=0; j < 3; j ++)
        cout <<a2[i][j] <<" ";
```

```
                    cout <<endl;
    }
```
如果左值指针变量类型与 new 类型不符，就需要强制类型转换，例如：

```
    int * pc = (int *) new int[2][3];
```
更简单办法是用 auto 来自动推导 new 返回类型，例如：

```
    auto pc = new int [2][3];      //pc : int(*)[3]
```
new 运算符还有如下形式：

```
    ::new (实参)类型 {初始化}
```
其中，::表示强制调用全局 operator 运算符函数，即便被实例化的类中定义了 new 运算符函数；new 之后的(实参)称为定位创建(placement new)，原意是在用户指定位置创建对象，现在可添加多个实参，对应不同形参的 new 运算符重载函数。读者可自行参考相关文档。

使用 new 运算符应注意以下要点：

① 如果用 new 分配内存不成功，则返回指针为空 NULL。在系统可用内存比较紧张或请求一块"很大"的内存后，应立即判断返回指针是否为空。

② 如果用 new 为用户定义类型分配内存，就自动执行其构造函数。如果是创建数组，每个元素都要执行一次。

③ 分配内存成功后，如果未初始化，内存中就存放随机值，因此在使用之前应初始化。如果未初始化而直接访问，编译器不会警告或报错，而执行程序可能出错。

④ new 返回指针应妥善保存，确保在程序结束之前用 delete 指针来回收内存。

8.6.2 delete 运算符

delete 运算符用来将动态分配的内存归还给系统，其格式如下：

```
格式1:delete <指针>;
格式2:delete [] <指针>;
```
其中，<指针>就是前面用 new 返回的指针。

格式 1：把<指针>所指向单个对象或一维数组的内存回收。例如：

```
delete pa;              //将 pa 所指向的内存回收
```
适用于 new 格式 1 和 2，也可作用于格式 3；如果作用于 new 格式 4，VS 给出警告。

格式 2：把<指针>所指向的一维数组或二维数组的内存回收(适用于所有 new 格式)。例如：

```
delete [] a1;                      //回收 a1 指针所指向的数组
```
new 和 delete 运算符的执行过程都依赖于相应的运算符函数，不同的编译器和运行系统提供不同的缺省实现。

使用 delete 运算符应注意以下要点：

① 如果用 delete 回收用户定义类型的动态内存，就要自动执行该类型的析构函数。如果是数组，每个元素都要执行一次。

② 用 delete 回收时无需说明内存大小(这与 new 不同)。

③ 执行 delete p 时，即便指针 p 为空指针，也不会导致错误。但如果指针 p 指向非动态申请的内存或已回收的内存，将导致严重错误。

使用 new/delete 动态内存，应注意下面三个问题。

（1）**内存泄漏**

如果用 new 分配内存之后忘记 delete 回收，或因丢失指针（指针在回收前被赋值改变、离开作用域或函数栈返回）而无法执行 delete，或因引发异常等原因，而导致没有执行 delete，系统可用内存就会减少，称为内存泄漏（memory leak）。如果在循环中存在内存泄漏，就可能因耗光系统可用内存而导致程序中止甚至系统崩溃。编译器无法检查未执行的 delete，而且内存泄漏对于当前程序功能没有直接影响，因此内存泄漏对于大型程序而言是隐藏很深的错误。下面的图 8.10 说明内存泄漏的一种情形。

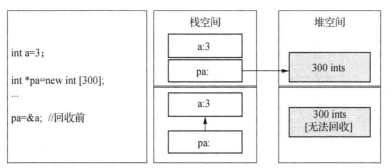

图 8.10　内存泄漏的一种情形

为检查函数返回前是否有内存泄漏，VS 提供一个函数：_CrtDumpMemoryLeaks()；放在 return 语句之前执行。只需包含＜iostream＞，在 Debug 模式下（F5 调试）就能检查是否有内存泄漏，并在输出窗中显示结果。

（2）**重复回收**

对于一个指针，若已指向 new 申请的内存，只能用 delete 回收一次，如果再次回收将造成严重错误而导致程序中止。调用函数时往往将指针传递给函数来使用，如果函数内执行了回收，则调用方再次回收就会出错。

（3）**挂空访问**

当一个指针用 delete 回收之后，该指针以及所有指向相同目标的指针就成为挂空指针。其含义是，虽然指针的值不变，但指针所指内存已回收，不能再用该指针来访问已回收的内存（除非再次用 new 分配新内存）。如果通过一个挂空指针来访问已回收内存，将会导致不可预料的错误。编译器无法检查指针是否挂空。图 8.11 说明挂空指针与重复回收的一种情形。

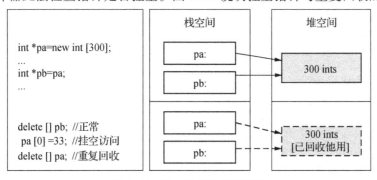

图 8.11　挂空访问与重复回收

何时要用动态内存呢? 对于某一个或一组值或对象, 如果编译前无法确定大小, 运行时才能确定, 就要使用动态内存。如果某种 STL 容器(如 vector, list, set, map 等)能满足要求, 那么应作为编程首选。本质上 list 就是用动态内存实现的一种双向链表, forward_list 是单向链表。如果已有容器不能满足编程要求, 就需要自行编程。

例 8.21   由 n 个结点构造一个环形链表(简称环表), 用环表模拟一个报数游戏: n 个人围成一个圈, 每人一个序号, 从 1 到 n。现第 1 人从 1 开始报数, 报数到 m 的倍数的人离开圈子, 直到最后一人离开。计算并输出陆续离开圈子的人的序号及其报数。

例如当 n = 6, m = 3 时, 应输出: 3:3 6:6 4:9 2:12 5:15 1:18。

环形单向链表的结构如图 8.12 所示。

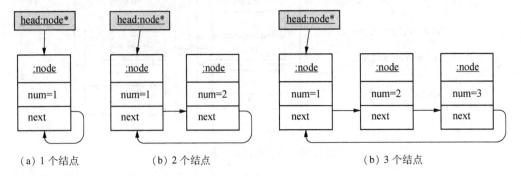

(a) 1 个结点　　　　(b) 2 个结点　　　　　　　(b) 3 个结点

图 8.12   环形单向链表的结构

一个环表由多个结点构成, 每个结点有一个指针指向下一个 next 结点, 多个结点的 next 指针形成一个单向环。所有结点都按需创建, 因此要用动态内存。还需要一个指针 head 指向其中一个结点, 以标识一个环表的开头和结尾。

编程如下:

```
using namespace std;
#include <iostream>
struct node{                          //结点类型
    unsigned num;                     //序号
    node * next;                      //指向下一个结点的指针
    ~node(){cout << num; }            //析构函数, 离开环表(被撤销)时报出自己的序号
};
node * create(unsigned n){            //创建 n 个结点形成的环形链表
    node * head = NULL, * rear = NULL;
    for(unsigned i = 0; i < n; i++){
        node *p = new node{i + 1, head};
        if(head == NULL){             //是否为第一个结点
            head = p;
            rear = p;
        }else{
            rear -> next = p;
            rear = p;
        }
    }
    rear -> next = head;
    return head;
}
//对 head 链表, n 人报 m 倍数
void countRemove(node * head, unsigned n, unsigned m){
```

```
    unsigned count = 0, deleted = 0;
    node * fore = head, * hind = head;
    while(deleted < n){
        count ++;
        if(count% m !=0){                      //如果报数 count 不是 m 倍数
            hind = fore;                        //用两个指针向后推移
            fore = fore -> next;
        }else{
            node * p = fore;                    //fore 指向要移出的结点
            hind -> next = fore -> next;        //跳过要移出的结点
            fore = fore -> next;                //fore 前移
            delete p;                           //移出结点, 先输出结点编号
            deleted ++;
            cout << ":" << count << " ";        //输出所报数字 count 应为 m 的倍数
        }
    }
}
int main() {
    unsigned m, n;
    cout << "input n and m:"; cin >> n >> m;
    node * head = NULL;
    if (n > 0) head = create(n);
    if (head != NULL && m > 0) countRemove(head, n, m);
    return 0;
}
```

这个报数游戏称为约瑟夫环, 有多种解决办法。上面程序中用动态内存实现环表, 用 create 函数创建环表, 用 countRemove 函数报数并回收环表。

读者可添加其他函数, 如计算环表中结点数量、遍历结点、撤销环表等函数。

8.6.3　智能指针与垃圾回收 GC

C++ 没有语言级的垃圾回收 GC(garbage collection), 需要程序员谨慎编码来确保动态内存安全: 一个 new 执行对应一个 delete 执行。这个简单规则可能因种种原因而无法遵守, 为此 C++ 11 之前多个平台给出自动指针 auto_ptr 的解决方案。C++ 11 给出一个标准解决方案, 由模板库 < memory > 提供一组智能指针(smart pointer), 实现动态内存的自动回收。

智能指针的工作原理是将 new 返回指针 p 包装到一个局部对象 v 中, 通过该对象来使用该指针以达到计算目的。该包装对象称为该动态对象的所有者。当所有者对象 v 在栈中被撤销时将自动执行其析构函数, 在析构函数中再执行 delete p, 回收堆中动态内存。这也是最简单的智能指针。

表 8.4 中列出 C++ 11 智能指针的名称及其主要特点。

表 8.4　智能指针

智能指针名称	主要特点
unique_ptr (唯一指针)	替代原先的 auto_ptr; 最简单的智能指针; 不能拷贝, 不能共享。限定一个动态对象只有一个所有者, 当所有者离其作用域或放弃所有权时, 自动回收动态对象。动态对象的生命周期被限定在当前作用域中
shared_pre (共享指针)	带引用计数的智能指针; 可拷贝, 可共享。一个动态对象允许多个共享指针作为其所有者, 直到所有的所有者都离开作用域或放弃所有权, 该原生指针才能被撤销。动态对象的生命周期不再局限于当前作用域

新标准 C++ 程序设计

续表8.4

智能指针名称	主要特点
weak_ptr (弱指针)	与共享指针 shared_ptr 配合使用的一种特殊的智能指针。它所持有的对象被一个或多个共享指针所拥有，但不参与引用计数。当要观察一个对象而不要求它保持存活时，就需要用到弱指针；在多个共享指针共享同一个对象时可能导致循环引用，弱指针可用来打破这种循环引用

智能指针的实现为一组模板类，使用前先应包含#include < memory >。

例 8.22 智能指针 unique_ptr 的应用示例。

```cpp
#include < iostream >
#include < memory >                                    //A
using namespace std;
struct LargeObject{                                     //B
    void doSomething() {}
    ~LargeObject() {cout << "destruc" << endl; }        //C    析构函数
};
void process(LargeObject * lo) {}                       //处理 LargeObject 的函数
void test1() {
    LargeObject *p = new LargeObject();
    p -> doSomething();                                 //可能异常
    process(p);                                         //可能异常
    delete p;                                           //可能忘记
}
void test2(){
    unique_ptr < LargeObject > pLarge(new LargeObject());    //D
    pLarge -> doSomething();                            //E
    process(pLarge.get());                             //F
} //此时 pLarge 被自动撤销，自动回收
int main() {
    test2();                                            //选择执行一个 test 函数
    return 0;
}
```

上面程序中，A 行包含 < memory > 才能使用智能指针；B 行定义一个结构类型，模拟被处理的大对象；而 C 行定义的析构函数在对象被撤销时自动执行。下面分析 test1 和 test2 的区别。

test1 采用传统 new 和 delete，其中调用 process 函数时可能异常而无法执行下面的 delete 指令，也可能忘记编写 delete。

test2 采用了智能指针 unique_ptr，其中，D 行创建一个智能指针 pLarge，并将 new 指针包装进入智能指针，pLarge 指针就是原生指针的所有者；E 行用智能指针来调用成员函数；F 行先调用成员函数 get() 得到原生指针，然后调用 process 函数。当 test2 返回时 pLarge 被撤销，其析构函数将自动执行 delete(C 行析构函数被调用执行)，此时无需显式执行 delete 回收。即便 E 行或 F 行引发异常，也能保证动态内存回收，避免了内存泄漏。

unique_ptr 实现了成员访问运算符" -> "和解引用运算符" * "的功能，编程时可将智能指针对象作为指针来使用，以简化编程。对于运算符重载函数详见第 12 章。

上面程序中的 D 行描述累赘，可调用 make_unique 函数来简化：

```cpp
auto pLarge = make_unique < LargeObject > ();    //圆括号中是调用构造函数的实参
```

make_unique 函数也可用于创建动态大小的数组。例如：

· 212 ·

```
void test3(){
    int c=3;
    cout<<"type in the count of int(>3)";
    cin>>c;
    auto p=make_unique<int[]>(c);              //相当于 int* p=new int[c];
    for(int i=0; i < c; ++i)
        p[i]=i+1;
    for(int i=0; i < c; i++)
        cout<<p[i]<<endl;
}                                              //执行至此, p 所指向的动态内存被自动回收
```

调用 make_unique 函数时注意不要把数组大小 c 写入方括号中, 应写入后面圆括号中。

采用智能指针实现 GC 需要调用库函数来实现, 读者可自行参阅相关文档和实例。

C++ 11 还提出了最小垃圾回收支持(minimal GC support), 尝试定义指针的安全操作。VS2017 给出接口但未实现, DevC++ 5.11 尚不支持编译。

8.7 引用

引用(reference)是已有变量或表达式的一种别名机制, 也是 C++ 提供的一种高级传递方式, 主要用于函数的形参和返回值。引用类型分为左值(lvalue)引用和 C++ 11 引入的右值(rvalue)引用两种类型。

8.7.1 左值引用

左值引用类型的变量是其他变量的别名, 因此对引用变量的操作实际上就是对被引用变量的操作。当说明一个引用变量时, 必须要绑定(bind)另一个变量, 对其初始化, 除非该引用是函数形参, 在调用时再绑定另一个变量。说明左值引用变量的语法格式如下:

< 类型 > & < 引用变量名 > [= < 变量名 >];

其中, < 类型 > 必须与 < 变量名 > 的类型相同, & 则指明该变量为左值引用类型。例如:

```
int x;
int & refx=x;
```

这里变量 refx 就是一个左值引用类型变量, 它给 int 变量 x 起了一个别名 refx, 即 refx 与 x 这两个名字指的是同一个内容。refx 称为对 x 的引用, x 称为 refx 的引用对象。在说明引用类型变量 refx 之前, 被引用的变量 x 必须先定义。

注意, 此时用 typeid(refx).name()查看 refx 的类型仍为 int, 而不是 int&。

例 8.23 引用变量的简单使用示例。

```
#include <iostream>
#include <typeinfo>
using namespace std;
int main(void){
    int x, y=36;
    int &refx=x, &refy=y;                                  //A
    refx=12;
    cout<<"x="<<x<<"  refx="<<refx<<endl;
    cout<<"y="<<y<<"  refy="<<refy<<endl;
    refx=y;                                                //B
    cout<<"x="<<x<<"  refx="<<refx<<endl;
    cout<<"&refx="<<&refx<<"; "<<"&x="<<&x<<endl;
```

```
    cout << "&refy = " << &refy << "; " << "&y = " << &y << endl;
    cout << typeid(refx).name() << endl;
    return 0;
}
```

执行程序,输出结果如下:

```
x = 12    refx = 12
y = 36    refy = 36
x = 36    refx = 36
&refx = 0x0012FF7C; &x = 0x0012FF7C
&refy = 0x0012FF78; &y = 0x0012FF78
int
```

从上可以看出,系统并不为引用变量分配存储空间,它的存储空间就是被引用变量的空间。引用变量与被引用变量之间的绑定是一次性的,因此对于 B 行语句"refx = y",不能理解为"使变量 refx 来引用变量 y",而应理解为"将 y 赋给变量 refx 所引用的变量"。此时 refx 是 x 的别名,也就是对 x 赋值,即 x 与引用别名 refx 具有相同的操作语义。

一般来说,左值引用变量只能引用变量和命名常量,而不能引用字面值或右值表达式。但 const 修饰的左值引用变量(称为**常量左值引用**)可引用字面值或右值表达式。例如:

```
const int &ri = 4;                              //字面值是一种右值
const int &ri2 = a + 4;                         //a + 4 是右值表达式
```

const 引用往往作为函数形参,调用方可用相同类型的任意左值或右值表达式作为实参,在函数体中不能改变被引用的值。

非常量左值引用常作为函数形参,调用时实参类型应与引用类型一致,函数中通过引用可改变实参。

下面的函数计算 double 的平方值:

```
void square(double &d){                         //引用作为形参
    d * = d;
}
void f(){
    double d1 = 2.2;
    square(d1);                                 //调用函数
    cout << d1 << endl;                         //实参改变为其平方值 4.84
}
```

该函数并未用 return 返回计算结果,函数体中通过引用改变了被引用的值。

引用作为函数形参可改变实参,因此引用形参既可做函数的输入,也可做函数的输出。这点与指针形参功能相似。

C++ 11 支持 auto 对左值引用的说明和初始化。例如:

```
int a = 2;
auto &ra = a;                                   //ra : int &
const auto &ra2 = a;                            //ra2 : const int &
```

8.7.2 左值引用与数组、指针的关系

1) 引用与数组

对一个已定义的数组可说明其引用变量。数组的引用的定义格式如下:

```
<类型>(& 引用变量)[大小][ = 数组名;]          //类型格式简写为 (&)[]
```

其中,所说明的引用变量将绑定一个确定类型和大小的数组。例如:

```
int a[] = {1, 2, 3};
int (&ra)[3] = a;
```

说明了一个 int[3]数组的引用变量 ra,并用数组 a 进行初始化;然后对 ra[i]的访问就等同于对 a[i]的访问。对 ra 的说明可用 auto 简化:

```
auto &ra = a;                                    //更简单
```

数组的引用作为函数形参带有实参数组的大小,支持范围 for 语句。例如:

```
void print(int(&arr)[5]) {
    for (auto &e : arr)                          //arr 是数组的引用,自带大小
        cout << e << " ";
    cout << endl;
}
int a[] = {1, 2, 3, 4, 5};
print(a);
```

上面函数形参限定大小为 5,但函数体中不依赖这个大小。如果函数要处理任意类型和大小的数组,就需要一个函数模板。例如:

```
template < class T, int N > void print(T(&arr)[N]) {
    for (auto &e:arr)
        cout << e << " ";
    cout << endl;
}
```

调用该函数模板只需传递数组名,无需第 2 个实参来传递大小,相对于指针形参,简化了数组处理。函数模板详见第 13.2.1 节。

数组的引用不可说明为函数返回类型。

可说明数组的引用,但不能说明引用的数组,因为引用是单值概念。

2)引用与指针

引用与指针有相似之处,它们都能指向确定类型的变量,只是定义和使用方式不同。引用是用别名来指向特定变量,而指针是用地址来指向特定变量。要完成一项计算,往往既可用引用,也可用指针。

(1)引用的指针

对于一个引用变量,可说明其指针或地址,但本质上还是被引用的变量的指针,这是因为逻辑上引用变量没有自己的存储空间。例如:

```
int i = 3;
auto &r = i;                                     //r 是 i 的引用,类型为 int&
auto * rp = &r;                                  //&r 是 i 的地址,类型为 int *
```

表面上指针 rp 指向引用变量 r,但实际上是指向 i。此时 rp 的值就是 &i。

(2)指针的引用

对于一个指针,可以说明其引用。指针的引用的定义格式如下:

```
<类型> * & <引用变量>[ = 指针名; ]               //类型简写为 * &
```

其中,所说明的引用变量将绑定一个确定类型的指针。例如:

```
int i = 3;
auto pi = &i;                                    //pi : int *
int * &rpi = pi;                                 //rpi : int * &
```

说明了一个 int * 指针的引用变量 rpi,并用指针 pi 进行初始化;然后对 rpi 的访问就等同于对 pi 的访问。对 rpi 的说明可用 auto 简化为

```
auto &rpi =pi;                                              //更简单
```

注意指针的引用可能因添加多个 const 而导致复杂化。例如：

```
exception(const char * const & message);
```

该函数形参是一个指针的引用，引用是常量且指针所指内容也不变。

指针的引用常作为函数形参，函数中可改变指针或指针所指内容。

引用自身无存储，因此不能说明引用的引用，即不存在二级引用类型。而 && 表示的是右值引用，并非二级引用。

不存在空引用，但存在**挂空引用问题**。例如：

```
int *p =new int(3);
int & ra = *p;                                             //定义引用
cout <<ra <<endl;                                          //输出 3
delete p;                                                  //撤销被引用对象
cout <<ra <<endl;                                          //此时 ra 是挂空引用，输出随机值
```

与挂空指针一样，没有简单办法来检查挂空引用。

至此"&"有三种用法，一是作为双目按位与运算符；二是作为单目取地址运算符；三是作为左值引用类型说明。

8.7.3 左值引用与函数

左值引用常作为函数的形参和返回值，这是其最主要用途。同时函数也有引用类型。

1）引用作为函数形参

如果函数形参是一个引用变量，在编译时将检查实参类型是否与引用变量类型一致。在函数调用时，引用形参将绑定实参，然后在函数中就能访问实参的内容。

例 8.24 用引用形参实现两个数据的交换。

```
#include <iostream>
using namespace std;
void swap1(int &x, int &y){
    int t =x; x =y; y =t;
}
void swap2(int x, int y){
    int t =x; x =y; y =t;
}
int main(void){
    int a =11, b =22, c =33, d =44;
    cout <<"交换前:\t a ="<<a<<"  b ="<<b<<endl;
    swap1(a, b);                                           //A
    cout <<"交换后:\t a ="<<a<<"  b ="<<b<<endl;           //B
    cout <<"交换前:\t c ="<<c<<"  d ="<<d<<endl;           //C
    swap2(c, d);
    cout <<"交换后:\t c ="<<c<<"  d ="<<d<<endl;           //D
    return 0;
}
```

执行程序，输出结果如下：

```
交换前：   a =11  b =22
交换后：   a =22  b =11
交换前：   c =33  d =44
交换后：   c =33  d =44
```

上面程序中，两个交换函数中的语句以及调用方式都相同，但形参不同，结果就不同。函

数 swap1 是引用形参，A 行调用 swap1 时使形参 x 和 y 分别作为实参 a 和 b 的别名，在函数内的交换起作用，因此 B 行输出交换后的结果。当在函数体内改变了引用类型的形参后，就改变了实参的值。函数 swap2 的形参属于值传递，在函数体内虽然作了交换，但并没有改变实参 c 和 d 的值，所以 C 行和 D 行输出结果相同。

上面两个函数如果取相同函数名，就是函数重载，会导致调用二义性错误。作为函数形参，如果非引用类型 T 与引用类型 T& 的函数重载，T 类型变量做实参调用就都有二义性。

如果函数形参是一个引用变量，函数调用的实参作为被引用变量，这种传递方式就是引用传递。区别于以值传递和地址传递，引用传递是将实参起一个别名给形参，函数中对形参的操作就像对实参的操作一样。表 8.5 总结了这三种调用方式。

表 8.5　三种调用方式

调用方式	说明	示例
以值调用	形参是类型实体，并非指针、引用或数组；实参赋值给形参；函数中形参变量独立于实参；函数中不能改变实参	int b = 2; void f(int a); f(3); f(b);
地址调用	形参是指针或数组；实参地址传递给形参，函数中可通过形参指针访问实参；可改变实参，需要检查空指针；传递数组给指针是传递地址	void f(int * ptr); f(&b); f(NULL); f(nullptr);
引用调用	形参是引用；实参引用传递给形参，函数中可通过形参引用访问实参，可改变实参，无需检查空引用；传递数组给引用，包含数组大小，函数中可用范围 for 语句	void f1(int &ra); f1(b); void f2(const &ra); f2(b); f2(3);

例 8.25　用二级指针形参和指针的引用形参来实现一级指针的交换。

```
#include <iostream>
using namespace std;
void swap1(int ** p, int ** q){        //二级指针做形参,要求二级指针做实参
    int * t;                           //交换的是一级指针
    t = * p; * p = * q; * q = t;       //较复杂
}
void swap2(int * &p, int * &q){        //一级指针的引用做形参,要求一级指针做实参
    int * t;                           //交换的是一级指针
    t = p; p = q; q = t;               //较简单
}
int main(){
    int a = 3, b = 4;
    int * p1 = &a, * q1 = &b;
    cout << "交换前:" << * p1 << ' ' << * q1 << endl;
    swap1(&p1, &q1);                   //用二级指针实参调用 swap1
    cout << "交换后:" << * p1 << ' ' << * q1 << endl;
    cout << "原数据:" << a << " " << b << endl;
    p1 = &a, q1 = &b;
    cout << "交换前:" << * p1 << ' ' << * q1 << endl;
    swap2(p1, q1);                     //用一级指针实参调用 swap2
    cout << "交换后:" << * p1 << ' ' << * q1 << endl;
    cout << "原数据:" << a << " " << b << endl;
    return 0;
}
```

执行程序，输出结果如下：

```
交换前:3 4
交换后:4 3
原数据:3 4
交换前:3 4
交换后:4 3
原数据:3 4
```

通过这个例子可以看到引用形参与指针形参的区别。

上面程序中两个交换函数执行相同功能，即都是交换一级指针，不同的是形参及实现方式。函数 swap1 的形参是二级指针，实现代码中语句操作一级指针(都带 *)；函数 swap2 的形参是一级指针的引用，实现代码中直接操作形参(不带 *)，显然更简单易懂。

这两个函数的调用不同。对于 swap1 函数，要二级指针来调用；而调用 swap2 函数，只需一级指针做实参，显然更简单。

用 const 修饰的左值引用形参(称为常量左值引用)，可用字面值或命名常量作为实参来调用，也可用变量或表达式来调用，但在函数体中不能改变该形参。

左值引用作为形参也支持递归计算。例如用下面函数计算 x^n：

```
constexpr float exp2(const float& x, const int& n) {
    return n==0 ? 1 : n % 2 ==0 ? exp2(x * x, n / 2) :
        exp2(x * x, (n-1) / 2) * x;
};
const auto f1 = exp2(2, 3);
```

2) 引用作为函数返回值

当函数返回引用类型时，它所返回的值是某个变量的别名，相当于返回了一个变量，可对其返回值直接进行访问，即可作为表达式左值。

例 8.26 函数返回引用示例。

```
#include <iostream>
using namespace std;
int &f1(void){
    static int count =1;                          //局部静态变量
    return ++count;
}
int index;                                        //全局变量
int &f2(void){return index; }
int main(void){
    f1() =100;                                    //A
    for(int i =0; i < 5; i ++) cout <<f1() <<"   ";  //B
    cout <<'\n';
    f2() =100;                                    //C
    int n = f2();                                 //D
    cout <<"n =" <<n <<'\n';
    f2() =200;
    cout <<"index =" <<index <<'\n';
    return 0;
}
```

执行程序，输出结果如下：

```
101  102  103  104  105
n =100
index =200
```

上面程序中，函数 f1 返回局部静态变量 count 的引用，函数 f2 返回全局变量 index 的引用。A 行中的 f1() =100，由于赋值运算符的优先级低于函数调用，因此先执行对函数 f1 的调用，函数的返回值为 count 的引用，即 count 的一个别名；然后执行赋值运算，就是将 100 赋给 count。B 行中 5 次调用函数 f1，先使 count 的值加 1，然后返回 count 的引用，并输出 count 值。同理，C 行等同于把 100 赋给变量 index；D 行等同于将 index 的值 100 赋给变量 n。

　　注意，在主函数 main 中不能直接访问静态局部变量 count，这是因为该变量定义在 f1 函数之内，通过函数 f1 可以对其赋值或读取。静态局部变量的特性是在函数返回后仍保存为其分配的存储空间，具有全局生存期。

　　当一个函数返回引用时，函数体中不能返回非静态局部变量。这是因为非静态局部变量都存放在当前函数栈中，当函数返回后，所有局部变量都不存在了，所以对它的引用是无效的。此规则与返回指针一样。

　　当一个函数返回一个 const 引用时，该函数调用就不能作为左值，而且返回结果应赋值给 const 常量（可用 auto 来推导）。例如：

```
const float& bar() {static float f = 4; return f; }
void test(){
    bar() = 5.0f;                      //编译错，不能给常量赋值
    auto d = bar();                    //d : float
    const auto e = bar();              //e : const float
    const auto &f = bar();             //f : const float &
    auto &ff = bar();                  //ff : const float &
    float &fp = bar();                 //编译错，const float 不能转换到 float&
}
```

可以看出，auto 推导类型不易出错。

　　3）函数的引用

　　对函数的引用就是对具有相同形参和返回类型的一类函数的引用。说明一个函数的左值引用的语法如下：

　　　　<返回类型>(& 引用变量)(形参表) [= 函数名；]　　　　　//类型简写为(&)()

其中，引用变量就是所说明的函数引用标识符，它将绑定确定形参和返回类型的函数。对函数引用变量初始化或者传递一个函数名时，要求函数形参和返回类型应与引用说明相符，否则编译出错。

　　函数的引用可作为另一个函数的形参，调用时提供函数名作为实参，就能在函数体中通过该函数引用来调用该函数。这一点与函数指针传递相同。

　　例 8. 27　函数引用做形参示例。

```
#include <iostream>
using namespace std;
int add(int a, int b) {return a + b; }
int sub(int a, int b) {return a - b; }
int process(int a, int b, int (&func)(int, int)) {         //A
    return func(a, b);
}
int main(){
    cout << process(2, 3, add) << endl;
    cout << process(5, 3, sub) << endl;
    return 0;
}
```

上面程序中，A 行的函数的第 3 个形参是一个函数引用。如果将该函数引用改为函数指针，即把 &func 改为 * func，其他无需改动也能正确执行。这是因为通过函数引用与函数指针

来调用函数的语法形式一样，而且一个函数名（如 add）既可解释为一个函数指针，也可解释为一个函数实体。

函数引用与函数指针具有基本相同的功能和形式。函数引用也可作为函数的返回类型。例如在上面程序中添加一个函数如下：

```
int(&select(char oprt))(int, int){
    if (oprt == '+') return add;
    else return sub;
}
```

函数 select 形参为 char，返回函数引用 int(&)(int, int)。下面是一个调用：

```
cout << select('+')(3, 4); //                          输出 7
```

将上面函数定义中的引用 & 改为指针 * ，其余不变，就变为返回函数指针。

从上可以看出，定义一个函数返回函数引用的形式复杂且易出错。可通过先用 using 定义一个类型别名，然后定义函数来简化。例如：

```
using Funcr = int(&)(int, int);        //定义一种函数引用类型别名 Funcr
Funcr select(char oprt) {...}          //定义函数 select 返回 Funcr 类型
```

如果用 auto 推导 select 返回类型，将推导出函数指针作为返回类型：

```
auto select(char oprt) {...}    //定义函数 select 返回函数指针 int(*)(int, int)
```

即便改为返回函数指针，也不影响调用形式。

如果用 auto& 推导 select 返回类型，将推导出函数引用作为返回类型：

```
auto &select(char oprt) {...}          //定义函数 select 返回函数引用
```

如何判断 select 函数返回是否为左值引用？调用 < type_traits > 中的左值引用判断模板：

```
cout << boolalpha << is_lvalue_reference < decltype(select('+')) > ::value
```

如果显示 true 则为左值引用，若显示 false 则不是。

也可用 cout << typeid(select).name(); 来查看函数 select 类型，VS 将显示

```
int (_cdecl& _cdecl(char))(int, int)
```

8.7.4　指针与左值引用的对比

指针与左值引用之间存在很多对称性，两者之间对比如表 8.6 所示。

表 8.6　指针与左值引用的对比

指针 (*)	左值引用 (&)
变量的地址，用 & 对变量求地址	变量的别名，对变量起别名
指向可变	指向不可变，一次性绑定
存在空指针 NULL 或 nullptr，存在挂空指针问题	不存在空引用，但存在挂空引用问题
允许未初始化的指针	不允许未初始化的引用
有指针的数组 * []	**没有引用的数组** & []，引用是单值概念
有指针的指针，即二级指针 **	**没有引用的引用**，&& 是右值引用
有指针的引用 * &，用指针初始化	**没有引用的指针** & * 。假设变量 a 类型为 T&，对引用变量 a 求址 &a 仍得到 T*

指针 (*)	左值引用 (&)
假设 pa 类型为 T *， typeid(pa) 可识别指针类型 T *	假设 ra 类型为 T&， typeid(ra) 不能识别引用类型，仍得到 T
数组的指针(*)[]，一维数组的指针； 不能用范围 for 遍历元素； 用二维数组或一维数组的地址来初始化； 可以作为函数返回	**数组的引用**(&)[]，一维数组的引用； 变量自带大小，支持范围 for 遍历数组元素； 用一维数组或二维数组降维来初始化； 不可作为函数返回
函数的指针(*)()，可用函数名 f 或 &f 初始化，两者 功能相同	**函数的引用**(&)()，只能用函数名 f 初始化
指针可作为函数形参，用地址作为实参来调用，也可用 字面量 NULL 或 nullptr 来调用	引用可作为函数形参，用变量值作为实参来调用， 但非常量引用不能用字面量作为实参
函数返回指针，若为非 const 指针，函数调用解引用 后可做左值	函数返回引用，若为非 const 返回，函数调用可 直接做左值

8.7.5　右值引用 &&

前面介绍的引用在 C++ 11 中称为左值引用，C++ 11 还引入另一种引用——右值引用 &&。

1）右值引用的概念

右值引用 && 是与左值引用 & 相对称的一种引用，就是针对右值表达式的引用。右值引用不仅是为了语言构造的对称性和完整性，而且其支持对象移动语义和基于函数模板的完美转发(后者对于泛型编程至关重要)。不能把右值引用 && 误解为引用的引用。

如何区别左值与右值？左值与右值最简单的区别方法是看赋值语句。能放在赋值运算符左边的表达式是左值，否则就不是左值(在 C++ 11 之前都归入右值表达式)。常见的左值与右值表达式如表 8.7 所示。

表 8.7　常见的左值与右值表达式

左值表达式	右值表达式
单个变量:int a = 3; a 是左值 前置自增自减: ++a，--a 下标表达式:arr[3]，arr 是数组 指针解引用: *ptr，ptr 是指针 函数调用 f1(a)，f1 返回非常量左值引用	字面值：3，true，4.5，6.7f 算术、关系、逻辑运算:a + 3，a << 3，a < 3，a&&3 后置自增自减:a ++，a -- 函数调用 f2(a)，返回非引用类型 左值转换为右值:move(a)

指针概念有助于区别左值与右值。凡是可用 & 取地址的且有名字的值(如 a)就是左值；反之，不能用 & 取地址的或没有名字的值(如 a + 3，3)就是右值。C++ 11 之前将表达式简单划分为左值和右值。

左值引用与右值引用的共同之处如下:① 都属于引用类型；② 都是用别名来绑定对象或函数；③ 说明引用变量时都必须立即初始化；④ 引用变量自身没有空间存储。

左值引用与右值引用之间区别是，左值引用是针对具名(或命名)变量值的别名，是针对左值表达式的别名；而**右值引用是针对无具名(或匿名)变量的别名，是针对右值表达式的别名**。说明一个右值引用的语法形式如下:

<类型 > && <引用变量名>［ = <右值表达式> ］;

例如：

```
int a =2;
int && rr1 = a +3;                    //绑定一个右值表达式
auto && rr2 = 4;                      //绑定一个 int 字面值
auto && rr3 = true;                   //绑定一个 bool 字面值
const auto &&rr4 =55;                 //常量右值引用 const int&&
```

其中，前 3 个引用变量的类型都是 int&&，称为非常量右值引用；最后 1 个引用变量的类型是 const int && ，称为常量右值引用。注意，用 typeid(expr).name() 仅看到表达式 expr 的实际类型，而看不到其引用类型。

右值引用常作为函数形参或返回值，这与左值引用一样。例如：

```
void f(int && r) {
    ++r;
    cout <<"f(int&&) = " <<r <<endl;
}
```

上面函数 f 的形参是非常量右值引用，可用右值表达式做实参来调用，如 f(a +3)或 f(4)。

2）右值引用的语义

如何区别左值引用与右值引用的语义？右值引用 && 的语义是它的值"用完可丢弃"。例如，对函数 f(int&& b)的调用 f(a +3)，先计算 2 +3 =5，实参 5 的引用传给形参 b 后在函数 f 中还能存活到返回。但从调用方来看，实参值 5 已经不再需要了，作为一种临时值或临时对象可以丢弃了。函数 f 中可能改变 b 的值，但 a 不变。区别于左值引用的语义，如果用 f(a)调用 f(int& b)，实参 a =2 是一个左值，函数 f 中对 b 的变化将作用于实参 a。

分析下面的例子：

```
int b =3;
int&&rb =b +2;                        //A        对比于 int rb = b +2
int * pp = &rb;                       //对右值引用求地址，得到右值表达式的值的地址
cout << * pp <<endl;                  //输出 5，此时 pp 指向临时变量
* pp += 3;                            //通过指针改变临时变量的值
cout << * pp <<endl;                  //输出 8
rb += 2;                              //通过右值引用变量改变临时变量的值
cout <<rb <<endl;                     //输出 10，b 的值始终未变
```

从上可以看出，通过右值引用绑定一个右值表达式就延长了该表达式所产生的临时变量的生命期。其间对该引用可执行被引类型（上面是 int 类型）所允许的所有操作。将 A 行改为

```
    int rb =b +2;                     //去掉右值引用 &&，其余代码不变
```

重新执行，输出结果一样。此时 rb 得到临时变量值 5 的**拷贝**，然后临时变量就被撤销。应注意此时执行的一次赋值或拷贝。拷贝对于 int 类型没有多大开销，但如果是有动态内存的大对象拷贝（如 vector 或 string），开销就比较大了。而通过右值引用延长了临时对象的生存期，不用拷贝就能获取其内部数据资源，可达到特定目的。

3）右值引用类型扩展

右值引用与左值引用相对称，扩大了类型空间，丰富了类型多样性。左值引用可引用数组、指针和函数，右值引用也一样，只是语法形式不同（用 && 替代 &）。例如：

```
int(&&rv)[5] ={1, 2, 3, 4, 5};        //数组的右值引用类型:int(&&)[5]
int b =3;
int *p = &b;
int * &&rp =p +1 - 1;                 //指针的右值引用类型: int * &&
void f(int);
```

```
void(&&rf)(int) = f;                              //函数的右值引用类型: void(&&)(int)
```

函数的右值引用比较特殊,目前尚不能定义函数的临时变量,因此函数的右值引用与左值引用的用法一样。

8.7.6　引用类型绑定关系

本节介绍 4 种引用类型做函数形参时,调用实参与形参的绑定关系。

如何区别常量引用与非常量引用? 常量引用就是用 const 修饰的引用类型,表示该类型的变量不可变;非常量引用就是无 const 修饰的引用,该类型的引用变量可变(如表 8.8 所示)。

表 8.8　4 种引用类型(T 为被引类型)

类型	左值引用	右值引用	约束说明
非常量引用	T&	T&&	被引对象可变
常量引用	const T&	const T&&	被引对象不可变

例 8.28　将 4 种引用做形参,定义 4 个重载函数,分别用左值和右值表达式来调用,并说明绑定规则与优先级。

```
#include <iostream>
using namespace std;
void f(const int &r) {                            //第 1 个函数, 常量左值引用做形参
    cout << "f(const int&) = " << r << endl;
}
void f(int & r) {                                 //第 2 个函数, 非常量左值引用做形参
    r ++;
    cout << "f(int&) = " << r << endl;
}
void f(const int && r) {                          //第 3 个函数, 常量右值引用做形参
    cout << "f(const int&&) = " << r << endl;
}
void f(int && r) {                                //第 4 个函数, 非常量右值引用做形参
    ++r;
    cout << "f(int&&) = " << r << endl;
}
int main() {
    const int b = 4;
    f(b);                                         //A    常量左值做实参
    int a = 3;
    f(a);                                         //B    非常量左值做实参
    f(3);                                         //C    常量右值做实参
    f(a + 3);                                     //D    非常量右值做实参
    return 0;
}
```

执行程序,输出结果如下:

```
f(const int&) = 4
f(int&) = 4
f(int&&) = 4
f(int&&) = 8
```

上面程序需要 C++ 11 或 C++ 14 编译,DevC++ 应设置编译选项 - std = c++ 1y。其中:

A 行实参是常量左值,只能被第 1 个函数形参绑定和执行。其中:

B 行实参是非常量左值,可被前 2 个函数绑定,但第 2 个重载选择优先级更高,因此执行第 2 个函数。执行中 a 的值被改为 4。

C 行实参是常量右值，看起来应该执行第 3 个函数，但实际上执行第 4 个函数，这是因为字面值 3 与 int&& 匹配优先级更高。执行中将 3 改为 4。

D 行实参 a + 3 是非常量右值表达式，执行第 4 个函数，实参值为 7，在函数体中改为 8 输出，但 a 的值 4 并未改变。

将上面 4 个函数逐个删除再执行，得到下面表 8.9，描述形参引用与绑定关系，也描述多个重载函数在同一个调用时匹配执行的优先级。

表 8.9 不同引用类型与可绑定的值类型

引用类型 (以 T = int 为例)	可绑定的实参类型				主要用途
	常量左值 const T b = 3; f(b)	非常量左值 T a = 3; f(a)	常量右值 f(3)	非常量右值 T a = 3; f(a + 3)	
常量左值引用 f(const T&)	Y	Y 低优先	Y 低优先	Y 低优先	全能匹配，拷贝语义
非常量左值引用 f(T&)	N	Y 高优先	N	N	引用传递
常量右值引用 f(const T&&)	N	N	Y 中优先	Y 中优先	暂无用途
非常量右值引用 f(T&&)	N	N	Y* 高优先	Y 高优先	移动语义、完美转发

注 1：4 行分别对应前面 4 种引用的形参，4 列分别对应主函数中的 4 个调用；
注 2：单元格中 Y 表示绑定可执行，N 表示不能绑定执行；
注 3：对于某一列调用，可能有多个函数能执行，根据重载选择优先级从高到低选择；
注 4：表中 4 个函数与非引用形参函数 f(T) 或 f(const T) 虽可重载，但 4 种调用都有二义性；
注 5：表中数据来自 C++ 14 的 VS 和 DevC++（GCC4.9.2）实际运行，与一般 C++ 11 文献有所不同，主要是第 4 行第 3 列，文献说明为 N。

从表中可得到如下结论：

① 如果形参是右值引用 &&（第 3 行和第 4 行），任何左值做实参都不能调用。

② 如果形参是常量左值引用（第 1 行），任何左值右值实参都可调用，即所谓"全能匹配"；重载选择最低优先；支持拷贝构造函数和拷贝赋值函数（详见第 10.3 节）。

③ 如果形参是非常量右值引用 &&（第 4 行），能绑定对应的右值实参；重载选择最高优先；这种形式支持移动语义（详见第 10.4.1 节）与完美转发（需要函数模板，详见第 13.2.9 节）。

④ 貌似相同的函数调用却执行不同函数，如 int a = 3; f(a) 与 f(a + 3)，而且每个调用都可能执行多个重载函数；f(a) 可匹配 2 种左值引用，f(a + 3) 能匹配 3 种引用。由此可见，引入右值引用做形参极大提高了函数调用的多样性与复杂性。

8.7.7 auto 推导与 decltype 推导规则

我们在第 2.4.3 节简单介绍了 auto 的用法。auto 类型推导相对简单，即在说明一个变量时用 auto 代替类型，让编译器从变量初始化表达式中推导类型并作为该变量的类型。auto 也能从该变量的上下文推导，比如从范围 for 语句、Lambda 表达式、被循环的数组类型或容器类型来推导元素的类型。此外在使用 auto 时还可附加 const/volatile、指针 ∗、左值引用 &、右值引用 && 等，编译器将综合这些信息来推导变量类型。

auto 不能推导的情形包括：

① 函数形参的类型，即便形参有缺省值也不能推导；

② 用户定义类型（如结构、类）的数据成员的类型；

③ 容器的元素类型（如 vector），即便有初始化列表也不能推导。

我们在第 3.2.3 节简单介绍了 decltype 的用法。decltype 类型的推导相对复杂，主要体现在左值与右值。

decltype(expr) 推导规则如下（按以下次序推导）：

规则 1　如果 expr 是一个标识符或类成员访问表达式，就得到该实体的类型。如果不存在该实体或是重载函数名，则编译报错。如果是非成员函数名，就得到 function 类型（注意不是返回类型）。如果 expr 表达式外加圆括号，则 decltype((expr)) 就得到对应的左值引用类型 &。

规则 2　如果 expr 是一个函数调用或运算符重载函数调用，就得到该函数的返回类型，包括左值和右值引用类型，此时表达式 expr 外加圆括号被忽略。如果 expr 是"& 函数名"，就得到该函数的指针类型。

规则 3　如果 expr 是一个右值表达式，就得到该表达式的实际类型，但串字面值得到左值引用类型 &。如果 expr 是左值表达式（如数组下标、解引用等），就得到左值引用类型 &。

以上规则中比较特别的是规则 1 中加圆括号的情形，例如：

```
int i =3;
decltype(i) a;                    //a 的类型是 int
decltype((i)) ra =a;              //ra 的类型是 int&
```

比较容易混淆的是规则 3。从右值表达式将得到实际类型，并非右值引用类型，例如：

```
decltype(2) v1;                   //int, 字面值 2 是右值
decltype(i +2) v2;                //int, i +2 是右值
decltype(i ++) v3;                //int, i ++ 是右值
```

字面值是右值，但字符串字面值却得到字符数组的左值引用，例如：

```
decltype("lval") v11 ="1234";     //const char (&)[5]
```

从左值表达式将得到左值引用类型，例如：

```
int arr[5] ={0};
int * ptr =arr;
decltype(true ? i : i) v4 =i;     //int&
decltype( ++ i) v5 =i;            //int&, 前置自增为左值, 区别于后置自增为右值
decltype(arr[3]) v6 =i;           //int&
decltype( *ptr) v7 =i;            //int&
```

注意，尝试用 typeid 来分辨左值或右值引用类型是不可行的。VS 代码编辑器提供了即时编译和浮动提示功能，书写完一行说明语句，将鼠标放在变量上就能看到其类型。例如：

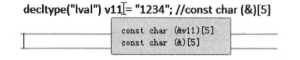

要判断一个 decltype(表达式)是否为引用、左值引用或右值引用，可调用 < type_traits > 中的 is_reference, is_lvalue_reference, is_rvalue_reference。例如：

```
cout << is_lvalue_reference < decltype("lval") >::value << endl;   //1 = 是左值
cout << is_lvalue_reference < decltype((i)) >::value << endl;   //1 = 是左值
cout << is_lvalue_reference < decltype( ++i ) >::value << endl; //1 = 是左值
cout << is_reference < decltype(i ++ ) >::value << endl;      //0 = 不是引用类型
```

C++ 14 还将 decltype(auto)用于函数模板，详见第 13.2.10 节。

8.8　Lambda 表达式

Lambda 表达式(也称为 Lambda 函数，简称为 L 式)是 C++ 11 引入的一种语言构造。L 式支持函数式编程范型(Functional Programming Paradigm)，并且与命令式编程(Imperative Programming)和面向对象编程(Object – Oriented Programming)并列。有越来越多的高级语言支持 Lambda，如 Java8，JavaScript，Node. js，C#，PHP 等。本节主要介绍 L 式的语法构造和简单用法。

8.8.1　语法构造

从语法上看，一个 L 式由三个主要部分组成，即

[捕获](参数表) {函数体}

第 6 章中，我们编写过一个函数计算一个 int 数组中元素的平均值：

```
double getAverage(int a[], int n) {
    double sum = 0;
    for_each(a, a + n, [&sum](auto x) {sum += x; });
    return sum / n;
}
```

上面程序调用了 < algorithm > 中的 for_each 函数，第 3 个实参就是一个 L 式。其中：

[&sum]：捕获，用左值引用捕获外边的 sum 变量，函数体中改变它就会改变外部变量。

(auto x)：参数表，表示遍历到的一个元素 x，以值传递，函数体中对 x 只读，即便改变也不影响实参。该形参将绑定 for_each 函数调用 L 式所提供的实参。

{sum += x; }：函数体，对每个元素 x 加入 sum 变量。

需要注意的是，for_each 函数执行 1 次，该 L 函数体就要执行 n 次，因此 Lambda 函数体编码应精简有效。

下面介绍 Lambda 表达式的三个主要部分。

(1) [捕获]

该部分说明函数体如何从外界捕获变量。[]表示不捕获外界任何变量，函数体仅依赖参数表中的参数和静态作用域中的变量，如全局变量或静态局部变量。捕获外界变量有两种方式，即以值捕获 = 和引用捕获 &。

① 以值捕获 =，相当于函数参数的以值传递的拷贝，L 式中不能改变该值(虽然添加修饰符 mutable 后可改变，但不改变外部变量)；

② 引用捕获 &，相当于函数参数的左值引用传递，L 式中改变该值就改变外部变量(适用于捕获"大对象"和动态捕获)。

下面举例说明：

```
[ = ]                    //以值捕获所有外界变量
[var]                    //以值捕获 var, 等价于[ =var]
[ &]                     //引用捕获所有外界变量
[ &total, factor]        //引用捕获访问 total, 以值捕获访问 factor
[factor, &total]         //与上面一样, 次序无所谓
[ &, factor]             //用引用捕获所有, 但 factor 是以值捕获
[ =, &total]             //以值捕获所有, 但 total 是引用捕获
```

如果有 &, 就不允许再出现"& 标识符"; 如果有 =, 就不允许再出现" = 标识符"或 this (成员函数中当前对象指针, 详见第9.3节)。

一个标识符和 this 最多允许出现一次。

不允许出现重复捕获。如[=, n], 既然以值捕获所有变量, 就不能再说明 n 以值捕获。

以值捕获与引用捕获更深层的区别是, 前者是在定义时静态捕获变量当前值的拷贝, 而后者是在执行过程中**动态捕获**。如果先定义 L 式后执行, 其间若改变被引用捕获的变量, 执行 L 式时就要动态捕获改变后的值。例如：

```
int i =3, j =5;
function <int(void) > f =[i, &j] {return i +j; }; //i 为 3, j 在执行时再捕获
i =22;
j =44;
cout <<f() <<endl;      //输出 47 =3 +44, 此时捕获 j 的值 44
```

function 是定义在 < functional > 中的一个类模板, 每个 L 式都是它的一个实例。实际上, 所有非成员函数和静态成员函数(限制最多两个形参)都是 function 的实例。

结构或类的成员函数中可出现 L 式, 而且可捕获 this 指针[this], 然后就可访问非静态数据成员或其他成员函数。

C++14 支持所谓的初始捕获, 允许添加自定义变量并初始化。例如：

```
auto lambda =[value{4}] {return value; };          //说明 value 变量并在语句中访问
cout <<lambda() <<endl;                             //输出 4
```

注意, 即便不捕获任何外部变量, [ ]也不能省略, 编译器要以此判断 L 式的开始。

（2）（**参数表**）

该部分与函数的形参表类似, 可接受输入的参数。参数类型按需设置, 可单个参数或两个参数, 也可能无参。例如, 排序函数 sort 的第 3 个实参可提供一个 L 式, 描述相邻两个元素的排序规则, 需要两个形参(auto x1, auto x2), 并返回逻辑值, 称为二元谓词; 在 for_each 函数中, 单个形参(auto x)表示遍历到的一个元素, 称为一元函数, 不返回任何值。可选择以值传递或引用传递 &。如果不改变元素, 应选择以值传递; 如果要改变元素或者传递"大对象", 应选择引用传递 &。

C++11 要求说明各参数的具体类型, C++14 放宽了这一要求, 允许参数类型用 auto 自动推导具体类型, 就是从语境条件(如容器元素类型)来推导参数类型, 即所谓的**泛型 Lambda 表达式**。(auto x)表示以值传递, (auto &x)表示引用传递。泛型 L 式适用于数组或容器的算法调用。

如果参数表为空, 可省略( )。

（3）{**函数体**}

该部分与普通函数体类似, 包含一条或多条语句。如果 L 式做谓词(predicate)就应返回

逻辑值；如果是生成器(generator)就应返回与元素类型相同的值。函数体中也可能不返回任何值，比如 for_each 函数调用。函数体中可访问以下变量：

① [捕获]而来的变量；

② (参数表)中的形参；

③ 函数体内说明的变量；

④ 静态作用域的变量(如静态变量或全局变量)；

⑤ 类的数据成员(L 式出现在类的成员函数中，而且要先捕获[this])。

上面介绍的三个部分是最关键部分。最简单的 L 式是 []{}，合法但不做任何事情。

8.8.2 简单用法

对于一个带参的 L 式，只要每个形参都绑定实参就能执行。L 式函数体后添加"(实参表)"，就立即计算该 L 式的值。例如：

```
cout << [](int x, int y) {return x + y; }(5, 4) << endl;    //(5, 4)是实参(x, y)
```

函数体中如果有 return，返回值就作为 L 式的值。

即使只有[捕获]也能执行。例如：

```
int m = 0, n = 0;
[&, n] (int a) mutable {m = ++n + a; }(4);
```

上面 L 式并不返回任何值，但改变了变量 m 为 5 = 1 + 4。函数体中也改变了 n 的值，这里 n 是以值捕获，因此需要 mutable 修饰，否则编译出错。函数体内改变 n 但不改变外部变量 n。不能用 cout << 来输出该 L 式的值，因为它没有 return 返回任何值。

L 式一般作为匿名函数，但也可对其命名，然后再用"名称(实参)"多次调用。例如：

```
int i = 3, j = 5;
function < int(void) > f = [i, &j] {return i + j; };
```

function 的尖括号中描述的是该 L 式的调用基调(call signature)：int(void)，无参并返回 int。要是嫌麻烦可用 auto 自动推导类型：

```
auto f = [i, &j] {return i + j; };
cout << f() << endl;             //调用是一样的
```

auto 推导类型不能实现递归 L 式。而要实现递归 L 式就要用 function 类型来命名。下面是用 L 式实现 n 阶乘的递归计算：

```
function < int(int) > f1 = [&f1](int n){return n == 1 ? 1 : n * f1(n - 1); };
cout << f1(5) << endl;          //输出 120
```

在递归调用时需要引用捕获的 L 函数自己的名称[&f1]，才能使函数体中调用该 L 函数。

如果一个 L 式要作为某个函数的实参，就用 function < 返回(形参) > 作为形参类型。例如下面 find 函数对 int 数组 arr 中的元素按用户指定条件(用 L 式描述)查找，若找到就返回下标，否则返回 -1：

```
int find(const int * arr, int n, function < bool(int) > cond) {
    for (int i = 0; i < n; i ++)
        if (cond(arr[i]))                      //调用 L 函数
            return i;
    return -1;
}
int arr[] = {3, 5, 4, 6, 2, 1};
```

```
auto r = find(arr, 6, [](int a){return a % 2 ==0; }); //r =2，第一个偶数下标
```

L 式作为一种匿名函数，提供一种简洁编码风格，能实现普通函数计算功能。下面的例子是计算购物扣税后的商品价格：

```
float tax_rate =5.5f;                    //设置税率5.5%
//命名一个 L 函数，下面可多次调用
auto v1 =[&tax_rate](float price){return price * (1 - tax_rate / 100); };
cout << v1(1000) << endl;                //输出扣税 5.5% 之后的价格，945
tax_rate =5.0f;                          //修改税率5.0%
cout << v1(1000) << endl;                //输出扣税 5.0% 之后的价格，950
```

要完成上面计算也可定义全局函数再调用。而 L 函数实现具有函数包装性，可以在局部作用域中"**现场描述，就地执行**"，能根据上下文动态捕获变量，减少全局命名，从而简化编程。

函数的指针也可指向 L 函数。例如：

```
using PF = float(*)(float, float);           //用函数指针定义一种函数类型
PF add =[](float a, float b) {return a +b; };//说明 add，用 L 式初始化
cout << add(2, 3) << endl;                   //调用函数，输出 5
```

当函数指针作为函数形参时，可将 L 函数作为实参来调用。

注意函数的引用不可指向 L 函数。

完整的 L 式的语法形式如图 8.13 所示。

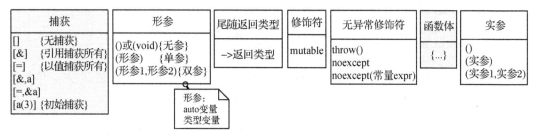

图 8.13　完整的 L 式的语法形式

下面简单总结 L 式的用法。

（1）**说明语句**：用 auto 或 function 或函数指针来说明一个 L 式并命名，该命名具有局部作用域。

（2）**L 式求值**：调用 L 函数或计算 L 式的值。至少有下面两种形式：

形式 1：命名 L 式(实参)，要求前面已说明该 L 式的命名；

形式 2：无命名 L 式(实参)，即 L 式说明并调用实参。

以上两种形式，如果被调用 L 式有 return 语句，该 L 式就得到一个值，该值可参与外层表达式计算；如果没有 return 语句，就相当于调用一个 void 函数，只能在实参之后加分号形成表达式语句。L 式求值是 L 函数的直接调用。

（3）**L 式做实参**：L 式作为调用函数的实参(如 STL 算法函数)，被调用函数要求 L 式具有特定的形参和返回值。这种用法是 L 函数的间接调用，也称为回调(call back)。

8.8.3　嵌套 L 式与高阶函数

非成员函数与成员函数都不能嵌套定义，但 L 函数作为匿名函数可嵌套定义。

嵌套 L 式是指一个 L 式的实参也是一个 L 式，或者其返回表达式中包含 L 式。例如：

```
[](int x) {return [](int y) {return y * 2; }(x) +3; }(5)
```

上面 L 式中用下划线标出一个嵌套 L 式。即外层 L 式的返回表达式中嵌套一个 L 式，尾部带有实参 x(x 是来自外层 L 式的形参 x)。该 L 式计算过程如下：

① 外层 L 式的实参 x = 5，x 赋给嵌套 L 式的形参 y；

② 内层返回 5 * 2 = 10 到外层；

③ 外层再返回 10 + 3，最终 L 式返回 13。

嵌套 L 式的[捕获]仍需显式说明如何从外层 L 式中捕获所需变量。

嵌套 L 式可添加自己的(形参)，但形参的命名应区别于外层形参和捕获变量。

嵌套 L 式尾端可带(实参)，用于绑定自己的形参。实参表达式中可用外层形参，或者从外层捕获到的变量。

嵌套 L 式也称为**高阶函数**(**high order function**)。高阶函数的调用需要多重实参，形式如下：

函数名(外层实参)(内层实参)...

执行次序是从左向右，先用(外层实参)绑定最外层 L 式形参，然后执行外层中可执行部分，再用内层实参绑定内存嵌套 L 式形参，再执行嵌套 L 式，得到结果再返回外层。如此过程加以递归的执行，直到最外层 L 式计算完成。例如：

```
auto add = [](auto x){return [=](auto y) {return x + y; }; };        //A
auto higherorder = [](auto& f, auto z) {return f(z) * 2; };          //B
auto answer = higherorder(add(7), 8);                                //C
```

A 行中下划线标出嵌套 L 式，以值捕获 x 并带有形参 y(x 是外层 L 式的形参)。该行说明的 add 可独立执行，先确定外层实参 x，再确定内层实参 y，例如：

```
cout << add(3)(4);                    //x = 3, y = 4，输出 7
```

上面的调用就是高阶函数(二阶函数)的调用形式。先用实参 3 绑定最外层形参 x，执行过程中发现嵌套 L 式需要形参 y，再用第二阶实参 4 绑定形参 y，计算嵌套 L 式，最后外层执行完成。

B 行的第 1 个形参 f 是一个函数引用，就是准备绑定一个 L 式。函数体中执行 f 并用第 2 个形参作为 f 的调用实参。

C 行将 higherorder 的第 1 个形参 f 绑定到 add(7)，x = 7，第 2 个实参 8 被绑定到 z，z 再绑定到 A 行嵌套 L 式的 y = 8，则 f 返回 7 + 8，外层返回(7 + 8) * 2 = 30 作为 answer 的值。

B 行与 C 行可合并为 1 行，即

```
auto answer = [](auto& f, auto z) {return f(z) * 2; }(add(7), 8);
```

从功能上看，L 式所能实现的用命名函数都能实现。两者最明显区别是 L 式编程是"现场描述，就地执行"，而不是先转出到当前函数之外定义一个命名函数，然后转回现场调用该命名函数来解决问题。C++14 支持 L 函数形参的 auto 推导类型，可简化编程。

8.8.4 调用 STL 算法

在第 6 章中我们曾调用 STL 算法来处理一维数组，如排序、两分查找、遍历等(STL 容器与算法的详细介绍在第 13 章)。我们也可将一维数组作为容器来调用 STL 算法，以简化编程，提高编程质量(其中 L 式的作用非常重要)。

　　L 式作为 STL 函数实参有别于一般实参。一般实参在调用函数之前先计算实参表达式的值，然后再传给函数形参执行函数体。而 L 式作为实参，只是将匿名函数传给被调用函数，被调用函数在其执行过程中调用 L 函数(就是前面所说的回调)。

　　每个 STL 算法都有文档说明，调用时应根据形参要求来编写 L 式(见表 8.10)。

表 8.10　STL 算法常用 Lambda 式的要求

形参名称	STL 函数	对 L 式的形参和返回的要求
Generator	generate	零元无参，返回与元素类型一致的数据
Function	for_each	一元函数，返回 void，参数 x 表示遍历到一个元素
Predicate	find_if count_if	一元谓词，参数 x 表示遍历到一个元素；返回逻辑值，表示是否满足查找条件
Predicate	sort max_element min_element	二元谓词，参数 x1，x2 表示前后两个元素；返回逻辑值，表示应满足的排序条件或判断条件

例 8.29　Lambda 式调用算法示例：对一个 float 数组元素进行多种计算。

```cpp
#include <iostream>
#include <algorithm>
using namespace std;
int main() {
    float a[] = {4.4f, -2.2f, -5.5f, 3.3f, -1.1f};
    for (auto y : a)
        cout << y << " ";
    cout << endl;
    //计算各元素的绝对值的最大值
    auto it = max_element(a, a + sizeof(a) / sizeof(float),
        [](auto e1, auto e2) {return abs(e1) < abs(e2); });
    cout << "abs max = " << *it << endl;
    //计算各元素的绝对值的最小值
    it = min_element(a, a + sizeof(a) / sizeof(float),
        [](auto e1, auto e2) {return abs(e1) < abs(e2); });
    cout << "abs min = " << *it << endl;
    //计算大于等于 3 的元素的个数和平均值
    float sum = 0;
    int b = count_if(a, a + sizeof(a) / sizeof(float), [&sum](auto x) {
        if (x >= 3.0f) {
            sum += x;
            return true;
        }
        return false; });
    cout << " >=3 count = " << b << endl;
    cout << " >=3 avg = " << sum / b << endl;
    return 0;
}
```

读者可自行测试上面的程序。

小　　结

指针与引用是两类重要且复杂的复合类型的概念。

指针是内存地址，指针变量是命名的确定类型数据的地址。指针主要用途有三：

(1) 关联数据：通过指针指向被关联的对象，可表示更复杂的数据结构(例如链表)；

（2）提高效率：指针作为函数形参能实现指针传递，方便函数处理大内存数据；

（3）动态内存：动态申请使用内存、动态回收内存，提高内存使用效率。

引用是变量的别名，引用变量是确定类型数据的别名。要区分左值引用和右值引用。左值引用是对命名变量（左值表达式）的别名，而右值引用是对匿名变量（右值表达式）的别名。引用与指针的区别在于，引用是一次性绑定的、自身无存储的高级概念，而指针是可灵活绑定的、具有内存存储的底层概念。

引用的主要用途如下：

（1）函数形参与返回：左值引用实现命名变量的引用传递，右值引用实现匿名变量或临时对象的引用传递；

（2）右值引用将支持移动语义，并且函数模板中的右值引用还将支持完美转接；

（3）左值引用可作为自定义类型的成员。

指针是有存储的，存在指针的指针。引用是无存储的，不存在引用的引用。对引用求址并非引用的指针，而是引用所绑定的实体的指针。引用是单值，不存在引用的数组。右值引用与左值引用在语法上是对称的，同样可定义对数组、指针和函数的右值引用。

指针的扩展类型还有类成员的指针，将在第 10 章介绍。

本章还介绍了 Lambda 函数和表达式的简单用法，目的是促进 STL 算法的调用。

练 习 题

1. 语句 int k＝8，＊p＝&k;中＊p 的值是_____。

（A）指针变量 p 的地址值　　　　　（B）变量 k 的地址值

（C）变量 k 的值 8　　　　　（D）无意义

2. 下面初始化正确的是_____。

（A）float f; int ＊p＝&f;　　　　（B）int ＊p＝0x3000

（C）int k，＊p＝&k;　　　　（D）int k，&p＝&k;

3. 下面代码段输出结果为_____。

```
int a＝2，＊pa＝&a;
int b＝3，＊pb＝&b;
＊pa＊＝＊pa＊＊pb;
cout <<a <<endl;
```

（A）2　　　　（B）6　　　　（C）12　　　　（D）语法错

4. 下面不能表示空指针值的是_____。

（A）NULL　　　（B）0　　　　（C）nullptr　　　（D）ptrnull

5. 执行下面代码段后，b 的值为_____。

```
int a[]＝{1，2，3，4，5，6，7，8};
int ＊ p＝a＋4;
int b＝4＋＋＋ ＊p＋＋;
```

（A）8　　　（B）9　　　（C）10　　　（D）语法错

6. 在第 5 题条件下，＊p 的值为_____。

（A）4　　　（B）5　　　（C）6　　　（D）7

7. 假设有语句

```
struct Person{string name; }; Person p1{"tom"}, ＊p＝&p1;
```

下面表达式与 p －>name 等价的是_____。

（A）p.name　　　（B）＊p.name　　　（C）（＊p）.name　　　（D）＊（p.name）

8. 假设有语句

```
struct Person {string name; Person * father; };
Person p1{"tom"}, p2{"jerry", &p1}, * p = &p2;
```

下面表达式的值不是"tom"的是_____。

(A) p -> father -> name　　　　　　(B) p1. name

(C) p2. father -> name　　　　　　(D) p -> name

9. 下面表达式中不能访问二维数组 b 的第 i 行第 j 列元素的是_____。

(A) b[i][j]　　　　　　　　(B) * (b[i] + j)

(C) * (* b + i) + j　　　　　　(D) (* (b + i))[j]

10. 假设有语句如下:

```
void f3(int (*p)[4]);
int a[4] = {1, 2, 3, 4};
int b[3][4] = {{1, 2, 3, 4}, {5, 6, 7, 8}, {9, 10, 11, 12}};
```

下面调用为非法的是_____。

(A) f3(&a);　　　　　　　(B) f3(b[1]);

(C) f3(&b[1]);　　　　　　(D) f3(b);

11. 设有下面语句:

```
char * s1 = "C++ Programming";
char s2[] = "C++ Programming";
```

下面操作中不会导致错误的是_____。

(A) strcpy(s1, "C++");　　　　(B) s1 = "C++";

(C) s2 = s1;　　　　　　(D) strcpy(s2, "Java Programming");

12. 设有语句 int b[3][5]; 下面语句正确的是_____。

(A) int (*p)[5] = b;　　　(B) int * p[] = b;

(C) int * p[5] = b;　　　(D) (int *)p[5] = b;

13. 设有语句 int b[3][4]; 下面语句正确的是_____。

(A) int * p[] = {b[0], b[1], b[2]};

(B) int * p[] = b;

(C) int * p[2] = {b[0], b[1], b[2]};

(D) int * p[] = (int *[])b;

14. 设有语句如下:

```
void f4(int ** p);
int a[4] = {1, 2, 3, 4};
int b[3][4] = {{1, 2, 3, 4}, {5, 6, 7, 8}, {9, 10, 11, 12}};
int * q[3] = {b[0], b[1], b[2]};
```

下面调用合法的是_____。

(A) f4(a);　　　　　　　(B) f4(&a);

(C) f4(b);　　　　　　　(D) f4(q);

15. 设有语句如下:

```
char * c1[] = {"Red", "Green", "Blue"};
char c2[][6] = {"Red", "Green", "Blue"};
```

32 位系统中下面说法正确的是_____。

(A) sizeof(c1) 等于 sizeof(c2)

(B) sizeof(c1) 加 4 等于 sizeof(c2)

(C) sizeof(c1)大于 sizeof(c2)

(D) sizeof(c1)加 6 等于 sizeof(c2)

16. 下列选项中 main 函数原型错误的是＿＿＿＿＿。

(A) main(int argv, char *argc[])

(B) main(int arc, char **arv)

(C) main(int argc, char *argv)

(D) main(int a, char *c[])

17. 设有说明语句 int * (*fun)(int);其中 fun 表示＿＿＿＿＿。

(A) 一个返回值为指针型的函数名

(B) 一个指向函数的指针变量

(C) 一个指向一维数组的指针

(D) 一个用于指向 int 型的指针变量

18. 设有语句 int k=2, *intp=&k;那么表达式(*fun)(*intp)是＿＿＿＿＿。

(A) 说明一个函数指针 fun

(B) 将 int 变量 k 转换为指针类型 fun

(C) 通过函数指针 fun 来调用函数,实参为 *intp

(D) 错误表达式

19. 设有语句

```
int * f(int * p, int a) {return p + a; }
```

下面选项中函数指针作为函数返回的是＿＿＿＿＿。

(A) int * (*fp1)(int *, int) = f;

(B) int * (*fp2[4])(int *, int) = {f};

(C) int * f(int * (*fp)(int *, int)){return fp(nullptr, 3); }

(D) int * (*f())(int *, int) {return f; }

20. 设有语句 int a=3;下面选项中指针变量说明能使 *pa=5;正确编译运行的是＿＿＿＿＿。

(A) const int * pa = &a;

(B) int const * pa = &a;

(C) int * const pa = &a;

(D) const int * const pa = &a;

21. 设有语句 struct A {int x, y; };下面选项中指针的类型不同于其他三个的是＿＿＿＿＿。

(A) A *pa1 = new A;

(B) auto pa2 = new A{2, 3};

(C) auto pa3 = new A[3 * 4]{{1, 2}};

(D) auto pa4 = new A[3][4]{{{1, 2}}};

22. 设有语句

```
int n = 2;
int * a[] = {new int{n}, new int[2 * n]{4, 5, 6}, new int[2 * n]{1, 2, 3}};
```

则 a[1][3]的值是＿＿＿＿＿。

(A) 4   (B) 5   (C) 6   (D) 0

23. 设有语句如下:

```
char * carr = new char[20]{"Can be deleted!"};
for (int i = 0; i < 20; i ++)
    if (i == 0)
```

```
          char * carr = new char[30];
       delete[]carr;
```

以上代码存在_____问题。

(A) 内存泄漏　　　　(B) 重复回收　　　　(C) 挂空访问　　　　(D) 编译出错

24. 设有语句 float x = 6.2f; 下列语句中能说明 x 的引用的是_____。

(A) float &y = &x;　　　　　　　　　(B) float &y = x;

(C) float y = &x;　　　　　　　　　(D) float &y;

25. 设有说明语句 int m, n = 2, &p = n; 下面语句中能完成 m = n 赋值功能的是_____。

(A) m = &p;　　　(B) m = &n;　　　(C) m = p;　　　(D) m = & * p;

26. 下面代码的输出结果是_____。

```
       char *p = "abcdefgh", * r;
       int *q;
       q = (int *)p; q ++; r = (char *)q;
       cout << r << endl;
```

(A) abcd　　　(B) a　　　(C) efgh　　　(D) b

27. 下面程序的输出结果是_____。

```
       void fun(int * a, int * b)
       {int * k; k = a; a = b; b = k; }
       int main(void) {
           int a = 3, b = 6, * x = &a, * y = &b;
           fun(x, y); cout << a << ", " << b << endl;
       }
```

(A) 3, 3　　　(B) 3, 6　　　(C) 6, 3　　　(D) 6, 6

28. 下面程序的输出结果是_____。

```
       void amovep(int * p, int a[], int n) {
           for(int i = 0; i < n; i ++) {
               *p = a[i]; p ++;
           }
       }
       int main(void) {
           int * p, a[9] = {1, 2, 3, 4, 5, 6, 7, 8, 9};
           p = new int[10]; amovep(p, a, 9);
           cout << p[2] << ", " << p[5] << endl;
           delete []p;
       }
```

(A) 3, 3　　　(B) 3, 6　　　(C) 6, 3　　　(D) 6, 6

29. 下面程序的输出结果是_____。

```
       void sub(int * a, int n, int k) {
           if(k <= n) sub(a, n/2, 2 * k);
           *a += k;
       }
       int main(void) {
           int x = 0;
           sub(&x, 8, 1);
           cout << x << endl;
       }
```

(A) 8　　　(B) 2　　　(C) 6　　　(D) 7

30. 下面程序的输出结果是_____。

```
       const int n = 5;
       int main(void) {
           int a[n] = {3, 10, 5, 6, 12};
```

```
    int *p1 = a, *p2 = a + n - 1;
    while (p1 < p2) {
        int x = *p1; *p1 = *p2; *p2 = x;
        p1 ++; p2 --;
    }
    for (int k = 0; k < n; k ++) cout << *(a + k) << "  ";
    cout << endl;
}
```

(A) 3 6 5 10 12   (B) 3 5 6 10 12

(C) 12 10 6 5 3   (D) 12 6 5 10 3

31. 设有语句 int a = 3; int b[5]; int * pa = &a; 下面表达式中不是左值的是_____。

(A) b[1]   (B) ++a   (C) *pa   (D) a + b[1]

32. 设有语句 int a = 3; 下面语句中是错误的是_____。

(A) int &ra = a;   (B) int &&rr1 = a;

(C) int &&rr2 = a + 2;   (D) int &&rr3 = 4;

33. 编译执行下面语句，输出结果是_____。

```
void f1(int a) {cout << "f1"; }
void f1(int&a) {cout << "f2"; }      //A
void main() {
    int a = 3;
    f1(a);                           //B
}
```

(A) f1   (B) f2

(C) A 行编译出错   (D) B 行编译出错

34. 编译执行下面语句，输出结果是_____。

```
int a = 3;
int &&ra = a - 1 + 1;
ra += 2;
cout << ra << "  " << a << endl;
```

(A) 5 5   (B) 5 3   (C) 3 3   (D) 3 5

35. 假设有如下语句：

```
int a = 3;
f1(a + 2); f1(a); f1(2);
```

下面函数中能满足上面所有调用的是_____。

(A) void f1(int& a) {cout << "f1"; }

(B) void f1(int&& a) {cout << "f2"; }

(C) void f1(const int&& a) {cout << "f3"; }

(D) void f1(const int& a) {cout << "f4"; }

36. 假设有如下函数：

```
void f1(int&a) {cout << "f1"; }
void f1(int&&a) {cout << "f2"; }
void f1(const int&&a) {cout << "f3"; }
void f1(const int& a) {cout << "f4"; }
```

函数调用 f1(3)，输出结果为_____。

(A) f1   (B) f2   (C) f3   (D) f4

37. 下面代码输出结果是_____。

```
int n = 3;
auto fn = [&n](int x) {return x * n; };
```

```
cout << fn(2) << "   ";
n ++;
cout << fn(2);
```

　　(A) 3　4　　　　　　　(B) 6　8　　　　　　(C) 6　6　　　　　　(D) 6　9

38. 下面代码输出结果是＿＿＿＿＿。

```
int a = 1, b = 2;
[ =, &b](int c){b += a + c; }(3);
cout << b;
```

　　(A) 4　　　　　　　　(B) 5　　　　　　　(C) 6　　　　　　　(D) 1

39. 下面程序的输出结果是＿＿＿＿＿。

```
#include <iostream>
#include <type_traits>
using namespace std;
int main() {
    int a = 3;
    int b[5];
    int * pa = &a;
    cout << boolalpha;
    cout << is_lvalue_reference <decltype(b[1]) >::value << endl;
    cout << is_lvalue_reference <decltype( ++a) >::value << endl;
    cout << is_lvalue_reference <decltype(*pa) >::value << endl;
    cout << is_lvalue_reference <decltype(a) >::value << endl;
    return 0;
}
```

40. 下面程序的输出结果是＿＿＿＿＿。

```
#include <iostream>
using namespace std;
using FUNC = int(*)(int *, int *, int *);
void show(FUNC fun, int arg1, int * arg2) {
    int temp = arg1 + 1;
    fun(&temp, &arg1, arg2);
    cout << *arg2 << endl;
}
int main() {
    int a;
    show([](int *a, int *b, int *c) {return *c = *a * *b; }, 10, &a);
    cout << a << endl;
    return 0;
}
```

41. 根据要求编写完整的程序。

　　(1) 编写一个函数，把 n 厘米转换为 x 英尺 y 英寸，结果保存在局部变量中；再编写一个函数，将 x 英尺 y 英寸转换为 n 厘米(n, x, y 都是正整数)；最后编程验证函数的正确性。提示：1 英尺等于 12 英寸，1 英寸等于 2.54 厘米。

　　(2) 编写一个程序，管理一组文件目录。一个目录可以没有子目录，也可以有多个不重名的子目录，现要求可以创建子目录，可以显示从根目录到子目录的完整路径，可以实现子目录移动。提示：建立目录结构，包含指向其父目录的指针，并确保指针不会形成环形结构。可约定"C:"作为顶级目录。

　　(3) 编写一个程序，对一个 int 数组中的任意两个元素按多种条件计数。例如：计算有多少对元素互为相反数，计算有多少对元素相邻(相差 1)。要求编写一个通用函数，可用 Lambda 表达式描述不同条件。

　　(4) 编写一个程序，先输入 n > 2，再输入 n 个不同长度的字符串，然后对这些串进行多种计算。例如：按串内容进行排序，计算每个串重复出现的次数并按次数降序排序。要求不能假设 n 最大值，也不能按假设每个串统一长度造成内存浪费。

（5）输入一个字符串，串内有数字和非数字字符，将其中连续的数字作为一个整数依次存放到一个整型数组中。例如输入字符串：

```
abc2345 345rrf678 jfkld945
```

将 2345 存放到 b[0]，345 放入 b[1]，依次类推。统计出字符串中的整数个数，并输出这些整数。

（6）基于互联网和卫星定位的共享单车会产生大量的使用记录。一条使用记录说明一部车与一个用户在特定时间段和地点（起始地点、目标地点）所发生的服务事件。基本约束条件如下：① 一部车不可能在同一时间段中被多个用户使用，也不可能同时出现在多个地点；② 一个用户不可能在同一时间段中使用多部车。模拟一家单车企业，有 n 部车，m 个注册用户，以半小时为单位计费（假设费率不变）；同时为简化计算，将停车地点表示为简单字符串，如 d1，d2 等。要求完成下面计算：

① 指定一部车，计算该车在一天中被使用时间长度（以分钟为单位），从而计算出时间使用效率(%)；

② 计算所有车辆的平均时间使用效率；

③ 计算所有的起始地点和目标地点；

④ 计算被使用最多或最少的 3 个地点；

⑤ 计算某用户的当前应付费用以及行车记录，进一步得出所有用户当前应付费用的汇总值。

第9章 类和对象

面向对象编程以类为基础,而类(class)是一种用户定义类型。一个类是一组具有共同属性和行为的对象的抽象描述,面向对象程序则是由一组类构成。本章主要探讨类和对象的基本概念。面向对象编程具有封装性、继承性、多态性等特性,本章主要介绍封装性的初步知识。

9.1 类

定义一个类,就是描述类名及其成员。而对于成员,还要描述其可见性。本节还将介绍类与结构之间的区别。

9.1.1 类的定义

如何定义一个类?习惯上将一个类的定义分为两个部分,即说明部分和实现部分。说明部分包括数据成员和成员函数原型,实现部分描述各成员函数的具体实现。类的一般格式如下:

```
//类的说明部分
class <类名>{
private:
    <成员>              //私有成员
protected:
    <成员>              //保护成员
public:
    <成员>              //公有成员
};
//类的实现部分
<成员函数的实现>
```

其中,class 是说明类的关键字,结构 struct 也作为类;<类名>是一个标识符;一对花括号表示类的作用域,也称为类体;分号表示类定义结束。

关键字 public, private 和 protected 称为访问控制修饰符,描述了类成员的可见性。每个成员都有唯一的可见性。

类中可以没有成员,也可有多个成员。类的成员大致可分为数据成员、成员函数与其他成员。数据成员描述对象所持有的值,通常称为对象的属性。成员函数描述该类对象调用时提供的某项服务或某种计算。成员函数与普通函数的区别是在调用时必须确定一个作用对象,也称为当前对象。

一个类为其成员提供一个作用域,称为类作用域。作用域中所有成员都不允许重名。

一个类中的多个成员没有前后次序,但最好把成员按照其可见性放在一起。私有成员、保护成员、公有成员分别组成组,这三组之间没有次序要求,而且每一组内的多个成员之间也没有次序要求。

成员函数的实现既可在类体内描述，也可在类外描述。在类外实现的函数必须说明它所属的类名，格式如下：

<返回值> <类名>∷<成员函数名> (形参表) {成员函数体}

例 9.1　一个日期 Date 类，该类的每个对象都是一个具体的日期。

```cpp
#include <iostream>
using namespace std;
class Date{
private:
    int year, month, day;
public:
    void setDate(int y, int m, int d);
    bool isLeapYear();
    void print(){
        cout << year << ". " << month << ". " << day << endl;
    }
};
void Date::setDate(int y, int m, int d){
    year = y;
    month = m;
    day = d;
}
bool Date::isLeapYear(){
    return year% 400 ==0 || year% 4 ==0 && year% 100 !=0;
}
int main(void){
    Date date1, date2;
    date1.setDate(2000, 10, 1);
    date2.setDate(2009, 4, 3);
    cout << "date1: ";
    date1.print();
    cout << "date2: ";
    date2.print();
    if (date1.isLeapYear())
        cout << "date1 is a leapyear. " << endl;
    else
        cout << "date1 is not a leapyear. " << endl;
    if (date2.isLeapYear())
        cout << "date2 is a leapyear. " << endl;
    else
        cout << "date2 is not a leapyear. " << endl;
    return 0;
}
```

执行程序，输出结果如下：

```
date1: 2000.10.1
date2: 2009.4.3
date1 is a leapyear.
date2 is not a leapyear.
```

Date 类中定义了 3 个私有 int 型数据成员 year，month 和 day，分别表示某个日期的年、月、日；还定义了 3 个公有成员函数，其中 setDate 函数用来为对象设置年月日，isLeapYear 函数判断是否为闰年，print 函数用来输出。print 函数在类中给出实现，而另外两个函数在类外实现。

我们往往用图来描述类的结构。一个类的封装结构如图 9.1 所示。一个类可抽象为一个封装体，用一个矩形框表示，其中描述类的名字；也可以在类名下面的隔间里描述一组数据成员；比较完整的形式是用 3 个隔间，分别描述类名、数据成员和成员函数原型，且一个成员占一行,成员前面标注减号"-"表示私有成员,加号"+"表示公有成员,井号"#"表示保护成员。这样的图被称为类图,能看到一个类的成员构成,而暂时忽略成员函数的实现细节。

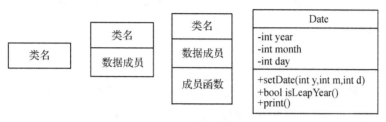

图 9.1　类的封装结构的不同表示

类的外部代码只能看到类名和公有成员。可用类名来创建对象,然后调用公有成员操作对象、改变或读取对象状态。

9.1.2　类成员的可见性

类或结构的成员有 3 种访问控制修饰符:private(私有),protected(保护)和 public(公有),每个成员只能选择其中之一。

(1) private:私有成员只允许本类的成员函数访问,对类外部不可见。数据成员往往作为私有成员。

(2) protected:保护成员能被本类成员函数访问,也能被派生类访问,但其他类不能访问(派生类将在第 11 章介绍)。

(3) public:公有成员对类外可见,类内部也能访问。公有成员作为该类对象的操作接口,使类外程序能操作对象。成员函数一般作为公有成员。

按不同的可见性,类的各成员形成一种封装结构,如图 9.2 所示。

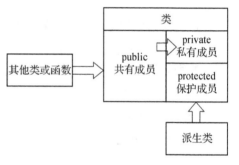

图 9.2　类成员的可见性

假如有一个全局函数如下:

```
void datePrint(Date & d){
    cout <<d. year <<endl;          //错误:year 是私有成员
    d. print();                     //正确:print 是公有成员
}
```

函数 datePrint 并非成员函数,其形参是类 Date 的一个对象。由于 year 是类 Date 中的私有成员,因此在非成员函数中对私有成员 year 的访问是非法的;成员函数 print 是类 Date 中的公有成员,因此在该函数中调用 d. print( )是合法的。编译器能指出所有的非法访问。

为什么常把数据成员设置为私有,而将成员函数设置为公有? 从类的内部来看,数据是被动的,只能被成员函数所改变,这样数据应该被隐藏在函数的后面。从类的外部来看,一个类被封装就是不希望外部程序直接访问或改变对象内部的数据,因为这样虽然访问效率高,但不安全。类希望通过调用成员函数来间接访问数据,这样使调用方编程既安全也简单,因为调用方无需知晓类内部的数据构成,只需知道有哪些公有成员函数可供调用。

从形式上看,一个类中的访问权限修饰符可以任意顺序出现,也可出现多次,但一个成员只能具有一种访问权限，因此最好将同一种可见性的成员放在一起。类 Date 可定义如下：

```
class Date{
    int year, month, day;              //class 中默认为私有
public:
    void setDate(int y, int m, int d);
        int isLeapYear();
        void print();
};
```

C++ 中约定类缺省的访问权限为私有，即 year，month 和 day 作为私有成员，要求私有成员列在类的最前面。而在结构 struct 中缺省为公有。

9.1.3 类的数据成员

类中的数据成员（也称为成员对象）描述对象的属性。数据成员必须在类体中定义，其定义方式与一般变量相同，但对数据成员的访问要受到访问权限修饰符的限制。

C++ 11 允许对类中的非静态数据成员添加初始化。例如：

```
class Myclass{
    int a = 7;
    bool b {true};
    decltype(3.14) c = 3.14;           //c : double
    char label[20] = "Huawei";         //必须指定数据大小, 不能缺省
    ...
};
```

成员初始化与变量初始化形式有所不同，不能用圆括号，也不能用 auto 来自动推导成员类型，但可用 decltype 来推导。

数据成员可以是数组，也可带初始化，但必须指定数组大小，而不能由初始化列表来推导其大小。

在定义类的数据成员时，要注意以下几个问题：

（1）成员的数据类型可以是任意类型，除了自身类，但自身类的指针可作为该类的成员。例如：

```
class A{
    A a;                               //错误
    A * pa;                            //正确
};
```

这是因为创建类的一个对象时，也要自动创建其成员的对象。

（2）多个数据成员之间不能重名。一个类作为一个作用域，不允许命名冲突。

（3）一般来说，类定义在前，使用在后。但如果类 A 中使用了类 B，而且类 B 也使用了类 A，此时就需要"前向说明"。例如：

```
class B;                              //前向说明, B 是一个类
class A{
    ...
public:
    void f(B b);                      //类 A 使用了类 B
};
class B{                             //类 B 的说明
    ...
public:
    void g(A a);                     //类 B 使用了类 A
};
```

对于一个类,如何确定其数据成员至关重要,即一类对象应首先确定要描述哪些属性和状态。下面从实际需求出发来分析几类对象的属性和状态。

(1)把一个普通人作为一个对象时,就要描述其姓名、性别、出生日期、身份证号等属性。每一个人在任何时刻都具有这些属性的值来表示其状态。

(2)把手机通讯录中的一个联系人作为一个对象,就要描述其姓名、固定电话、移动电话、电子邮箱等属性。

(3)把一名大学生作为一个对象,除了要描述作为普通人的属性之外,还要描述其学号、专业、所在学院/系、入学日期、奖惩信息、课程成绩等属性。

(4)把一门大学课程作为一个对象,就要描述课程的名称、类别、编号、学分、授课学时、上机学时、实践学时、上课学期、先修课程、内容简介等属性。

(5)把二维平面上的一个点作为一个对象,就要描述其坐标,即(x,y)。每一个点都具有明确的坐标值来表示其状态。

(6)把一个时刻作为一个对象,除了要描述日期的年、月、日属性之外,还要描述时、分、秒。

每个属性都具有确定的类型。例如,姓名应是字符数组或字符串 string 类型;性别应该是字符型 char;出生日期应该是 Date 型。有些属性可用基本类型表示,但有些属性需要用自定义类型表示。

一个属性的值可能是单个,也可能是多个。例如,一名大学生具有多门课程的成绩,此时就需要某种类型的数组作为成员的类型。

对于一个属性,应区分是原生属性还是派生属性。例如某人出生日期是原生属性,而年龄则是一个派生属性,可由当前日期和出生日期计算出来。因此年龄一般不作为类的基本属性,往往是设置一个 getAge()函数来计算并返回一个人的年龄。

一个类的多个原生属性之间应能独立改变,避免改变一个属性还要改变其他属性。

描述一类对象的属性时应根据实际需求完整地描述,不能遗漏重要属性,也不能描述重复的或不相关的属性。

一个类中的数据成员是最重要的部分。而在某种程度上,属性决定了该类的成员函数。

需要注意的是,本章所讲数据成员都是非静态数据成员。

9.1.4 类的成员函数

一个类的成员函数描述了该类对象的行为,即该类对象所能执行的一种操作,目的是为了完成一项功能,从而向类外提供一种服务。

按面向对象设计惯例,类的成员函数一般是公有的,使该类的外部程序能调用,而成员函数内部实现的过程细节则不为外部程序所知。一个类的外部程序仅需知道该类中的公有成员函数的函数名、形参、返回值,就能调用这些成员函数来作用于特定对象。

在类的数据成员确定之后,设计一组成员函数有以下模式:

(1)如果一个数据成员可被改变,往往用一个 setXxx(一个形参)函数来实现。"Xxx"就是数据成员的名字,而且形参类型往往与数据成员的类型一致。

(2)如果一个数据成员可被读取,往往用一个 getXxx()函数来返回这个数据成员。

"Xxx"就是数据成员的名字，返回类型往往与数据成员的类型一致。

（3）如果一个数据成员是只读的（read only），即不能改变，那么该数据成员应设为私有，再设计一个公有的 getXxx( )函数来读取它。

（4）如果要从已有的数据成员中计算并返回一个值，往往用一个 getXxx( )成员函数来实现。如果成员函数返回 bool 类型，往往用 isXxx( )函数来实现。

在定义类的成员函数时，应注意以下问题：

（1）对于一个私有数组成员，不能用一个函数来返回一个指针指向该数组，这样外部程序就能随意改变各元素，私有可见性将形同虚设。例如：

```
class A{
    int a[3];                           //私有数据
public:
    int * getA(){return a; }
    int getAvg(){return (a[0] + a[1] + a[2])/3; }
};
```

（2）不能设计公有成员函数来返回私有数据成员的指针或引用，否则会使私有访问权限失效。例如：

```
class A{
    double d;                           //私有数据
public:
    double * getD(){return &d; }        //返回私有数据的指针
    double &getDref(){return d; }       //返回私有数据的引用
};
```

（3）如果在类体外定义成员函数，必须在成员函数名前加上类名和作用域运算符(::)，但不应再添加可见性修饰符。

（4）一个类中的多个成员函数可重载（overload），即函数名相同，但形参个数或类型须不同。一个函数的名称及其形参作为一个整体称为该函数的基调或特征（signature），一个类中的各个成员函数应具有不同的基调。

例 9.2 设计一个类 Person 表示人，类图如图 9.3 所示。除了要表示一个人的姓名、性别之外，还要表示一个人的出生日期。

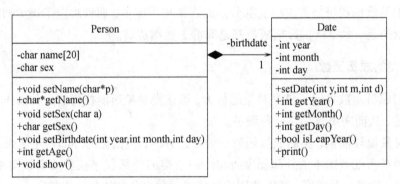

图 9.3　Person 类的设计

Person 类使用了前面例 9.1 中介绍的 Date 类，并将 Date 类的一个对象作为自己的一个数据成员 birthdate。

编程如下：

```cpp
#define _CRT_SECURE_NO_WARNINGS
#include <iostream>
#include <string>
#include <time.h>
using namespace std;
class Date{                              //先说明 Date 类
    int year, month, day;
public:
    void setDate(int y, int m, int d){
        year = y;
        month = m;
        day = d;
    }
    int getYear(){return year; }
    int getMonth(){return month; }
    int getDay(){return day; }
    bool isLeapYear(){
        return year% 400 ==0 || year% 4 ==0 && year% 100 !=0;
    }
    void print(){
        cout << year << "年" << month << "月" << day << "日";
    }
};
class Person{
    string name;
    char sex;                            //f =女性, m =男性, u =未知
    Date birthdate;
public:
    void setName(const char * p){
        name = p;
    }
    const char * getName(){return name. c_str(); }
    void setSex(char s){
        if (s == 'm' || s == 'f')
            sex = s;
        else
            sex = 'u';
    }
    char getSex(){return sex; }
    void setBirthdate(int year, int month, int day){
        birthdate. setDate(year, month, day);
    }
    int getAge(){                              //计算周岁
        time_t ltime = time(NULL);             //取得当前时间
        tm * today = localtime(&ltime);        //转换为本地时间
        int ctyear = today -> tm_year +1900;   //取得当前年份
        int cmonth = today -> tm_mon +1;       //取得当前月份
        int cday = today -> tm_mday;
        if (cmonth > birthdate. getMonth() ||
            cmonth ==birthdate. getMonth() && cday >=birthdate. getDay())
            return ctyear - birthdate. getYear();
        else
            return ctyear - birthdate. getYear() - 1;
    }
    void show(){
        cout << (sex == 'f' ? "她是" : "他是") << getName();
        cout << "; 出生日期为"; birthdate. print();
        cout << "; 年龄为" << getAge() << endl;
    }
};
int main(){
```

```
Person a, b;
a.setName("王翰");
a.setSex('m');
a.setBirthdate(1990, 4, 9);
a.show();
b = a;
b.show();
b.setName("李丽");
b.setSex('f');
b.setBirthdate(1989, 9, 2);
b.show();
return 0;
}
```

执行程序，输出结果如下：

他是王翰；出生日期为 1990 年 4 月 9 日；年龄为 26
他是王翰；出生日期为 1990 年 4 月 9 日；年龄为 26
她是李丽；出生日期为 1989 年 9 月 2 日；年龄为 27

在 Person 类中对 3 个成员数据设计了一组函数，这些函数以 setXxx 或 getXxx 形式出现，称为访问函数。其中，"Xxx"表示某个属性的名字；setXxx 函数称为设置函数（setter），用于改变某个属性的值；getXxx 函数称为读取函数（getter），用于读取某个属性的值。在面向对象编程中，这种编程模式经常出现。

对于这种模式有这样的疑问：对于一个属性，如 sex，既可以用 setSex 来改变，也能用 getSex 来读取，那为什么不把该属性设为公有 public，而要多加这两个访问函数？如果将该属性设为公有 public，这两个访问函数就无效了。但如果这样的话，类外部程序就可任意来改变这个属性。例如对性别 sex 的值有如下约定：'f'表示女性，'m'表示男性，'u'表示未知，不允许有其他值。若外部程序可任意改变其值，那么上面约定就无效了。一个类对外部必须建立合理的、充分的、明确的、稳定的约定，外部编码只需遵循该约定就能简化自己的设计。

Person 类将 Date 类的一个对象 birthdate 作为自己的私有成员，但 Person 类中的成员函数不能直接访问对象 birthdate 中的私有成员 year，month 和 day，只能调用 Date 类中的公有函数。

9.1.5　类与结构的区别

第 7 章介绍了结构类型。C++ 中结构也可定义数据成员、成员函数、构造函数、析构函数等等，也能用关键字 private，public 和 protected 来确定成员的可见性。

结构与类的区别是类成员缺省为私有 private，而结构成员缺省为公有 public。例如：

```
class foo {
public:
    int a, b;
    void show() {cout << a << " " << b << endl; }
};
```

等同于

```
struct foo {
    int a, b;
    void show() {cout << a << " " << b << endl; }
};
```

如果只需描述一组数据成员，不需要描述针对这些数据的成员函数，使用结构更简单；如果数据成员和成员函数都是公有的，也适用结构。完成同一设计既可用类也可用结构，因此当我们称 XX 类时，它可能是 class，也可能是 struct。

9.2　对象

如何使用一个类？首先是创建该类的对象，然后操作对象来完成计算。下面我们介绍对象概念、如何创建对象以及如何访问对象的成员。

9.2.1　对象的创建

对象是什么？一个对象（object）是某个类的一个实例。那么实例又是什么？一个实例（instance）是某个类型经实例化所产生的一个实体。例如 3 就是 int 类型的一个实例。但通常 3 并不作为一个对象，int 也不是一个类。

在创建一个对象时，先说明该对象所属的类。创建一个新对象就是该类的一次实例化。创建一个对象的一种格式如下：

　　<类名> <对象名>[{ <实参表> }];

其中，<类名>是对象所属类的名字。对象名之后可用一对花括号说明<实参表>，用来初始化该对象的数据成员。如果实参非空且数据成员为私有，就需要定义构造函数。

对于上面 foo 类，有如下多种创建对象的方式：

```
foo f;                   //{随机}
foo a{2, 3};             //a = 2, b = 3
foo b{4};                //a = 4, b = 0
foo c{};                 //a = 0, b = 0
```

对于前面介绍的 Person 类，有下面代码：

```
Person a, b;             //创建两个 Person 对象
Person ps[20];           //创建一个数组，包含 20 个 Person 对象作为该数组的元素
Person *pa = &a;         //说明 Person 类的一个指针，并指向对象 a
Person &rb = b;          //说明 Person 类的一个引用，并作为对象 b 的别名
Person *pa2 = new Person; //用 new 动态创建一个对象
delete pa2;              //用 delete 撤销一个对象
```

而创建对象的形式与前面介绍的结构类型中说明变量一样。

一个对象具有封装性。如图 9.4 所示，将一个对象描述为一个封装体，先说明对象的名字并在冒号后说明它所属的类名，再用下划线表示它是一个实例，然后描述各个数据成员的名字及值。在描述一个对象时不需要描述其成员函数。创建对象时需要为对象占据一块连续内存空间，其中仅存放非静态数据成员，因此 sizeof(Person) 与 sizeof(a) 是一样的。

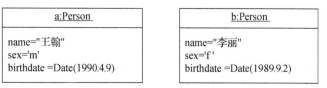

a:Person	b:Person
name="王翰"	name="李丽"
sex='m'	sex='f'
birthdate =Date(1990,4,9)	birthdate =Date(1989,9,2)

图 9.4　对象的结构

一个对象内可以包含其他类的一个或多个对象。例如，一个 Person 对象就包含了一个 Date 对象作为其成员对象（第 10 章将详细介绍成员对象）。

9.2.2　访问对象的成员

操作一个对象是通过访问该对象的成员来实现的。对象的类中所定义的成员包括数据成员和成员函数。可用"."运算符或者"->"运算符来访问对象的成员，其中"."运算符适用于一般对象和对象引用，而"->"运算符适用于对象指针。

例 9.3　描述二维平面上的点 Point，一个点作为一个对象。

建立一个 Point 类，其结构如图 9.5 所示。Point 类不仅能表示点的相对移动，还能计算两个点之间的距离。

编程如下：

```cpp
#include <iostream>
#include <math.h>
using namespace std;
class Point{
    int x, y;
public:
    void setPoint(int x, int y){           //设置坐标
        this->x = x;
        this->y = y;
    }
    void moveOff(int xOff, int yOff){      //相对移动
        x += xOff;
        y += yOff;
    }
    int getX() {return x; }
    int getY() {return y; }
    double distance(Point & p){            //计算当前点与另一个点 p 之间的距离
        double xdiff, ydiff;
        xdiff = x - p.x;                   //访问 p 对象的私有成员 x
        ydiff = y - p.y;                   //访问 p 对象的私有成员 y
        return sqrt(xdiff * xdiff + ydiff * ydiff);
    }
    void show(){                           //显示当前点对象的坐标
        cout << "(" << getX() << ", " << getY() << ")" << endl;
    }
};
int main(){
    Point p1, p2;
    p1.setPoint(1, 2);
    p2.setPoint(3, 4);
    cout << "p1 is "; p1.show();
    cout << "p2 is "; p2.show();
    cout << "Distance is " << p1.distance(p2) << endl;      //A
    p1.moveOff(5, 6);
    p2.moveOff(7, 8);
    cout << "after move" << endl;
    cout << "p1 is "; p1.show();
    cout << "p2 is "; p2.show();
    cout << "Distance is " << p1.distance(p2) << endl;      //B
    return 0;
}
```

Point
-int x
-int y
+void setPoint(int x,int y)
+void moveOff(int xOff,int yOff)
+int getX()
+int getY()
+double distance(Point &p)
+void show()

图 9.5　Point 类的结构

执行程序，输出结果如下：

```
p1 is (1, 2)
p2 is (3, 4)
Distance is 2.82843
after move
p1 is (6, 8)
p2 is (10, 12)
Distance is 5.65685
```

上面程序中，成员函数 setPoint 用来设置坐标位置，其中使用了 this –> x 来表示当前对象的 x 坐标。我们将在第 9.3 节介绍 this 指针的作用。

成员函数 distance 用来计算当前点与形参点 p 之间的距离。在 A 行和 B 行调用了此函数，p1 作为当前对象，而将 p2 作为实参，其与 p2. distance（p1）结果一样。

9.2.3 类与对象的关系

类是创建对象的样板，由这个样板可以创建多个具有相同属性和行为的对象。类是对象的抽象描述，类中包含了创建对象的具体方法。在运行时刻，类是静态的，不能改变。一个类的标识就是类的名称。C++ 程序中的类都是公共的，可以随时对一个类创建对象。

一个对象是某个类的一个实例，而创建一个对象的过程被称为某个类的一次实例化。在运行时刻，对象才真正存在。对象是动态的，具有一定的生存期，并且一个对象在其生存期中不能改变它所属的类。程序员通过对象的名字、数组下标、指针或引用来区分对象。

一个类的多个对象分别持有自己的数据成员的值，且相互间独立。例如，Point p1, p2; 创建了两个对象，这两个对象分别持有自己的 x 和 y。当执行 p1. setPoint (1, 2); 语句，改变 p1 的 x 和 y 时，对其他对象没有影响。但不能认为每个对象都持有一份成员函数的拷贝。例如执行 p2. setPoint (3, 4); 语句，看起来 p1 和 p2 分别持有自己的 setPoint 函数，实际上不论创建多少对象，成员函数的空间只由多个对象共享，并没有独立的拷贝。

9.3　this 指针

在前面的 Point 类中说明的 setPoint 成员函数如下：

```
void setPoint(int x, int y){
    this –> x = x;
    this –> y = y;
}
```

函数体中的 this 是什么？C++ 为每个成员函数都提供了一个特殊的对象指针——this 指针，它指向当前作用对象，使成员函数能通过 this 指针来访问当前对象的各成员。this 指针的类型为

```
class <类名 > * const
```

其中，<类名 >就是当前类的名字。this 指针是常量，不能在函数中改变它，使其指向其他对象，它只能指向当前作用对象。

当前作用对象是什么？当前作用对象就是成员函数调用时所确定的一个对象。例如，当执行 p1. setPoint (1,2); 时，p1 对象就是 setPoint 函数的当前作用对象，也称为当前对象。每个非静态成员函数在执行时都要确定一个当前作用对象，所以在每个非静态的成员函数内都可以使用 this 指针。

this 指针是隐含的，它隐含于每个类的成员函数中。例如，一个成员函数如下：

```
void moveOff(int xOff, int yOff){
    x += xOff;                    //等价于 this -> x += xoff;
    y += yOff;                    //等价于 this -> y += yoff;
}
```

函数体中的访问成员 x 和 y 都隐含着"this -> x"和"this -> y"，表示访问当前作用对象的 x 和 y。当调用一个对象的成员函数时，编译程序先将对象的地址赋给 this 指针，然后调用该成员函数，每次成员函数访问数据成员时都隐含使用了 this 指针。

通常，this 指针的使用都是隐含的，但在特定场合必须显式地使用。例如前面的 setPoint 函数，如果省去"this ->"，将变成"x = x；y = y；"，而这里的 x 和 y 是函数的形参，而不是类 Point 的成员，语法上虽然没有错，但不能给成员 x 和 y 赋值。

关于 this 指针的使用要说明两点：

（1）this 指针是一个 const 型常量指针，因此在成员函数内不能改变 this 指针的值，但能通过 this 指针来改变对象的值，就像"this -> x = x；"。

（2）只有非静态成员函数才有 this 指针，静态成员函数没有 this 指针（静态成员函数将在第 10 章介绍）。

9.4　类中的其他内容

在一个类中，除了数据成员和成员函数之外，还可定义以下内容。

（1）构造函数和析构函数

① **构造函数**：描述该类在创建一个对象过程中如何对数据成员进行初始化。包括：

a）**缺省构造函数**：允许无参创建对象的构造函数（详见第 10.1.2 节）；

b）**拷贝构造函数**：形参是本类对象的左值引用，克隆一个对象（详见第 10.3.1 节）；

c）**移动构造函数**：形参是本类对象的右值引用，移动对象内容（详见第 10.4.2 节）；

d）**转换构造函数**：形参是其他类型，转换为本类对象，用户定义转换（详见第 10.3.5 节）；

e）其他构造函数。

② **析构函数**：描述撤销一个对象时要执行的清理工作（详见第 10.2 节）。

（2）两种赋值运算符函数：operator =（形参）

① **拷贝赋值函数**：形参是本类对象的左值引用，以拷贝方式赋值（详见第 10.3.2 节）；

② **移动赋值函数**：形参是本类对象的右值引用，以移动方式赋值（详见第 10.4.3 节）。

（3）特殊的数据成员

① **复合对象和成员对象**：如果一个数据成员是另一个类的对象，那么当前类就是一个复合对象类，该数据成员就是一个成员对象。此时要求构造函数和析构函数按特定次序执行（详见第 10.6 节）。

② **对象数组**：数据成员是某个类的数组（详见第 10.7 节）。

③ **静态成员**：表示该类所持有的变量，而非对象所持有的变量（详见第 10.8 节）。

（4）基类

即指定另一个类为基类，而自己为派生类。此时要求构造函数与析构函数按特定次序执行(详见第 11.1 节和第 11.2 节)。

（5）虚基类

为避免多继承导致二义性，用 virtual 修饰继承关系(详见第 11.4 节)。

（6）using 说明

派生类继承基类的构造函数或纳入指定成员(详见第 11.2.2 节与第 11.3.2 节)。

（7）其他特殊成员函数

① **虚函数**：可被派生类改写的成员函数，运行时实现动态多态性(详见第 11.6 节)。

② **纯虚函数**：只说明虚函数原型而不提供实现(详见第 11.6 节)。

③ **运算符重载函数**：用成员函数实现 operator 函数(详见第 12.1 节)。

（8）友元函数

说明非成员函数作为其友元，实现特定运算符，也可内联定义(详见第 12.2 节)。

（9）其他说明

① **嵌套类型**：类 A 中定义另一个类型 B(类、结构、枚举等)，用 A∷B 形式来访问；

② **类型别名**：类 A 中用 typedef/using 定义类型 B，用 A∷B 形式来访问；

③ **静态断言**：static_assert 语句，多出现在模板中(详见第 13.2.6 节)。

小　　结

（1）类(class)是一种用户定义类型，对象是类的实例，而面向对象编程就是类和对象的编程。本章作为面向对象编程的概述部分，简单介绍了类和对象的基本概念。

（2）类的成员有 3 种访问控制修饰符：private(私有)，protected(保护)和 public(公有)。每个成员只能选择其中之一。

（3）类与结构有很多相似，区别在于成员的缺省访问权限。

（4）一个对象是某个类的一个实例，每个对象都持有独立的数据成员的值。创建一个对象时，必须先说明该对象所属的类。

（5）在运行时刻，类是静态的，不能改变的。在运行时刻，对象才真正存在。对象是动态的，并具有一定的生存期。

（6）每个非静态成员函数都隐含有一个 this 指针，指向当前作用对象。当访问当前对象的成员时 this 指针自动起作用，但如果成员与函数形参或局部变量发生命名冲突时就需要显式使用 this 指针。

练　习　题

1. 关于类的成员，下面说法中是错误的是_____。

（A）类中的一个非静态数据成员表示该类每个对象都持有的一个值

（B）调用类中的一个非静态成员函数必须确定一个作用对象

（C）类中至少应包含一个成员

（D）类中的各个成员的说明没有严格次序

2. 关于类的成员的可见性，下面说法中错误的是_____。

（A）私有成员只能在本类中访问，而不能被类外代码访问

（B）一般将类的数据成员说明为私有成员，但不是绝对的

(C) 公有成员能被类外代码访问，而不能被同一个类中的代码访问

(D) 一般将类的成员函数说明为公有成员，但不是绝对的

3. 关于类的数据成员，下面说法中错误的是_____。

(A) 假设一个类名为 A，那么"A a;"不能作为类 A 的数据成员

(B) 在说明一个非静态数据成员时，可以添加初始化

(C) 类中的多个数据成员变量不能重名

(D) 如果有两个数据成员的可见性不同，它们就可以重名

4. 关于类的成员函数，下面说法中错误的是_____。

(A) 一般来说，一个类的成员函数对本类中的数据成员进行读写计算

(B) 如果一个数据成员希望是只读的，该成员应说明为私有，而且用一个公有的 getXxx 成员函数来读取它的值

(C) 一个类中的一组成员函数不能重名

(D) 公有成员函数不应返回本类的私有成员的指针或引用

5. 关于类与对象，下面说法中错误的是_____。

(A) 一个对象是某个类的一个实例

(B) 一个实例是某个类型经实例化所产生的一个实体或值

(C) 创建一个对象必须指定被实例化的一个类

(D) 一个类的多个对象之间不仅持有独立的数据成员，而且成员函数也是独立的

6. 关于对象成员的访问，下面说法中错误的是_____。

(A) 对于一个对象，可用"．"运算符来访问其成员

(B) 对于一个对象引用，可用"->"运算符来访问其成员

(C) 如果被访问成员是公有的，访问表达式可出现在 main 函数中

(D) 如果被访问成员是私有的，访问表达式只能出现在本类中

7. 关于 this 指针，下面说法中错误的是_____。

(A) 每个非静态成员函数都隐含一个 this 指针

(B) this 指针在成员函数中始终指向当前作用对象

(C) 在成员函数中直接访问成员 m，隐含着 this -> m

(D) 在使用 this 指针之前，应该显式说明 this

8. 定义一个类 Cat 来描述猫，一只猫作为一个对象应描述 age，weight，color 等属性，对这些属性编写读写函数。实现并测试这个类。

第 10 章　类的成员

类的成员除了数据成员和一般的成员函数，还包括构造函数和析构函数。这些函数用于支持对象的生命周期——从创建对象开始，然后调用其成员函数来操作对象，最后对象被撤销，结束其生命周期。本章先介绍构造函数和析构函数，然后进一步介绍复合对象、对象数组、静态成员、指针成员等。

10.1　构造函数

每个类都有构造函数，由系统调用，用于创建该类的对象并进行初始化。本节介绍一般构造函数、缺省构造函数和委托构造函数。

10.1.1　构造函数的定义

构造函数(constructor)是一种特殊的函数，其作用是在创建对象时由系统来调用，对新建对象的状态进行初始化。构造函数有以下特点：

① 名字必须与类名相同。

② 不指定返回值类型。

③ 可以无参，也可有多个形参。利用不同形参，一个类中可重载定义多个构造函数。

④ 创建一个对象时，系统会根据实参自动调用某个构造函数。

构造函数的格式如下：

类名(形参表)：<成员初始化表>{函数体}

其中，<成员初始化表>包含对本类多个数据成员的初始化，格式为

成员名(初始值)或{初始值}

初始值往往来自构造函数的形参。一个成员初始化相当于函数体中的一条语句：

成员名 = {初始值};

创建对象至少包括以下三种情形：

① 说明一个对象变量或数组；

② 用 new 运算符动态创建对象；

③ 创建匿名对象。

创建匿名对象有以下几种常见形式：

```
f(A(2));                    //创建对象并作为函数调用的实参
return A(3);                //创建对象并作为函数返回值
A(4).print();              //创建对象并调用其成员函数
a = A(5);                   //创建对象并赋值给 a
```

匿名对象也称为临时对象，相对于命名对象生命周期往往较短。如果用右值引用 && 指向

匿名对象，可延长其生命周期。

构造函数一般是公有的，使类外代码能按形参要求来创建对象。在特定情况下，构造函数也可能作为私有，以限制外部程序随意创建对象。

构造函数的用处是明确规范了类的使用者如何来创建对象，要求提供什么实参来初始化新建对象的状态，从而简化了类的使用。

10.1.2　缺省构造函数

每个类都应该有构造函数，否则就不能实例化创建对象。如果一个类中没有显式定义任何构造函数，编译器就自动生成一个无参的公有的构造函数，该构造函数就是一个缺省构造函数(default constructor)。自动生成的缺省构造函数是空体。前面介绍的类或结构中没有定义构造函数而能创建对象，就是因为调用了自动生成的缺省构造函数。如果类中显式定义了一个构造函数，编译器就不会再自动生成缺省构造函数。

类中也可以显式定义一个缺省构造函数。如果一个构造函数无参，或有形参但所有形参都是缺省值，它也是一个缺省构造函数。

缺省构造函数的好处是简化类的实例化过程，不需要提供任何实参就能创建对象。缺省提供的构造函数不做任何初始化，因此所有数据成员的值都可能是随机值。而类的设计往往要求显式定义缺省构造函数，对缺省初始化提供一种确定的实现。例如 Date 类的缺省构造函数可以将当前日期作为缺省初始化。

一个类最多只能有一个缺省构造函数，也可以没有缺省构造函数。

10.1.3　委托构造函数

同一个类中往往有多个构造函数。如果多个构造函数具有一些共同行为，应避免重复编码。通常有两个办法，一个办法是建立一个成员函数，让多个构造函数来调用；另一个办法就是 C++11 引入的委托构造函数(delegating constructor)。

C++11 之前的构造函数中不能调用本类其他构造函数，而委托构造函数是能调用本类其他构造函数的构造函数。被调用的构造函数称为**目标构造函数**(target constructor)。委托构造函数的语法形式如下：

<类名 > (形参表)：<u><类名 > (实参表)</u> {函数体}

其中，下划线部分确定调用另一个构造函数（注意实参表编码应避免调用自己），即先按实参表调用构造函数，然后再执行自己的函数体。

委托构造函数有两个限制：一是不能做成员初始化，但可以在函数体中对成员初始化；二是函数体中不能调用目标构造函数。下面是一个例子：

```
class X {
    int type = 1;
    char name = 'a';
    void initRest() {/* 其他初始化 */}              //私有成员函数
public:
    X() {initRest(); }                             //目标构造函数
    X(int x) : X(){type = x; }                     //委托构造函数 1
    X(char e) : X(){name = e; }                    //委托构造函数 2
};
```

上面程序中，第 1 个构造函数调用了一个私有成员函数 initRest( )；第 2 个构造函数是委托构造函数，先调用第 1 个构造函数，然后在函数体中对 type 成员初始化；第 3 个构造函数也是一个委托构造函数，先调用第 1 个构造函数，然后在函数体中对 name 成员初始化。这两个委托构造函数体中包含数据成员的初始化，不能移到成员初始化表中。

可设计私有的目标构造函数，使委托构造函数得到简化：

```
class X {
    int type = 1;
    char name = 'a';
    X(int i, char e) : type(i), name(e) {/* 其他初始化 */}       //私有目标构造函数
public:
    X() : X(1, 'a'){}          //委托构造函数 1
    X(int x) : X(x, 'a') {}   //委托构造函数 2
    X(char e) : X(1, e) {}    //委托构造函数 3
};
```

委托构造函数自己也可能作为目标构造函数。例如修改无参构造函数如下：

```
X() : X(1) {}            //调用下一个
X(int x) : X(x, 'a') {} //目标函数，同时也是委托构造函数
```

这样就形成一种链式委托构造，但要注意避免形成委托环（delegation cycle）。

10.2　析构函数

析构函数（destructor）与构造函数的作用相反，用来完成对象被撤销前的扫尾清理工作。析构函数是在撤销对象前由系统自动调用的。析构函数执行后，系统回收该对象的存储空间，该对象的生命周期也就结束了。

析构函数是类中的一种特殊的函数，它具有以下特性：

① 析构函数名是在类名前加"～"构成（该符号曾作为按位求反的单目运算符）；

② 不指定返回类型；

③ 析构函数没有形参，因此也不能被重载定义，即一个类只能有一个析构函数；

④ 在撤销一个对象时系统将自动调用析构函数，该对象作为析构函数的当前对象；

⑤ 如果没有显式定义析构函数，编译器将生成一个公有的析构函数，称为缺省析构函数，函数体为空。

以下情形要执行对象的析构函数：

① 当程序执行离开局部对象所在作用域时，要撤销局部对象；当程序完成时，要撤销全局对象和静态对象。

② 用 delete 回收先前用 new 创建的对象。

③ 临时匿名对象使用完毕。

④ 显式调用析构函数 a. ~A( )；仅用于特殊条件下，比如 exit(1) 之前。

例 10.1　在 Date 类中添加构造函数与析构函数。

```
#define _CRT_SECURE_NO_WARNINGS
#include <iostream>
#include <time.h>
using namespace std;
class Date{
```

```
        int year, month, day;
    public:
        Date(int y, int m, int d)                               //构造函数1
            : year(y), month(m), day(d) {
            cout << "Constructor1 of Date: ";
            print();
            cout << endl;
        }
        Date() {                                                //缺省构造函数，取当前日期
            time_t ltime = time(NULL);
            tm * today = localtime(&ltime);
            year = today -> tm_year + 1900;
            month = today -> tm_mon + 1;
            day = today -> tm_mday;
            cout << "Default Constructor of Date: ";            //添加的输出
            print();
            cout << endl;
        }
        ~Date() {                                               //析构函数
            cout << "Destructor of Date: ";                     //添加的输出
            print();
            cout << endl;
        }
        int getYear() { return year; }
        int getMonth() { return month; }
        int getDay() { return day; }
        bool isLeapYear() {
            return year % 400 == 0 || year % 4 == 0 && year % 100 != 0;
        }
        void print() {
            cout << year << ". " << month << ". " << day;
        }
    };
    int main() {
        Date date1(2002, 10, 1);                                //A
        cout << "date1: "; date1.print(); cout << endl;
        Date * date2 = new Date;                                //B
        cout << "date2: "; date2 -> print(); cout << endl;
        delete date2;                                           //C
        date1 = Date(2003, 12, 12);                             //D
        cout << "date1: "; date1.print(); cout << endl;
        return 0;
    }
```

执行程序，输出结果如下(行号是为了方便说明而加的)：

```
1   Constructor1 of Date: 2002.10.1
2   date1: 2002.10.1
3   Default Constructor of Date: 2017.3.28
4   date2: 2017.3.28
5   Destructor of Date: 2017.3.28
6   Constructor1 of Date: 2003.12.12
7   Destructor of Date: 2003.12.12
8   date1: 2003.12.12
9   Destructor of Date: 2003.12.12
```

上面程序中，执行 A 行调用了第 1 个构造函数，输出第 1 行。B 行用 new 来创建一个对象，调用了缺省构造函数，输出了第 3 行。C 行用 delete 撤销此对象，输出了第 5 行。D 行先创建一个临时匿名对象，输出了第 6 行；完成赋值之后该对象自动撤销，输出了第 7 行。最后，当 main 函数执行结束，date1 对象作为局部对象被撤销，输出最后 1 行。

一般情况下，析构函数是公有的，但在特殊情况下，可定义私有的析构函数，这样就能阻止创建局部对象和 delete 命令的编译。析构函数一般无需显式调用，但在特殊情况下可以显式调用。

何时需要自行定义析构函数？如果类的数据成员中含有指针，而且在构造函数中用 new 来动态申请内存，此时就需要自行定义析构函数，用 delete 来动态回收内存。实际上，此时也要求自行定义拷贝构造函数和拷贝赋值函数。

10.3　拷贝构造函数与拷贝赋值函数

一个类不仅自动生成缺省构造函数，还会生成拷贝构造函数和拷贝赋值函数（注意下面所介绍的概念规则都依据 C++11/C++14 标准）。

10.3.1　拷贝构造函数

创建一个对象有两种来源：要么是从类中创建而来，要么是从一个已有的同类对象复制而来，也就是克隆对象。后者需要调用拷贝构造函数。

拷贝构造函数（copy constructor）是一种特殊的构造函数，用一个已有的同类对象来初始化新建对象，并复制其非静态数据成员。拷贝构造函数有一个特殊的形参，格式如下：

    <类名> (const <类名> & <对象名>) : 成员初始化表 {函数体}

拷贝构造函数只有一个形参，就是同类对象的左值引用，其中修饰词 const 表示函数体中不能改变被复制对象的状态。

每个类中都有一个拷贝构造函数。如果类中没有显式定义拷贝构造函数，编译器就自动生成一个公有的拷贝构造函数，而且函数体中自动复制非静态数据成员到新建对象。例如前面例子中 Date 类没有显式定义拷贝构造函数，就会自动生成一个拷贝构造函数。

在例 10.1 的 main 函数的最后添加如下语句：

```
Date date3(date1);                              //A
Date date4 = date1;                             //B
```

其中，A 行创建一个 Date 对象 date3，并在圆括号中提供一个实参 date1，表示在创建对象 date3 时，用对象 date1 的状态来初始化新建对象，也就是复制 date1 对象中的 3 个数据成员到 date3 中。这里 A 行调用了缺省提供的拷贝构造函数。

B 行是调用拷贝构造函数的另一种形式，该形式类似于基本类型变量说明加初始化。这种形式虽然用了赋值运算符，但不是赋值语句，而是变量说明语句。

在以下情形会执行拷贝构造函数：

① 用说明语句来创建一个对象时，用一个已有对象来初始化新建对象。

② 调用某个函数时，以值传递一个命名对象。但如果实参是匿名对象，则仅执行构造函数而不执行拷贝构造函数。

③ 函数返回一个对象时，如果**返回匿名对象，不执行拷贝构造函数**。但若返回命名对象，是否执行拷贝构造函数与编译优化选项有关。如果编译选项未启动**返回值优化**（RVO，即 return value optimization）或**命名返回值优化**（NRVO，即 named return value optimization），就会

执行拷贝构造函数来创建临时对象；如果启动优化，就不执行拷贝构造函数。VS 的 Debug 版本默认配置不优化（见图 10.1），而 Release 版本默认配置优化（见图 10.2）。DevC++ 默认优化。本书下面以优化方式运行，因此**返回命名对象不执行拷贝构造函数**。

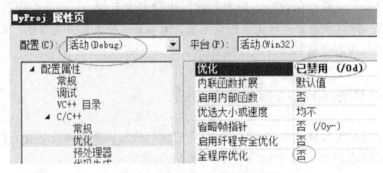

图 10.1　Debug 模式下配置不优化

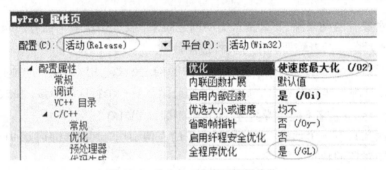

图 10.2　Release 模式下配置优化

对 Date 类定义拷贝构造函数，在复制数据成员后添加如下输出语句：

```
Date(const Date & d)
    :year(d. year), month(d. month), day(d. day){
    cout << "Copy constructor of Date: ";              //添加输出
    print();
    cout << endl;
}
```

然后将 Date 类封装到一个单独文件 date1. h 中，注意去掉其中的 main 函数。

例 10.2　拷贝构造函数的调用执行示例。

```
#include "date1.h"
void fun1(Date d){
    d. print();
    if (d. isLeapYear())
        cout << ", 是闰年\n";
    else
        cout << ", 不是闰年\n";
}
Date getToday(){
    Date d;
    return d;                                          //返回命名对象
}
int main(){
    Date date1(2000, 1, 1);                            //A
    Date date2(date1);                                 //B
```

```
    Date date3 = date2;                                    //C
    fun1(date1);                                           //D
    Date date4 = getToday();                               //E
    cout << "date4: "; date4.print(); cout << endl;        //F
    getToday();                                            //G
    return 0;
}
```

执行程序,输出结果如下(行号是为了方便说明而加的):

```
1   Constructor1 of Date: 2000.1.1
2   Copy constructor of Date: 2000.1.1
3   Copy constructor of Date: 2000.1.1
4   Copy constructor of Date: 2000.1.1
5   2000.1.1,是闰年
6   Destructor of Date: 2000.1.1
7   Default Constructor of Date: 2017.3.28
8   date4: 2017.3.28
9   Default Constructor of Date: 2017.3.28
10  Destructor of Date: 2017.3.28
11  Destructor of Date: 2017.3.28
12  Destructor of Date: 2000.1.1
13  Destructor of Date: 2000.1.1
14  Destructor of Date: 2000.1.1
```

上面程序中,A 行调用第 1 个构造函数,输出第 1 行。

B 行调用了拷贝构造函数,输出第 2 行。

C 行也调用了拷贝构造函数,输出第 3 行。

D 行用 date1 做实参调用函数 fun1,以值传递方式调用拷贝构造函数,将实参对象传给形参对象 d,输出了第 4 行;再执行函数,输出第 5 行;当函数返回时,形参对象 d 被撤销,输出第 6 行。

E 行调用 getToday 函数,该函数中调用缺省构造函数创建一个对象 d,输出第 7 行显示当前日期;然后 return 语句返回对象。注意此时不执行任何构造函数,仅将对象 d 传给一个新建对象 date4。E 行也未执行析构函数。

F 行执行输出第 8 行。

G 行再次调用 getToday 函数,但对返回对象不做处理。可以看到,其先调用缺省构造函数创建对象 d,输出第 9 行显示当前日期;然后 return 语句执行,撤销局部对象 d,输出第 10 行。

至此,test 函数结束,有 4 个局部对象要撤销,按 data4,data3,data2,data1 的次序执行析构函数,分别输出第 11 行到第 14 行。

如果一个类中仅显式定义拷贝构造函数,没有定义其他构造函数,该类能否创建对象? 回答是否定的。此时编译器不会生成缺省构造函数,即该类不能创建对象。

10.3.2　拷贝赋值函数

用赋值语句把一个对象赋给另一个已有的同类对象时,将调用该类的拷贝赋值函数,全名是 copy – assignment operator(拷贝赋值运算符)。该函数一般格式如下:

```
< 类名 > & operator = (const  < 类名 > & < 对象名 >){
    //函数体
    return * this;
}
```

例如,语句 date2 = date3;就是调用函数 data2. operator = (date3);

拷贝赋值函数具有以下特点:

(1) 函数名为"operator =",是一种特殊的运算符重载函数。

(2) 有一个形参,该类对象的常量是左值引用(与拷贝构造函数一样)。

(3) 拷贝赋值函数是一个成员函数,而不是构造函数,因此必须说明其返回类型。其返回值是赋值语句的左值对象引用,就是赋值运算符" = "左边的对象。函数体中返回语句一般都是"return * this;"。在赋值语句中左值对象就是当前对象,右值就是函数调用的实参。

(4) 如果类中未显式定义拷贝赋值函数,编译器就会自动生成一个公有的拷贝赋值函数,函数体中将复制所有非静态数据成员,就像缺省拷贝构造函数。

拷贝赋值函数与拷贝构造函数功能相似,极易混淆。赋值操作是将一个已有对象复制给另一个已有同类对象,而拷贝构造函数则要创建一个新对象。

何时会调用拷贝赋值函数? 当赋值语句中对象作为赋值的左值,且右值是同类对象表达式时,将调用拷贝赋值函数。

给前面的 Date 类添加一个拷贝赋值函数,并封装为 date2. h。程序如下:

```
Date & operator = (const Date & d) {                    //拷贝赋值函数
    year = d. year;
    month = d. month;
    day = d. day;
    cout << "operator = of Date: ";
    print();
    cout << endl;
    return * this;
}
```

例 10.3 拷贝赋值函数的调用执行示例。

```
#include "date2. h"
Date getToday() {
    Date d;
    return d;
}
int main() {
    Date date1(2000, 1, 1);                    //A
    Date date2;                                //B
    date2 = date1;                             //C
    date2 = getToday();                        //D
    date2 = Date(2011, 12, 23);                //E
    return 0;
}
```

执行程序,输出结果如下(行号是为了方便说明而加的):

```
1   Constructor1 of Date: 2000. 1. 1
2   Default Constructor of Date: 2017. 3. 28
3   operator = of Date: 2000. 1. 1
4   Default Constructor of Date: 2017. 3. 28
5   operator = of Date: 2017. 3. 28
6   Destructor of Date: 2017. 3. 28
7   Constructor1 of Date: 2011. 12. 23
8   operator = of Date: 2011. 12. 23
9   Destructor of Date: 2011. 12. 23
10  Destructor of Date: 2011. 12. 23
11  Destructor of Date: 2000. 1. 1
```

上面程序中，执行 A 行和 B 行分别输出第 1 行和第 2 行。

C 行是一条赋值语句，调用拷贝赋值函数，输出第 3 行。

D 行先调用 getToday 函数，调用了缺省构造函数创建对象 d，输出第 4 行；然后执行 return 语句，将局部对象 d 赋值给 date2 对象，调用了拷贝赋值函数，输出第 5 行；最后撤销局部变量 d，调用析构函数，输出第 6 行。

E 行先创建一个匿名对象 t，输出第 7 行；再赋值 date2，调用拷贝赋值函数，输出第 8 行；最后撤销对象 t，调用析构函数，输出第 9 行。

至此 test 函数结束，先撤销 date2，再撤销 date1，分别输出第 10 行和第 11 行。过程中未执行拷贝构造函数。

10.3.3　浅拷贝与深拷贝

对于 Date 类，缺省提供的拷贝构造函数和拷贝赋值函数复制数据成员是合理的，无需自行定义。那么对于一个类，何时需要自行定义拷贝构造函数和拷贝赋值函数呢？

一般来说，如果类中有指针数据成员，而且在构造函数中用 new 来动态申请内存，那么在对象撤销时就要用 delete 来回收内存。对这样的对象，如果调用了缺省提供的拷贝构造函数或拷贝赋值函数，就会导致多个对象的指针成员指向同一块内存空间。这种拷贝仅拷贝外层对象，称为浅拷贝(shallow copy)。

当这些对象撤销时，析构函数分别执行就会使同一块内存被回收多次，导致运行错误。要避免这种错误，就要显式定义拷贝构造函数和拷贝赋值函数，避免复制指针成员，而是拷贝动态内容。这种拷贝将拷贝内层对象，称为深拷贝(deep copy)。

如果一个类显式定义拷贝构造函数和拷贝赋值函数，该类称为可拷贝(copyable)类型。

例 10.4　设计一个 Person 类，将一个人作为一个对象，描述姓名和性别，而且姓名不限长。

前面介绍的 Person 类，其中人的姓名表示使用字符数组"char name[20]"，这有两个问题：一是人的姓名如果超过 19 个字节就不能表示；二是大多数人名不超过 6 个字节(3 个中文字符)，但每个人名都要固定占用 20 个字节，造成内存浪费。

下面使用指针成员和动态内存来解决。编程如下：

```cpp
#include <iostream>
#include <string>
using namespace std;
class Person{
    char * name;                        //指针成员
    char sex;
public:
    Person(char * name, char sex)       //构造函数
        :sex(sex), name(nullptr){
        setName(name);                  //调用成员函数来设置姓名
    }
    ~Person(){                          //析构函数，回收动态内存
        if (name !=nullptr)
            delete []name;
    }
    Person(const Person &p)             //拷贝构造函数，委托构造
        :Person(p.name, p.sex){}
    Person & operator = (const Person &p){  //拷贝赋值函数
        setName(p.name);
```

```
            sex = p. sex;
            return * this;
        }
        void setName(const char * p){              //设置姓名
            if (name != nullptr)
                delete []name;                     //如果原先有名字，先撤销原名
            if (p != nullptr){
                name = new char[strlen(p) +1];     //根据新名大小申请一块空间
                strcpy_s(name, strlen(p) +1, p);   //复制新名
            }else
                name = nullptr;
        }
        const char * getName(){                    //const 防止人名被随意更改
            if (name == nullptr)
                return "unnamed";
            return name;
        }
        char getSex(){return sex; }
        void show(){
            cout << (sex == 'f'?"她是":"他是" ) << getName() << endl;
        }
};
int main(){
    Person a("张三", 'm');
    a. show();
    Person b = a;                                  //调用拷贝构造函数
    b. setName("张三丰");
    b. show();
    a = b;                                         //调用拷贝赋值函数
    a. show();
    return 0;
}
```

Person 类中使用了 char 指针来表示姓名，并设计了一个 setName 成员函数来设置姓名，其根据名字大小动态申请内存来存放人名，这样一个 Person 对象就关联一块动态空间，当这个对象被撤销时，就应该在析构函数中撤销动态内存。

此时自行定义拷贝构造函数和拷贝赋值函数就必不可少。main 函数中就调用了这两个函数。如果遗漏了任何一个，就会执行缺省提供的函数，而这些函数仅复制指针 name 的值（所谓浅拷贝），就会导致两个对象的 name 指针指向同一块动态内存。当这些对象被撤销时就会对同一块内存回收两次，从而导致 main 函数运行错误。自行定义这两个函数就是复制 name 指针所指向的内容（所谓深拷贝）。以上表述可参看图 10.3。

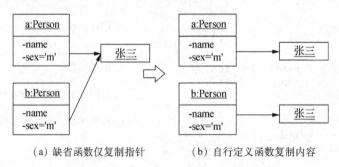

（a）缺省函数仅复制指针   （b）自行定义函数复制内容

图 10.3   缺省函数与自定义函数的区别

深拷贝能避免自动复制指针成员所导致的运行错误，但编程负担比较重。

10.3.4　用 string 替代 char *

Person 类的 name 成员是典型的可变长字符串，可采用 string 类型来表示，这样就无需指针成员，也就避免了自行定义析构函数、拷贝构造函数和拷贝赋值函数。

简化编程如下：

```
#include <iostream>
#include <string>
using namespace std;
class Person{
    string name;
    char sex;
public:
    Person(char * pname, char sex)
        :sex(sex), name(pname){}             //A    构造函数, 对成员 name 初始化
    void setName(char *p){
        name =p;
    }
    const string & getName(){
        return name;
    }
    char getSex(){return sex; }
    void show(){
        cout << (sex == 'f'?"她是":"他是" ) <<getName() <<endl;
    }
};
```

主函数 main 无需改变就能正确执行。

上面程序中，name 的类型为 string，则 name 是 Person 类的一个成员对象，而 Person 是一个复合对象。当创建一个 Person 对象时，将自动创建其成员对象 name（这是通过构造函数中的成员初始化（A 行）来实现的）。当撤销一个 Person 对象时将自动执行其成员对象的析构函数，而无需自行定义析构函数。

采用 string 的 Person 类无需显式定义拷贝构造函数和拷贝赋值函数，这是因为缺省提供的拷贝构造函数和拷贝赋值函数能自动调用成员 string 的拷贝构造函数和拷贝赋值函数。这可有效简化编程，因此推荐采用 string 来表示长度可变的字符串，以取代传统的字符指针或字符数组所表示的字符串。

对于一些类，是否真的需要拷贝构造函数和拷贝赋值函数，要对其数据成员做具体分析。假设一个 Person 类包含了身份证号码作为数据成员，一个 Student 类包含了学号，一个账户 Account 类包含了账号，这些数据成员可用来唯一标识一个对象，而且不能随意改变。若这些类执行拷贝构造函数或拷贝赋值函数，就会导致多个对象持有相同标识，从而破坏数据一致性。对于这些类，应设计为不可拷贝。具体的解决办法参见第 10.5.2 节。

10.3.5　转换构造函数

转换构造函数（conversion constructor）持有单个形参，且形参类型不同于本类，可实现隐式的自动的类型转换，将其他类型数据转换为本类对象。

例 10.5　设计一个 int 包装类 Integer，其中一个对象表示一个整数值。

```
#include <iostream>
using namespace std;
```

```
class Integer{
    int value;
public:
    Integer(int i =0){                          //转换构造函数, 同时也是缺省构造函数
        value =i;
        cout << "Constructor of " <<value <<endl;
    }
    Integer(const Integer & a){                 //拷贝构造函数
        value =a.value;
        cout << "copy constructor on " <<value <<endl;
    }
    Integer&operator = (const Integer & a){   //拷贝赋值函数
        value =a.value;
        cout << "operator = " <<value <<endl;
        return *this;
    }
    int getValue(){return value; }
};
void fun1(Integer a){cout << a.getValue() << endl; }
Integer fun2(){return 40; }                    //DevC++ 报错
int main(){
    Integer i1 =10;                            //A
    Integer i2 =20 +10;                        //B
    fun1(30);                                  //C
    Integer i3 = fun2();                       //D
    i3 =50;                                    //E
    return 0;
}
```

执行程序, 输出结果如下:

```
Constructor of 10
Constructor of 30
Constructor of 30
30
Constructor of 40
Constructor of 50
operator = 50
```

上面程序中, A 行和 B 行调用了转换构造函数, 输出了前两行。只要赋值符号左边是一个对象, 右边是转换构造函数的形参类型的一个对象或值, 系统就会自动调用该函数。A 行和 B 行等价为

```
Integer i1(10);                                //A
Integer i2(20 +10);                            //B
```

C 行调用 fun1 函数, 该函数的形参是 Integer 类型, 而实参为一个 int 值, 此时就自动调用转换构造函数, 创建一个对象, 输出了第 3 行。

D 行调用了 fun2 函数, 该函数返回一个 Integer 对象, 而函数体中返回一个 int 值, 此时自动调用转换构造函数, 创建一个 Integer 对象来初始化新建对象 i3。输出结果为 30。

E 行是一条赋值语句, 但又包含了创建对象, 等价于 i3 = Integer(50);即先调用转换构造函数创建一个临时对象, 再调用拷贝赋值函数赋值给对象 i3, 然后临时对象被撤销。

注意, 对上面的程序, DevC++ 编译器会报错, 而 VS 运行正常。

一个转换构造函数用于将形参类型的一个对象或值转换为当前类的一个对象, 相当于一个类型转换。转换构造函数在说明语句、赋值语句、函数调用语句、返回语句中都可能自动隐式地调用。如当需要一个 Integer 对象时, 若提供了一个 int 值, 就会自动调用转

换构造函数。

<type_traits> 中的 is_convertible <From, To> 可判断从 From 类型是否可转换为 To。如果 To 类中含有形参为 From 的转换构造函数，该判断就为 true，意思是可隐式转换为 To 类型。

有时这种隐式创建对象可能不是所期望的，程序员可能只是犯了一个简单的书写错误。如果要避免一个转换构造函数被隐式调用，可用关键字 explicit 来修饰构造函数：

```
explicit Integer(int i = 0){...}
```

这样编译器就能将隐式转换作为编译错误。此时

```
is_convertible <From, To>
```

判断结果为 false，表示不支持隐式转换。

与转换构造函数的转换方向相反，有一种运算符重载函数称为转换函数，是将本类的一个对象转换为其他类型的一个对象或值（参见第 12.3.1 节）。转换构造函数与转换函数所实现的转换称为用户定义转换（user-defined convertion，简写为 UDC）。

10.4 移动构造函数与移动赋值函数

第 8 章介绍了右值引用 &&，其主要支持移动语义和完美转发。本节我们介绍移动语义。移动语义涉及 C++ 11 引入的两种新的特殊成员函数，即移动构造函数（move constructor）和移动赋值函数（move-assignment operator）。

10.4.1 移动语义

移动语义（move semantics）就是将对象的动态内存资源从一个对象 a 转移给另一个对象 b，则对象 a 不再持有内存资源。在移动过程中不需要申请内存或释放内存，一般通过转移指针来实现。

在实际编程中，很多赋值语句具有移动性质。例如一个函数交换两个 string 对象：

```
void swap(string & a, string & b){
    string t = a;                    //调用拷贝构造函数
    a = b;                           //调用拷贝赋值函数
    b = t;                           //调用拷贝赋值函数
}
```

仔细分析上面 3 条语句，每条语句等号后的变量在拷贝或赋值完成之后，其内容就没用了。该内容应该"移动"到左边对象，而不应是拷贝。这 3 条语句的拷贝都需要较大内存且有较大计算开销。每个拷贝都可用移动 move 代替，使两个形参之间交换内容。

当支持移动的对象纳入某个 STL 容器（如 vector）时，执行效率提高是显著的，这是因为 C++ 11 对 STL 容器中诸多操作函数添加了右值引用类型的重载形式。由此可见，移动语义对于通用函数库和类库的设计至关重要。

典型例子是字符串 string。比如

```
string s = string("h") + "e" + "ll" + "o";
```

看似简单，实际上每个加号" +"都意味着要新建一个对象、做一次串接，涉及内存移动，背后的代价很大。

另一个例子就是一种常用容器 vector。一个 vector 在任意时刻都有一个最大容量限制。当加入元素数量达到最大容量时，就要重新申请一块更大内存空间，再把已有元素转储到新空间中，最后释放已有元素所占空间。这种"内存搬家"需要大量的计算开销。

移动语义就是针对内存搬家的性能优化问题提出的。C++ 11 引入两种新的特殊成员函数，即移动构造函数（类似拷贝构造函数）和移动赋值函数（类似拷贝赋值函数），两者都需要右值引用作为形参。

<utility> 中有一个 swap 函数模板，可实现任何类型 T 的两个对象之间的交换：

```
template < class T > void swap(T& t1, T& t2){
    T t = move(t1);                           //调用移动构造函数
    t1 = move(t2);                            //调用移动赋值函数
    t2 = move(t);                             //调用移动赋值函数
}
```

该函数也可作用于基本类型，只是没有性能优化效果。

10.4.2　移动构造函数

移动构造函数的语法形式如下：

<类名> (<类名> && 对象名 obj):成员初始化表{函数体}

形参为右值引用 && 即为移动构造函数，注意不能添加 const 修饰形参。

其语义是从已有对象 obj 来构建当前对象。函数体中将当前对象的动态内存指针指向 obj 已有内存，并置空 obj 的内存指针，使 obj 对象回收时不影响当前对象。简而言之，就是将对象 obj 的内存"移动"到当前对象。因为仅移动指针，而不拷贝内存，所以这个过程中不会出现 new 申请内存。

移动构造函数与拷贝构造函数以重载形式共存于同一个类。至此类中的构造函数有 3 种，即一般构造函数、拷贝构造函数和移动构造函数。缺省构造函数是一般构造函数的一种特殊形式。

如果没有显式定义移动构造函数、拷贝构造函数和移动赋值函数，编译器将自动提供缺省的移动构造函数，其功能与缺省实现的拷贝构造函数相同。

如果显式定义一个移动构造函数，编译器就不会自动生成拷贝构造函数和拷贝赋值函数。如果仅显式定义移动构造函数，编译器不会自动生成缺省构造函数。

如何调用移动构造函数？一种简单方法是调用 move 函数：

```
A a1;
A a2 = move(a1);          //A
```

上面调用的 move 是 <utility> 中的一个单参函数（注意区别 <algorithm> 中的同名函数）。该函数将实参对象强制转换为右值引用。A 行用 a1 的右值引用来调用 A 类的移动构造函数以创建 a2 对象。如果 A 类中没有定义移动构造函数，但有拷贝构造函数，就执行拷贝构造函数；如果移动构造函数和拷贝构造函数都定义，则移动构造函数优先调用。

注意 A 行之后 a1 对象内容被"掏空"，在对其重新赋值之前不应依赖该对象内容。移动操作的右值对象都被作为临时对象，移动完成后就可以被回收或者重新赋值。

10.4.3　移动赋值函数

移动赋值函数的语法形式如下：

`<类名 > & operator = ( <类名 > && 对象名 obj){...}　//形参为右值引用 && 即为移动赋值`

其语义是当执行 a = move(obj) 时，把对象 obj 的内存"移动"到当前对象 a 中，仅移动指针，而不移动内存块。过程是先释放自己的内存空间，再指向 obj 的内存块，最后置空 obj 的内存指针，使 obj 析构时该内存块不会被回收。这个过程中不会出现 new 申请内存。

移动语义就是移动对象的动态内存指针，可避免用 new 动态申请内存，避免拷贝内存数据。而被移动的对象应作为临时对象。

移动赋值函数与拷贝赋值函数可以重载形式共存于同一个类中。

如果没有显式定义移动构造函数、拷贝构造函数和移动赋值函数，编译器将自动提供缺省的移动赋值函数，其功能与缺省实现的拷贝赋值函数相同。

如果显式定义一个移动赋值函数，编译器就不会自动生成拷贝构造函数和拷贝赋值函数。

要显式调用移动赋值函数，就需先调用 move 函数：

```
A a1, a2;
a2 = a1;                //A     显式调用拷贝赋值函数
a2 = move(a1);          //B     优先调用移动赋值函数
```

上面 B 行用 move(a1) 来调用移动赋值函数，将 a1 移动赋值给 a2。如果 A 类没有定义移动赋值函数，但有拷贝赋值函数，就调用拷贝赋值函数；如果移动赋值与拷贝赋值都定义，则移动赋值优先。

注意 B 行移动之后 a1 对象内容被"掏空"，在对其重新赋值之前不应依赖该对象内容。

除了显式移动赋值调用，还有**隐式移动赋值**。假设 f 函数返回 A 类对象：

```
a2 = f();               //C     f 函数中返回对象作为临时对象，先移动赋值，再析构撤销
a2 = A();               //D     先创建匿名对象，再移动赋值，最后析构撤销匿名对象
```

上面 C 行和 D 行优先调用移动赋值函数，如果未定义移动赋值函数，就调用拷贝赋值函数。

为何移动赋值优先于拷贝赋值？原因是函数重载选择时，前者形参 A&&(右值引用)优先于后者形参 const A&(左值引用)(详见第 8.7.5 节)。

10.4.4　移动实例分析

下面通过一个例子来说明移动构造函数与移动赋值函数的实际应用。

例 10.6　假设一个类 MemoryBlock，其对象通过一个指针成员指向一块动态内存，要为其定义构造函数、析构函数、拷贝构造函数与拷贝赋值函数，使其指针与所指内容在对象创建与操作时保持一致。但两个拷贝函数需要转储内存，性能低，此时用移动构造函数与移动赋值函数就能提高性能。

```
#include <iostream >
#include <vector >
using namespace std;
class MemoryBlock{
    size_t _length;                              // 以 int 为单位的内存大小
    int* _data;                                  // 指向动态内存的指针
public:
    explicit MemoryBlock(size_t length =10)      //缺省构造函数
```

```cpp
            : _length(length), _data(new int[length]){
            cout << "In MemoryBlock(size_t). length = " << _length << ". " <<endl;
        }
        ~MemoryBlock() {                                    //析构函数
            cout << "In ~MemoryBlock(). length = " << _length << ". ";
            if ( _data != nullptr){
                cout << " Deleting resource. ";
                delete[] _data;
            }
            cout << endl;
        }
        MemoryBlock(const MemoryBlock& other)               //拷贝构造函数
            : _length(other._length), _data(new int[other._length]) {
            cout << "In MemoryBlock(const MemoryBlock&). length = "
                << other._length << ". Copying resource. " <<endl;
            copy(other._data, other._data + _length, _data);    //调用 copy 转储内存
        }
        MemoryBlock& operator = (const MemoryBlock& other){     //拷贝赋值函数
            cout << "In operator = (const MemoryBlock&). length = "
                << other._length << ". Copying resource. " <<endl;
            if (this != &other) {
                delete[] _data;                             //释放自己的内存
                _length = other._length;
                _data = new int[_length];                   //重新申请内存
                copy(other._data, other._data + _length, _data);    //转储数据
            }
            return *this;
        }
        MemoryBlock(MemoryBlock&& other)        //移动构造函数 Move constructor.
            : _data(nullptr), _length(0){
            cout << "In MemoryBlock(MemoryBlock&&). length = "
                << other._length << ". Moving resource. " <<endl;
            _data = other._data;                            //复制指针
            _length = other._length;
            other._data = nullptr;              //将 other 指针置空, 使 other 对象析构时不回收
            other._length = 0;
        }
        MemoryBlock& operator = (MemoryBlock&& other) {         // 移动拷贝赋值函数
            cout << "In operator = (MemoryBlock&&). length = "
                << other._length << ". " <<endl;
            if (this != &other) {
                delete[] _data;                             //释放自己的内存
                _data = other._data;                        //复制指针
                _length = other._length;
                other._data = nullptr;              //将 other 指针置空, 使 other 析构时不回收
                other._length = 0;
            }
            return *this;
        }
        size_t Length() const{
            return _length;
        }
        int * getData() {return _data; }
};
void test1() {
    MemoryBlock m1(44);                                 //A
    MemoryBlock m2 = move(m1);                           //B    call move ctor
    m1 = m2;                                             //C    call operator = (&)
    cout << "m1. Length = " << m1.Length() <<endl;
    m1 = MemoryBlock(88);                               //D    call operator = (&&)
    cout << "m1. Length = " << m1.Length() <<endl;
```

```
}
int main(){
    test1();
    return 0;
}
```

代码中调用了 std::copy 函数来转储内存，VS 编译器认为该函数不安全，提示添加编译选项 -D_SCL_SECURE_NO_WARNINGS。

执行上面测试函数，输出结果如下（编号是为了说明而添加的）：

```
1    In MemoryBlock(size_t). length=44.
2    In MemoryBlock(MemoryBlock&&). length=44. Moving resource.
3    In operator=(const MemoryBlock&). length=55. Copying resource.
4    m1.Length=55
5    In MemoryBlock(size_t). length=88.
6    In operator=(MemoryBlock&&). length=88.
7    In ~MemoryBlock(). length=0.
8    m1.Length=88
9    In ~MemoryBlock(). length=44. Deleting resource.
10   In ~MemoryBlock(). length=88. Deleting resource.
```

上面程序中，A 行创建 m1 对象，输出第 1 行。

B 行调用移动构造函数将 m1 移动到 m2 对象，输出第 2 行。这个过程如图 10.4 所示。

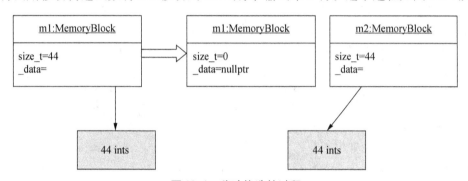

图 10.4　移动构造的过程

对象 m1 所持有的 44 个 int 内存数据块，通过_data 指针传递，成为新建对象 m2 所持有的数据块。移动过程中既没有动态申请内存，也没有复制数据块内容。移动完成后对象 m1 成为"空对象"，且回收 m1 执行析构函数不影响 m2 的数据块。

C 行调用拷贝赋值函数，由于右值 m2 并非临时对象，其中出现了 new 申请内存和 copy 转储数据。输出第 3 行，第 4 行验证大小。

D 行先创建临时对象，输出第 5 行；然后调用移动赋值函数，输出第 6 行（其中没有出现 new 申请内存和 copy 转储数据）。临时对象使用完成之后自动回收，执行析构函数，输出第 7 行（注意此时其内存大小为 0，这说明它已将自己的内存移动到 m1 对象中）；第 8 行验证 m1 的大小。

测试函数 test1 结束，其中局部变量 m2，m1 依次回收，输出第 9 行和第 10 行。

下面是与容器 vector 有关的测试（vector 详见第 13.4.7 节）：

```
void test2() {
    vector<MemoryBlock> v;
    v.push_back(MemoryBlock(25));              //先加入 25
    v.insert(v.begin(), MemoryBlock(50));      //将 50 加入到 25 之前
```

```
}
```

执行结果如下：

```
In MemoryBlock(size_t). length =25.
In MemoryBlock(MemoryBlock&&). length =25. Moving resource.
In ~MemoryBlock(). length =0.
In MemoryBlock(size_t). length =50.
In MemoryBlock(MemoryBlock&&). length =25. Moving resource.
In ~MemoryBlock(). length =0.
In MemoryBlock(MemoryBlock&&). length =50. Moving resource.
In MemoryBlock(MemoryBlock&&). length =25. Moving resource.
In operator =(MemoryBlock&&). length =50.
In operator =(MemoryBlock&&). length =25.
In ~MemoryBlock(). length =0.
In ~MemoryBlock(). length =0.
In ~MemoryBlock(). length =50. Deleting resource.
In ~MemoryBlock(). length =25. Deleting resource.
```

我们不用认真分析每一步的结果，只需统计移动函数被执行的次数：移动构造函数执行 4 次，移动赋值函数执行 2 次。除了创建 2 个对象之外没有再用 new 申请内存。

将上面代码中的移动构造函数和移动赋值函数注释掉，重新编译运行，输出结果如下：

```
In MemoryBlock(size_t). length =25.
In MemoryBlock(const MemoryBlock&). length =25. Copying resource.
In ~MemoryBlock(). length =25. Deleting resource.
In MemoryBlock(size_t). length =50.
In MemoryBlock(const MemoryBlock&). length =25. Copying resource.
In ~MemoryBlock(). length =25. Deleting resource.
In MemoryBlock(const MemoryBlock&). length =50. Copying resource.
In MemoryBlock(const MemoryBlock&). length =25. Copying resource.
In operator =(const MemoryBlock&). length =50. Copying resource.
In operator =(const MemoryBlock&). length =25. Copying resource.
In ~MemoryBlock(). length =25. Deleting resource.
In ~MemoryBlock(). length =50. Deleting resource.
In ~MemoryBlock(). length =50. Deleting resource.
In ~MemoryBlock(). length =25. Deleting resource.
```

可以看出，拷贝构造函数执行 4 次，拷贝赋值函数执行 2 次，共出现 6 次内存申请与复制。由此可知，在功能不变的前提下，加入移动构造函数和移动赋值函数可有效减少内存申请和复制的次数，极大地提高了计算效率。

如果一个类显式定义移动构造函数和移动赋值函数，该类称为可移动（movable）类型。C++11 所有 STL 容器（包括 string）都是可移动类型，而且支持用户定义的可移动类型作为元素。

10.5 特殊成员函数及其显式控制

C++11 之前类中有 4 种特殊成员函数，C++11 之后增加了 2 种移动成员函数，本节先总结这 6 种特殊成员函数的运行规律，然后说明如何显式控制特殊成员函数的自动生成。

10.5.1 特殊成员函数总结

若有类：class A{int a =2; }，编译器可能自动生成 6 种特殊成员函数（见表 10.1）。

表 10.1　一个类的特殊成员函数

A{}		
A()	缺省构造函数	缺省实现为空函数体
~A()	析构函数	缺省实现为空函数体
A(const A&)	拷贝构造函数	缺省为拷贝非静态数据成员
A&operator = (const A&)	拷贝赋值函数	缺省为拷贝非静态数据成员
A(A&&)	移动构造函数	缺省为拷贝非静态数据成员
A&operator = (A&&)	移动赋值函数	缺省为拷贝非静态数据成员

注 1：只有析构函数是无条件的存在，其他特殊成员函数的自动生成都具有特定条件限制；
注 2：自动生成的函数，若有基类则调用基类的相应函数，若有成员则调用成员的相应函数。

对于每个特殊成员函数，应掌握用什么代码来调用该函数。特殊成员函数的执行规则如表 10.2 所示。

表 10.2　简单语句所执行的特殊成员函数（优化编译）

特殊成员函数	简单语句	说明
A() 无参构造函数 缺省构造函数	A a;	创建命名对象，说明一个变量
	A *pa = new A();	执行构造函数 1 次
	A a2[4];	执行构造函数 4 次
	return A(); //函数 A f()	创建匿名对象并返回。该对象可能会直接传给调用方新建变量，也可能调用拷贝函数赋给已有变量，也可能被丢弃（取决于调用方）
A(x) 有参构造函数	A a(2);	创建命名对象
	g(A(3)); //函数 g(A)	创建匿名对象并传给 g 形参
	A a3[] = {A(5), A(6), A(7)};	执行构造函数 3 次
	return A(4); //函数 A f()	创建匿名对象并返回
~A() 析构函数	delete pa;	执行析构函数
	变量或形参离开作用域	非静态变量离开作用域时（对于静态变量是在程序结束时），执行析构函数
	匿名对象所在语句执行完	对匿名对象执行析构函数
	a. ~A();	显式调用析构函数
A(const A &a) 拷贝构造函数	A b = a;	a 是已有对象，拷贝 a 到 b
	A c(a); 或 A c{a};	显式调用拷贝构造函数
	g(a); //函数 g(A)	以值传递命名对象作为函数实参

续表 10.2

特殊成员函数	简单语句	说明
A&operator = (const A&a) 拷贝赋值函数	a＝b;	a 和 b 都是已有对象, 调用拷贝构造函数
	a＝f(); //函数 A f()	函数 f 中先创建对象 t, t 赋值给 a, 然后撤销 t。拷贝赋值低优先
	a＝A(3);	先创建匿名对象 t, t 赋值给 a, 最后撤销 t
A(A &&a) 移动构造函数	A b＝move(a);	a 是已有对象, 先调用 move 转为右值引用, 再调用移动构造函数。如果移动构造不存在, 则调用拷贝构造
A&operator = (A&&a) 移动赋值函数	b＝move(a);	调用移动赋值函数
	b＝f(); //函数 A f()	移动赋值优先于拷贝赋值
	b＝A(3);	如果移动赋值不存在, 则调用拷贝赋值

C++11 最显著优化是函数返回一个对象实体, 如果调用方是新建对象, 返回对象就直接作为新建对象, 比如 A a＝f(); 不再执行拷贝构造函数, 极大地提高了执行效率。

拷贝函数与移动函数共存时, 移动函数优先执行(见表 10.3)。

表 10.3　拷贝与移动的优先级

种类	构造函数	赋值函数	优先级
拷贝函数 const A&	拷贝构造函数 A(const A&)	拷贝赋值函数 A&operator = (const A&)	低优先
移动函数 A&&	移动构造函数 A(A&&)	移动赋值函数 A&operator = (A&&)	高优先

10.5.2　特殊成员函数的显式控制

特殊成员函数的自动生成规则是比较复杂的。在具体类设计时, 编译器生成的某个函数的缺省实现可能并非如程序员所愿, 同时程序员也希望自动生成的函数具有较高性能, 此时就需要显式控制编译器的自动生成。C++11 提供了这种显式控制能力。

假设某个类的对象持有一块较大数据(比如一个矩阵), 程序员不希望对象被拷贝构造或拷贝赋值, 因为复制代价太大而且没有太重要作用, 此时可能将拷贝构造函数与拷贝赋值函数都设为私有隐藏起来, 不提供函数体实现, 并希望对拷贝调用都给出编译错误, 以避免外部代码误用。例如一个类 noncopyable, 希望它不可复制:

```
class noncopyable{
public:
    noncopyable(){};
private:
    noncopyable(const noncopyable&);                  //未实现的拷贝构造函数
    noncopyable& operator =(const noncopyable&);     //未实现的拷贝赋值函数
};
```

上面这种做法在 C++11 之前是常见的。这种做法存在以下问题:

① 即便这个显式定义的缺省构造函数什么也不做, 编译器仍将其作为非平凡(non-trivial)函数, 这样就比自动生成的构造函数(作为平凡函数)降低了效率。

② 即便拷贝构造和拷贝赋值这两个函数都设为私有，但该类的成员函数和友元函数仍然可调用。如果真的调用了，则编译无错，连接时才出错，因为没有实现。

③ 虽然这是习惯做法，但其用意表达并不清晰，除非掌握了所有特殊成员函数的自动生成规则。

C++11 提供了直接的显式控制方式。例如对于 noncopyable 类：

```
class noncopyable{
public:
    noncopyable() =default ;                                    //A
    noncopyable(const noncopyable&) =delete ;                   //B
    noncopyable& operator = (const noncopyable&) =delete ;      //C
};
```

上面程序中，A 行用 =default 显式要求编译器缺省生成构造函数，而生成的函数是平凡函数，没有性能损失；B 行和 C 行将两个函数说明为 public，同时显式说明 =delete，避免编译器生成，也避免被调用，所有拷贝调用都在编译时报错，从而达到不可复制的目的。

上面程序明确说明该类"非拷贝"，而且未显式定义移动函数，故此也是"非移动"的，此时编译器不会自动生成移动函数。如果需要"只移动"，就在"非拷贝"基础上再说明自动生成或自行定义移动函数，这样的类称为"只移动"类型，如智能指针 unique_ptr（详见第 8.6.3 节）。

许多类都具有"非拷贝"性质。一些实体对象往往持有标识性的数据成员，例如人的身份证号、学生的学号、产品的序列号等，这些标识属性唯一确定对象的身份，往往不可更改与复制，但缺省实现的赋值函数会自动复制这些数据成员，使重复标识出现在不同对象中，导致对象标识混乱。此时就需要明确说明该类为"非拷贝"。

对特殊成员函数显示说明 =default 或 =delete，设计意图表达清晰明确，无需掌握所有特殊成员函数的自动生成规则。对于一个类，应明确是否支持拷贝和移动。如果支持就应显式说明缺省实现或自定义函数；如果不支持就应显式说明 =delete。

使用显式控制应注意以下问题：

① 如果用 =delete 来说明构造函数或析构函数，将导致该类无法创建对象；

② 如果缺省构造函数用 =default 来自动生成，VS2015 会在"return 匿名对象"时执行拷贝构造函数，VS2017 与 DevC++ 没有此问题。

为了简化特殊成员函数的复杂性，现用图 10.5 来描述对象的生命周期的规律。

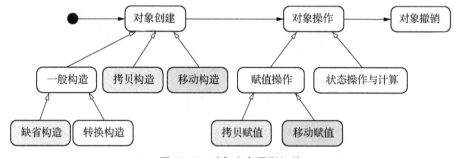

图 10.5　对象生命周期规律

每个对象在创建之后，通过对象操作以实现其用途，最后被撤销。

虽然拷贝构造与移动构造可创建新对象，但最初的对象是由一般构造而来。缺省构造函数与单参构造都属于一般构造，但两者之间存在交集。

对象操作包括赋值操作、状态操作与计算。其中赋值操作包括拷贝赋值和移动赋值，前者表达式的右值在拷贝之后保持不变，而后者表达式的右值可变，移动之后被"掏空"。

拷贝构造与拷贝赋值意味着较大的内存开销和性能降低，而移动构造与移动赋值意味着较小的内存开销与性能保持。但如何移动需要用户自行定义，编译器不能自动提供。

如果编译器自动生成的缺省实现能满足要求，就应显式说明 = default 让编译器自动生成。这样做的原因是，编译器自动生成的缺省实现可能是平凡函数，而自定义的特殊成员函数都是非平凡函数，平凡函数与 POD 类型密切相关，而 POD 类型的执行效率高于非 POD 类型。

10.6 复合对象与成员对象

如果一个类 A 中有类 B 的一个或多个对象作为非静态数据成员，那么类 A 对象就是复合（composite，也称为组合）对象，类 B 的对象就是其成员对象。创建一个复合对象时要先创建其成员对象，撤销一个复合对象时也要撤销其成员对象。对复合对象的拷贝和移动都会传播到其成员对象。

10.6.1 复合类的构造与析构

1）复合类的定义

复合类 C 包含成员类 A 的一个或多个对象，即 A 类作为 C 类的非静态数据成员的类型。例如：

```
class C{A a; ...}; 或者  class C{A a1, a2; ...}; 或者  class C{A a[10]; ...};
```

复合类中的成员不包括成员的指针或引用类型，例如 class C{A *p; }并不形成复合类 C 与成员类 A 之间的复合关系。

复合类与成员类之间关系如图 10.6 所示。当类 C 创建一个对象 c1 时，在其封装结构中就包含了成员类 A 的一个对象。复合类对象与其成员类对象之间是"有一个 has a"关系，该关系是对复合类的结构分解而形成的。成员类独立存在，复合类依赖于成员类。

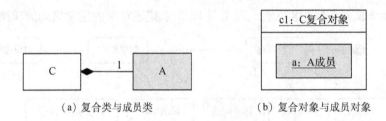

（a）复合类与成员类　　　　（b）复合对象与成员对象

图 10.6　复合关系

复合类的设计应注意以下要点：

（1）各成员对象的初始化应在该类的构造函数的成员初始化列表中显式列出。如果未列出，编译器就自动调用该成员类的缺省构造函数。此时，如果成员类中没有缺省构造函数，就指出编译错误。

（2）当创建一个复合对象时，要先创建其成员对象，即先执行成员对象的构造函数，再执行复合对象的构造函数体。当类中有多个成员对象时，其构造函数的执行顺序与成员对象在类中的说明顺序有关，而与成员初始化表中的顺序无关。

（3）析构函数的执行顺序与构造函数的执行顺序严格相反，即先执行复合对象的析构函数，再执行各成员对象的析构函数。

2）复合对象的拷贝和移动

复合类应维持与其成员类拷贝和移动的一致性和完整性。如果复合类支持拷贝或移动，其所有成员类也都应支持拷贝或移动。复合类缺省实现的拷贝函数和移动函数分别调用成员类对应的拷贝函数和移动函数（该过程应加以递归的理解）。

如果复合类自行定义拷贝构造或移动构造，应在初始化列表中显式调用其成员类的拷贝构造或移动构造，否则编译器将自动调用成员类的缺省构造函数。

初始化列表中调用成员类的函数格式如下：

① 拷贝构造函数： 成员名（被拷贝对象．成员名）

② 移动构造函数： 成员名（move（被移动对象．成员名））

如果复合类自行定义拷贝赋值或移动赋值，应在函数体中显式调用成员的拷贝赋值或移动赋值，否则就会遗漏成员赋值，导致赋值不完整。

赋值函数体中调用成员类的函数格式如下：

① 拷贝赋值函数： 成员名＝被拷贝对象．成员名；

② 移动赋值函数： 成员名＝move（被移动对象．成员名）；

例如，类 A 有缺省构造，支持拷贝和移动，要求建立一个复合类 C，将类 A 作为其成员。编程如下：

```
class C {
    A a;
public:
    C() = default;
    ~C() {cout << " ~ C dtor" << endl; }
    C(const C& c) :a(c. a){cout << "C copy ctor" << endl; }
    C&operator = (const C & c) {
        a = c. a;
        cout << "C = (const C&)" << endl;
        return * this;
    }
    C(C&&c) :a(move(c. a)){cout << "C move ctor" << endl; }
    C&operator = (C && c) {
        a = move(c. a);
        cout << "C = (const C&&)" << endl;
        return * this;
    }
};
```

10.6.2 复合对象设计要点

复合关系是普遍存在的。一个复杂对象往往可分解为若干简单成员对象，或者说，若干成员对象组成了复合对象。例如一个窗口 Window 是一个复合对象，包含一个标题、一组菜单和工具栏、一个或多个显示区、垂直滚动棒和水平滚动棒等成员对象；再例如目录与子目录/文件之间的关系。

　　一个复合对象作为一个封装结构，包含若干成员对象，而每个成员对象都是其复合对象的组成部分。当创建一个复合对象时，就要自动创建其所有的成员对象。在一个复合对象的生存期间，各个成员协同工作，共同完成计算。当一个复合对象被撤销时，其成员对象也要被自动撤销。

　　复合对象与其成员之间的复合关系可嵌套构成，而且嵌套层数没有限制。这种嵌套的复合关系使我们能由简单对象逐步构建复杂对象。

　　复合对象与其各成员对象的生存期具有特殊规律。当一个复合对象被撤销，它的成员对象也要被撤销，即**成员对象的生存期不会比其复合对象更长**。

　　利用上面这个规律能判断一个复合结构设计的合理性。如建立一个 Family 类表示家庭。除了描述家庭的常住地址，一个家庭中还要描述有一个人（一个 Person 对象）作为户主，此时可能要为 Family 类设计一个成员对象"Person owner"；另外要描述家庭中的多个成员，需再设计一个数组"Person members[MAX]"。如此将 Person 作为 Family 的成员看似合理，也能完成很多功能。但分析复合对象的生存期就会发现问题：当一个家庭对象被撤销时，其中户主和家庭成员的信息是否都要被撤销？从实际户籍管理角度来看，这是错误的设计。一个人的生存期往往比其当前所在家庭的生存期更长，因此撤销一个家庭时不应自动撤销其家庭成员的信息，所以不能简单使用复合对象关系。

　　在一个复合关系中，成员对象并不知道自己是作为哪些类的成员。但如果成员对象知道其复合对象，那么这个复合关系设计就值得怀疑。例如，一个家庭作为一个复合对象知道它有哪些人作为其成员，但同时家庭成员自己也知道其所在的家庭信息，如家庭住址、户主等。从这个角度来分析，Family 类与 Person 类之间就不能建立复合关系。

　　当我们说"A 包含 B"或"A 由 B 与 C 组成"时，不能简单地作为复合对象设计。类似的例子还有人事管理系统中的"部门"与"员工"，学籍管理系统中的"班级"与"学生"，城市交通系统中的"公交线路"与"公交站点"等。此类设计需要建立对象之间比较灵活的关联关系，往往用指针来实现这种关联关系。

10.7　对象数组

　　我们常常要将同一类的多个对象作为一个集合来进行操作。一个对象数组就是一类对象的一个有序集合，数组中所有元素是同一类的对象。对象数组也可作为复合类的成员。

10.7.1　定义和使用

一维对象数组的定义格式为

<类名> <数组名>[<常量表达式>][={初始化列表}];

例如：

```
Point points[3]={Point(1, 2), Point(3, 4)};
```

定义了 Point 类的一个数组 points，有 3 个元素可用类名加实参对各元素进行初始化。如果没有初始化，就调用 Point 类的缺省构造函数。本例中对前 2 个元素显式给出了初始化，根据实参个数和类型调用相应的构造函数创建对象并作为数组元素；第 3 个元素没有显式初始化，就调用缺省构造函数进行初始化。

对数组元素对象的赋值与对一般对象的赋值一样，有两种方式：一种是用一个已存在的同类对象进行赋值，例如 points[2]＝points[0]，这需要调用拷贝赋值函数；另一种是创建一个临时对象来赋值，例如 points[2]＝Point(5,6)，先根据 Point(5,6)调用构造函数来创建一个临时对象，再调用拷贝赋值函数把临时对象赋给 points[2]，最后调用析构函数来撤销临时对象。显然后一种赋值代价较大，不如调用 move(5,6)函数更简单。

访问数组元素的成员的一般格式为

　　<数组名>[<下标表达式>].<成员名>

例如：　　points[i].move(3,4);

10.7.2　对象数组作为成员

对象数组经常作为一个类的数据成员，形成一种复合对象与成员对象关系。此时复合对象类的构造函数中可对数组成员初始化。

例如在 Point 类的基础上考虑三角形类 Triangle。一个三角形作为一个对象，由 3 个点组成，即 3 个 Point 对象，可形成一个 Point 数组作为成员。部分编码如下：

```
class Triangle{
    Point vertexes[3];
public:
    Triangle(){}                                           //缺省构造函数
    Triangle(int x0, int y0, int x1, int y1, int x2, int y2)
        :vertexes{Point(x0, y0), Point(x1, y1), Point(x2, y2)}{}    //A
    ...
}
```

上面缺省构造函数没有显式说明成员初始化，但要调用 Point 缺省构造函数 3 次；第 2 个构造函数中(A 行)显式说明数组成员初始化，其中对元素的初始化使用花括号形式。

10.8　静态成员

类中的静态成员就是用 static 修饰的成员。虽然一般所说的成员都是指非静态成员，但静态成员仍具有不可替代的作用。静态成员包括静态数据成员和静态成员函数。

10.8.1　静态数据成员

一个静态数据成员是类的多个对象所共享的一个成员。无论是否创建对象，类的静态成员都存在。

静态数据成员并非对象的成员，而是类的成员。类中的静态数据成员与结构中的静态成员的语法语义一样。

例 10.7　以 Point 类为例，要求在缺省构造函数中用一对缺省坐标来代替原先的缺省坐标(0,0)，且缺省坐标可以在运行时刻改变，并在任意时刻能知道 Point 对象的个数。

Point 类的设计如图 10.7 所示，其中用下划线标出的是静态成员。Point 类中说明了 3 个私有的静态数据成员，其中 defx 和 defy 表示缺省坐标，当执行缺省构造函数时，用这个坐标作为新建点的坐标；静态数据 pcount 是一个计数值，表示当前对象个数，构造函数每执行一次就加 1，析构函数每执行一次就减 1。另外还设计了 2 个静态成员函数来管理这些静态数据。

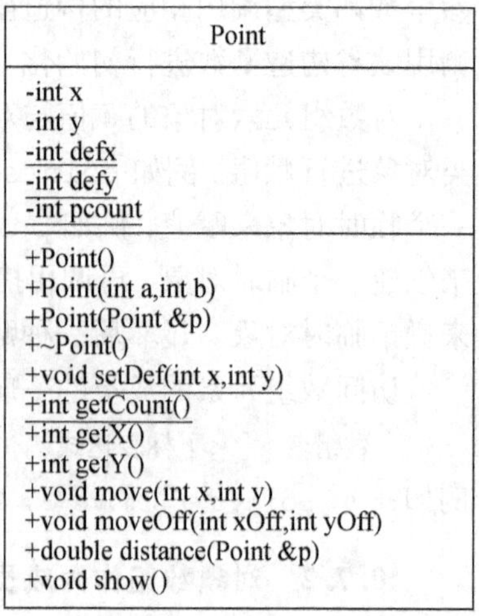

编程如下：

```
#include <iostream>
#include <math.h>
using namespace std;
class Point{
    int x, y;
    static int defx, defy;    //缺省坐标
    static int pcount;        //对象计数
public:
    Point(){                  //缺省构造函数
        x=defx; y=defy;       //用静态数据成员来初始化
        pcount++;             //对象计数加1
    }
    Point(int a, int b){
        x=a; y=b;
        pcount++;             //对象计数加1
    }
    Point(Point& p){          //拷贝构造函数
        x=p.x; y=p.y;
        pcount++;
    }
    ~Point(){                 //析构函数
        pcount--;
    }
    static void setDef(int x, int y){      //改变缺省坐标
        defx=x; defy=y;
    }
    static int getCount(){return pcount; }
    int getX() {return x; }
    int getY() {return y; }
    void move(int x, int y){this->x=x; this->y=y; }
    void moveOff(int xoff, int yoff){this->x += xoff; this->y += yoff; }
    double distance(Point &p){
        double xdiff, ydiff;
        xdiff=x-p.x;
        ydiff=y-p.y;
        return sqrt(xdiff*xdiff+ydiff*ydiff);
    }
    void show(){
        cout <<"(" <<getX() <<", " <<getY() <<")";
    }
};
int Point::defx;                //缺省初始化为0
int Point::defy=2;
int Point::pcount=0;
int main(){
    cout <<Point::getCount() <<" points existing. " <<endl;
    Point p1;
    p1.show(); cout <<endl;
    Point::setDef(11, 22);
    Point *p2=new Point();
    cout <<Point::getCount() <<" points existing. " <<endl;
    p2->show(); cout <<endl;
    delete p2;
```

图 10.7　**Point** 类中的静态成员

```
    cout << Point::getCount() << " points existing. " << endl;
    Point p3(33, 44);
    p3.show(); cout << endl;
    cout << Point::getCount() << " points existing. " << endl;
    return 0;
}
```

执行程序，输出结果如下：

```
0 points existing.
 (0, 2)
2 points existing.
 (11, 22)
1 points existing.
 (33, 44)
2 points existing.
```

对静态数据成员，应注意以下几点：

（1）类的静态数据成员在加载类时就为其分配了存储空间，这有别于非静态数据成员。而在创建类的对象时，只为类中的非静态数据成员分配存储空间。用 sizeof(类名)时不包括静态成员。

（2）静态数据成员的初始化必须在类的外部，即文件作用域中。如果没有显式初始化，缺省初始化为 0。注意在类外定义时，不用加修饰词 static 和访问控制修饰词。静态常量 const 成员可以在类内定义并初始化，而无需在类外定义或初始化。

（3）静态数据成员与类共存，因此在类外应通过作用域运算符(类名::静态数据成员)来访问。虽然通过对象也能访问静态数据成员，但其仍然是类的成员，并非对象的成员，因此应避免用对象来访问静态成员。在构造函数和成员函数中可直接用名字来访问类中的静态数据成员，而无需加类名，因为它们属于同一个类的作用域。

（4）静态数据成员不同于全局变量。虽然它们都是静态分配存储空间，但全局变量没有封装性，在程序任何位置都可访问，而静态数据成员受到封装性和访问权限的约束。管理私有的静态数据成员一般需要静态成员函数。

10.8.2　静态成员函数

在类中用 static 修饰的成员函数就是静态成员函数。静态成员函数用于管理类中的静态数据成员，或者提供类的某种服务，包括创建该类的对象和撤销对象。

在前面的 Point 类中，为了访问私有静态数据成员 defx 和 defy，设计了一个公有静态成员函数 setDef，使类的使用者能改变缺省坐标。因类中的私有静态数据成员 pcount 对于类外为只读，故此只有一个 getCount 静态函数。

假设一个类只能有单个对象，不允许有多个对象，则类外代码可方便访问该对象公有成员。编码如下：

```
#include <iostream>
using namespace std;
class Singleton {
    static Singleton * p;                           //静态数据成员
    Singleton() {cout << "ctor" << endl; }          //私有的构造函数
public:
    Singleton(const Singleton &) = delete;          //显式禁用拷贝构造
    Singleton(Singleton &&) = delete;               //显式禁用移动构造
```

```
    ~Singleton(){p=nullptr; cout<<"dtor"<<endl; }        //公有的析构函数
    static Singleton * getInstance() {                    //静态成员函数
        if (p==nullptr)
            p=new Singleton();
        return p;
    }
    void mf() {cout<<"a mem func"<<endl; }
};
Singleton * Singleton::p=nullptr;                         //静态数据成员初始化
int main() {
    Singleton::getInstance()->mf();                       //访问该对象的成员
    delete Singleton::getInstance();                      //撤销对象
    return 0;
}
```

对于静态成员函数，应注意以下几点：

（1）在类的外部调用一个静态成员函数时，应通过类名加作用域操作符来调用。虽然也允许通过对象来调用静态成员函数，但本质上仍然是类的操作，而不是对象的操作。

（2）静态成员函数中没有隐含的 this 指针，即没有当前对象，因此静态函数中不能直接访问该类的非静态成员，只能访问静态成员。静态成员函数如果要访问该类的非静态成员，必须将类的对象、对象引用、对象指针作为函数形参。例如，如果要用另一种方式来计算两个点之间距离："Point::distance(p1, p2)"，可添加一个静态成员函数如下：

```
static double distance(Point &p1, Point &p2){
    return p1.distance(p2);              //静态函数中调用了非静态成员函数
}
```

（3）静态成员函数可以被派生类继承，但不能定义为虚函数（虚函数将在第 11 章介绍）。

（4）如果静态成员函数的实现部分在类外定义，就不能加修饰符 static 和访问控制修饰符。

10.9　限定符

限定符有两种，即传统的 cv 限定符与 C++11 的引用限定符。cv 限定符（cv qualifier）就是用 const 和 volatile 修饰类的成员函数和对象，以限制成员函数和对象的行为；C++11 的引用限定符（reference qualifier）用来限制对非静态成员函数的调用。两者在编译时将检查相关规则。

10.9.1　限定符 const

前面我们用 const 来定义命名常量，还用 const 来限制指针或指针所指内容不能改变。表10.4 总结了 const 的限定方式和约束语义。

表 10.4 const 限定符

限定目标	语法形式	语义约束
成员函数	形参表之后，函数体之前。成员函数基调的一部分	函数不能改变当前对象成员，且只能调用 const 成员函数
对象或引用	对象或引用说明语句之前，可以是数据成员或局部变量	对象或引用不能改变，且只能调用 const 成员函数。如果是 const 数据成员，构造函数初始化之后就不能再改变
形参	形参表中，形参说明之前。成员函数基调的一部分	函数体中不能改变形参，对形参对象只能调用 const 成员函数
返回值	函数返回值，一般是指针或引用	调用方不能通过函数返回的指针或引用来改变其内容

下面介绍 const 限定符的各种用法。

1）const 成员函数

用 const 限定一个成员函数就限制该函数中不能改变当前对象的数据成员（但有例外）。在形参表之后、函数体之前添加 const，格式如下：

<返回类型><函数名>(<形参表>) const {...}   //const 限定符

const 函数体中只能调用 const 成员函数。在 const 成员函数中，this 指针的类型为 <类型> const *，即通过 this 指针不能改变所指对象（参见第 8.5.2 节）。

对于一个成员函数调用，如果当前对象无 const 限定，可调用 const 成员函数，因为无 const 限定的 this 指针可传给 const 限定的 this 指针；反之，如果当前对象有 const 限定，就不能调用无 const 限定的成员函数，原因是有 const 限定的 this 指针不能传给无 const 限定的 this 指针。

const 函数体中可改变 mutable 数据成员。例如：

```
class TestMutable{
    mutable int value;                          //用 mutable 修饰的数据成员
public:
    TestMutable(int v=0){value=v;}
    void modifyValue() const {value++;}         //const 函数中可改变 mutable 成员
    int getValue() const {return value;}
};
```

关键字 mutable 用于修饰类中的非 const 非静态数据成员，在 Lambda 函数体之前修饰，使函数体中可改变以值捕获的变量。

如果一个成员函数不改变对象状态，就应添加 const 限定，以明确告知调用方。例如：

```
double distance(Point &p) const{...}
```

有很多成员函数都应该限定为 const，比如所有 getXxx 函数。

const 限定符作为成员函数基调的一部分，可支持重载定义。例如：

```
class A{
public:
    void f1(){cout<<"f1()"<<endl;}          //第 1 个 f1 函数
    void f1() const{cout<<"f1()const"<<endl;} //重载 f1()函数
    void f2() const{f1();}                   //执行的是第 2 个 f1 函数
};
void f1(A &a){a.f1();}                        //执行的是第 1 个 f1()成员函数
void f2(const A &a){a.f1();}                  //执行的是第 2 个 f1()成员函数
void test(){
    A a;
```

```
    f1(a);                                          //输出 f1()
    f2(a);                                          //输出 f1() const
    a.f2();                                         //输出 f1() const
}
```

如果在类外实现 const 成员函数，应保持 const，否则编译器会误认为是在定义重载函数。

2）const 对象

用 const 限定的对象是不可变的，称为常量对象。const 添加在类名之前，格式如下：

```
const <类名>对象名、或对象引用；
```

const 对象说明可能出现在类的外面，这时是作为对象类型的一部分。const 对象不能赋值给非 const 对象，作为函数实参调用也不行。

const 对象说明可出现在类的数据成员中，构造函数的成员初始化列表中必须显式给出该成员如何初始化，而且该成员不能被其他成员函数改变。

3）const 形参

函数形参表中，const 形参就是常量，函数体中不能改变其数据成员的值。对于一个常量对象，只能调用其 const 成员函数，而不能调用其他非 const 成员函数。

如果一个函数中确实不会改变某个形参，那么就应该用 const 来限定，以明确告知调用方。例如：

```
double distance(const Point &p);
```

注意，形参带 const 限定也被作为函数基调的一部分，可用来定义重载函数。例如：

```
void f1(A &a);
void f1(const A &a);            //重载 f1 函数，根据实参是否为 const 来区别
```

4）const 返回值

用 const 可说明一个函数的返回值不可改变。当返回一个对象的指针或引用时，如果不希望调用方通过返回的指针或引用来改变对象的状态，就用 const 来限定。

使用限定符 const 有两方面的好处：一方面是对于类的设计人员，当在函数体中发生误操作而改变成员数据或 const 形参时，编译系统将报错，若将可变性限制到最小范围，就可简化编程；另一方面是对于类的使用方，可以信任函数体的实现，不会改变成员数据或 const 形参。const 限定是行为约定的重要组成部分，自觉使用 const 限定符是程序员成熟的重要标志。

10.9.2　限定符 volatile

限定符 volatile 假设目标是"易变的"，随时可能被程序外部其他东西所改变，如操作系统、硬件、并发线程等。编译器对 volatile 限定的对象或值的访问不做优化。限定符 volatile 与 const 在语法上是对称而非对立的，可共同限定同一成员函数。

用 volatile 限定一个成员函数时，其格式为

```
<返回类型><函数名>(<形参表>) volatile{...}
```

volatile 属于成员函数说明的组成部分，因此如果在类外实现一个 volatile 成员函数时，也要添加 volatile 限定，否则编译器会误认为是在定义一个重载函数。

用 volatile 限定的对象称为易变对象。说明 volatile 对象的一般格式为

```
volatile <类名>对象名；
```

其表示对象中的数据成员是易变的,编译器不做优化。例如当请求该对象时,系统应立即读取其当前状态,即使前面一个指令刚读过;在对它赋值时,该对象的值应立即写入,而不是等待某个时刻。对于一个易变对象,只能调用其 volatile 成员函数。

例 10.8 用 const 和 volatile 限定的成员函数和对象示例。

```
#include <iostream>
using namespace std;
class A{
    int i, j;
public:
    A(int a =0, int b =0){i =a; j =b; }
    void setData(int a, int b){i =a; j =b; }
    int geti() const {return i; }
    void show() volatile;
    void getData(int * a, int * b)const volatile { * a =i; * b =j; }
};
void A::show() volatile {cout << "i =" <<i << '\t' << "j =" <<j << '\n'; }
int main(void){
    A a1(100, 200);
    const A b1(50, 60);
    volatile A c1(200, 300);
    a1.show();
    cout << "b1.i =" <<b1.geti() << '\n';
    c1.show();
    return 0;
}
```

上面程序中,对于对象 a1,可以调用其任一成员函数。而对象 b1 是 const 对象,只能调用成员函数 geti 和 getData。如果在 main 函数中增加如下语句:

```
b1.setData(500, 100);
```

就会导致编译错误,这是因为 b1 是常量对象,不能改变其成员数据的值。对象 c1 是一个易变对象,只能调用成员函数 show 和 getData。

实际编程中,只有涉及系统编程或中断处理程序时才用 volatile 限定,其他情况很少使用。

10.9.3 引用限定符

C++11 中的引用限定符是针对非静态成员函数的一种限定,说明在函数形参表与函数体之间,与 cv 限定符位置一样,用 & 或 && 来限定被作用对象,避免一些语法上合法而语义上无效的语句,以保持语言行为的一致性。例如:

```
#include <iostream>
#include <string>
using namespace std;
class Integer {
    int a;
public:
    Integer(int aa =0) :a(aa) {}
    Integer(const Integer& aa) :a(aa.a) {}
    Integer& operator = (const Integer&aa) {                    //A      无限定符
        this ->a =aa.a;
        return * this;
    }
    friend Integer operator + (const Integer& a1, const Integer& a2) {    //B
        return Integer(a1.a +a2.a);
    }
```

```
        void show()const {cout << a << endl; }      //const 限定符
    };
```

上面程序中，A 行定义的拷贝赋值函数没有限定符；B 行定义一个友元函数，实现两个 Integer 对象之间的加法(+)运算(友元函数实现运算符参见第 12.2.2 节)。此时可以执行下面的计算：

```
void test1() {
    Integer a1(2), a2(3);
    Integer a3 = a1 + 3;
    a3.show();
    (a2 + a3).show();                              //C    输出 8
    (a2 + 3).show();                               //D    输出 6
}
```

上面 C 和 D 两行调用成员函数作用于右值表达式能得到正确结果。若执行下面语句：

```
a1 + a2 = a3;
```

编译没有错误，运行也没有报错，只是 a1, a2 都没有改变，即语法是正确的，但赋值是无效的。C++11 之前无法避免这种语句，而 C++11 中的引用限定符可检查这种语句。在 A 行的拷贝赋值函数中添加左值引用限定符 &，限制该成员函数只能作用于左值表达式，即

```
Integer& operator = (const Integer&aa)&;            //形参表之后添加 &
```

此时语句 a1 + a2 = a3; 编译错误，因为 a1 + a2 不是左值。

实际上所有的拷贝赋值函数都应只赋值给左值而不能无限定。

再分析成员函数 show，C 行、D 行执行得到正确结果，语义上是合理的，就不应该用 & 限定符。此时如果用 const & 来限定 show，C 行、D 行不报错，而单独使用 & 限定符 C 行、D 行编译报错。如果用 const && 或 && 来限定 show 将导致 a3.show() 编译报错，而 C 行、D 行正确，这是因为 && 限定使成员函数只能作用于右值，而不能作用于左值。

引用限定符 & 与 && 用于构造函数之外的非静态成员函数，限定当前作用对象必须为左值或右值，并可与 cv 限定符配合使用。

10.10　类成员的指针

前面介绍的指针用来指向特定类型的对象或者全局函数。对于类还有一种特殊的指针，称为类的成员指针，指向特定类中的特定数据成员或成员函数。对一个类中的数据成员或者成员函数可以定义成员指针来指向这些成员，然后就可通过指针来间接地访问这些成员。下面我们分别介绍数据成员的指针和成员函数的指针。

10.10.1　数据成员的指针

数据成员的指针(也称为成员对象的指针)是对特定类中的特定类型的数据成员定义的指针，一个数据成员的指针只能指向特定类中具有特定类型的数据成员。如果一个类中多个公有的数据成员具有相同的类型，就可以定义一个指向这些数据成员的指针，并通过该指针来访问这些成员。

对于一个类，定义指向该类中的数据成员的指针变量的格式为

```
<类型> <类名>::*<指针变量名> [ =&<类名>::<数据成员名>];
```

其中，<类型>是指针变量所指向的数据成员的类型，它必须是该类中某一数据成员的类型；<类名>就是被指向的数据成员所在类的名字。在指针说明之后可以初始化，可以用已有的同类指针，也可以是类中某个数据成员的名称，只是要求该数据成员的类型与<类型>一致。

在赋值语句中，可对数据成员的指针进行赋值，格式如下：

    <指针变量名>=&<类名>::<数据成员名>;

在赋值时要检查当前代码对数据成员的访问权限。如果是类外代码，就要求被访问数据成员是公有的。这里的求址运算符 & 是计算该成员在该类中的相对偏移地址，而不是运行时的地址。

如果一个数据成员的指针指向了特定数据成员，就可通过该指针来访问某个对象的这个数据成员。有如下两种形式：

    <对象指针> ->* <数据成员指针变量名>
    <对象名/对象引用> .* <数据成员指针变量名>

其中，"->*"和".*"是**成员指针运算符**，中间不能有空格。这两个运算符都是双目运算符，左边的操作数是该类对象的一个指针、对象名或引用；右边的操作数是该类数据成员的一个指针，并且已指向某个成员。

   例 10.9 数据成员的指针示例。

```
#include <iostream>
using namespace std;
class A{
    float x;
public:
    float a, b;
    A(float x=0, float a=0, float b=0):x(x), a(a), b(b) {}
    float getx() {return x; }
};
int main(void){
    A s1(1, 2, 3), *pa=&s1;
    float A::*mptr=&A::a;                //A    定义指向 S 类中 float 成员的指针
    cout <<"pa->a=" <<pa->a <<'\t';
    cout <<"pa->*mptr=" <<pa->*mptr <<'\t';        //B
    cout <<"s1.*mptr=" <<s1.*mptr <<endl;          //C
    mptr=&A::b;                                    //D
    cout <<"pa->b=" <<pa->b <<'\t';
    cout <<"pa->*mptr=" <<pa->*mptr <<'\t';
    cout <<"s1.*mptr=" <<s1.*mptr <<endl;
    cout <<typeid(mptr).name() <<endl;             //float A::*
    return 0;
}
```

执行程序，输出结果如下：

```
pa->a=2 pa->*mptr=2     s1.*mptr=2
pa->b=3 pa->*mptr=3     s1.*mptr=3
float A::*
```

上面程序中，A 行说明了 A 类中 float 成员的一个指针 mptr，并初始化，使其指向成员 a；B 行 pa->*mptr 通过一个对象指针 pa 和成员指针 mptr 来访问成员；C 行 s1.*mptr 通过一个对象名和成员指针 mptr 来访问成员；D 行使成员指针 mptr 指向另一个数据成员 b，然后访问该成员；最后显示成员指针 mptr 的类型为"float A::*"，即类 A 中的 float 数据成员指针。

10.10.2　成员函数的指针

一个函数的形参及其返回类型标识该函数的类型，而函数的指针就是指向特定类型的函数的指针。前面我们介绍过全局函数的指针，下面介绍类中的成员函数的指针。

成员函数的指针是专门指向特定类中的特定成员函数的一种指针。如果一个类中多个公有成员函数都具有相同的形参和返回值，只是函数名不同，就可定义该类的成员函数指针，让这个指针指向某个成员函数，如此就能间接地调用该函数。

对于一个类，定义指向该类的成员函数的指针变量的格式为

<返回类型>(<类名>::*<指针变量名>)(<形参表>)[=<类名>::<成员函数名>]

其中，<类名>是已定义的一个类名；<指针变量名>是指向该类中某个成员函数的一个指针变量名；<返回类型>和<形参表>确定了这种函数的特征。在说明之后可以进行初始化，可以是已有的一个指针，也可以指向某个成员函数。

对成员函数的指针进行赋值的语法形式有如下两种：

<成员函数指针变量名>=&<类名>::<成员函数名>;
<成员函数指针变量名>=<类名>::<成员函数名>;

前者是标准语法形式，后者是简化形式。在赋值时要检查成员函数是否为公有。该赋值语句将指定成员函数的相对偏移地址赋给指针变量。

通过成员函数指针变量能调用某个成员函数作用于某个对象，有如下两种格式：

(<对象指针>->*<成员函数指针变量名>)(<实参表>)
(<对象名/对象引用>.*<成员函数指针变量名>)(<实参表>)

例 10.10　使用成员函数的指针变量示例。

```cpp
#include <iostream>
using namespace std;
class S{
    float x, y;
public:
    S(float a=0, float b=0){x=a; y=b; }
    float getx() {return x; }
    float gety() {return y; }
    void setx(float a) {x=a; }
    void sety(float a) {y=a; }
};
int main(void){
    S s1(1, 2), *ps=&s1;
    float (S::*mptr1)()=S::getx;                //A    定义成员函数指针变量
    void (S::*mptr2)(float);                    //B    定义成员函数指针变量
    cout<<"ps->getx()="<<ps->getx()<<'\t';
    cout<<"(ps->*mptr1)()="<<(ps->*mptr1)()<<'\t';   //C    调用成员函数
    cout<<"(s1.*mptr1)()="<<(s1.*mptr1)()<<endl;     //D    调用成员函数
    mptr1=S::gety;
    cout<<"ps->gety()="<<ps->gety()<<'\t';
    cout<<"(ps->*mptr1)()="<<(ps->*mptr1)()<<'\t';
    cout<<"(s1.*mptr1)()="<<(s1.*mptr1)()<<endl;
    mptr2=S::setx;
    (ps->*mptr2)(3);
    cout<<"ps->x="<<ps->getx()<<endl;
    cout<<typeid(mptr1).name()<<endl;
    cout<<typeid(mptr2).name()<<endl;
    return 0;
}
```

执行程序，VS 输出结果如下：

```
ps ->getx() =1     (ps ->* mptr1)() =1     (s1.* mptr1)() =1
ps ->gety() =2     (ps ->* mptr1)() =2     (s1.* mptr1)() =2
ps ->x =3
float (_thiscall S::*)(void)
void (_thiscall S::*)(float)
```

上面程序中，A 和 B 两行分别定义了两个成员函数指针，并对 mptr1 进行了初始化；C 和 D 两行分别通过对象指针和对象名，利用成员函数指针 mptr1 调用同一个成员函数。

输出结果中，最后两行显示了两个成员函数指针的内部类型名，其中"_thiscall"表示成员函数调用的一种缺省方式。

对成员函数的指针，应注意以下几点：

（1）仅当成员函数的形参表和返回类型均与这种指针变量相同时，才能将成员函数的相对指针赋给这种变量。注意，不可指向构造函数和析构函数。

（2）通过成员函数指针只能调用公有成员函数。当这种指针变量指向一个虚函数，并且通过基类的指针或引用来调用虚函数时，同样具有动态多态性（虚函数详见第 11.6 节）。

（3）不能用成员函数指针指向静态成员函数，但可用普通函数指针指向静态成员函数，在调用时也不需要确定对象指针、对象名或对象引用。

（4）C++ 11 中 < type_traits > 规定成员指针并不属于指针，而与指针同属于复合类型。

成员指针在类编程中并没有明显的实际用途，但在模板泛型编程中经常要用成员指针来判断特定成员是否存在（详见第 13.2.2 节）。

10.11　线程对象 thread

C++ 11 标准库中最有趣的是线程对象。一个线程（thread）是 thread 类的一个对象，表示一个独立的执行序列。由 main 函数启动的是一个进程（process）。main 中可创建多个线程对象并行执行，称为多线程（multithread）。下面简单介绍一下多线程编程。

例 10.11　双线程示例。

```
#include < iostream >
#include < thread >                    //A
using namespace std;
void func(const char * str) {           //线程所调用的函数应返回 void
    for(int i =0; i <1000; i ++)
        cout << str << " - ";
}
int main() {
    thread t1(func, "ping");           //B
    thread t2(func, "PONG");           //C
    t1.join();                         //D
    t2.join();                         //E
    return 0;
}
```

上面程序中，A 行包含的 < thread > 文件中有线程 thread 类以及一组函数。B 行、C 行用 thread 类创建 2 个线程对象，都执行函数 func，但有不同实参。thread 构造函数的第 1 个实参指定 1 个要执行的函数 func，后面的实参是该函数所需要的 1 个或多个实参。线程一经创建就开始执行。线程 t1 输出 ping，线程 t2 输出 PONG。D 行、E 行让进程等待线程执行完成。

执行程序，前几行输出结果如下：

```
ping-ping-ping-ping-ping-ping-ping-ping-ping-ping-ping-ping-pingPONG-PONG-PONG-
PONG-PONG-PONG-PONG-PONG-PONG-PONG-PONG--PONGping-ping-ping-ping-ping--PONG-PONG-
PONG-PONG-PONG-PONG-PONG-PONG-PONG-PONG-PONG-PONG-ping-ping-ping-ping-ping-
```

多次执行会看到输出结果都不一样。能看到两个线程交叠并行执行，最后都执行完成。两个线程都要访问循环变量 i，该变量是存储在栈中的自动变量。各线程都持有独立的栈，能保证每个线程都输出 1000 次。

由于每个线程都拥有独立的栈空间，因此局部变量都是各线程自己持有的。此外线程还持有用 thread_local 修饰的全局变量和静态变量。其他静态变量、全局变量以及堆空间中的动态变量都是多线程共享的。

例 10.12　两个线程共享同一个全局变量示例。

```cpp
#include <iostream>
#include <thread>
using namespace std;
unsigned long long total {0};        //A
void add(int) {
    for (unsigned long long i =1; i < 2000000LL; i ++)
        total += i;                  //B
}
void sub(int) {
    for (unsigned long long i =1; i < 2000000LL; i ++)
        total -= i;                  //C
}
int main() {
    thread t1(add, 0);               //D
    thread t2(sub, 0);               //E
    t1.join();
    t2.join();
    cout << "total = " << total << endl; //每次都可能得到不同结果
    return 0;
}
```

上面程序中，A 行中的全局变量 total 被初始化为 0。函数 add 将全局变量 total 从 1 加到 N（N 应足够大），函数 sub 将此变量从 1 减到 N（见 B 行和 C 行）。显然，这两个函数如果按次序调用执行，最终结果应该是 0。D 行、E 行创建两个线程，并分别执行这两个函数。

执行程序，输出结果如下：

```
total =31076687186
```

多次执行会发现输出结果都不一样，难以得到 0。原因是两个线程对共享变量 total 的访问出现了不应有的竞争，从而导致出现错误结果。

仔细分析 B 行、C 行，对 total 变量的改变实际上要经过如下三个过程（RMW）：

① 读取（R）：从内存中将 total 读到处理器的寄存器中；

② 修改（M）：寄存器运算，加上或减去某个值；

③ 写入（W）：从处理器写入内存。

两个线程独立执行时，这三个步骤可能交织进行。例如，当 total 值为 3 时，线程 t1 要对它加 3，线程 t2 要对它减 1。此时如果按表 10.5 所示次序执行，就会导致线程 t2 执行结果失效。

表 10.5 两个线程的交织执行

时间序列	线程 t1	线程 t2
1.	R 读出 3	
2.		R 读出 3
3.	M 执行 3 + 3 = 6	
4.		M 执行 3 - 1 = 2
5.		W 写入 2
6.	W 写入 6	
7.	内存中结果为 6	

两个线程之间的交织执行是随机不可控的，所以多次执行得到不同的错误结果。

为了解决此问题，常用解决办法是采用"互斥锁（mutex lock）"机制。当一个共享变量没有被任何线程访问时，就是开锁状态。一个线程要访问共享变量之前应该先申请开锁，之后再访问。访问过程中该锁为闭锁状态，其他线程因申请不到开锁而被阻塞。当一个线程完成访问之后就解锁，让其他被阻塞的线程能申请开锁访问。

互斥锁机制比较复杂，各个 C++ 系统都采用各自的函数库实现，比较常见的是 POSIX 线程（Pthread），OpenMP，Windows CR（concurrent runtime）等。C++ 11 提出一种标准的解决方案，简单清晰，能避免大多数繁杂操作。

对于例 10.12 中的问题，一种简单方法是用原子类型来定义共享变量，使对该变量的访问都成为原子操作。程序中先包含#include < atomic > ，然后将 A 行修改为

`atomic_llong total{0};`

该语句用一种新类型 atomic_llong 将全局变量 total 定义为一种原子类型的变量，这样对该变量的所有访问都自动加锁。< atomic > 中有一组 atomic_xxx 类型，除了 bool 和浮点数之外的基本类型都对应一种原子类型。

重新执行该程序，每次执行都得到 0 的正确结果。

文件 < atomic > 包含了一组类和模板类，用于创建能支持原子操作的类型，称为原子类型。原子操作是最小的不可并行的操作。一个原子操作可能包含多个步骤，比如上面的 RMW 三步骤。这些步骤要么不执行，要么全执行，中间不能加入其他线程步骤。

原子操作具有以下两个关键特性，使多线程能正确操控对象，而无需互斥锁。

（1）不可分割性。当第一个原子操作作用于一个对象时，另一个线程的原子操作要获取该对象的状态只能在第一个原子操作完成之后。

（2）内存次序（memory order）的结果一致性（sequence consistent）内存模型。一个原子操作执行建立了一种内存次序的需求，使同一线程的其他原子操作能基于内存中可见的执行结果。比如，例 10.12 中的 add 函数，当执行 total += 3 时，能确认前面已执行过 + 1 和 + 2，当前内存中 total 值为 3。内存模型将禁止编译器进行会破坏这种次序需求的编译优化。

内存模型具有多种形式，也有多种有意思的多线程编程，读者可参看相关文档和实例。

小　结

（1）类的成员主要包含数据成员（也称成员对象）和成员函数。

（2）数据成员说明如图 10.8 所示。

图 10.8　数据成员说明

（3）成员函数包括特殊成员函数与一般成员函数。成员函数的说明如图 10.9 所示。

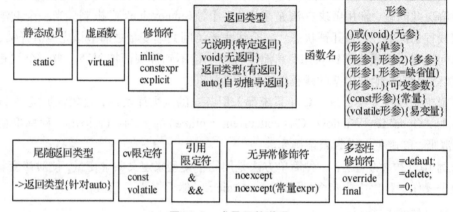

图 10.9　成员函数说明

（4）特殊成员函数包括构造函数、析构函数、赋值函数。构造函数包括一般构造函数、拷贝构造函数和移动构造函数，其中一般构造函数又包括缺省构造函数和转换构造函数。赋值函数包括拷贝赋值函数和移动赋值函数。

（5）编译器可能自动生成 6 个特殊成员函数，即缺省构造函数、析构函数、拷贝构造函数、移动构造函数、拷贝赋值函数、移动赋值函数。这些函数支持对象生命周期规律。

（6）类成员的指针包括数据成员指针和成员函数指针，其扩展了类型，也扩展出了两种运算符。

练　习　题

1. 对于构造函数，下面说法中错误的是_____。
   （A）每个对象都是经过某个构造函数的执行才被创建出来的
   （B）一个类可定义多个构造函数，它们形参不同
   （C）构造函数中可对数据成员初始化
   （D）构造函数中不能有 return 语句

2. 对于缺省构造函数，下面说法中错误的是_____。
   （A）类中没有显式定义任何构造函数时，编译器自动生成一个公有的缺省构造函数
   （B）一个无参构造函数是缺省构造函数
   （C）缺省构造函数一定是一个无参构造函数

(D) 一个类中最多只能有一个缺省构造函数

3. 设有代码如下：

```
class Myclass{
public:
    Myclass() {cout << "Myclass() "; }
    Myclass(int a) :Myclass() {cout << "MyClass(int) "; }
    Myclass(double d) :Myclass(){cout << "MyClass(double)" <<endl; }
};
```

执行 Myclass(6.7); 输出为_____。

(A) MyClass(double)   (B) MyClass() MyClass(double)

(C) MyClass()   (D) 编译错误

4. 对于析构函数，下面说法中错误的是_____。

(A) 一个对象的生命周期始于构造函数执行，终于析构函数执行

(B) 如果类中没有显式定义析构函数，编译器就自动生成一个公有的析构函数

(C) 一个类中可重载定义多个析构函数

(D) 析构函数中可用 this 指针

5. 假设对象 a 是类 A 的对象，下面语句中**没有执行**类 A 的拷贝构造函数的是_____。

(A) b = a;   (B) void f(A x); f(a);

(C) A b = a;   (D) A b(a);

6. 下面代码的输出结果为_____。

```
class MyClass {
    int idno = nextid ++ ;
    static int nextid;
public:
    MyClass() {}
    MyClass(const MyClass& obj){}
    MyClass(int) {}
    void print() {cout << idno <<endl; }
};
int MyClass::nextid =1;
int main() {
    MyClass a1, a2;
    MyClass a3{a2}; a3. print();
    MyClass a4(3); a4. print();
    return 0;
}
```

(A) 2　2   (B) 3　3   (C) 3　4   (D) 4　4

7. 下面程序的运行结果为_____。

```
#include <iostream>
using namespace std;
class X {
    int a =3;
    int b =4;
public:
    X(int a =4, int b =3) :a(a) {}
    void print() {cout <<a <<", " <<b <<endl; }
};
int main() {
    X a(3, 3); a. print();
    X b; b. print();
    X c(3); c. print();
    return 0;
}
```

8. 下面程序的运行结果为_____。

```cpp
class MyClass {
public:
    MyClass() {}
    MyClass(const MyClass &obj) {
        cout << "MyClass(&)" << endl;
    }
    MyClass& operator = (const MyClass& obj) {
        cout << "operator = (&)" << endl;
        return *this;
    }
};
MyClass f() {return MyClass(); }
int main() {
    MyClass a, b;
    a = move(b);
    MyClass c = move(a);
    b = MyClass();
    c = f();
    return 0;
}
```

9. 下面程序的运行结果为_____。

```cpp
class MyClass {
public:
    MyClass(){};
    MyClass(const MyClass &) = default;
    MyClass & operator = (const MyClass& obj) {
        cout << "operator = (&)" << endl;
        return *this;
    }
    MyClass & operator = (MyClass&& obj) {
        cout << "operator = (&&)" << endl;
        return *this;
    }
};
MyClass f(){return MyClass(); }
int main() {
    MyClass a, b;
    a = f();
    b = a;
    a = MyClass();
    return 0;
}
```

10. 下面程序的运行结果为_____。

```cpp
class A{
public:
    A(){cout << "def. constructor of A\n"; }
    ~A(){cout << "destructor of A\n"; }
    A(const A&a){cout << "copy constructor of A\n"; }
};
class B{
    A a;
public:
    B(){cout << "def. constructor of B\n"; }
    ~B(){cout << "destructor of B\n"; }
};
int main(){
    B b1;
    B b2 = b1;
```

```
    }
```

11. 下面程序的运行结果为_____。

```
class A{
    int i;
    static int x, y;
public:
    A(int a =0, int b =0, int c =0)
        {i =a; x =b; y =c; }
    void show() {
        cout << "i = " << i << '\t';
        cout << "x = " << x << '\t' << "y = " << y << endl;
    }
};
int A::x =0;
int A::y =0;
int main() {
    A a(2, 3, 4);
    a. show();
    A b(100, 200, 300);
    b. show();
    a. show();
}
```

12. 下面程序的运行结果为_____。

```
class A{
    int a, b;
    static int c;
public:
    A(int x) {a =x; }
    void f1(float x){b =a * x; }
    static void setc(int x) {c =x; }
    int f2() {return a +b +c; }
};
int A::c =100;
int main(void) {
    A a1(1000), a2(2000);
    a1. f1(0.25); a2. f1(0.55);
    A::setc(400);
    cout << "a1 = " << a1. f2() << '\n' << "a2 = " << a2. f2() << '\n';
    return 0
}
```

13. 在 Point 类的基础上，设计实现一个矩形类 Rectangle，并测试该类。该类要求有下述成员：

(1) 数据成员：左上角点(x, y)，宽度 width 和高度 high，可用 int 类型。

(2) 成员函数：对宽度和高度属性的读 getXxx 和写 setXxx，以及

　　void moveOff(int xoff , int yoff)：相对移动；

　　float getArea( )：计算矩形的面积；

　　float getPerimeter( )：计算矩形的周长；

　　void show( )：显示矩形的数据成员，以及面积、周长。

14. 将 Date 类作为成员对象，设计实现一个 DateTime 类，表示日期和时间，包含年月日、时分秒。要求如下：

(1) 类中包含 1 个数据成员 date 表示日期，还有 3 个数据成员时(hour)、分(min)、秒(sec)；

(2) 缺省构造函数要求读取当前系统日期和时间(注意使用 time. h 中的库函数)；

(3) 另一个构造函数为

　　DateTime(int year, int month, int day, int hour, int min, int sec);

（4）一组成员函数（setter/getter）对各成员进行读写；

（5）一个成员函数 void show()；以中国人的习惯格式显示各个数据成员。

15. 利用第 14 题的 DateTime 类作为成员对象，尝试设计一个 File 类表示磁盘文件，包含文件名、大小、创建日期和修改日期（DateTime 类）等属性。

16. 建立一个类 Directory 表示文件目录。要求如下：一个目录包含一组文件 File；每个目录都可以有一个父目录；每个目录中不仅能知道当前有哪些 File 对象，还能按文件名、大小、创建时间或修改时间进行排序。

17. 构造一个 Person 类表示人，除了姓名、性别等属性之外，还要描述一个人的父亲和母亲。根据父母属性就能计算：（1）某个人的兄弟姐妹有哪些人；（2）某个人的祖父母和外祖父母有哪些人；等等。提示：利用指针成员来表示 Person 之间的关联。

18. 一个简单的扑克牌游戏。

（1）设计一个类 Card，使每一张扑克牌作为其一个对象。这里需要一个枚举类型来说明大小王和 4 种花色：

```
enum Suit{BigJoker =1, LittleJoker, Heart, Diamond, Club, Spade};
```

设计合适的成员函数，打印一张牌的花色和点数。

（2）设计一个类 Deck，将一副扑克牌作为该类的一个对象。要求如下：设计一个缺省构造函数来构造 54 张牌；设计一个成员函数来打印所有牌；设计一个成员函数 void shuffle()来洗牌（应提供足够的随机性）。

读者还可以自行设计感兴趣的玩法。

第 11 章　类的继承

前面我们介绍了面向对象编程的一个重要特性——封装性(encapsulation)，本章介绍另外两个重要特性——继承性(inheritance)和多态性(polymorphism)。继承性表示较抽象的类与较具体的类之间的关系，是代码复用的一种形式。多态性的一般含义是一个名字有多种具体解释，C++ 语言中的多态性有编译时刻的静态多态性(如函数重载、运算符重载函数)，还有运行时刻的动态多态性。本章将介绍动态多态性，后面章节将介绍运算符重载函数。

11.1　继承与派生

下面介绍如何建立类之间的继承性关系。

11.1.1　基类与派生类

我们首先来考虑人与大学生之间的关系。一个人作为一个对象，建立一个 Person 类如下：

```
class Person{
    string name;              //姓名
    char sex;                 //性别
    string idno;              //身份证号
    Date birthdate;           //出生日期, 成员对象
    ...                       //其他成员
};
```

一名学生作为一个对象，建立一个 Student 类可能如下：

```
class Student{
    string name;              //姓名
    char sex;                 //性别
    string idno[20];          //身份证号
    Date birthdate;           //出生日期, 成员对象
    string schoolName;        //所在学校名称
    Date enrollDate;          //入学日期
    ...                       //其他成员
};
```

从上可以发现，一名学生完全包含了一个人的全部属性。这是因为一名学生本来就是一个人，只是扩展了一些特殊属性，如学校名称、入学日期等。因此在 C++ 编程中，我们不应在 Student 类中包含一个 Person 对象作为其成员对象，否则就形成了错误的语义。

正确的描述应该是，一名学生既是 Student 类的一个对象，同时也是 Person 类的一个对象，他/她继承了 Person 类为其提供的作为人的属性和行为，再扩展自己的属性和行为。简言之，一名学生是具有所在学校、入学日期等属性的一个人(描述如下)：

```
class Student : public Person{    //Student 类作为 Person 的派生类
    string schoolName;            //所在学校名称
    Date enrollDate;              //入学日期
```

```
    ...                              //其他成员
};
```

Student 类是从类 Person 派生而来的，Person 类就是 Student 的基类(base class)，又叫作超类(super class)或父类(parent class)。Student 类继承了 Person 类的所有成员，并扩展了自己的成员。Student 类是 Person 的一个派生类或衍生类(derived class)，又叫作子类(subclass)或扩展类(extend class)。这种派生类从基类中继承成员的关系就称为类的继承性。

在继承性关系中，基类表示比较抽象的概念，逻辑学中称为属概念或上位概念，拥有较少内涵(即较少的属性)和较大的外延(即较大的集合范畴)；而派生类表示比较具体的概念(也称为具象)，称为种概念或下位概念，拥有较多内涵(即较多的属性)和较小的外延(即较小的集合范畴，派生类对象集合是其基类对象集合的子集)。

派生类中仅描述扩展的成员，而派生类对象则拥有其所有的直接和间接基类中的成员，因此派生类是基于其基类而存在的。派生类与基类之间具有最强耦合关系。

从派生类的角度而言，根据它所拥有的基类数目不同，可分为单继承和多继承。如果一个派生类只有一个直接的基类，称为单继承；如果一个类拥有多个直接的基类，则称为多继承或多重继承。单继承和多继承的关系如图 11.1 所示。图中用一个三角箭头从派生类指向其基类，表示继承关系；用欧拉图表示各类的对象集合之间的关系。

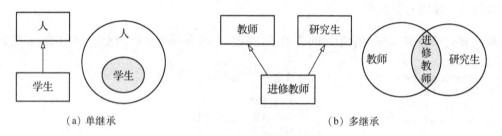

(a) 单继承   (b) 多继承

图 11.1　单继承与多继承

抽象与具象是相对而言的，因此基类与派生类之间的关系也是相对而言的。一个派生类也可作为另一个类的基类，如此形成继承层次结构。基类与派生类之间的关系如下：

(1) 基类是对派生类的抽象，派生类是对基类的具象。基类抽取其派生类的一般特征作为成员，而派生类通过扩展新成员来表示更具体的类型，是基类定义的延续和扩展。

(2) 派生类的一个对象也是基类的一个对象。当需要一个基类对象的地方，实际提供派生类的一个对象应该是无条件满足要求的。这也是继承性必须满足的基本原则——里氏替代原则(Liskov Substitution Principle)。

11.1.2　派生类的定义与构成

定义派生类的一般格式如下：

```
class <派生类名> : <继承方式1> <基类名1>, <继承方式2> <基类名2>,...{
    <派生类扩展的成员>
};
```

其中，<基类名>是已有类名，单继承时只有一个基类名，多继承时有多个基类名。<继承方式>规定了派生类对基类成员的访问控制方式，控制基类成员在什么范围内能被派生类访问，且每一种继承方式只限定紧随其后的一个基类。继承方式有三种，即 public（公有继承）、private（私有继承）和 protected（保护继承）。在第 11.1.3 节我们将讨论这三种方式的区别。

派生类对象的成员由两部分构成：一部分是从基类继承而来的，另一部分是自己扩展的新成员（见图 11.2）。所有成员仍然分为 private，protected 和 public 三种。派生类不能直接访问从基类继承而来的私有成员，可直接访问其公有成员，用限定方式访问其保护成员。

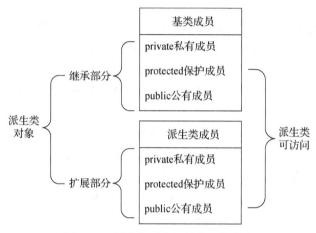

图 11.2　派生类对象及其成员的构成

从对象存储来看，每个派生类对象所占存储空间就是其基类的非静态数据成员与扩展的非静态数据成员的总和。表达式 sizeof（派生类名或派生类对象名）能得到对象的字节大小。

11.1.3　继承方式与访问控制

派生类继承了基类的全部数据成员和成员函数，但是这些成员在派生类中的访问控制属性是可以调整的，继承方式确定了基类成员在派生类中的可见性。

派生类对于一个基类要确定一种继承方式，有 private，public，protected 三种选择（见图 11.3）。每一个继承都必须选择一种方式，**缺省为"私有继承 private"**，但最常用的却是**"公有继承 public"**。不同继承方式导致被继承的基类成员在派生类中的可见性有所改变（如表 11.1 所示）。其中，√ 表示派生类可访问，× 表示不可访问，如果基类成员的可见性在派生类中改变就用括号说明。

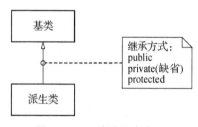

图 11.3　三种继承方式

表 11.1　派生类对基类成员的访问能力

继承方式 基类成员	公有继承 public	私有继承 private（缺省）	保护继承 protected
私有成员 private	×	×	×
公有成员 public	√	√（私有）	√（保护）
保护成员 protected	√	√（私有）	√（保护）

从基类的成员来看，不同的继承方式具有不同的作用。

（1）基类中的私有成员（表中第 1 行）在派生类中是不可见的。在派生类中不能直接访问基类中的私有成员，外部程序也不能访问私有成员，任何继承方式都不能改变其私有可见性。

（2）基类中的公有成员（表中第 2 行）可被派生类、外部程序访问。如果是私有继承方式，基类中的公有成员就改变为派生类自己的私有成员，这样就阻止了外部程序通过一个派生类对象访问其基类中的公有成员；如果是保护继承方式，基类中的公有成员就改变为派生类自己的保护成员，只能被自己的派生类访问。

（3）基类中的保护成员（表中第 3 行），派生类可访问，但外部程序不能直接访问。如果是私有继承方式，基类中的保护成员就改变为派生类自己的私有成员，阻止了下一层派生类对这些保护成员的访问。

派生类可访问其基类中的公有成员和保护成员，其访问能力与继承方式无关，但继承方式会影响基类成员在派生类中的可见性。

（1）公有继承时（表中第 1 列），基类中的公有成员和保护成员在派生类中仍为公有成员和保护成员，并非改变为公有成员。这是最常用的继承方式，实际上本书只用这种方式。

（2）私有继承时（表中第 2 列），基类中的公有成员和保护成员在派生类中都改变为私有成员。这就阻止了外部程序通过派生类对象访问其基类中的公有成员，也阻止了下一层派生类访问基类中的保护成员。这是缺省继承方式，但很少用。

（3）保护继承时（表中第 3 列），基类中的公有成员在派生类中改变为保护成员，基类中的保护成员在派生类中仍为保护成员。这就阻止了外部程序通过派生类对象访问其基类中的公有成员。这是最不常用的继承方式。

前面我们主要使用类中的公有成员和私有成员。在类的继承关系中，保护成员具有自己的特色。基类中的保护成员是专门提供给自己的"同类"访问的，这里"同类"指的是具有同一个基类（它自己）的一组直接或间接的派生类。例如：

```
class A{
protected:
    int x;
};
class C: public A {};
class B: public A {
public:
    void f1() {x = 1; }            //A    ok
    void f2(B& b) {b. x = 2; }     //B    ok
    void f3(B * pb) {pb -> x = 3; } //C    ok
    void f4(A&a) {a. x = 4; }      //D    error
    void f5(C&c) {c. x = 5; }      //E    error
};
```

上面程序中，类 A 中有一个保护成员 x，类 B 和 C 是类 A 的派生类，那么类 B 能访问其基类中的保护成员，但仅限于如下 3 种情形之一：

① 访问当前对象所继承的保护成员 x（A 行）；

② 通过当前类 B 的引用来访问保护成员 x（B 行）；

③ 通过当前类 B 的指针来访问保护成员 x（C 行）。

其他方式，如 D 行、E 行，都不可访问基类中的保护成员。

对于两个类如何判断继承关系？可调用 < type_traits > 中的 is_base_of < Base, Derived > 来判断 Base 类是否为 Derive 类的直接或间接的基类。例如：

```
int main() {
    cout << boolalpha;
    cout << is_base_of <A, A >::value << endl;                    //true
    cout << is_base_of <A, C >::value << endl;                    //true
    cout << is_base_of <A, B >::value << endl;                    //true
}
```

如果 is_base_of < Base，Derived > 判断为真，那么 is_convertible < Derived，Base > 判定为真，反之不然。

说明一个类或派生类的完整语法形式如图 11.4 所示。

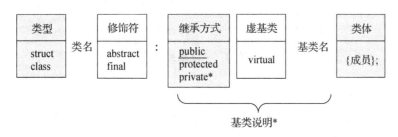

图 11.4　说明一个类的完整语法形式

类说明中 abstract 为抽象类，不能直接实例化创建对象，往往持有纯虚函数（详见第 11.6.5 节）；修饰为 final 说明该类不再作为任何类的基类（详见第 11.6.6 节）；一个基类修饰为 virtual 说明是虚基类（详见第 11.4 节）。

11.2　派生类的构造和析构

派生类的一个对象也是其基类的一个对象，因此在创建派生类的一个对象时，就要调用基类的某个构造函数来初始化基类成员。当派生类对象被撤销时，不仅要调用自己的析构函数，还要调用其基类的析构函数。

11.2.1　派生类的构造函数

派生类对象的数据成员由所有基类的数据成员与派生类中的数据成员组成，还可包含成员对象。因此，创建派生类的一个对象时，应对基类数据成员、成员对象进行初始化。派生类的构造函数应以合适的初值作为实参，调用基类和成员对象的构造函数，以便初始化各自的数据成员，最后再执行构造函数体。

派生类构造函数的一般格式为

　　< 派生类名 >（< 形参表 >）：<u>< 基类名 >（< 实参表 >）</u>，…，
　　　　< 成员名 >（< 实参表 >），…{构造函数体}

在形参表与函数体之间是"基类/成员初始化表"，其中包括直接的基类名及其实参表，对应各基类的构造函数形参；也包括直接的成员名及其实参表，对应各成员类的构造函数形参。各项之间用逗号分隔，没有严格次序。如果没有显式确定任何一项，编译器就自动调用基类或成员类的缺省构造函数。如果没有提供缺省构造函数，则编译出错。

实际上，基本类型的成员也可放在成员初始化列表中进行初始化（如果是简单赋值的话），而不用放在函数体中进行初始化。

图 11.5 表示派生类对象包含了基类对象成员,与复合关系具有相似性,但要区别两者之间的不同:继承关系是基于类所表示的概念之间的种属关系而建立的,而复合关系则是结构分解而形成的关系。继承性具有最强耦合,复合关系具有较弱耦合。

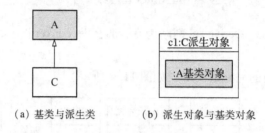

（a）基类与派生类　　　　（b）派生对象与基类对象

图 11.5　继承关系

1）派生类的构造过程

当派生类创建一个对象时,派生类与其基类、成员类的构造函数的执行如图 11.6 所示。

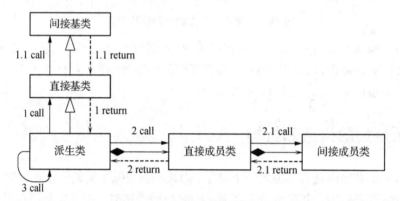

图 11.6　派生类创建对象的过程

（1）先调用各个直接基类的构造函数,调用顺序是按照派生类中的说明顺序(自下向上)。注意这是一个递归的调用过程,从直接基类到间接基类逐层向上调用。执行完成的次序正相反,最上层的基类先执行完。

（2）再调用各个成员对象的构造函数,调用顺序是按照它们在派生类中的说明顺序(自左向右)。这也是一个递归的调用过程,从直接成员类到间接成员类逐层向内调用。执行完成的次序正相反,最内层的成员先执行完。

（3）最后执行派生类自己的构造函数体,对基本类型成员初始化。

缺省提供的构造函数也按以上过程来创建对象,并要求被调用的所有类都要提供缺省构造函数。

2）派生类的拷贝与移动

派生类应维持与其基类拷贝和移动的一致性和完整性。如果派生类支持拷贝或移动,其所有基类都应支持拷贝或移动。派生类缺省实现的拷贝函数和移动函数分别调用各基类对应的拷贝函数和移动函数(这个过程应加以递归的理解)。

如果派生类自定义拷贝构造或移动构造,应在初始化列表中显式调用其基类的拷贝构造函数或移动构造函数。如果没有显式调用,就会隐式调用基类的缺省构造函数。

初始化列表中调用基类的函数格式如下：

① 拷贝构造函数： 基类名(被拷贝对象)

② 移动构造函数： 基类名(move(被移动对象))

如果派生类自定义拷贝赋值或移动赋值，应在函数体中显式调用基类的拷贝赋值或移动赋值，否则就会导致赋值不完整。

赋值函数体中调用基类的函数格式如下：

① 拷贝赋值函数： 基类名::operator =(被拷贝对象);

② 移动赋值函数： 基类名::operator = (move(被移动对象));

例如，类 A 有缺省构造函数，支持拷贝和移动，要和建立一个派生类 D。编码框架如下：

```
class D: public A {
public:
    D() =default;                                          //自动生成函数，调用 A()
    ~D() {cout << "~D dtor" << endl; }
    D(const D& d) :A(d){cout << "D copy ctor" << endl; }   //拷贝构造
    D&operator = (const D & d) {                           //拷贝赋值
        A::operator = (d);
        cout << "D = (const D&)" << endl;
        return *this;
    }
    D(D&&d) :A(move(d)){cout << "D move ctor" << endl; }   //移动构造
    D&operator = (D && d) {                                //移动赋值
        A::operator = (move(d));
        cout << "D = (const D&&)" << endl;
        return *this;
    }
};
```

3）派生类的委托构造

C++ 11 支持委托构造函数与目标构造函数（参见第 10.1.3 节）。目标构造函数应调用基类的构造函数（显式调用非缺省构造或隐式调用缺省构造），委托构造函数应调用本类的构造函数，而不能调用基类的构造函数。例如：

```
class Base {
public:
    Base(int b) {cout <<b <<endl; }
};
class X : public Base{
    int type =1;
    char name = 'a';
    X(int i, char e) : Base(i), type(i), name(e){/ * 其他初始化 */}   //目标构造
public:
    X() : X(1) {}                                          //委托构造 1
    X(int x) : X(x, 'a') {}                                //委托构造 2
    X(char e) : X(1, e) {}                                 //委托构造 3
};
```

一个构造函数不允许调用本类构造的同时也调用基类构造，否则编译错误。编译器严格区分目标构造与委托构造。

11.2.2　派生类继承构造函数

基类中假设有一组构造函数，派生类中如果没有扩展自己的数据成员，就不需要初始化，但往往要以与基类构造相同的形参来构建自己的构造函数，使自己能以相同方式来创建对象。

例如：

```
class A {
public:
    A(int i) {}
    A(double d, int i) {}
    A(float f, int i, const char * c) {}
    //...
};
class B: public A {
public:
    B(int i) : A(i) {}                                        //构造函数 1
    B(double d, int i) : A(d, i) {}                           //构造函数 2
    B(float f, int i, const char * c) : A(f, i, c) {}         //构造函数 3
    virtual void extraInterface() {}                          //A
};
```

上面程序中，派生类 B 仅添加 1 个虚函数（A 行），但设计了 3 个构造函数，分别调用基类的 3 个构造函数，其间并没有自己的行为，只是使派生类能继承基类的实例化方式。

C++ 11 允许派生类"继承"基类的构造函数以避免重复编码。派生类中用一种 using 说明语句：using 基类名::基类名；来**继承基类的带参构造函数**。例如：

```
class B: public A {
public:
    using A::A;                 //继承基类 A 的全部构造函数
    virtual void extraInterface() {}
};
```

用这种 using 语句说明"继承"基类的所有可见的构造函数，使得所有可创建基类的实参都可用来创建派生类对象，包括拷贝构造和移动构造函数。这种继承构造函数的本质是按基类构造函数的形参自动生成派生类的构造函数。

派生类继承构造函数并不妨碍扩展自己的构造函数。例如：

```
class B: public A {
    int B = 0;
public:
    using A::A;
    B(int x):A(x), b(x){}        //添加自己的构造函数，隐藏了继承的一个构造函数
};
int main() {
    B b1(11);                    //调用自己的构造函数
    B b2(3.4, 5);                //调用继承构造函数
    B b3(2.3f, 4, nullptr);      //调用继承构造函数
    return 0;
}
```

派生类只能继承其基类的所有带参构造函数，无法选择继承特定构造函数。

如果派生类有两个基类，想继承其中一个基类的构造函数，就要求另一个基类应具有缺省构造函数，让自动生成的构造函数能隐式调用缺省构造函数。如果一个基类没有缺省构造函数，派生类要么继承其构造，要么定义构造函数并显式调用该基类构造函数。

11.2.3 派生类的析构过程

派生类的析构过程与构造过程严格相反。撤销一个派生类对象的过程如下：

（1）执行派生类的析构函数；

（2）调用各成员对象的析构函数（这是一个递归调用过程，与构造过程次序相反）；

（3）调用各基类的析构函数（这是一个递归调用过程，与构造过程次序相反）。

派生类的析构函数体中仅对自己扩展的数据成员负责，无需调用成员类或基类的析构函数，且析构过程是自动执行的。

11.3 二义性问题与支配规则

当用一个成员名字来访问时，如果编译器不能确定是哪一个，就形成了二义性问题。这里我们讨论的二义性问题来自多继承。

11.3.1 多继承造成的二义性

在派生类中对基类成员的访问应该是唯一确定的。但在多继承情况下，就可能出现不唯一的情形，这时就对基类成员的访问产生了二义性问题。如图 11.7 所示，在两个直接基类中有一个公有的同名成员函数 f( )。代码如下：

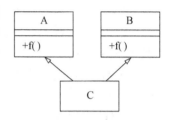

图 11.7　在多继承结构中出现二义性

```
class A{
public:
    void f(){cout << "f() in Class A. \n "; }
};
class B{
public:
    void f(){cout << "f() in Class B. \n "; }
};
class C: public A, public B{};
void test(void){
    C obj;
    obj.f();                    //A    产生二义性
}
```

编译上面程序时 A 行产生二义性错误，编译器无法确定是调用基类 A 中的成员函数 f，还是 B 中的同名成员函数。

对于这类问题，有两种解决方法：

（1）修改基类中重名的成员的名字。显然这不是好办法，因为改名的类可能被其他类使用，这样会造成其他多个使用类都要修改。

（2）通过基类加作用域运算符（∷）明确限定被访问成员。例如 A 行写为

obj.A∷f();　或　obj.B∷f();

派生类中经常要调用本类或基类的成员，成员访问表达式格式如下：

　＜对象或引用＞.［＜类名＞∷］＜数据成员名＞
　＜对象或引用名＞.［＜类名＞∷］＜成员函数名＞（＜实参表＞）

也可用对象指针来访问成员，格式如下：

　［＜对象指针＞　→］［＜类名＞∷］＜数据成员名＞
　［＜对象指针＞　→］［＜类名＞∷］＜成员函数名＞（＜实参表＞）

成员函数中访问成员往往省略对象指针 this。

如果有类名限定，要求指定类必须是对象、引用、指针的类或其基类。

在访问本类成员或无二义性基类成员时，往往忽略类名限定。编程时应尽可能不依赖类

名限定，因为这会强化派生类与基类之间的耦合，而强耦合会削弱编程灵活性。

11.3.2 支配规则

如果在派生类中定义了与基类同名的成员，是否会导致二义性？回答是不会导致二义性，原因是派生类的作用域优先于其基类的作用域。

第 5.10 节中我们介绍了作用域的概念。在有包含关系的两个作用域中，外层说明的标识符如果在内层没有说明同名标识符，那么它在内层可见。如果内层说明了同名标识符，那么外层标识符在内层就不可见，此时内层标识符"隐藏了"外层同名标识符。

支配规则(dominance rule)确定了基类与派生类之间同名成员的访问规则，规则如下：类 X 是类 Y 的一个派生类，那么类 X 中的成员 N 就支配类 Y 中同名成员 N。如果一个名字支配另一个名字，二者之间就不存在二义性。这里名字 N 指的就是派生类成员。

支配规则决定了查找定位成员的过程是从派生类向基类查找，即向上查找。

如果成员访问表达式中含有类名限定，就从指定类名开始按支配规则向上查找。

例 11.1 支配规则和作用域运算符示例(类结构如图 11.8 所示)。

图 11.8 支配规则的例子

```cpp
#include <iostream>
using namespace std;
class Base1{
public:
    int n;
    void fun() {cout << "Member of Base1:" << n << endl; }
};
class Base2{
public:
    int n;
    void fun() {cout << "Member of Base2:" << n << endl; }
};
class Derived : public Base1, public Base2{
public:
    int n;                      //隐藏了基类成员 n
    void fun() {                //隐藏了基类成员 fun()
        n = 2;                  //A    派生类成员
        cout << "Member of Derived:" << n << endl;
    }
};
int main(void){
    Derived obj;
    obj.n = 1;                  //B    派生类成员 n
    obj.fun();                  //C    派生类成员函数 fun()
    obj.Base1::n = 3;           //D    基类成员
    obj.Base1::fun();           //E    基类成员
    obj.Base2::n = 4;
    obj.Base2::fun();
    return 0;
}
```

执行程序，输出结果如下：

```
Member of Derived:2
Member of Base1:3
Member of Base2:4
```

上面程序中，类 Derived 由两个基类 Base1 和 Base2 公有派生，在这 3 个类中都有同名数据成员 n 和成员函数 fun。A 行和 B 行都是访问派生类 Derived 中的成员 n，这是因为派生类的成员名字支配了其基类中同名成员；同样 C 行调用执行派生类 Derived 的成员函数 fun()。如果要访问基类中被支配成员，就要使用作用域运算符，例如 D 行和 E 行，限定了访问的是 Base1 类中的成员 n 和 fun；同理，obj.Base2::n 和 obj.Base2::fun 采用作用域运算符明确限定了访问的是 Base2 类中的成员 n 和 fun。

在实际编程中，支配规则所支持的"隐藏"具有实用价值。比如人员类中的 id 是身份证号，学生类是一个派生类，可重新定义 id 为学号。在使用 id 时，学生类中的学号 id 优先于身份证号 id，这符合实际要求。

11.3.3 导入基类成员

在多继承结构中，对来自两个基类的同名成员，在派生类中访问同名成员就有二义性。有两种情形会导致二义性编译错误：一是具有不同可见性，希望能访问非私有成员；二是来自两个基类的同名成员函数形参不同，希望能按重载函数进行调用。这两种情形导致编译错误的原因是，编译器先按成员名检查二义性，确定无二义性之后再检查可见性。如有二义性，尽管可见性或函数调用实参能合理区分，也导致编译错误。例如：

```cpp
class Base1{
    int n;
public:
    void fun(int i) {cout << "Member of Base1. " <<endl; }
};
class Base2{
public:
    int n;
    void fun() {cout << "Member of Base2. " <<endl; }
};
class Derived : public Base1, public Base2{
public:
    void fun(double d, int a) {
        n =3;                   //A    希望访问 Base2::n, 错误
        fun();                  //B    希望调用 Base2::fun(), 错误
        fun(5);                 //C    希望调用 Base1::fun(int), 错误
    }
};
void test(void){
    Derived obj;
    obj.n =3;                   //错误
    obj.fun();                  //错误
    obj.fun(5);                 //错误
}
```

上面程序中，由于 Base1 中的成员 n 是私有的，派生类中不可访问。A 行希望能访问 Base2 中的公有成员 n，语义上是合理的，但编译器仍产生二义性错误。B 行希望能调用 Base2 中的公有的成员函数 fun()，它不同于 Base1 中的成员函数 fun(int)，然而 B 行也是错误的，这是因为来自两个基类的同名函数 fun 尽管形参不同，在派生类中也不能形成合法的重载函数。同理，C 行以及 test 函数中的成员访问也会导致同样的编译错误。

为解决此问题，可用基类名加作用域运算符来消除二义性。C++11 推荐另一种办法，即在派生类中用一种 using 说明语句，导入基类中指定成员（格式如下）：

```
using 基类名::成员名;
```

该说明语句将指定基类的数据成员或成员函数导入到当前作用域中，消除成员访问二义性，并使成员函数调用能按重载函数规则进行匹配。被导入成员应为非私有成员；被导入的数据成员不能与本类成员重名，但成员函数可以重名；被导入成员函数只需说明函数名，无需说明形参，以导入该函数名的所有重载形式。例如：

```
class Derived : public Base1, public Base2 {
public:
    using Base2::n;              //导入 Base2::n
    using Base2::fun;            //导入 Base2::fun 成员函数
    using Base1::fun;            //导入 Base1::fun 成员函数
    void fun(double d, int a) {
        n = 3;                   //A    访问 Base2::n
        fun();                   //B    调用 Base2::fun()
        fun(5);                  //C    调用 Base1::fun(int)
    }
};
```

一次导入可多次访问。导入基类成员可减少派生类成员函数中按基类作用域限定的访问，简化了对基类成员的访问。

using 语句有多重用法，总结如表 11.2 所示。

表 11.2   using 语句总结

using 说明语句形式	说明	语言规范
using namespace xxx;	导入指定命名空间，简化空间中成员访问（详见第 13.5.2 节）	C99
using alias = type;	说明类型别名，可替代 typedef。也用于说明别名模板（详见第 13.3.9 节）	C++11
using 基类名::基类名;	派生类中继承或生成指定基类的带参构造函数	C++11
using 基类名::成员名;	派生类中导入指定基类的指定成员，以消除二义性	C++11

11.4   虚基类

多继承导致的二义性大多属于语法问题，但有一种情形是多个基类之间存在共同的基类，虽然作用域运算符能消除编译错误，但语义错误仍存在，而纠正这种错误就需要虚基类。

11.4.1   共同基类造成的二义性

如图 11.9(a)所示，在一个多继承结构中，一个派生类由多个基类派生，而这些基类又有一个共同的基类（可能是间接的）。这种菱形继承结构也被称为"钻石结构"。只要允许多重继承，就可能出现钻石结构。当访问共同基类中的数据成员时，就会出现二义性。

程序如下：

```
class A{
public:
    int a;
};
```

```
class B1 : public A{};
class B2 : public A{};
class C: public B1, public B2{};
void test(){
    C obj;
    obj.a = 3;                          //A    产生二义性
}
```

编译 A 行产生二义性。我们尝试用作用域运算符来解决二义性问题。这里派生类 C 的直接基类 B1 和 B2 拥有共同基类 A,因此 obj.A::a 这种限定形式是错误的,它不能指出有效的访问路径,正确的形式应该是 obj.B1::a 或 obj.B2::a。例如:

```
obj.B1::a = 3;
obj.B2::a = 4;
```

这种方法虽能解决语法问题,但不能避免一个突出的语义问题。为了说明派生类的对象的内部结构,我们引入"子对象"的说法:派生类的一个对象包含了每个基类的一个对象,称为子对象(subobject)。子对象区别于成员对象,表示基类的数据成员部分。如图 11.9(b)所示,类 C 的一个对象中包含了 B1 和 B2 两个子对象,而它们分别包含了类 A 的一个子对象,这样类 C 的一个对象中就包含了类 A 的两个子对象。这就存在一个问题:类 C 的一个对象应该是类 A 的一个对象,还是两个对象? 如果是一个对象,就应持有唯一的 a 值,而不是两个值;如果是两个对象,这就违背了继承性基本原则——**派生类的一个对象是其基类的一个对象**。显然类 C 的一个对象应包含类 A 的一个子对象,应持有唯一的 a 值。

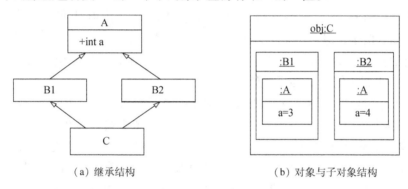

（a）继承结构　　　　　　（b）对象与子对象结构

图 11.9　共同基类的多继承结构

产生这种二义性的原因是基类 A 在派生类 C 中产生了两个基类成员 a,从而导致了对基类 A 的成员 a 的访问有二义性。要解决这个问题,只要使这个公共基类在派生类对象中只产生一个子对象,只需一次初始化。虚基类可解决这个问题。

11.4.2　虚基类的说明

虚基类的说明格式为

```
class <派生类名> :virtual <继承方式> <基类名>{...};
```

其中,关键字 virtual 与继承方式的位置无关,但必须位于基类名之前,且 virtual 只对紧随其后的一个基类名起作用。它告诉编译器,该基类无论经过多少次派生,在其派生类对象中只有该基类的一个子对象。该基类就是其派生类的虚基类。虚基类的所有直接和间接的派生类的构造函数中都要对其虚基类直接初始化。例如:

```
class A{
public:
    int a;
};
class B1 : virtual public A{};              //加 virtual
class B2 : public virtual A{};              //加 virtual
class C: public B1, public B2{};
void test(void){
    C obj;
    obj.a =1;                               //D
}
```

编译以上程序时，D 行不产生二义性。在派生类 C 中只有基类 A 的一个拷贝，即派生类对象 obj 中只有类 A 的一个子对象。注意，上面对类 A 的两个派生关系都要加 virtual，缺一不可。而类 C 的继承关系就不需要再加 virtual，这是因为虚基类可继承，即 B1 和 B2 所有直接或间接的派生类都将类 A 作为虚基类。

当类 C 实例化创建一个对象 obj 时，它包含了 B1 的一个子对象和 B2 的一个子对象，也包含了基类 A 的一个子对象（如图 11.10 所示）。

对于一个虚基类，其派生类的一个对象中应该只包含其虚基类的一个子对象。所以在派生类创建一个对象时，为保证虚基类只被初始化一次，**虚基类的构造函数只能被调用一次**。例如，上面例子中创建 C 的一个对象，就要分别创建 B1 和 B2 的两个子对象，而这两个子对象不是各自创建虚基类 A 的一个子

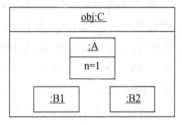

图 11.10 一个派生类对象包含其基类的一个子对象

对象，而只有虚基类 A 的一个子对象。那么这个子对象由哪个类来创建？不是 B1 也不是 B2，而是 C，即类 C 实例化创建 A 的子对象。

虽然继承结构的层次可能很深，但要实例化的类只是继承结构中的一个类。我们把实例化指定的类称为**当前派生类**，例如类 C。**虚基类子对象由当前派生类的构造函数通过调用虚基类的构造函数进行初始化**。因此，当前派生类的构造函数的基类/成员初始化列表中必须列出对虚基类某个构造函数的调用；如果没有列出，就隐含调用该虚基类的缺省构造函数。所以，上面例子中类 B1，B2，C 所提供的缺省构造函数中都调用了虚基类 A 的缺省构造函数。

从虚基类直接或间接派生出的派生类中的构造函数的成员初始化列表中都要列出对虚基类构造函数的调用。**只有当前派生类的构造函数真正执行了虚基类的构造函数**，而其他调用被取消，从而保证对虚基类子对象只初始化一次。例如，上面例子中 B1 和 B2 的构造函数调用虚基类 A 却都没有执行，只有类 C 中调用执行了虚基类 A 的缺省构造函数。

在一个基类/成员初始化列表中，如果同时出现对虚基类和非虚基类构造函数调用，虚基类的构造函数就要先执行，然后再执行非虚基类的构造函数。

派生类不能从其虚基类中继承构造函数。

如果某个基类中持有非静态数据成员，可能有多个直接派生类，且允许多重继承，就应建立虚基类继承关系。

11.4.3　虚基类的例子

例 11.2　虚基类的派生类设计示例(类的继承结构如图 11.11 所示)。

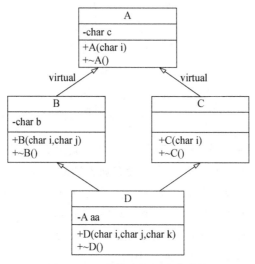

图 11.11　虚基类的派生类结构

编程如下：

```cpp
#include <iostream>
using namespace std;
class A{
    char c;
public:
    A(char i) {c=i; cout<<"A constructor: i="<<i<<endl; }
    ~A() {cout<<"A destructor."<<endl; }
};
class B: virtual public A{
    char b;
public:
    B(char i, char j) : A(i)
        {cout<<"B constructor: i="<<i<<"; j="<<j<<endl; }
    ~B() {cout<<"B destructor."<<endl; }
};
class C: virtual public A{
public:
    C(char i) : A(i)
        {cout<<"C constructor: i="<<i<<endl; }
    ~C() {cout<<"C destructor."<<endl; }
};
class D: public B, public C{
    A aa;                            //基类 A 作为派生类的成员
public:
    D(char i, char j, char k)
        : C(j), B(i, j), A(i), aa(k)          //虚基类初始化
        {cout<<"D constructor."<<endl; }
    ~D() {cout<<"D destructor."<<endl; }
};
void test() {
    D obj('a', 'b', 'c');
}
int main(){
```

```
        test();
        return 0;
}
```

执行程序，输出结果如下：

```
A constructor: i = a
B constructor: i = a; j = b
C constructor: i = b
A constructor: i = c
D constructor.
D destructor.
A destructor.
C destructor.
B destructor.
A destructor.
```

由于类 A 是 B 和 C 的虚基类，而类 D 是 B 和 C 的派生类，因此 A 也是 D 的虚基类，D 的构造函数中也要对 A 进行初始化。由于类 A 没有缺省构造函数，这要求类 A 的每个派生类的每个构造函数的基类/成员初始化列表中要显式说明对 A 类的初始化。

类 D 的一个对象中不仅包含类 A 的一个子对象，还包含类 A 的一个成员对象 aa。类 D 的一个对象的结构如图 11.12 所示。

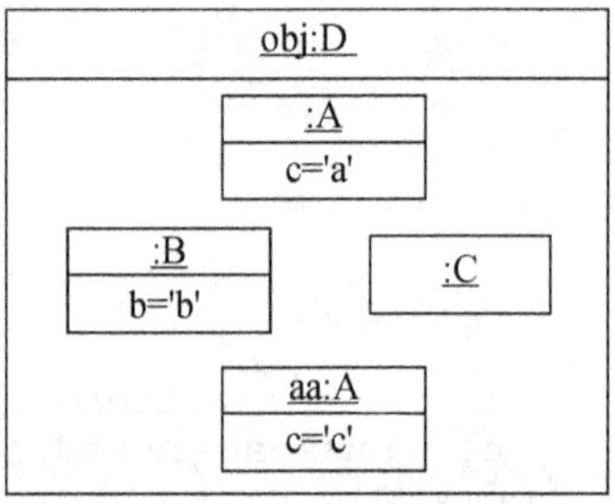

main 函数中创建 D 类对象 obj 时，要调用其构造函数。由于 D 是一个派生类，应先调用执行虚基类 A 的构造函数、基类 B 和 C 的构造函数，然后再调用成员对象 aa 的构造函数，最后执行派生类 D 的构造函数体。即建立 D 类对象时构造函数的执行顺序是 A, B, C, A, D。

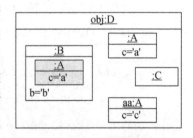

图 11.12　派生类的对象结构

当 main 函数结束时对象 obj 的生存期结束，在撤销对象 obj 时自动调用析构函数。析构函数的执行顺序是 D, A, C, B, A。

如果将上面程序中的两个 virtual 去掉一个会发生什么情形？假设去掉 B 类的虚基类继承，重新编译执行，就会发现在类 B 构造函数执行之前，类 A 的构造函数被执行了两次：当调用类 D 的构造函数时，先执行了一次；当调用类 B 的构造函数时，再一次执行。此时类 D 的一个对象结构变化如图 11.13 所示。类 B 子对象中包含了其基类 A 的子对象，最终使得类 D 的对象 obj 中包含了类 A 的两个值，导致语义错误。

图 11.13　派生类对象的结构变化

总之，多继承虽然强大，但容易导致二义性。虽然作用域运算符和虚基类能解决部分问题，但代价是要修改继承方式，而且如果虚基类没有缺省构造函数，还要修改虚基类的所有间接派生类的所有构造函数。因此，我们建议在设计中尽量避免多继承(Java 语言干脆禁止类的多继承)。而在基类中添加缺省构造函数，也能减少派生类的构造函数的复杂性。

11.5　子类型关系

多态性是面向对象编程的特征之一，即一个名字具有多种具体形态。C++ 提供了两种多态性,即编译时的静态的多态性和运行时的动态的多态性。静态多态性是通过重载函数或运算符重载函数来实现的(运算符重载将在后面章节介绍)。动态多态性与继承性密切相关,包括子类型关系所实现的对象类型多态性和虚函数所实现的行为多态性。下面我们讨论子类型关系和对象类型多态性。

子类型(subtype)关系的正规定义如下:一个特定类型 S,当且仅当它提供了类型 T 的行为,就称类型 S 是 T 的一个子类型。这里所说的行为是指对类的非私有成员的访问方式和操作语义。

如果派生类 S 公有继承其基类 T,那么 S 就是类型 T 的一个子类型。这是因为通过公有继承,派生类可继承其基类中除了特殊成员函数之外的所有成员,而且继承而来的成员的可见性与基类定义相同,因此派生类的一个对象可作为基类的一个对象。

子类型关系具有传递性,而且不可逆。例如,Derived 是 Base 一个子类型,而 DDerived 又是 Derived 的一个子类型,那么 DDerived 也是 Base 的子类型。

对象类型的多态性是指派生类 A 的对象不仅属于 A,也属于 A 的直接或间接的基类,即一个对象具有多种类型的形态。这样就建立了一种可替代性:在需要基类对象的地方都可用某个公有派生类的对象来替代(称为里氏替代原则)。

一个对象具有唯一的实际类型。对象的实际类型就是被直接实例化的类。

一个对象具有多个使用类型。对象的使用类型就是访问该对象所能使用的变量(对象引用或指针)的类型,包括其实际类型及其所有直接和间接的基类。对象的使用类型也被称为对象所属类型。

一个对象在其生命周期中的所属类型是确定不变的。这是以 C++/Java 语言为代表的静态类型语言的共性。对象的类型转换只能在其所属类型和用户定义转换范围内进行,超出范围的转换就是错误的。注意,编译器不能检查所有的错误转换。

派生类对象可作为基类对象来使用,使用方式如表 11.3 所示。

表 11.3　派生类对象的基类使用方式

派生类对象的基类使用方式	示例	说明

派生类对象赋给基类对象
(基类对象仅包含子对象部分)
	`Derived d;`
	`Base b = d;`
	`b.fun();`
	`d.Base::fun();`
		创建派生类对象;
		调用拷贝构造函数,创建基类对象;
		通过对象实体来调用成员函数(静态绑定);
		也可加类名限定来调用基类成员函数

派生类对象地址赋给基类指针 (基类指针可指向派生类对象)	`Base *ptr = &d;` `ptr -> fun();`	通过基类指针可调用成员函数。 如果 fun 为非虚函数,由指针类型决定执行函数,这里是执行基类函数(静态绑定); 如果 fun 为虚函数,由对象实际类型动态决定执行函数(动态绑定)
派生类对象赋给基类引用 (基类引用可引用派生类对象)	`Base &ref = d;` `ref.fun();`	通过基类引用可调用成员函数。 如果 fun 为非虚函数,由引用类型决定执行函数,这里是执行基类函数(静态绑定); 如果 fun 为虚函数,由对象实际类型动态决定执行函数(动态绑定)

一个对象的多个使用类型之间可以转换,转换方向与转换规则如表 11.4 所示。

表 11.4　对象使用类型之间的转换

转换方向	原类型	目标类型	转换规则
向上转换	派生类	基类	标准转换或隐式转换。 若派生类只有单路继承到基类，则转换可行且安全； 若派生类有多路继承到基类，则转换不可行，有二义性错误； 若多路继承到虚基类，则转换可行且安全
向下转换	基类	派生类	若基类中没有虚函数，只能静态转换 static_cast 或传统 C 转换。 可用静态转换取代传统 C 转换，静态转换规则如下： 若基类为虚基类，则转换不可行； 若基类为非虚基类，**静态转换检查子类型关系**，但不考虑对象实际类型。 若目标类型超出实际类型，转换虽可行，但得到错误结果，转换不安全
旁路转换	没有子类型关系		静态转换不可行

基类指针或引用所指对象是完整对象，并非基类子对象。基类指针或引用所指对象的实际类型可以是基类，也可以是其派生类。

例 11.3　子类型关系中调用非虚成员函数。

5 个类如图 11.14 所示，其中每个类中都定义了非虚成员函数 who。

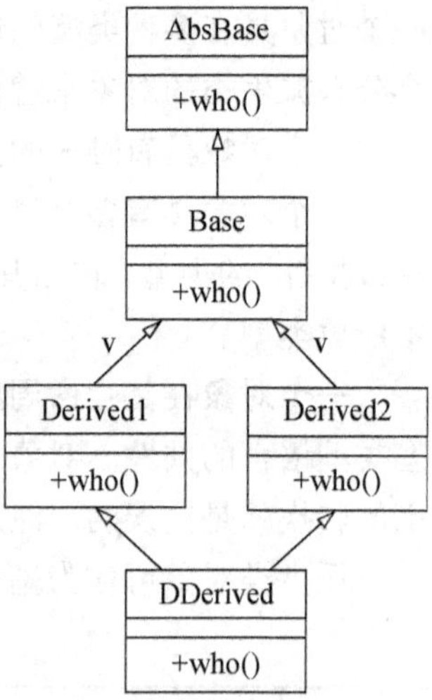

编程如下：

```cpp
#include <iostream>
#include <typeinfo>
using namespace std;
struct AbsBase{
    void who() {cout << "AbsBase::who"; }
};
struct Base : public AbsBase{
    void who() {cout << "Base::who"; }
};
struct Derived1 : virtual public Base{
    void who() {cout << "Derived1::who"; }
};
struct Derived2 : virtual public Base{
    void who() {cout << "Derived2::who"; }
};
struct DDerived : public Derived1, public Derived2{
    void who() {cout << "DDerived::who"; }
};
void f(AbsBase &ref){      //基类的引用作为函数形参,调用的实参可以是派生类对象
    ref.who();
    cout << " on " << typeid(ref).name() << endl;        //得到引用类型
}
void f(Base * pb){     //基类的指针作为函数形参,调用的实参可以是派生类对象的地址
    pb -> who();
    cout << " on " << typeid(pb).name() << endl;         //得到引用类型
}
int main(){
    Base obj1;
    Derived1 obj2;
    Derived2 obj3;
    DDerived obj4;
    f(obj1); f(obj2); f(obj3); f(obj4);
    f(&obj1); f(&obj2); f(&obj3); f(&obj4);
    Derived1 * pd1 = &obj4;
```

图 11.14　子类型结构中的
非虚成员函数

```
        pd1 -> who(); cout << endl;
        Base * pb = pd1;                                    //指针向上转换,标准转换
        pb -> who(); cout << endl;
        DDerived * pdd = static_cast < DDerived * > (pd1);  //向下转换,静态转换
        pdd -> who(); cout << endl;
        return 0;
}
```

执行程序, VS 输出结果如下:

```
AbsBase::who on struct AbsBase
AbsBase::who on struct AbsBase
AbsBase::who on struct AbsBase
AbsBase::who on struct AbsBase
Base::who on struct Base *
Base::who on struct Base *
Base::who on struct Base *
Base::who on struct Base *
Derived1::who
Base::who
DDerived::who
```

通过基类指针或引用调用非虚函数, 执行的是基类函数, typeid 得到的也是基类类型, 但如果调用的是虚函数, 规则与结果就改变了。

11.6　虚函数

基类定义的虚函数表示派生类可改写的行为。通过类的继承性和虚函数可实现动态的行为多态性。

11.6.1　虚函数定义和使用

派生类继承虚函数, 若发现继承而来的行为不适合本类就可改写(override)。当通过基类的引用或指针来调用虚函数时, 实际执行的是派生类改写后的虚函数, 而不是基类中的虚函数。

1) 虚函数定义与多态类

虚函数是用 virtual 修饰的成员函数。

用关键字 virtual 添加在一个成员函数前端, 说明该函数可被派生类改写, 也叫覆盖或重写(注意区别 override 和 overload(重载))。例如:

```
class Base {
public:
    virtual void f1(float) const{}
}
```

构造函数、静态成员函数和友元函数不能修饰为虚函数。赋值函数虽可说明为虚函数, 但实际上很少用, 因为派生类很少去改写基类的赋值函数, 而是自行定义赋值函数, 或者让编译器自动生成缺省的赋值函数。auto 成员函数也可说明为虚函数, 但要求说明尾随返回类型。

含有虚函数的类称为**多态类**(polymorphic class)。多态类的派生类也是多态类。我们可用 < type_traits > 中的 is_polymorphic < Ty > 来判断 Ty 是否为多态类。对多态类的强制转换可采用静态转换或动态转换, 但动态转换 dynamic_cast 更安全。

不含虚函数的类型称为**非多态类**(nonpolymorphic class)。非多态类的基类也是非多态类。对非多态类的强制转换只能用静态转换 static_cast，不能用动态转换。

2) 虚函数改写

基于虚函数的行为多态性有以下 3 个条件：

① 基类中定义了虚函数；

② 派生类改写了该虚函数；

③ 以基类的指针或引用来调用该虚函数，且作用于派生类对象。

派生类继承了基类中的虚函数。如果发现继承而来的虚函数不能满足自己的特殊需求，就可改写虚函数，提供一个实现来取代基类实现，而通过基类指针或引用调用虚函数的方式和操作语义保持不变。

派生类改写虚函数的规则如下：

① 函数基调与返回应保持一致；

② cv 限定符与引用限定符应保持一致；

③ 不能引发更多异常(比如原函数用 noexcept 说明无异常，改写也应说明 noexcept)；

④ 可见性应保持一致，至少不应改写为更小的可见性(比如 protected 可改写为 public，反之不行)。

编译器根据前 3 项规则来判断改写是否合法。如果违背任何一项规则，编译器不报错，而是作为新成员函数。如果用 C++ 11 关键字 override 显式说明改写，违背规则则报错。

注意，即使函数形参的 cv 限定符不同仍然是相同基调。比如 f(int) 与 f(const int) 是相同基调。

编译器不检查第 4 项规则，该规则只是为了维持子类型概念一致性。基类定义的行为规范应覆盖所有派生类对象，派生类可继承、可改写，也可扩展新的行为，但不应禁用或限制改写后的虚函数调用。派生类将公有虚函数改写为私有，实际上并不能限制基类指针或引用的调用执行。

派生类改写后的函数即便不加 virtual 修饰也是虚函数，可被其派生类再次改写。

派生类中如果明确要改写某个虚函数，C++ 11 建议应显式说明，对该函数添加 override 修饰，让编译器检查改写是否合法有效。如果基类中未找到被改写的虚函数，或者该函数为 final，编译就报错。例如：

```
class Base {
public:
    virtual void f1(float) const{}
    virtual void f1(double)final {}          //final 说明不可改写的虚函数
};
class Derived : public Base {
public:
    virtual void f1(float) override {}        //错误，因基类中不存在被改写的虚函数
    virtual void f1(double) override {}       //错误，不能改写 final 函数
    virtual void f1(float) const override {}  //OK
};
```

显式说明 override 能避免派生类的成员函数无意间改写基类函数，也避免了改写不成功而不报错的情形(比如限定符不一致)。

如果希望某个虚函数不能被派生类改写，就应说明为 final(详见第 11.6.6 节)。

3）虚函数调用

通过指针或引用来调用虚函数的语法形式有如下两种：

```
<指针> -> 虚函数(实参)
<引用> . 虚函数(实参)
```

此时由指针或引用所指对象的实际类型决定被执行函数，而并非由指针或引用类型决定。在编译时不能绑定要执行的函数，而是运行时由对象实际类型根据支配规则来决定。

上面表达式中如果有类名限定，限定类名就决定被执行函数的类型。限定类名应该是指针、引用类型或其基类，且带限定类名属于静态绑定。

基类引用还有一个特点：如果引用类型是多态类，那么 typeid（基类引用）结果是对象实际类型，而并非引用变量的类型。这是动态获取对象实际类型的有效方法，因此 C++ 11 建议基类引用替代基类指针作为函数的形参或返回类型。

例 11.4 虚函数的定义和使用示例。

程序与例 11.3 一样，只是给最上层基类 AbsBase 中的 who 函数添加 virtual 修饰，使其派生类都成为多态类。执行程序，输出结果如下：

```
Base::who on struct Base
Derived1::who on struct Derived1
Derived2::who on struct Derived2
DDerived::who on struct DDerived
Base::who on struct Base *
Derived1::who on struct Base *
Derived2::who on struct Base *
DDerived::who on struct Base *
DDerived::who
DDerived::who
DDerived::who
```

相同的调用形式，如 ref. who( )，pb -> who( )，而执行的却是不同派生类改写的函数，这取决于被操作对象的实际类型。

4）多态类的强制转换

对多态类的引用或指针的强制转换，原先静态转换可改为动态转换，如此也更安全。例如：

```
DDerived * pdd = dynamic_cast < DDerived * > (pd1);     //pd1 : Derived1
if (pdd)                                               //检查是否为非空指针
    {pdd ->who(); cout << endl; }
else                                      //若为空指针，则转换失败，不能使用该指针
    cout << "dynamic cast fault" << endl;
```

对指针动态转换之后应立即检查目标指针是否为空，若不为空则转换成功，若为空则转换失败。上面 pd1 所指对象实际类型为 DDerived，因此转换成功。向下转换时一定做结果检查，以保证安全转换。

动态转换也可作用于对象引用，若转换失败则引发 bad_cast 异常，这时要捕获异常。例如：

```
Derived1 & rd = obj4;                          //obj4 的实际类型是 DDerived
try {
    auto& rb = dynamic_cast < Derived2 & > (rd);   //从 Derived1& 到 Derived2&，旁路
    rb. who();                                 //执行的是 DDrived 类中的函数
}catch (bad_cast) {
    cout << "dynamic cast fault" << endl;
}
```

引用的动态转换要利用异常来保证转换安全，而关于异常捕获语句 try-catch，详见第

15.3.2 节。

表 11.5 中总结了非多态类与多态类的类型转换的要点。

表 11.5　非多态类与多态类的类型转换

非多态类:无虚函数	多态类:有虚函数
is_polymorphic < Ty > :: value == false	is_polymorphic < Ty > :: value == true
只能静态转换,编译期执行,可取代传统 C 转换。 static_cast < 目标类型 > (被转换指针或引用) 静态转换的源和目标没有限制必须为多态类。 静态转换:依据子类型关系,不考虑对象实际类型。 ① 向上转换:标准转换更简单 (安全); ② 向下转换:若超过实际类型就出错,但编译器不报错,这是真正的转换错误 (不安全); ③ 旁路转换:编译器报错 (安全)	静态转换或动态转换,但动态转换更安全。 dynamic_cast < 目标类型 > (被转换指针或引用) 动态转换的源必须是多态类,对目标则无限制。 动态转换:依据对象实际类型。 ① 向上转换:标准转换更简单 (安全); ② 向下转换:检查空指针或引用异常 (安全); ③ 旁路转换:编译器不报错,但检查空指针或引用异常 (安全)
typeid(引用或指针)得到使用类型	typeid(引用)得到所引对象实际类型; typeid(指针)得到指针类型,即使用类型

11.6.2　成员函数中调用虚函数

在成员函数中可直接调用本类的虚函数。但应注意,直接调用成员函数往往省略"this ->",此时如果虚函数被派生类改写,而且调用虚函数作用于派生类对象,那么执行的就是改写后的虚函数。

例 11.5　成员函数中调用虚函数示例。

两个类和两个对象之间的关系如图 11.15 所示。

编程如下:

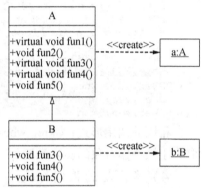

图 11.15　成员函数中调用虚函数

```cpp
#include < iostream >
using namespace std;
class A{
public:
    virtual void fun1() {cout << "A::fun1" << '\t'; fun2(); }
    void fun2() {cout << "A::fun2" << '\t'; fun3(); }
    virtual void fun3() {cout << "A::fun3" << '\t'; fun4(); }
    virtual void fun4() {cout << "A::fun4" << '\t'; fun5(); }
    void fun5() {cout << "A::fun5" << '\n'; }
};
class B:public A{
public:
    void fun3() {cout << "B::fun3" << '\t'; fun4(); }
    void fun4() {cout << "B::fun4" << '\t'; fun5(); }
    void fun5() {cout << "B::fun5" << '\n'; }
};
int main(void){
    A a;
    a.fun1();                                  //A      输出第 1 行
    B b;
    b.fun1();                                  //B      输出第 2 行
    return 0;
```

```
}
```

执行程序,输出结果如下:

```
A::fun1  A::fun2  A::fun3  A::fun4  A::fun5
A::fun1  A::fun2  B::fun3  B::fun4  B::fun5
```

上面程序中,基类中的 fun1()函数是虚函数,但没有被派生类 B 改写;派生类 B 中改写了 fun3()和 fun4()这两个虚函数;基类中的 fun5()不是虚函数,则派生类中的 fun5()只是用支配规则隐藏了基类中的同名函数。注意,类中调用成员函数都省略了"this ->"。

A 行执行的输出结果容易理解,它与派生类 B 无关,执行的都是基类的函数。

B 行中 b. fun1 调用执行了基类中的 fun1 函数,fun1 中调用执行了类 A 中的 fun2。在类 A 中的 fun2 函数中调用 fun3,实际上是"this -> fun3();",此时当前对象是派生类 B 的对象 b,因此派生类中改写的 fun3 函数执行,而不是基类 A 中的 fun3,输出"B::fun3"。同样原因,再调用派生类 B 中的虚函数 fun4,输出"B::fun4"。最后调用执行了派生类中的 fun5 函数,输出"B::fun5"。

基类中的虚函数即使是私有的,派生类也能改写为公有成员。如例 11.5 中,将 fun3 和 fun4 这两个虚函数改为基类 A 的私有成员,执行结果仍然相同。这说明私有虚函数也能被派生类改写,但通常虚函数要被类外程序调用,故此多为公有。

11.6.3 构造函数中调用虚函数

构造函数中可直接调用本类中的虚函数。尽管派生类可改写虚函数,而且创建的是派生类对象,但构造函数也不会执行改写后的虚函数,只会执行本类自己的虚函数,而这也是构造函数的特殊性。

例 11.6 在构造函数中调用虚函数,按静态绑定执行。

```cpp
#include <iostream>
using namespace std;
class A{
public:
    virtual void fun() {cout << "A::fun" << '\t'; }       //虚函数
    A(){fun(); }
};
class B:public A{
public:
    B() {fun(); }
    void fun(){cout << "B::fun" << '\t'; }                //改写虚函数
    void g(){fun(); }
};
class C:public B{
public:
    C() {fun(); }
    void fun(){cout << "C::fun" << '\n'; }                //改写虚函数
};
int main(){
    C c;                                                 //A
    c.g();                                               //B
    return 0;
}
```

执行程序,输出结果如下:

```
A::fun  B::fun  C::fun
C::fun
```

上面程序中，A 行创建派生类对象 c 时，基类 A 的构造函数中调用虚函数 fun( )，执行的是基类 A 的虚函数 fun，输出"A::fun"；然后执行 B 类的构造函数，再执行 B 类的虚函数 fun，输出"B::fun"；最后调用 C 类的构造函数，输出"C::fun"。这是第一行输出。

B 行对对象 c 调用函数 g( )，执行 B 类中的 g( ) 函数，其中调用了虚函数 fun，此时当前对象是派生类 C 的对象，因此执行派生类 C 中的虚函数 fun( )，输出第二行。

在析构函数中调用虚函数，同样是静态绑定被执行函数。

11.6.4 虚析构函数

当撤销一个派生类对象时，应该先执行派生类的析构函数，再执行基类的析构函数。但如果用"delete 基类指针;"来撤销一个派生类对象时，就只执行基类的析构函数，而不执行派生类的析构函数，除非是将基类的析构函数说明为虚函数。

例 11.7 虚析构函数示例。

```cpp
#include <iostream>
using namespace std;
class A{
public:
    ~A(){cout << "destructor A" << endl; }
};
class B:public A{
public:
    ~B(){cout << "destructor B" << endl; }
};
int main(){
    A * pa = new B;
    delete pa;                                       //A
    B * pb = new B;
    delete pb;
    return 0;
}
```

执行程序，输出结果如下：

```
destructor A
destructor B
destructor A
```

上面程序中，A 行 delete pa 中 pa 是基类指针，被撤销对象是派生类 B 的对象，此时只执行了基类 A 的析构函数，而没有先执行派生类 B 的析构函数，即没有完整地执行该对象的撤销过程。这是一个错误，因为要撤销的是一个完整对象，而不仅仅是撤销基类子对象。该错误导致派生类析构函数没有执行，且其成员对象的析构函数也不会执行。为了纠正这个错误，应将基类 A 的析构函数说明为虚函数，而其派生类不用再说明虚析构函数。如果一个类要作为基类，其析构函数就应说明为虚函数，以保持对象撤销过程的完整性。

析构函数体中可调用虚函数，但仅执行本类或基类的函数，不执行改写后的函数。这与构造函数是一样的。

类中成员函数与本类虚函数之间关系总结如表 11.6 所示。

表 11.6　成员函数与虚函数

成员函数类别	是否可为虚函数	函数体中 this -> 调用虚函数的执行规则
构造函数	不可为虚函数	调用虚函数，不执行改写后的函数
析构函数	应为虚函数，否则当用基类指针撤销派生类对象时，派生类析构不执行	调用虚函数，不执行改写后的函数
赋值函数（成员运算符函数）	可为虚函数，但没有实际作用。因为派生类应提供自己的赋值函数，或者自动生成赋值函数。两者都要调用基类赋值函数	调用虚函数，能执行改写后的函数
普通成员函数	可为虚函数	调用虚函数，能执行改写后的函数

一个成员函数能完成一项功能或提供一项服务。一项功能或服务包括两方面，即一个行为规范和多种可能的具体实现。

（1）行为规范确定了该函数的名字、形参、返回值的形式和语义。行为规范作为类的接口，提供给类外程序，使类外程序能通过引用或指针调用该函数来提供服务，而类外程序无需知晓被调用的函数内部如何实现。

（2）一种实现作为一种方案，是一个具体的过程描述，表现为函数体内的一组语句序列。当改变具体实现方案时，不应影响到类外程序的函数调用。

对于一个成员函数，如果其规范可能隐含多种具体实现，而不是唯一实现，就应说明为虚函数。反之，如果一个函数的实现是唯一确定的，只希望被派生类继承，而不希望被改写，那么此函数就不能说明为虚函数。

如果从多个已有类中提取一个类作为基类，那么基类中的多数成员函数应说明为虚函数。虚函数的设计思想是将行为规范与具体实现分离，将函数调用与具体执行分离。规范是抽象的，由基类说明并提供缺省实现；而实现是具体的，派生类可继承也能改写。这样的好处是有灵活性、适应性、可扩展性而又不失规范性。

11.6.5　纯虚函数与抽象类

在定义一个基类时，对于一个虚函数能确定其行为规范，但往往还不能提供一种具体实现（其具体实现完全依赖于派生类），这时可把这个虚函数定义为纯虚函数。纯虚函数就是在类中只提供行为规范而没有具体实现的虚函数。

定义纯虚函数的一般格式为

virtual <返回类型> 函数名(<形参表>)＝0 ;

纯虚函数的函数名被赋值为 0，没有函数体。如果一个类含有纯虚函数，那么此类就称为抽象类（abstract class）。抽象类不能直接实例化创建对象，这是因为虚函数还没有实现。抽象类作为基类，其派生类应该以改写形式提供纯虚函数的具体实现，而且派生类的对象作为抽象类对象。可直接实例化创建对象的类称为具体类（concrete class）。

纯虚函数等同于 Java 语言的抽象方法。

抽象类可以定义指针或引用，通过这些指针或引用能调用纯虚函数。在编译时刻，并不确定到底执行的是哪个派生类所提供的实现。在运行时刻，由对象实际类型来决定。

例 11.8 纯虚函数的定义和使用示例。

修改前面例 11.3 如图 11.16 所示。类 AbsBase 是一个抽象类，其中有纯虚函数 who。由于其派生类 Base 中没有提供纯虚函数实现，因此该类仍是抽象类。下面的派生类分别提供了纯虚函数的实现。

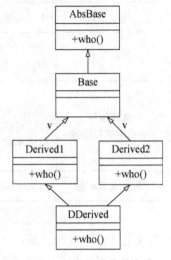

图 11.16 纯虚函数与抽象类

编程如下：

```
#include <iostream>
#include <typeinfo>
using namespace std;
struct AbsBase{
    virtual void who()=0;
};
struct Base : public AbsBase{};
struct Derived1 : virtual public Base{
    void who() {cout <<"Derived1::who"; }
};
struct Derived2 : virtual public Base{
    void who() {cout <<"Derived2::who"; }
};
struct DDerived : public Derived1, public Derived2{
    void who() {cout <<"DDerived::who"; }
};
void f(AbsBase &ref){
    ref.who();
    cout <<" on " <<typeid(ref).name() <<endl;
}
void f(Base *pb){
    pb->who();
    cout <<" on " <<typeid(pb).name() <<endl;
}
int main(){
    Derived1 obj1;
    Derived2 obj2;
    DDerived obj3;
    f(obj1); f(obj2); f(obj3);
    f(&obj1); f(&obj2); f(&obj3);
    Derived1 *pd1 = &obj3;
    pd1->who(); cout <<endl;
    Base *pb = pd1;
    pb->who(); cout <<endl;
    DDerived *pdd=dynamic_cast <DDerived *> (pd1);
    if (pdd)
        {pdd->who(); cout <<endl; }
    else
        cout <<"dynamic cast fault" <<endl;
    Derived1 & rd = obj3;
    try {
        auto& rb = dynamic_cast <Derived2 &> (rd);
        rb.who(); cout <<endl;
    }catch (bad_cast) {
        cout <<"dynamic cast fault" <<endl;
    }
    return 0;
}
```

执行程序, 输出结果如下:

```
Derived1::who on struct Derived1
Derived2::who on struct Derived2
DDerived::who on struct DDerived
Derived1::who on struct Base *
Derived2::who on struct Base *
DDerived::who on struct Base *
DDerived::who
DDerived::who
DDerived::who
DDerived::who
```

尽管抽象类自己不能创建对象, 但如果其派生类提供了所有纯虚函数的实现, 派生类就能创建对象, 而这些对象也是抽象类的对象, 因此我们不能说抽象类没有对象。

抽象类的特点如下:

① 不能说明变量, 也不能说明为其他类的成员对象;

② 不能作为函数形参或返回类型, 但其指针或引用可以;

③ 不能作为显式类型转换的目标类型;

④ 不能作为容器的元素的类型, 但其指针可以。

基类中的析构函数虽可定义为纯虚函数, 但类外必须提供一个实现。例如:

```
class base {
public:
    base() {}
    virtual ~base() = 0;
};
// Provide a definition for destructor.
base:: ~ base() {cout << "base decons" << endl; }
```

一般无需显式说明抽象, 但 C++ 11 建议显式说明, 即在类名之后用关键字 abstract 说明, 例如:class base <u>abstract</u>{...}; 显式说明的类无论其是否有纯虚函数, 都作为抽象类。可用 < type_traits > 中的 is_abstract < Ty > 来判断 Ty 类是否为抽象类。

抽象类的派生类也可能仍为抽象类, 其可能显式说明了 abstract, 也可能未改写所有的纯虚函数。

抽象类的基类可能是抽象类, 也可能是具体类。

抽象类可作为虚基类。

11.6.6 final 函数与类

C++ 11 引入 final 关键字, 以限制虚函数的改写和类的派生。

如果一个虚函数修饰为 final, 派生类就不能再改写它, 其行为完全确定。例如:

```
class Base{
    virtual void func() final {};                //final 虚函数
};
class Derived : public Base{
    void func() {};                              //错误
};
```

纯虚函数和非虚函数不能修饰为 final。

如果一个类修饰为 final, 该类就不能再说明派生类, 它所有虚函数都不能被改写。例如:

```
class Base final {                               //final 类
```

```
        virtual void func(){...};                    //隐含 final
};
class Derived : public Base{...};                    //错误, final 类不能有派生类
```

抽象类不能修饰为 final。

final 类在类继承层次中处于最底层位置, 作为最特殊、最具体的类型。

派生类对基类的各种非静态成员函数(不包括构造析构)的处置与规则总结如表 11.7 所示。

表 11.7　派生类对基类成员函数的处置

基类的成员函数	派生类可做或应做的事情	执行规则
非虚函数 不能为 final	可隐藏, 同名重定义	使用类型决定被执行的函数; 静态绑定被执行函数
虚函数 可改写实现方法; 可为 final, 此时不可改写	可改写, 除非为 final; 当所继承行为不满足派生类需要, 根据派生类具体特点提供实现方法; 可说明为 final 表示不可改写	通过指针或引用来调用时, 对象实际类型决定被执行函数; 通过对象实体来调用时, 对象类型决定被执行函数
纯虚函数 纯规范、无具体实现; 不能为 final; 基类为抽象类	应改写, 并提供具体实现方法; 改写后作为虚函数	通过指针或引用来调用时, 对象实际类型决定被执行函数; 实际类型是派生类

11.7　标量、平凡、标准布局与 POD

1) 标量类型

标量类型(scalar type)包括算术类型、枚举、指针、成员指针, 以及这些类型的 cv 限定形式。标量类型的特点是无需重载定义就都具有内置的加法(主要是指 +1)运算符功能。< type_traits > 中的 is_scalar < Ty > 可判断 Ty 是否为标量类型。表 11.8 中列出标量类型与其他类型之间的关系。

2) 平凡类型

平凡类型(trival type)包括标量类型、平凡类以及这些类型的数组。一个空类是平凡类, 而非空类作为**平凡类**应同时满足下面条件:

① 所有特殊成员函数都缺省生成(无显式定义或说明 = default);

② 没有虚函数(无 virtual 成员);

③ 非静态数据成员都为平凡类型, 而且都不带初始化;

④ 若有基类, 则基类为平凡类。

< type_traits > 中的 is_trival < Ty > 可判断 Ty 是否为平凡类型, 但不同编译器对同一类型的判断结果可能有所不同。例如:

```
class B {B() = default; }; //B 是平凡类
```

```
class C:B {int j; };    //DevC++判断 C 是平凡类;VS 判断不是,但去掉 B 的缺省构造就是
```
平凡类型的特点是内存连续、可复制,支持静态缺省初始化。

表 11.8　C++ 类型的分类(依据 < type_traits >)

	primary categories 基础分类	composite categories 组合分类		
fundamental 基本类型	void			
	std::nullptr_t			object 对象
	integral	arithmatic 算术	scalar 标量	
	floating point			
compound 复合类型	pointer			
	member object pointer	member pointer 成员指针		
	member function pointer			
	enum			
	class			
	union			
	array			
	lvalue reference	reference 引用		
	rvalue reference			
	function			

注1:空指针 nullptr 的类型 std::nullptr_t 归入基本类型;

注2:class 包含了 struct;

注3:成员指针与 pointer 指针并列,并非包含关系;

注4:基础分类只是相对而言,其中一些类型具有更具体的分类,如 integral 整型;

注5:表中组合分类只是一部分,下面将给出更具体的组合分类。

3) 标准布局类型

标准布局(standard layout)**类型**包括标量类型、标准布局类以及这些类型的数组。标准布局的对象具有简单的线性数据结构。空类是标准布局类,而非空类作为**标准布局类**需同时满足下面条件:

① 没有虚基类,没有虚函数。

② 所有非静态数据成员都是标准布局类型,而且都有相同的访问控制(如 public)。

③ 若有基类,基类应为标准布局,而且没有基类作为其非静态数据成员。

④ 要么派生类中没有非静态数据成员,且最多一个基类含有非静态数据成员,要么没有基类含有非静态数据成员。即限制从基类继承非静态数据成员的同时扩展自己的非静态数据成员,也限制从多个基类中继承非静态数据成员。

< type_traits > 中的 is_standard_layout < Ty > 可判断 Ty 是否为标准布局。例如:

```
struct A {
    int a;
    A(int a) :a(a) {}       //显式定义构造函数
};                          //A 是标准布局
```

```
struct B: A {int b; };        //B 是 A 的派生类, 扩展了非静态数据成员, B 不是标准布局
```

4) POD 类型

POD(plain old data)类型既是平凡类型, 也是标准布局类型。POD 支持 C 语言数据类型, 例如结构、指针。< type_traits > 中的 is_Pod < Ty > 可判断 Ty 是否为 POD 类型。如果 Ty 为 POD 类型, 则 is_pod < Ty > ::value 为 true, 否则为 false。例如:

```
cout << "is_pod < int >==" << is_pod < int > ::value << endl;
cout << "is_pod < bool >==" << is_pod < bool > ::value << endl;
cout << "is_pod < noncopyable >==" << is_pod < noncopyable > ::value << endl;
```

< type_traits > 中的判断都支持编译期计算, 在 VS 代码编辑器中可直接查看编译结果。例如将鼠标放在 is_pod < 类型名 > ::value 的 value 之上, 就能看到编译结果(如下所示):

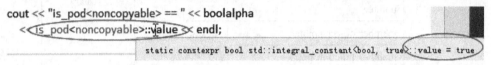

图 11.17 总结了 < type_traits > 中的组合分类关系。图中最上面 4 种类型都包含标量类型和空类, 其中对象 object 类型是可以用 new 动态分配内存的类型, 字面类型可参见第 11.8 节。

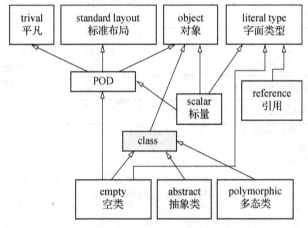

图 11.17　组合分类关系

平凡类中的特殊成员函数都是平凡函数。**平凡函数**与**非平凡函数**都是针对类的特殊成员函数。一个特殊成员函数是**非平凡函数**需满足下面条件之一:

① 显式定义该函数;

② 该类里有非 POD 类型的非静态数据成员;

③ 该类有基类。

非 POD 类中也可能存在平凡函数。< type_traits > 中提供了一组判断模板 is_trivially_xxx 用于判断一个类中是否存在特定的平凡函数, 读者可参考相应文档。

11.8　字面类型与 constexpr 对象

字面类型(literal type)是可限定为常量表达式(constexpr)的类型。第 5.9.2 节中我们介绍了 constexpr 函数与常量, 其中关键字 constexpr 也可以限定字面类中的构造函数与成员函数。

< type_traits > 中的 is_literal_type < Ty > 可判断 Ty 是否为字面类型。

C++14 扩展字面类型包括 void、标量类型、引用、字面类，以及这些类型的数组。空类是字面类，而非空类作为**字面类**需同时满足以下条件：

① 所有非静态数据成员和基类都是字面类型；

② 至少有一个 constexpr 构造函数或构造函数模板，而且不是拷贝或移动构造函数；

③ 有平凡析构函数（未显式定义析构函数）。

区别于 C++11 的 constexpr 构造函数，以前的构造函数要求为空函数体，而 C++14 扩展字面类中的 constexpr 函数没有这个限制。例如：

```
struct A {};                    //字面类型，可限定为 constexpr，但限定没有实际用处
struct B {~B() {}};             //非字面类型，因为显式定义了析构函数
struct C {                      //字面类型
    int x, y;
    constexpr C(int a, int b) :x(a), y(b) {auto c = x + y; }
    constexpr int getP() {return x * y; }
};
```

constexpr 成员函数的要求如下：不能是虚函数，形参与返回都是字面类型，特殊成员函数体可以是 = delete 或 = default。

字面类型的对象作为字面值可替代所有需要字面常量的地方，比如说明常量值、数组的大小、枚举量的值、switch 的 case 常量等。例如：

```
constexpr C c1(5, 7);                              //创建 constexpr 对象
int iarr[c1.getP()];                               //说明数组的大小
cout << extent < decltype(iarr) >::value << endl;  //显示数组的大小以确认
enum myenum {x = c1.x, y = c1.y}e = y;             //说明枚举量
switch (e) {
    case c1.x:cout << "c1.x"; break;               //说明 case 常量
    case c1.y:cout << "c1.y"; break;
}
```

字面类型的用处如下：

① 比 const 更强的不变性约束，提前到编译期就确定常量值；

② 高性能，在满足条件编译时执行函数，而运行时就不再调用函数；

③ 灵活性，即便不能在编译期执行，也能在运行期执行，而且效率高于普通函数。

11.9 继承性设计要点

继承性反映了类型之间的概念结构，而这种概念结构可抽象为"is a"关系，即派生类"是一种"基类，或者派生类的一个对象"是基类的一个对象"。如果继承关系设计不当，就会导致概念表达的错误。由于继承结构对程序员是公开可用的，在使用派生类时就一定要使用其基类。也就是说，当使用一个派生类时必须要知道其基类中提供了哪些公共成员，因为它们就是派生类对象的可用部分。

我们经常会遇到不恰当的继承性设计。例如已有一个类 Point 表示二维平面上的点，此时要建立一个 Circle 类来表示圆。一种设计是将 Circle 作为 Point 的派生类，只要扩展一个半径就能表示一个圆。如此设计固然能使 Circle 类实现自己的功能（例如移动、改变大小、计算面积、周长等），但却表示了一个错误的概念。尽管一个圆需要一个点作为圆心，但一个圆毕竟

不是一个点。换言之，当需要一个点时，我们不能提供一个圆来替代一个点。这种错误比较隐蔽，往往在建立其他类要用到 Circle 类时才会发现。例如建立多边形类 Polygon。一个多边形由 3 个以上的点按一定次序构成，如果 Circle 是 Point 的派生类，那么用 4 个圆就能构成一个四边形，这显然不合理。要纠正这种继承关系错误就要改变继承关系，而这会导致派生类必须做很大改动，甚至是重新设计。

出现类似的继承性错误的原因是只考虑到派生类能重用基类的成员，而没有考虑替代性原则。换言之，只考虑到特征重用，而没有考虑概念表达的合理性。一个圆"有一个"圆心点，这应该是复合对象和成员对象之间的关系，而不应该是继承性关系。

为什么继承关系如此敏感？当我们在使用一个派生类时，必须要知道其基类，才能知道它继承了哪些公共成员可供调用。继承性关系是公开可用的，而且作为派生类设计的一部分。当我们在使用一个派生类时，并非简单地创建对象，再调用其公用成员函数，而是可能要将该对象作为基类对象来使用。不恰当的继承会导致其被错误地使用。

在建立继承性关系时，派生类要继承其基类的全部数据成员，而不是一部分。如果派生类继承了自己并不需要的数据成员，那么这个继承性关系就可能是错误的。

总之，继承性切不可滥用，在设计一个继承性时应**同时关注**以下三个要点：

（1）**概念表达**：从使用者的角度来判断是否真正表达了派生类与基类之间的"is a"概念。如果派生类的某个对象不属于基类，或者有条件的属于基类，就不能建立继承性。

（2）**特征重用**：基类中是否提供了合适的成员供其派生类继承。如果派生类只需继承基类的部分成员，而不是全部成员，就不适合建立继承性。

（3）**抽象设计**：动态多态性是抽象设计的基础，虚函数是关键，即基类中是否有合适的纯虚函数表示行为规范，是否有合适的虚函数表示行为规范及缺省实现。如果基类中就没有虚函数，往往表明该类在设计时就没打算将其作为基类。

根据以上要点，当发现一个类要使用另一个类时，首先判断是否可用复合关系来实现，而不是继承关系。这个原则称为**复合重用原则**（CRP，即 composite reuse principle）。很多初学者过于强调特征重用，而忽略了概念表述的正确性。在继承关系中，有一个简单方法来判断继承关系的合理性，即判断派生类对象集合是否是基类对象的一个子集。如果不是或者不完全肯定，就不能建立继承性关系。

如果一个类要做基类，应满足下面三个条件：

（1）**非私有的缺省构造函数**：以简化派生类设计，也简化虚基类的构造函数设计；

（2）**虚析构函数**：避免对象撤销不完整的问题，并确保派生类均为多态类；

（3）**非 final 类**：以确保可以建立派生类。

如果一个类 A 要做类 B 的派生类，应注意以下要点：

（1）**公有继承**：仅选择 public 继承基类 B。

（2）**虚基类**：如果基类中有非静态数据成员，且本类 A 也可能作为基类，应将类 B 作为虚基类。

（3）**构造与赋值**：如果本类扩展了非静态数据成员，应考虑构造函数与赋值函数如何调用基类中的对应函数；如果本类未扩展非静态数据成员，应继承基类的构造函数，以简化编码。

（4）**二义性**：如果本类中调用基类成员函数出现二义性错误，应首先考虑导入基类成员，再做无限定访问,让编译器按多态性规则来选择。

(5) **虚函数**:如果基类中有纯虚函数,本类如何提供具体实现;如果基类中有虚函数,本类是否需要改写以及如何改写。

如果某函数要处理类 A 的对象,类 A 有基类 B,应注意以下问题:

(1) 该函数形参应选择基类 B 的引用,即依赖于较抽象的基类,避免依赖于具体细节的派生类。该原则称为依赖倒置原则(DIP, 即 dependency inversion principle)。通过基类的引用调用虚函数能执行派生类改写的行为,还能探寻对象的实际类型。

(2) 若函数需要返回对象,应首选基类的引用,其次是基类的指针,然后是派生类的对象实体,则当基类 B 再扩展其他派生类时,该函数能保持基本不变,体现出抽象编程的优势。

小　　结

(1) 封装性、继承性和多态性是面向对象编程特性,本章主要介绍继承性和多态性。

(2) 继承性表示基类与派生类之间的关系。基类是派生类的抽象,而派生类是基类的具象;派生类的一个对象也是其基类的一个对象;派生类继承了基类的成员,同时可扩展新成员。

(3) 建立继承关系的最基本原则是里氏替代原则:在需要一个基类对象的地方,而实际提供一个派生类对象,应该是无条件满足要求的。

(4) 继承性的一系列规则如表 11.9 所示。

表 11.9　继承性规则

规则名称	说明
派生类对象构造与析构规则	创建派生类对象时要先创建基类子对象。析构过程正相反
类作用域与支配规则	派生类是基类的内层作用域。派生类中查找定位成员是按从派生类到基类的方向,即自下向上查找定位。该规则支持成员隐藏
虚基类规则	派生类的一个对象是基类的一个对象,而不是多个。这是多重继承导致的问题
对象类型多态性规则	派生类对象属于其实际类型及所有基类。基类引用或指针可操作派生类对象。向上转换是标准转换,而向下转换需要强制转换
虚函数与抽象类规则	基类中虚函数是可改写的行为,纯虚函数是必须改写的行为规范。抽象类不能直接创建对象。抽象类的纯虚函数需要其派生类改写提供实现,然后才能创建派生类对象

练 习 题

1. 下面不是面向对象编程的特性是_____。
   (A) 封装性　　　　　(B) 一致性　　　　　(C) 继承性　　　　　(D) 多态性

2. 关于派生类与基类之间关系,下面说法中错误的是_____。
   (A) 基类表示比较抽象的、一般性的、较大范畴的对象,派生类表示较具体的、特殊的、较小范畴的对象
   (B) 派生类的一个对象也是其基类的一个对象,这是无条件的
   (C) 派生类创建一个对象时,该类的所有直接或间接的基类也要实例化

（D）越具体的派生类对象包含越少的属性

3. 下面代码编译出错的是_____行。

```cpp
class B {
protected:
    int x = 2;
};
class D : public B {
public:
    void f1() {x = 3; }                    //A
    void f1(D &rd) {rd. x = 4; }           //B
    void f1(D * pd) {pd -> x = 5; }        //C
    void f1(B &rb) {rb. x = 6; }           //D
};
```

4. 下面代码编译没有错误的是_____行。

```cpp
class Base {
public:
    virtual void f1() = 0;
    virtual void f2() const{}
    static int a;
};
int Base::a = 3;
class Derived : public Base {
public:
    void f1() final {}                     //A
    void f2() override {}                  //B
};
class DDerived : Derived {
public:
    void f1() {}                           //C
};
int main() {
    Base * pb = new Base;                  //D
    pb -> f1();
    return 0;
}
```

5. 下面程序的运行结果是_____。

```cpp
class B{
    int a = 2;
public:
    B(int a) :a(a) {}
    B(char c) {}
    void print() {cout << a << endl; }
};
class D : public B {
    int a = 3;
public:
    using B::B;
    D(int a = 3) :B(a), a(a * a) {}
    void print() {B::print(); cout << a << endl; }
};
int main() {
    D d1; d1. print();
    D d2(4); d2. print();
    D d3('a'); d3. print();
    return 0;
}
```

6. 下面程序的运行结果是_____。

```cpp
class Base1 {
public:
    double a = 3.3;
    void print() {cout << a << endl; }
    void f() {cout << "Base1::f()" << endl; }
};
class Base2 {
    int a = 2;
public:
    void f() {cout << "Base2::f()" << endl; }
    void f(int) {cout << "Base2::f(int)" << endl; }
};
class Derived : public Base1, public Base2 {
public:
    using Base1::a;
    using Base2::f;
    void f(double) {
        a = a * 3;
        f(3);
        f();
    }
    void print() {Base1::print(); cout << a << endl; f(); }
};
int main() {
    Derived d;
    d.f(2.3);
    d.f(2);
    d.print();
    d.Base1::f();
    return 0;
}
```

7. 下面程序的运行结果是_____。

```cpp
class Data {
    int x;
public:
    Data(int x = 0) :x(x) {cout << "Data ctor. " << endl; }
    ~Data() {cout << "Data dtor. " << endl; }
};
class Base {
    Data d1;
public:
    Base(int x = 2) :d1(x) {cout << "Base ctor. " << endl; }
    ~Base() {cout << "Base dtor. " << endl; }
};
class Derived :public Base {
    Data d2;
public:
    Derived(int x) {cout << "Derived ctor. " << endl; }
    ~Derived() {cout << "Derived dtor. " << endl; }
};
int main() {
    Derived obj(5);
    return 0;
}
```

8. 下面程序的运行结果是_____。

```cpp
class A {
    int ax;
public:
```

```
        A(int x =10):ax(x){cout <<"构造 A" <<ax <<' '; }
        void f() {cout <<ax <<' '; }
        virtual ~A() {cout <<"析构 A" <<' '; }
    };
    class B: virtual public A {
        int bx;
    public:
        B(int x) :A(20), bx(x){cout <<"构造 B" <<bx <<' '; }
        void f() {cout <<bx <<' '; }
        ~B() {cout <<"析构 B" <<' '; }
    };
    class C: virtual public A {
        int cx;
    public:
        C(int x) :A(30), cx(x) {cout <<"构造 C" <<cx <<' '; }
        void f() {cout <<cx <<' '; }
        ~C() {cout <<"析构 C" <<' '; }
    };
    class D :public B, public C {
        int dx;
    public:
        D(int x, int y, int z):C(y), B(x), dx(z){cout <<"构造 D" <<dx <<' '; }
        void f() {cout <<dx <<' '; }
        ~D() {cout <<"析构 D" <<' '; }
    };
    int main() {
        A * pa =new D(2, 3, 4); cout <<endl;
        pa -> f(); cout <<endl;
        delete pa;
        return 0;
    }
```

9. 下面程序的运行结果是_____。

```
    struct Instrument abstract{
        virtual void display() const {cout << "Instrument::display" <<endl; }
    };
    struct Piano:public Instrument {
        void display() const {cout <<"Piano::display" <<endl; }
    };
    struct Guitar:public Instrument {
        void display() {cout <<"Guitar::display" <<endl; }
    };
    void tone(const Instrument & i) {i.display(); }
    int main(void) {
        Guitar guitar1; tone(guitar1);
        Piano piano1; tone(piano1);
        return 0;
    }
```

10. 下面程序的运行结果是_____。

```
    class Base {
        int a;
    public:
        Base(int a1 =0):a(a1){show(); f1(); }
        virtual void show() {cout <<"Base::show(); "; cout <<"a = " <<a <<endl; }
        void f1() {cout <<"Base::f1(); "; cout <<"a = " <<a <<endl; show(); }
    };
    class Derived : public Base {
        int a;
    public:
        Derived(int a1 =1):a(a1) {show(); f1(); }
```

```
            void show(){cout << "Derived::show(); "; cout << "a = " << a << endl; }
    };
    int main() {
        Base * p1 = new Derived;
        p1 -> show();
        delete p1;
        return 0;
    }
```

11. 用点 Point 来构造几何图形,如圆 Circle、矩形 Rectangle、三角形 Triangle 等。这些图形之间具有如下共同属性和行为:(1) 它们都是闭合图形,都具有确定的面积和周长;(2) 每个闭合图形都具有明确位置,也能相对移动位置。尝试建立一个抽象类 ClosedShape 作为所有闭合图形的抽象类(见图 11. 18)。

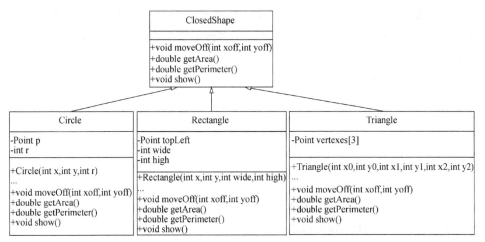

图 11. 18　ClosedShape 作为所有闭合图形的抽象类

基于抽象类建立几个通用函数设计,例如对一组图形进行移动,对一组图形计算面积并按面积排序等等。当扩展新的派生类,例如椭圆、平行四边形,这些通用函数不用改变就能使用。

12. 建立一个 PC(personal computer)类表示个人计算机,一个 TablePC 类表示台式 PC,以及一个 NoteBook 类表示笔记本。建立这三个类之间的关系,分别描述各个类的数据成员,然后分别描述其构造函数、成员函数等,分析基类中的虚函数,实现这些类并测试。

13. 建立一个 File 类表示磁盘文件,应描述文件名、大小、创建日期、修改日期等属性;再建立一个 MediaFile 类表示多媒体文件,包括所有格式的音频、视频文件,不仅要描述其普通文件属性,还要描述媒体类别(如音频、视频)、播放时间等属性。

14. 在 Point 类基础上,建立一个 Pixel 类表示屏幕上的像素。一个像素除了要描述其坐标(x, y)之外,还有一个颜色属性,因此需要建立一个 Color 类,一种颜色作为 Color 类的一个对象。根据三基色原理,每一种颜色都是由红(red)、绿(green)、蓝(blue)三种基色组合而成,每一种基色用 8 位表示,24 位色就是一种常见的真彩色规范。对 Pixel 和 Color 类进行编程测试。

第 12 章　运算符重载

普通运算符(如加 + 、减 - 、判等 ==)不能直接作用于对象,但运算符重载函数能使特定运算符作用于特定类的对象。运算符重载就是用成员函数、友元函数、普通函数来实现运算符功能。运算符重载的好处是用运算符表达式来简化函数调用,从而使对象操作更直观、更方便。运算符重载是 C++ 的语言特色之一,体现了面向对象编程的静态多态性与灵活性。

12.1　一般运算符重载

本节介绍运算符重载函数的基本概念,以及如何用成员函数来定义双目运算符函数和单目运算符函数。

12.1.1　运算符重载函数

运算符重载函数是一种特殊的函数,即 operator < 运算符 > 。编译器将对象运算表达式自动转换为相应的运算符重载函数的调用。

大多数运算符都可定义运算符函数,但表 12.1 中的运算符不允许重载。

表 12.1　C++ 中不允许重载的运算符

运算符	运算符的含义	运算符	运算符的含义
?:	三目运算符,条件运算符	.	成员运算符
.*	成员指针运算符	::	作用域解析运算符
#	预处理宏参运算符,串化运算符	##	预处理宏参运算符,标记粘贴运算符

可重载运算符的类别如表 12.2 所示。

表 12.2　可重载运算符类别

运算符类别	说明	部分示例
特殊运算符	只能用成员函数来实现; 当前对象作为操作数或作为双目运算符的左操作数	拷贝赋值和移动赋值 = :operator = (&/&&) 类型转换():operator 类型() 下标运算符[]:类型 operator[](形参) 函数调用运算符():类型 operator()(形参表)
友元运算符	只能用非成员函数来实现; 操作数全部用函数形参表示	双目运算符中对象为右操作数,左操作数非同类。如 　cout << obj, cin >> obj, 4 + obj 用户定义字面值 UDL(C++11 新增)
普通运算符	成员函数与非成员函数都可实现	单目运算符,如 ++ , -- ; 双目运算符,如算术运算符 + 、关系运算符 < 、逻辑运算符 == ; new/delete 运算符

第 10 章介绍的拷贝赋值函数与移动赋值函数都是用成员函数定义的运算符。用成员函数定义运算符函数的一般格式为

　　< 返回类型 > operator < 运算符 > (形参表) {函数体}

其中, operator 是关键字, < 运算符 > 可以是单目运算符, 如" ++ ", 也可以是双目运算符, 如赋值" = "、加法" + "、判等" == "等。运算符的规则决定了形参表是无参或单参。如果是双目运算符, 该函数的当前对象作为左操作数, 单参作为右操作数; 如果是单目运算符, 当前对象就作为操作数。

例如类 Complex 表示复数, a 与 b 是两个复数对象。加法运算符 + 函数说明如下:

```
Complex operator + (const Complex &c)const;
```

对于表达式 c = a + b; 编译器就转换为运算符函数调用:

```
c = a. operator + (b);
```

该运算不改变操作数, 返回一个新对象, 并应返回 Complex 的实体。

对于单目运算符中前置自增运算符 ++ 函数说明如下:

```
Complex & operator ++ ();
```

对于表达式 ++ a, 编译器转换为函数调用:

```
a. operator ++ ()
```

该运算改变当前对象并作为函数返回结果, 因此应返回 Complex 的左值引用。

由此可见, 一个运算符函数的形参与返回都取决于该运算符的规则。对象作为形参往往是引用类型, 以避免拷贝或移动对象的负担。所有运算符的计算结果都不可能是 void, 因此运算符函数不能返回 void。

12. 1. 2　双目运算符的重载

例 12. 1　复数类 Complex, 用 + 运算符实现加法, 可以是两个分数相加, 也可以是一个分数加一个整数。用 == 运算符判断两个分数是否相等。

```
#include < iostream >
using namespace std;
class Complex{
    float real, image;
public:
    Complex(float r = 0, float i = 0) :real(r), image(i) {}
    float getR()const{return real; }
    float getI()const{return image; }
    void show() const{cout << real << ' + ' << image << "i" << endl; }
    Complex operator + (const Complex &c)const{              //运算符 + Complex
        return Complex(real + c. real, image + c. image);
    }
    Complex & operator += (const Complex &c){                //运算符 +=
        real += c. real;
        image += c. image;
        return * this;
    }
    Complex operator + (float f){                            //运算符 + float
        return Complex(real + f, image);
    }
};
int main(){
```

```
    Complex c1(1, 2), c2, c3(3, 2);
    Complex c, c4(2, 3);
    c2 = c1; c2. show();                            //A
    c = c1 + c3; c. show();                         //B
    c = c4 + 4; c. show();                          //C
    c += c1; c. show();                             //D
    c4 += c1 + c2 + c3; c4. show();                 //E
    return 0;
}
```

执行程序，输出结果如下：

```
1 +2i
4 +4i
6 +3i
7 +5i
7 +9i
```

上面程序中没有显式定义赋值运算符，但编译器提供的缺省赋值函数能起作用。其中：

A 行调用了拷贝赋值函数。

B 行转换为 c. operator = (c1. operator + (c3))，先计算 c1 + c3，然后再将返回值赋给 c。

C 行转换为 c. operator = (c4. operator + (4))，先计算 c4 + 4，然后再将返回值赋给 c。

D 行转换为 c. operator += (c1)。

E 行比较复杂，转换为 c4. operator += (c1. operator + (c2)). operator + (c3)，即先计算(c1 + c2) + c3，然后计算 +=。注意，DevC++ 编译此行报错。

对运算符的重载，应注意以下要点：

(1) 定义一个运算符函数应保持该运算符的语义，例如对加法运算符，不能在函数体中实现其他计算。并非所有的类都适合定义加法运算符，例如 Person 类表示人，人作为对象，对两个人做加法并不能表示有意义的计算。

(2) 将表达式转换为运算符函数调用，应遵循该运算符的目数、优先级和结合性规则。例如先加法后赋值，加法要从左向右运算，赋值要从右向左运算。

(3) 用成员函数实现双目运算符，当前对象作为左操作数，右操作数可以是对象，也可以是基本类型值。例 12.1 中，成员函数能计算 c + 4 但不能计算 4 + c。满足交换律的双目运算符成员函数无法定义，只能用友元函数。

(4) 运算符函数的结果和返回值应与该运算符的规则相一致。例如，加法运算不能改变左右两个操作数，并产生一个新对象，因此加法函数体中就应创建一个对象并返回作为结果；而" += "和" = "运算要改变左操作数，即改变当前对象并作为返回结果，因此该函数返回类型应为" <类名 >&"，函数体中最后一条语句是 return * this。

12.1.3　单目运算符的重载

用成员函数实现单目运算符时，对于自增 ++ 运算符和自减 -- 运算符，必须区分前置和后置。 ++ 和 -- 运算符的重载方法类同，下面我们以 ++ 为例说明。

前置 ++ 运算符用无参成员函数格式，即

```
<类名 > & <类名 >::operator ++ ( ){
```

```
    ...                                  //改变当前对象
    return * this;                       //返回当前对象作为表达式的值
}
```

由于前置自增是左值,因此应返回对象的左值引用。

后置 ++ 运算符要带一个 int 形参,但在函数体中无用。其格式为

```
<类名> <类名>::operator ++ (int){
    <类名> <变量名>= * this;             //先创建一个对象保存当前对象状态
    ...                                  //改变当前对象
    return <变量名>;                     //返回原先保存的对象
}
```

后置自增是右值,不能返回对象的左值引用,而应返回对象拷贝。

例 12.2 对包装类 Integer 添加前置和后置自增运算。

```
#include <iostream>
using namespace std;
class Integer{
    int data;
public:
    Integer(int x =0) {data =x; }
    void setData(int x){data =x; }
    int getData(){return data; }
    Integer &operator ++ () {              //前置 ++
        ++ data;
        return * this;
    }
    Integer operator ++ (int){             //后置 ++
        Integer i = * this;
        ++ data;
        return i;
    }
    void show(){cout << "int data = " <<data << '\n'; }
};
int main(){
    Integer i1;
    ++ i1;                                 //A
    i1. show();
    Integer i2 = i1 ++ ;                   //B
    i2. show();
    i1. show();
    Integer i3 = ( ++ i1) ++ ;             //C
    i3. show();
    i1. show();
    Integer i4 = ++ i1 ++ ;                //D
    i4. show();
    i1. show();
    return 0;
}
```

执行程序,输出结果如下:

```
int data =1
int data =1
int data =2
int data =3
int data =4
int data =5
int data =5
```

上面程序中,A 行调用了前置自增函数,然后输出第 1 行:1。

B 行调用了后置自增函数，然后输出第 2 行和第 3 行:1 和 2。这符合后置自增运算规则。

C 行先调用前置自增，再调用后置自增，即 i1.operator ++ ().operator ++ (int)。输出 i3 的值为 3，i1 的值为 4(第 4 行和第 5 行)，也符合运算规则。

D 行代码中，如果 i1 作为 int 类型，编译就要出错，这是因为后置自增运算符的优先级比较高，因此 ++ i1 ++ 就等价于 ++ (i1 ++)，在做前置自增运算时就没有左值。但这里 i1 是一个对象，严格按优先级转换为 i1.operator ++ (int).operator ++ ()，即先调用后置自增函数，返回原值 4 之前 i1 的值成为 5，然后对返回的值 4 再调用前置自增，成为 5。因此 i4 的值为 5，i1 的值也是 5，就是最后输出的两行。

运算符函数返回对象实体还是对象引用，有以下两种情形:

(1) 如果运算符将得到一个新的结果，而不是将某个操作数作为结果，就应该返回对象实体，而不是对象引用。例如 a + b 的结果是一个新对象，a 和 b 都不变，因此 operator + 应返回对象实体;再如后置 ++ 运算符，a ++ 的结果应该是 a 加 1 前的原值，而不是操作数 a，因此 operator ++ (int) 应返回对象实体。注意，此类函数作用于派生类对象时，返回的基类对象不能向下赋值给派生类对象，如 c = a + b，加法没有错，赋值将出错。

(2) 如果运算符将某个操作数作为结果，就应该返回对象引用。例如 a += b 的结果是操作数 a，因此 operator += 函数应返回对象 a 的引用;再如前置 ++ 运算符，++ a 的结果是加 1 后的操作数 a，因此 operator ++ () 应返回对象引用。否则，当多个运算符作用于同一个对象时就可能出错。返回对象引用的运算符函数在派生类中可作用于派生类对象。

12.2　友元函数实现运算符

除了成员函数之外，也可用友元函数来实现部分运算符重载。友元函数可实现成员函数所不能实现的一些运算符(如满足交换律的双目运算符)，也能支持 C++ 11 用户自定义的字面值 UDL。

12.2.1　友元 friend

对于类中的私有成员，只有本类的成员函数才能访问，类外函数无权访问。但如果把类外一个函数说明为该类的一个友元函数，该函数就能访问该类中的所有成员。友元的本质是对类外函数或其他类访问本类所有成员的一种授权。

友元函数用关键字 friend，可以是非成员函数，也可以是另一个类中的某个成员函数。在一个类 A 中可用 friend 说明另一个类 B，则类 B 就称为 A 的友元类，友元类 B 中的所有成员函数都作为类 A 的友元函数。

本书下面介绍如何使用非成员友元函数来实现运算符重载。

对于友元函数，应注意以下几点:

(1) 友元函数不是类的成员函数，因此函数体中没有 this 指针，需要把对象引用作为形参，在函数体中通过形参来访问对象成员。

(2) 类中指定的访问权限对友元函数是无效的，因此把友元函数说明放在类的私有部分、公有部分、保护部分效果都一样。友元函数可定义在类外，也可在类内(称为内联定义)。

（3）慎用友元函数。类的一个重要特性是封装性，而友元函数破坏了类的封装性，因此除了实现一些特定的运算符重载函数之外，应尽量避免使用友元函数。

（4）一个类的友元函数不能被该类的派生类继承，派生类需要重新定义自己的友元。

C++11 扩展了友元说明的范围，可以在类模板中说明友元（详见第 13.3.4 节）。

12.2.2　友元运算符函数

友元运算符函数是一种非成员函数，用来实现特定运算符。非成员函数实现双目运算符的一般格式为

```
<返回类型> operator <运算符> (形参1, 形参2);
```

其中，<运算符> 是一个双目运算符，形参 1 和形参 2 是参与双目运算的两个操作数，两者中至少一个是对象类型或对象引用类型。

该函数可说明为对象类的友元。例如，Complex 类中包含如下说明语句：

```
friend Complex operator + (const Complex &c1, const Complex &c2);
```

它实现两个 Complex 对象的加法计算，"c1 + c2"表达式转换为函数调用

```
operator + (c1, c2)
```

C++11 允许友元运算符函数定义在类内，称为内联（inline）友元函数。内联定义可减少编码书写量，但应注意它并非成员函数，不存在 this 指针。

用友元函数实现单目运算符的一般格式为

```
<返回类型> operator <运算符> (形参);
```

其中，<运算符> 是一个单目运算符，形参是本类对象或对象引用。对于自增 ++ 运算符和自减 -- 运算符，形参只能是引用。例如：

```
Complex &operator ++ (Complex &c);              //前置自增
```

实现 Complex 对象的前置 ++ 运算，" ++ c"表达式转换为函数调用 operator ++ (c)。

++ 运算符或 -- 运算符要区分前置和后置，其中后置运算要添加一个 int 形参，以区别前置。例如：

```
Complex operator ++ (Complex &c, int);          //后置自增
```

实现 Complex 对象的后置 ++ 运算，"c++"表达式转换为函数调用 operator ++ (c, 0)。注意，第二个实参 int = 0 仅表示后置自增，在函数体中并不起作用。

例 12.3　对 Complex 类设计一组友元重载函数。

```cpp
#include <iostream>
using namespace std;
class Complex{
    float real, image;
public:
    Complex(float r = 0, float i = 0){real = r; image = i; }
    void show() {cout << real << ' + ' << image << "i\n"; }
    friend Complex operator + (const Complex &c1, const Complex &c2){
        return Complex(c1. real + c2. real, c1. image + c2. image);
    }
    friend Complex operator + (const Complex &c1, float f) {
        return Complex(c1. real + f, c1. image);
    }
    friend Complex &operator += (Complex &c1, const Complex &c2) {
```

```
            c1. real += c2. real;
            c1. image += c2. image;
            return c1;
        }
        friend Complex &operator ++ (Complex &c){        //前置 ++
            c. real ++; c. image ++;
            return c;
        }
        friend Complex operator ++ (Complex &c, int){        //后置 ++
            Complex t = c;
            c. real ++; c. image ++;
            return t;
        }
        friend bool operator == (const Complex &c1, const Complex &c2) {
            return c1. real == c2. real && c1. image == c2. image;
        }
    };
    Complex operator + (float f, const Complex &c){        //非成员函数实现 f + Complex
        return operator + (c, f);
    }
    int main(void){
        Complex c1(1, 2), c2(2, 3);
        Complex c3 = c1 + c2;
        c3. show();
        Complex c4 = 4 + c1 + 5;
        c4. show();
        c4 += c1;
        c4. show();
        Complex c5 = ++ c1;
        c5. show();
        Complex c6 = c2 ++;
        c6. show();
        c2. show();
        if (c2 == Complex(3, 4))
            cout << "operator == ok" << endl;
        return 0;
    }
```

执行程序, 输出结果如下:

```
3 + 5i
10 + 2i
11 + 4i
2 + 3i
2 + 3i
3 + 4i
operator == ok
```

例 12. 1 中, Complex 类用成员函数定义 + 运算符函数, 能计算 c + 4(c 是一个 Complex 对象), 但不能计算 4 + c, 这是因为成员函数要求二元运算符的左操作数是一个对象。例 12. 3 中用一个全局函数来实现 float 与 Complex 对象加法:

```
Complex operator + (float f, const Complex &c);
```

该函数没有必要说明为 Comlex 类的友元函数, 这是因为函数体中没有访问类中的私有成员。 非成员函数可实现运算符, 只是不能访问类中的非公有成员。

另一个应用是输出流运算符 <<, 如 cout << obj, 将左移运算符定义为输出。重载 << 运算符的一般格式为

```
friend ostream & operater << (ostream &, 类名 &);
```

该函数返回 ostream 引用,以便于连续使用 << 运算符。其中,第一个形参是类 ostream 的引用,它是 << 运算符的左操作数,调用的实参是 cout 对象(属于 ostream 类型);第二个形参为类对象引用,作为 << 运算符的右操作数。表达式 cout << obj 转换为 operator << (cout, obj)。

在上面的 Complex 类中添加一个友元函数如下:

```
friend ostream & operator << (ostream &os, const Complex & c) {
    os << c. real << " + " << c. image << "i";
    return os;
}
```

这样就可用 cout << c 来显示对象 c 的状态。如此可替代成员函数 show( ),而且更灵活。

上面友元函数中访问了对象 c 的私有成员。如果该类有公有成员函数 getR( )和 getI( )能读取私有成员,就可用非友元的普通函数来实现相同功能。程序如下:

```
ostream & operator << (ostream & os, const Complex & c) {
    os << c. getR() << " + " << c. getI() << "i";
    return os;
}
```

两者可实现相同功能,但不能同时定义,否则会因重复定义而导致编译出错。

同一个运算符往往既可用成员函数实现,也可用友元函数来实现。表 12.3 总结了成员函数与友元函数的区别。

表 12.3　比较成员函数与友元函数(A 是一个类)

运算符	成员函数实现运算符	友元函数实现运算符
双目运算符 (以 + 为例)	A operator + (const A&)const; c = a + b; 转换为 c = a. operator (b);	A operator + (const A &, const A&); c = a + b; 转换为 c = operator (a, b);
单目运算符 (以前置 ++ 为例)	A& operator ++ (); ++ a; 转换为 a. operator ++ ();	A& operator ++ (A&); ++ a; 转换为 operator ++ (a);

编译器将对象表达式转换为运算符函数调用的转换过程如下:

① 查找该类中是否有成员函数实现该运算符,即**成员函数优先**。

② 若有,则调用成员函数;若没有,就查找是否有友元函数或非成员函数实现该运算符。

③ 若有,则调用友元函数;若没有,就尝试用该类中的类型转换运算符(参见第 12.3.1 节)将对象转换为其他类型,再返回第①步。

④ 如果没有类型转换函数,或者即便有但仍未找到运算符函数,编译错误。

12.2.3　用户定义字面值 UDL

C++ 11 支持用户定义字面值(UDL,即 user – defined literals)。UDL 是在已有字面值基础上,以后缀形式扩展的新的字面值,既符合公共习惯用法,又能增强类型安全性。这种类型的运算符称为**字面运算符**(literal operator),只能用友元函数实现。

例如,< complex > 中的复数 complex,UDL 支持如下字面值(后缀 i 表示虚部):

```
complex < double > num = (2.0 + 3.4i) * (5.0 + 4.3i);
```

再如,距离 Distance 的单位可以用千米 km,也可以用英里 mile,那么 10.0_km + 20.0_mi

这样的表达式就包含了用户定义字面值。前面是一个 double 字面值，之后是一个用户定义后缀：_km 或 _mi。系统要将这样的字面值转换为 Distance 对象。

字面运算符函数的语法格式如下：

```
<返回类型> operator"" <自定义后缀> (已有字面值类型)
```

例如：

```
Distance operator"" _km(long double);
Distance operator"" _mi(long double);
```

可将 10.0_km 和 20.0_mi 这样的字面值分别转换为一个 Distance 对象。

用户定义字面值有如下要求：

① 自定义后缀要用下划线开始，只有标准库(如 < complex >)才能省去下划线；

② 已有字面值类型可采用 long double 但不能是 double。

例 12.4 用户定义字面值示例。

要求：既支持 10.0_km + 20.0_mi 这样的计算，还要在 Distance 类中实现 operator + 双目运算符。

编程如下：

```
#include <iostream>
using namespace std;
class Distance {
private:
    double kilometers;
    constexpr explicit Distance(double val) : kilometers(val) {} //A
public:
    friend constexpr Distance operator"" _km(long double val);    //B
    friend constexpr Distance operator"" _mi(long double val);    //C
    constexpr double get_kilometers() {return kilometers; }
    constexpr Distance operator + (Distance& other) {             //D
        return Distance(get_kilometers() + other.get_kilometers());
    }
};
ostream & operator << (ostream & os, Distance & d) {
    os << d.get_kilometers() << " km";
    return os;
}
constexpr Distance operator"" _km(long double val) {
    return Distance(val);
}
constexpr Distance operator"" _mi(long double val) {
    return Distance(val * 1.6);
}
int main() {
    Distance d1 = 10.0_km;
    cout << "d1 = " << d1 << endl;
    Distance d2(20.0_mi);
    cout << "d2 = " << d2 << endl;
    constexpr auto x = 10.0_km + 20.0_mi;              //E    DevC++编译报错
    cout << "d3 = " << 10.0_km + 20.0_mi << endl;      //F    DevC++编译报错
    return 0;
}
```

上面程序中，A 行定义一个显式转换构造函数，将 double 类型转换为 Distance 对象，此时缺省单位为 km；为支持用户定义后缀，B 行、C 行添加了两个字面值函数，并用友元函数在类外实现；D 行用成员函数实现 operator +；E 行、F 行 DevC++ 编译报错，VS 正确编译。

VS 执行程序，输出结果如下：

```
d1 =10 km
d2 =32 km
d3 =42 km
```

上面 Distance 是用户定义字面类，其中构造函数与成员函数都可用 constexpr 限定。E 行说明一个字面对象 x，把鼠标放在 x 之上能看到结果如下所示：

```
constexpr auto x = 10.0_km + 20.0_mi;
cout << "d3 = "                       endl;
return 0;
```

constexpr Distance x = {(42.0)}

为何字面值函数形参要求为 long double？原因是作为基础的字面值类型限定为如下几种：

```
ReturnType operator "" _a(unsigned long long int);        //整型字面值
ReturnType operator "" _b(long double);                   //浮点型字面值
ReturnType operator "" _c(char);                          //字符型 char 字面值
ReturnType operator "" _d(wchar_t);                       //字符型 wchar_t 字面值
ReturnType operator "" _e(char16_t);                      //字符型 char16_t 字面值
ReturnType operator "" _f(char32_t);                      //字符型 char32_t 字面值
ReturnType operator "" _g(const char *, size_t);          //字符串 char *字面值
ReturnType operator "" _h(const wchar_t *, size_t);       //字符串 wchar_t *字面值
ReturnType operator "" _i(const char16_t *, size_t);      //字符串 char16_t *字面值
ReturnType operator "" _j(const char32_t *, size_t);      //字符串 char32_t *字面值
ReturnType operator "" _r(const char *);                  //Raw 字面值
template < char... > ReturnType operator "" _t();         //模板字面值
```

例 12.4 采用了上面第 2 个类型，所有浮点型字面值都统一采用 long double，并非 double。注意，上面列出的后缀只是一个占位符，用户应定义自己的后缀。

使用 UDL 应注意以下要点：

① 构造函数应设为私有，避免用无单位数值来创建对象；

② 友元字面函数不能内联定义，只能在类外定义；

③ UDL 主要作用是带特定后缀的字面值参与表达式计算，丰富了表达式的多样性。

12.3　特殊运算符重载

第 10 章介绍了拷贝赋值函数与移动赋值函数，它们都属于特殊运算符。本节我们介绍类型转换运算符、下标运算符和函数调用运算符。这些运算符都具有特殊的形式和用处，而且只能用成员函数来实现。

12.3.1　类型转换函数

类型转换函数(简称为转换函数)是将当前对象转换为另一种类型的一个对象或值，并且既可显式转换，也可隐式转换。类型转换函数是一种无参的成员函数，其定义格式为

```
operator <目标类型>()
```

其中，<目标类型>是该函数返回类型，不应与当前类名相同。operator 与目标类型一起构成转换函数的名称。一个类中可定义多个转换函数，其各自目标类型不同。该函数无参，也不用指定返回值，但函数体中应返回一个目标类型的对象或值。

对于显式转换表达式"目标类型(对象)"或者"(目标类型)对象"，编译器将其转换为"对

象.operator 目标类型( )"的函数调用。编译器也支持赋值转换和隐式转换。

类型转换函数所实现的类型转换称为用户定义转换（UDC，即 user-defined conversions）。

转换函数的作用与转换构造函数正好相反，转换构造函数用于将其他类型的一个对象或值转换为本类的一个对象（详见第 10.3.5 节）。

例 12.5 一个 RMB 类，将一笔人民币金额作为一个对象，能表示元、角、分，并分别用转换函数转换为 double 值和字符串。

```cpp
#include <iostream>
#include <string>
using namespace std;
class RMB{
    int yuan, jiao, fen;
public:
    RMB(int y =0, int j =0, int f =0){              //构造函数 1
        int ff = y * 100 + j * 10 + f;
        fen = ff % 10;
        jiao = ff / 10 % 10;
        yuan = ff /100;
    }
    RMB(double f){                                   //转换构造函数
        yuan = (int)f;
        jiao = int(f * 10) % 10;
        fen = int(f * 100 +0.5) % 10;
    }
    operator double(){                               //转换函数 1:转为 float
        return (yuan * 100.0 + jiao * 10.0 + fen)/100;
    }
    operator string(){                               //转换函数 2:转为 string
        string str = to_string(yuan);
        str += "元";
        str += to_string(jiao);
        str += "角";
        str += to_string(fen);
        str += "分";
        return str;
    }
};
int main(){
    RMB b1 =32.456;                                  //A
    double f =b1;                                    //B
    cout << f << endl;
    cout << string(b1) << endl;                      //C
    RMB b2(12, 34, 56);                              //D
    cout << b2 << endl;                              //E
    cout << string(b2) << endl;
    return 0;
}
```

执行程序，输出结果如下：

```
32.46
32 元 4 角 6 分
15.96
15 元 9 角 6 分
```

上面程序中定义了两个构造函数，其中第二个是转换构造函数，将一个 double 转换为 RMB 对象；定义了两个转换函数，分别转换到 double 和 string。其中：

A 行调用了转换构造函数，用一个 double 值创建一个 RMB 对象；

B 行有一个隐式转换，调用了转换函数 1，将对象转换为一个 double 值再赋值；

C 行调用了转换函数 2，将对象转换为一个 string 对象再输出；

D 行调用了第一个构造函数，该构造函数中的角和分的实参值允许大于 10；

E 行有一个隐式转换，调用了转换函数 1，转为一个 double 值再输出。

转换函数在说明语句、赋值语句、函数调用、函数返回等中会被自动调用，就像转换构造函数一样。转换函数是一种成员函数，可定义为虚函数，可被派生类继承或改写。

一个类中如果有转换函数表示为 const char * 或 string，就能将该类对象当前状态显示出来，以方便测试。

隐式类型转换作为自动转换也可能导致误解，可能会使程序员在不经意间出现不易被发现的错误。转换构造函数中采用 explicit 修饰符来修饰函数可避免隐式转换。C++ 11 将之引入到转换函数中，用 explicit 修饰转换函数就限制了其隐式转换，使之只能做显式转换。

< type_traits > 中的 is_convertible < From，To > 可判定从 From 类型是否可转换为 To 类型。如果 From 类中有到 To 的转换函数，无论是否有 explicit，VS 都判定为真；而 DevC++ 中，若有 explicit 限制为假，否则为真。

12.3.2 下标运算符

如果一个类具有某种容器或映射的性质，那么就可能支持按下标随机访问元素，而且还可以检查下标是否越界。

下标运算符重载函数是一种成员函数，往往有一个 int 形参作为下标值，返回指定类型的一个值作为下标对应的元素（一般是返回某种类型的引用）。下标运算符函数的格式为

<返回类型 > & operator[ ] (<形参>)

其中，<形参 > 往往是一个 int 类型，也可以是其他类型，只要能映射到一个元素就可以；而 < 返回类型 > & 是对象引用，可作为表达式的左值。

对于表达式"对象[实参]"，编译器将转换为"对象 . operator[ ] (实参)"。

下标运算符函数往往定义在 STL 容器中，如 vector，map 等，用一个整数下标（范围从 0 到 size( ) -1）就可确定一个元素，以支持随机访问。

例 12.6 下标运算符函数示例。

```cpp
#include <iostream>
using namespace std;
class IntVector {
    int * _iElem;
    int _iUpper;
public:
    IntVector(int cElem) : _iElem(new int[cElem]), _iUpper(cElem) {}
    ~IntVector() {delete[] _iElem; }
    int& operator[ ](int index){
        static int iErr = -1;
        if (index >=0 && index < _iUpper)
            return _iElem[index];
        else {
            clog << "Array bounds violation at " << index << endl;
            return iErr;
        }
    }
```

```
};
int main () {
    IntVector v(10);
    int i;
    for (i=0; i <=10; ++i)
        v[i] =i;
    v[3] =v[9];
    for (i=0; i <=10; ++i)
        cout << "v[" <<i << "] = " <<v[i] <<endl;
    return 0;
}
```

由于下标运算符函数只有一个形参，故只能对一维数组进行下标重载。

12.3.3　函数调用运算符

在一个对象名后加一对圆括号可指定一组实参，然后就能调用一种特殊的成员函数，这就是函数调用运算符函数。函数调用运算符函数的格式为

<返回类型> operater()(<形参表>)

其中，operater()为函数名，与通常的成员函数一样，该函数可带有 0 个或多个形参，但不能带缺省值；<返回类型>可以是对象也可以是对象引用。

对于表达式"对象(实参表)"，编译器将转换为"对象. operator()(实参表)"。

例 12.7　函数调用运算符函数示例。

```
#include <iostream>
using namespace std;
class Point{
    int _x, _y;
public:
    Point(int x, int y) :_x(x), _y(y) {}
    Point &operator()(int dx, int dy){          //函数调用运算符，实现相对移动
        _x +=dx; _y +=dy; return *this;
    }
    void print() {cout << "(" << _x << ", " << _y << ")" <<endl; }
};
int main(){
    Point pt(1, 2);                             //A
    pt(3, 2).print();                           //B
    pt(1, 2).print();                           //C
    return 0;
}
```

上面程序中，A 行调用构造函数，B 行、C 行调用函数调用运算符函数。

函数调用运算符函数可支持函数对象（function object）。如果某个类实现了一个函数调用运算符函数，那么该类的对象就称为函数对象，也称为函子（functor）、仿函数。函数对象在 STL 算法调用时可作为实参，提供算法所要求的排序规则、数据生成、一元或二元谓词等，能深入定制 Lambda 表达式或函数指针难以实现的特殊功能（详见第 13.4.6 节）。

12.3.4　new/delete 运算符

使用动态内存语句 new/delete 要调用相应的运算符函数来实现。C++ 系统提供了全局运算符函数 new 和 delete，前面编程都默认调用这些全局函数。C++ 14 支持新的 delete 运算符，回收时可指定内存大小。

全局 new/delete 运算符函数形式如下：

```
void * operator new(std::size_t);
void * operator new[](std::size_t);
void operator delete(void *) noexcept;
void operator delete[](void *) noexcept;
void operator delete(void *, std::size_t) noexcept;
void operator delete[](void *, std::size_t) noexcept;
```

C++ 允许用户根据某个类的特性来定义类级的 new 和 delete 函数作为静态成员函数。用户还可定义全局重载函数。

被实例化的对象 object 的类型包括类 class 与非类。如果是非类，new/delete 就调用全局函数。如果是类 class，而且该类定义了自己的运算符函数，就优先调用自己的函数；如果未定义就调用全局函数；如果有定义但仍要强制调用全局函数，就用::new 或::delete 形式。调用全局函数就是调用不带第 2 个形参的函数。

用 new 分配内存时要知道类型及其大小，但用 delete 回收时仅通过指针来实现，不用确定回收内存的大小。这是因为分配内存时将指针及大小存入一个大小分类库，执行 delete 时先用指针查询该库得到其大小，然后再按大小回收内存。如果回收对象的大小可知，就省去了查询分类库的开销，能显著提高回收效率。

C++ 14 引入确定大小的回收（sized deallocation），就是上面最后两个 delete 函数，用第 2 个形参确定大小。VS 有一个编译选项:/Zc:sizedDealloc，让编译器在能获知对象大小时优先调用全局函数，而不是优先调用本类成员函数。

运算符函数的作用是用表达式来简化函数调用，使对象操作更简便、更直观。一个运算符对于不同类的对象可能具有特殊含义，也可能根本无用。例如，加法" + "作用于字符串可解释为字符串拼接，而自增运算符" ++ "作用于字符串就很难解释有什么意义。对多数类，除了赋值函数外并不需要定义运算符函数。如有需要，最常用的运算符如下：

① 流输出 operator << ，用来观察对象状态。

② 判断相等 operator == ，定义同一类的两个对象在什么条件下相等；

③ 判断小于 operator < ，定义同一类的两个对象之间的排序规则；

④ 类型转换 operator 类型 () ，可以将当前对象转换为指定类型的对象或值，比如字符串。

小　　结

（1）运算符重载的本质是利用成员函数或友元函数来实现运算符的功能。运算符重载的好处是利用运算符来简化函数调用，从而使对象操作更加简单直观。运算符重载是一种静态的多态性，使运算符可操作对象。

（2）实现运算符的函数总结如表 12.4 所示。

表 12.4　实现运算符的函数

实现运算符的函数	实现方式	限制与适合性
成员函数	当前对象作为左操作数； 最多一个形参作为右操作数	单目运算符，如 ++ , -- ; 双目运算符受到限制，左操作数只能是当前类对象，如 obj +3 可以，但 3 +obj 不行。 下面运算符只能用成员函数实现： ① 拷贝赋值和移动赋值:operator = (&/&&) ② 类型转换:operator 类型() ③ 下标运算符:类型 operator[](形参) ④ 函数调用运算符:类型 operator()(形参表)
友元函数	操作数作为形参； 一个或两个形参； 能通过所有成员来实现； 函数体可内联定义在类中	单目运算符； 双目运算符的左操作数不受限制，能实现满足交换律的双目运算符； cout << 与 cin >>; 用户定义字面值 UDL
普通函数 (非友元非成员函数)	只能通过公有成员来实现 (其他与友元函数相同)	与友元函数相同

（3）运算符函数的多样性、复杂性主要体现在语法形式与语义上，既要满足运算符规则，也要满足对象操作的语义。

练 习 题

1. 下面函数不能用于实现运算符重载的是_____。
   （A）非静态成员函数　　　　　　　　　（B）静态成员函数
   （C）友元函数　　　　　　　　　　　　（D）非成员函数
2. 假设 a 是类 A 的一个对象，下面表达式必须友元函数来实现运算符重载的是_____。
   （A）a +3　　　　　　（B）3 +a　　　　　　（C）a[3]　　　　　　（D）a(3)
3. 假设 a 和 b 是类 A 的对象，下面运算符函数说明能支持 b = a ++ 表达式的是_____。
   （A）A& operator ++ ();
   （B）A& operator ++ (A&);
   （C）friend A operator ++ (A&, int);
   （D）friend A& operator(A&);
4. 下面程序的执行结果为_____。

```
class Int {
    int a =3;
public:
    Int(int a =1) :a(a) {}
    Int operator! () {
        for (int i =a - 1; i > 1; i --)
            a =a * i;
        return a;
    }
    Int operator^(int b) {
        int t =a, c =a;
        for (int i =1; i < b; i ++)
```

```
            c = c * t;
        return c;
    }
    void show() {cout << a << endl; }
};
int main() {
    Int a{4}, b(3);
    (!a).show();
    (b ^ 3).show();
    (!Int(3)^3).show();
    return 0;
}
```

5. 建立一个分数类 Fraction，使一个分数作为一个对象，如 1/2，2/3 等(分子、分母都是 int 型)。

(1) 建立构造函数，要求分母大于 0，而且能对分子、分母约分化简；

(2) 重载定义四则运算：加法、减法、乘法、除法；

(3) 重载定义 6 个关系运算符：<，<=，>，>=，==，!=；

(4) 重载定义类型转换函数到 double 类型。

6. 建立一个多项式类 Polynomial，使一个一元 n 次多项式作为一个对象，如 $3x^2 + 6x + 4$(一个 n 次多项式有 n+1 个系数)。

(1) 建立适当的构造函数，由一个 double 数组和一个整数 n 建立一个多项式；

(2) 建立适当的拷贝构造函数、拷贝赋值函数、析构函数；

(3) 建立一个成员函数 double getValue(double x)，返回多项式的值(注意简化为 n 个一次式的计算)；

(4) 重载定义加法、减法、乘法，以支持两个多项式之间的加法、减法、乘法，以及一个多项式与一个 double 值之间的乘法，分别适用左、右操作数；

(5) 重载定义 == 和 != 运算符。

第 13 章　模板与 STL

模板(template)是类型参数化的一种机制。对于函数或类,可将一些类型定义为类型形参,能描述不同具体类型的共同的结构或行为,使编程具有通用性,称之为泛型编程(generic programming)。本章介绍模板概念,以及函数模板、类模板、别名模板、标准模板库 STL 容器与算法。

13.1　模板的概念

对于相同的计算,我们往往要设计多个重载函数来处理多种类型的数据,而计算语义和过程都相同。例如:

```
int abs(int x)              {return x >0 ? x : -x; }
double abs(double x)        {return x >0 ? x : -x; }
long abs(long x)           {return x >0 ? x : -x; }
```

这些函数的形参和返回值的类型各不相同,但函数体实现完全相同,而且具有相同语义。如何避免函数重复定义? 有参宏是一种办法,但函数模板更好。

定义一个函数模板如下:

```
template <class T > T abs(T x){return x >0 ? x : -x; }
```

其中,template <class T >说明了一个类型形参 T,这里 class 可用 typename 替代。任何具体类型都可替代形参 T,包括基本类型和自定义类型,只要能支持函数体中所要求的 x >0 计算和负号运算。

T abs(T x)就是利用类型形参 T 定义的一个函数模板,名称为 abs,形参和返回值都是 T。函数体中往往要对类型形参 T 的对象或数据进行操作,运行时的实际类型应能支持这些操作。本例的函数体中对 x 做 >计算和负号运算,如果实际类型为基本类型,就能支持这些计算,但如果是自定义类型,就需要定义运算符重载函数,否则编译出错。

模板是实现代码重用的一种常见方式。它通过将类型定义为形参,即类型的参数化,使一个函数或一个类能处理多种类型的数据,而无需为每一种具体类型都设计一个函数或一个类,从而实现代码重用。

使用模板的关键是用具体类型实参替代模板中的类型形参。对于定义的函数模板,可直接用类型实参来替代类型形参 T。例如,函数调用 abs (-34.5)中实参类型为 double,那么 T 就被替换为 double,对函数模板进行一次实例化,生成一个 double abs(double x)函数,再调用此函数。所生成的函数被称为模板函数,该函数在编译产生的目标文件和可执行文件中都存在(与普通函数一样)。模板种类如表 13.1 所示。

表 13.1 模板种类

模板种类	说明	语法形式	实例化结果
函数模板	用于生成函数的模板: ① 非成员函数模板; ② 成员函数模板	template＜class T＞函数定义	模板函数
类模板	用于生成类的模板	template＜class T＞类定义	模板类
别名模板	用于生成类型别名的模板	template＜class T＞using 类型别名定义	模板别名

定义模板的一般格式如下:

```
template ＜模板形参表＞
函数定义 或 class/struct 定义 或 using 类型别名定义
```

其中,＜模板形参表＞中至少包含一个类型形参,多个类型形参之间用逗号隔开。每个类型形参以 class 或 typename 开头(class 和 typename 是关键字,说明模板的类型形参)。类型形参的名字通常用大写单字母表示,如 S,T,以区别于普通形参。要用尖括号将类型形参表括起来。类型形参像函数形参一样可带缺省值,即指定一个缺省的具体类型。

类型形参之后可定义一个函数、类或类型别名,可使用前面定义的类型形参。

在模板形参表中,class 与 typename 作用一样,但 typename 具有更多用处,例如用于嵌套类型的说明。

13.2 函数模板

函数模板就是用 template 说明的函数,其在调用时需要实例化。函数模板与有参宏看似相似,但有根本区别。函数模板可重载定义,也可带缺省实参。C++11 基于函数模板和右值引用形参实现完美转发。

13.2.1 函数模板的定义

函数模板根据其是否作为类或结构的成员可划分为非成员函数模板和成员函数模板。

1) 非成员函数模板

下面通过一个例子来说明如何定义一个函数模板。一个求最大值的函数模板如下:

```
template ＜class T＞
T max(T x, T y){return (x > y) ? x : y; }
```

模板中定义了一个类型形参 T,作为函数 max 的形参和返回。类型形参 T 的作用域仅限于当前函数范围,函数体中也可使用类型 T。

对于上面函数模板,其名称为 max＜T＞(T x, T y)。

函数体中要求对 T 类型的两个对象之间执行 operartor > 运算,这就要求 T 类型必须能支持" > "计算。所有基本类型都能满足要求,但对于自定义类型(如类与结构),就需要定义相应的运算符重载函数,而且还要求提供公有的拷贝构造函数来支持 return 语句返回对象。

一个模板至少需要一个模板形参,尖括号中不能为空。

只要类型形参 T 绑定为某一具体类型,该函数在被实例化后就可调用。

模板形参也可以是**非类型形参**(**non-type parameter**),也就是普通函数的形参。例如:

```
template < class T, int N >              //int N 是非类型形参
T sum(const T(&ra)[N]){                  //形参是 T[N]数组的引用
    T s = 0;
    for (auto &x : ra)
        s += x;
    return s;
}
```

其中,第 2 个模板形参是非类型形参。非类型形参必须是整型、枚举、指针或引用,而且编译时应实例化为常量表达式(浮点型不能作为非类型形参)。调用该模板只需传递一维数组名,无需第 2 个形参传递大小。同理,下面的函数模板处理二维数组只需传递数组引用:

```
template < class T, int N1, int N2 >
void print2Darr(const T(&ra)[N1][N2]) {    //形参是 T[N1][N2]数组的引用
    for (auto &x : ra) {
        for (auto &y : x)
            cout << y << " ";
        cout << endl;
    }
}
```

如果函数模板的形参是引用类型,而且调用方是数组的引用,该数组的大小就能被模板捕获,因此函数模板处理数组无需传递大小,比传统 C 函数更简单。下面的函数模板可计算任意类型一维数组的大小:

```
template < class T > constexpr int getlen(const T &array)
{ return sizeof(array) / sizeof(array[0]); }
```

2) 成员函数模板

成员函数模板是定义在结构或类中的拥有自己的类型形参的函数模板。例如:

```
struct X{template < class T > void mf(T* t) {}};
```

结构或类中的特殊运算符函数也可定义为成员函数模板。例如:

```
template < class T > struct S{
    template < class U > operator S < U > (){    //类型转换函数,从 S < T > 转为 S < U >
        return S < U > ();
    }
};
```

上面类模板 S < T > 中包含一个用成员函数模板定义的类型转换函数。

成员函数模板不能为虚函数,也不能改写(override)其基类的虚函数。

13.2.2　函数模板的使用

对一个函数模板,可以直接调用该模板(即隐式实例化),也可以显式实例化之后再调用。对显式实例化的函数实例可定义外部模板,使多个源文件调用同一个函数实例。对一个函数模板,也可用显式特例化来重新定义函数体。

1) 调用函数模板

调用函数模板与调用一般函数的形式相同,如 max(2, 4)。对于一个函数模板调用,编译器按如下过程来处理:

(1) 从实参(2 与 4)推导其类型(int),隐式实例化产生一个模板函数

```
max < int, int > (int, int)
```

并检查类型一致性。如果类型不一致，则编译错。

（2）用实参来调用该函数实例 max(2, 4)。

例 13.1　调用函数模板示例。

```
#include <iostream>
using namespace std;
template <class T>
T max(T x, T y){return (x>y) ? x : y; }        //DevC++编译报错,已有 std::max
int main(void){
int x1 =1, y1 =2;
double x2 =3.4, y2 =5.6;
    char x3 ='a', y3 ='b';
    cout <<max(x1, y1) <<'\t';              //A
    cout <<max(x2, y2) <<'\t';              //B
    cout <<max(x3, y3) <<endl;              //C
    return 0;
}
```

VS 执行程序，输出结果如下：

```
2      5.6     b
```

上面程序中，A 行、B 行和 C 行调用模板函数时，编译器产生函数模板的三个实例，分别是 max <int>，max <double> 和 max <char>。对 A 行中的实例，生成如下模板函数：

```
int max(int x, int y){return (x>y) ? x : y; }
```

并使 A 行中的 max(x1, y1) 来调用该函数。编译器对 B 行和 C 行做同样处理。

函数模板与生成的模板函数之间的关系如图 13.1 所示。

注意，直接调用 max 的两个实参的类型必须完全相同，否则就会出现类型形参的二义性错误。例如下面调用是错误的：

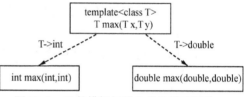

图 13.1　函数模板与其生成的模板函数

```
max(3, 4.5);              //尝试生成 max(int, double)
max(3.0, 4);              //尝试生成 max(double, int)
max(3.1, 4.3f);          //尝试生成 max(double, float)
```

错误的原因是，生成模板函数 max 时先检查两个形参类型是否一致，如果不一致就会报错而停止编译，而不会用隐式类型转换来完成编译。

C++ 11 支持 auto 函数，即函数返回类型自动推导。对于上面 max <T> 调用的问题，更通用办法是给出两个类型形参，并用 auto 自动推导其返回类型：

```
template <class T1, class T2>
auto max(T1 t1, T2 t2) {return t1 > t2 ? t1 : t2; }
```

这样下面调用就能自动生成正确的返回类型：

```
auto g1 =max(3, 4);        //生成 int max(int, int)
auto g2 =max(3, 4.5);      //生成 double max(int, double)
auto g3 =max(3.0, 4);      //生成 double max(double, int)
auto g4 =max(3.1, 4.5f);  //生成 double max(double, float)
```

对于函数模板 sum <T, int N> (const T(&)[N])，可从调用的实参中推导。例如：

```
int iarr[] ={1, 2, 3};
cout <<sum(iarr) <<endl;//产生 int[3]的函数实例
double d[] ={1.1, 2.2, 3.3};
cout <<sum(d) <<endl;     //产生 double[3]的函数实例
```

注意到该函数模板 sum 调用的单个实参传递数组也包含其大小。区别于普通函数，该函数模板从单个数组引用实参中可推导类型 T 和大小 N，无需再用另一个形参来传递大小，且函数体中可用范围 for 语句来遍历数组元素。

2）显式实例化

对函数模板可显式指定类型实参，再调用。例如：

```
max < double > (3.1, 4.3f);           //生成 max(double, double) 函数并调用
```

显式指定类型形参 T 的实参类型为 double，生成一个 max(double, double) 模板函数。这种实例化称为**显式实例化**（explicit instantiation）。调用显式实例化的模板函数与普通函数调用一样，而且隐式类型转换可以起作用，能避免许多编译错误。

显式实例化也可用函数指针来赋值和调用。例如：

```
auto f = max < double >;     //定义函数指针 f 指向一个函数实例
cout << f(3, 4) << endl;     //通过函数指针 f 完成函数调用
cout << f(2, 4.5f) << endl;//支持隐式类型转换
```

当模板形参没有出现在函数形参中，无法推导模板实参时，就需要显式实例化。例如：

```
template < class T > void f(){cout << "no use T" << endl; }
```

该函数未使用模板形参 T，调用此函数就提供一个任意类型，例如 f < int > ()。

模板显式实例化的语法形式如下：

```
template 返回类型 函数名 <类型实参> (形参表);
```

该语句显式产生一个函数实例，但未做调用。例如：

```
template double max < double > (double);
```

这是一个说明语句，在多文件程序中只需在一个文件说明一次，其他文件就可用外部模板来调用该函数实例。

3）外部模板

C++ 11 引入的外部模板（extern template）是在多文件程序中使用的一种显式实例化，可避免多个编译模块中都产生相同实例导致更大的文件和内存消耗。

上面例子中说明的函数实例，在其他源文件中只需说明外部模板就能调用该函数。例如：

```
extern template double max < double > (double);
...
cout << max(3.4, 5.6f) << endl;
```

用外部模板显式说明模板实例，可优化空间和性能。

4）类型形参的重用

模板形参表中，允许后面的形参以前面形参的复合类型形式出现，称为类型形参的重用。例如：

```
template < class T, T * > void f1() {cout << "f1" << endl; }      //指针类型
template < class T, T& > void f2() {cout << "f2" << endl; }      //引用类型
template < class T, int (T::* mfp) () > void f3(T & a) {      //成员函数指针类型
    cout << "f3:" << (a.*mfp) () << endl;
}
struct Y {int f() {cout << "Y::f = " ; return 2; }; } aY;
```

对于重用的类型形参可以命名，目的是让后面代码使用。如果没有重用就无需命名，如函数 f1 和 f2。而 f3 函数中调用 T 中的一个共有成员函数（无参且返回 int）作为于实参 a。重用

类型形参的函数模板的调用都需要显式实例化：

```
f1 < Y, &aY > ();                    //输出 f1
f2 < Y, aY > ();                     //输出 f2
f3 < Y, &Y::f > (aY);                //输出 Y::f = f3:2
```

对于 f3 的调用，如果 Y 类中没有符合条件的成员函数则编译错误。

对于类模板，类型形参的重用一样适用。

13.2.3　函数模板的显式特例化

函数模板的显式特例化（explicit specialization）也称为显式专用化，是在函数模板产生一个函数实例时，根据具体类型重新定义一个新的函数体替代原函数体。

模板显式特例化的语法标志是以 template < > 开头。函数模板的显式实例化有多种形式，可以直接指定类型实参，也可以从函数形参推导类型实参，要求是函数名、形参与原模板一致。

假设有一个函数模板如下：

```
template < class T > void f(T t){cout << "generic:" <<t <<endl; }
```

该函数持有一个类型形参 T。下面针对具体类型（如 char）进行显式特例化：

```
template < >void f <char >(char c){cout << "char:" <<c <<endl; }//特例 1
```

上面显式指定函数实例 f < char > 并定义一个新的函数体。而

```
template < >void f(double d){cout << "double:" <<d <<endl; }//特例 2
```

用函数形参 double 推导 f < double > 函数实例，并定义一个新的函数体。

此时 f(3) 将调用原模板，f('a') 将调用特例 1，f(3.3) 与 f < double > (4.4) 将调用特例 2（如果特例不存在就调用原模板）。

函数模板的显式特例化的结果是函数实例。显式特例化能针对具体类型来定制函数实现，但应保持语义一致。

显式特例化时，模板形参 T 被指定为一种具体类型（允许间接形式）。例如：

原模板为　　template < class T > void print(vector < T > &v){...}

一个特例为　　template < > void print(vector < int > &v){...}

函数模板实例化与特例化的对比如表 13.2 所示。

表 13.2　函数模板实例化与特例化的对比

使用方式	说明	可执行函数体的区别
隐式实例化	用函数调用实参来推导模板类型，实例化产生函数，并完成函数调用	模板原函数体
显式实例化	对模板形参指定实参类型，实例化产生函数，但不一定调用	模板原函数体
显式特例化	对模板形参实例化，并重新定义函数体；不调用函数；语法标志:以 template < >开头	重定义的函数体；针对具体类型定制特殊行为

从模板使用方来看，可有相同的函数名而有不同的调用实参，可选择执行不同的函数体，

这是函数模板的一种多态性。在函数调用时，函数特例优先于函数模板，因此它"隐藏"了函数模板的函数体。若一个模板有多处调用，在软件演化过程中会发现对某些具体类型原模板不再适用。在不改变原模板及其调用的前提下，对原模板定制具体类型的特例，使相同的调用执行不同定制的函数体。从效果上看，函数模板显式特例化具有"改写"能力，但这是静态绑定，并非虚函数改写式的动态绑定。

13.2.4 函数模板与有参宏的区别

函数模板在许多方面与有参宏相似，而有参宏也能实现一些函数模板定义的功能。例如，对两个值求其中较大值可用一个有参宏实现如下：

```
#define max(x, y) (((x) > (y)) ? (x) : (y))
```

但两者之间仍存在较大差别：

（1）在宏展开时编译器不检查类型一致性和兼容性。

（2）如果调用表达式中有自增或自减运算，那么宏参会执行两次。例如：

```
int x1 = 2, y1 = 2; cout << max(x1, ++y1);
```

的结果为 4，而不是预料的 3。

（3）宏展开属于预处理，编译在宏展开之后进行，只能指出宏展开之后的代码错误，而不能指出宏定义的错误。在调试程序时也只能看到宏展开之后的形式。

函数模板与有参宏相比，有参宏较简单，而函数模板具有类型安全的优点。

如果不用模板实现通用性函数设计，传统 C 语言往往要用 void 指针作为形参（参见第 8.5.1 节）。现在可用函数模板来实现通用性函数设计。模板易于编写，易于理解，代价是每个实例都要占用目标文件和可执行文件空间，最终会占用较多内存空间。因此，在内存紧张的实时性系统（如嵌入式系统）中，模板编程往往会受到限制。而且模板编译也比较费时。

13.2.5 函数模板重载与 SFINAE 规则

函数模板重载是多个函数模板具有相同的函数名，而模板形参不同（个数不同，并非命名不同）或者函数形参不同。多个函数模板之间可重载，函数模板与普通函数之间也可重载。

对函数调用的匹配原则如下：

① 非模板函数优先于模板实例，模板实例优先于函数模板；

② 最匹配和最具体的优先。

对于一个函数调用，编译器的匹配过程如下：

① 查找无需类型转换的非模板函数，即优先调用普通函数。

② 如果找不到，就查找函数模板的实例（模板特例优先）。

③ 如果找不到，就查找函数模板。如果有多个同名函数模板，就寻找最匹配和最具体的一个模板。

④ 如果找不到，就对实参依次进行整数提升转换、标准转换、用户定义转换，然后再按照步骤①~③进行匹配。如果能匹配，就进行调用。

⑤ 如果仍找不到能匹配的一个函数，就产生编译错误。如果找到多个，该函数调用就有二义性错误。

以上匹配原则与过程也适用于类模板。

例 13.2　模板函数重载示例。

```
#include <iostream>
#include <string>
using namespace std;
template <class T, int N>
T sum(T(& array)[N]){                                    //A
    T total =0;
    for(auto & x : array)
        total += x;
    return total;
}
template <class T1, int N1, class T2, int N2>
T2 sum(T1 (&array1)[N1], T2 (&array2)[N2]){              //B
    T2 total =0;
    int min =N1 < N2 ? N1 : N2;
    for(int i =0; i <min; i ++)
        total += array1[i] +array2[i];
    return total;
}
string sum(char * s1, char * s2){                        //C
    return string(s1) +string(s2);
}
int main(){
    int iArr[] ={1, 2, 3, 4, 5, 6, 7, 8, 9, 10};
    double dArr[] ={1.1, 2.2, 3.3, 4.4, 5.5, 6.6, 7.7, 8.8, 9.9, 10.0};
    int iTotal =sum(iArr);                               //D
    char *p1 ="Hello, ";
    char *p2 ="everyone!";
    string s1 =sum(p1, p2);                              //E
    double dTotal1 =sum(dArr);                           //F
    double dTotal2 =sum(iArr, dArr);                     //G
    cout << "The sum of integer array is: " <<iTotal <<endl;
    cout << "The sum of double array is: " <<dTotal1 <<endl;
    cout << "The sum of double array is: " <<dTotal2 <<endl;
    cout << "The sum of two strings is: " <<s1 <<endl;
    return 0;
}
```

执行程序, 输出结果如下:

```
The sum of integer array is: 55
The sum of double array is: 59.5
The sum of double array is: 114.5
The sum of two strings is: Hello, everyone!
```

上面程序中, A 行和 B 行说明了两个函数模板, C 行是一个普通函数, 这三个函数重载有相同的函数名 sum; D 行调用的实参为 (int(&)[10]), 与 A 行说明的函数模板匹配; E 行调用与 C 行说明的普通函数完全相符; F 行的调用匹配 A 行函数模板; G 行调用的实参只能匹配 B 行函数模板。

对于重载函数模板的匹配, C++ 11 引入 SFINAE(substitution failure is not an error) 规则: **替代失败不是错**。即当对多个重载函数模板实例化时, 替代时如果类型不匹配, 编译器不会报错, 而是会自动继续寻找最佳匹配。例如:

```
struct Test{
    typedef int foo;                                     //A      嵌套的类型别名
};
template <class T>                                               //函数模板1
```

```
void f(typename T::foo ) {cout << "t1" << endl; }          //B    需要 typename 说明
template < class T >                                        //函数模板 2
void f(T ) {cout << "t2" << endl; }
void test() {
    f < Test > (10);        //C    只能匹配第 1 个模板，不能匹配第 2 个
    f < int > (10);         //D    只能匹配第 2 个模板，不能匹配第 1 个
}
```

上面程序中，A 行说明一个嵌套类型 Test::foo = int。模板 1 的 B 行说明函数 f 的形参类型为 T::foo，这要求类型 T 应具有嵌套类型 foo（这是模板实例化的一个条件）。注意这里的 typename 是必需的，不能用 class 替代，以说明形参 T::foo 是一个嵌套类型名。模板 2 是一个普通函数模板 f < T >。

C 行用一个结构类型 Test 对模板实例化，此时只能匹配第 1 个模板，不能匹配第 2 个模板，原因是实参 10 的类型 int 不能转换为 Test；D 行用 int 对模板实例化，只能匹配第 2 个模板，不能匹配第 1 个模板，原因是 int::foo 参数无效。

SFINAE 规则使程序员来选择最佳匹配，以实现灵活的泛型编程。利用重载模板，先提供一个通用版本，再根据需要提供若干特殊版本，让编译器根据不同调用来灵活选择匹配。

最佳匹配的原则之一是最匹配最具体的替代优先。考虑指针与 const 指针的函数实参，匹配模板时按表 13.3 选择。

表 13.3　指针类型匹配优先规则

函数模板 template < class T >	调用实参类型			
	f(int)	f(const int)	f(int *)	f(const int *)
f(T)	✓	✓	中优先 T = int *	低优先 T = const int *
f(T *)	×	×	高优先 T = int	中优先 T = const int
f(const T *)	×	×	低优先 T = const int	高优先 T = int

可以看出，f(T) 模板适用于所有类型的调用，但对于指针实参并非最高优先。非指针实参只能匹配 f(T)，指针类型的实参则选择最具体类型模板进行匹配。

f(T) 与 f(const T) 不能定义重载函数模板，这与函数 f(int) 与 f(const int) 不能重载是一样的道理。f(T) 与 f(T&) 虽可定义重载函数模板，但调用时可能产生二义性。

13.2.6　模板正确实例化与静态断言

很多模板对其类型实参有内在限制或假设，如果调用方忽视这些限制就会导致意料不到的错误。例如一个函数模板：

```
template < class T, class U >
void bit_copy(T& a, U& b) {memcpy(&a, &b, sizeof(b)); };
```

该函数体中调用 memcpy 将 b 按其字节大小拷贝给异类的 a，这隐含着 a 与 b 的类型、大小应该一样，否则就违背设计意图，运行时会产生不可预料的错误。例如：

```
int a = 0x2468;
double b;
float c;
```

```
bit_copy(c, a);           //A    <float, int>无错
bit_copy(b, a);           //B    <double, int>可能有错
```

若希望 A 行能执行，B 行不执行，可用静态断言解决。即在 memcpy 调用之前添加一条静态断言语句：

```
static_assert(sizeof(b)==sizeof(a),
    "the parameters of bit_copy must have same width.");
```

这样 B 行编译出错，出错消息就是指定的串，从而避免了该模板被错误实例化。

　　C++11 引入了静态断言语句，在编译时检查指定条件是否满足。其语法形式如下：

```
static_assert (const_expr, 提示串文字);
```

其中，static_assert 是关键字。第一个形参是一个常量表达式，编译时转换为一个逻辑值。若为 0 表示假，断言失败编译报错，后面的串文字作为编译错误消息；若为非 0 则为真，编译正确，编译器执行静态断言。程序运行时静态断言不执行，因此没有运行负担。

　　静态断言属于说明语句，尽管它没有引入新标识符。静态断言可出现在命名空间、函数和类中。如果静态断言出现在函数模板或类模板中，该模板每次实例化都要编译执行一次。

　　静态断言的常量表达式可以执行 sizeof(类型) 和 <type_traits> 中的模板，也可以调用 constexpr 函数，并能使用 constexpr 常量作为操作数，但不能出现 const 函数形参。例如：

```
int positive(const int n) {
    static_assert(n > 0, "value must >0");            //编译错
    //...
}
```

上面静态断言是编译语法出错，并非断言失败。

　　一个函数模板如果要限制其类型实参只能是某个类及其派生类，就可用静态断言来检查。例如下面模板限制只有 Base 及其派生类作为类型实参才能正确实例化：

```
template <class T>
void fun(T& t) {
    static_assert(is_base_of<Base, T>::value, "T is not a Base");
    //...
}
```

上面常量表达式中调用了 <type_traits> 中的 is_based_of 模板，其成员 value 就是判断结果。

　　要保证模板正确实例化，静态断言是一种编译期检查办法，但有时还需要动态类型检查，例如用 typeid 运算符获取模板实参的动态类型：

```
template <class T1, class T2>
auto max( T1 arg1, T2 arg2 ){
    cout <<typeid(T1).name() <<" compared with " <<typeid(T2).name() <<endl;
    return ( arg1 > arg2 ? arg1 : arg2 );
}
```

13.2.7　带缺省实参的函数模板

C++11 之前函数模板不能带有缺省实参，C++11 的函数模板可带有缺省实参。例如：

```
template <class T =int>
void func(T val){
    // ...
}
```

缺省实参的语法形式就是在形参名之后用等号指定一个类型。

函数模板的缺省实参与普通函数的缺省值在使用规则上有所不同。缺省实参可出现在参数表中任何位置，不一定要在参数表最后。

对于一个函数模板的调用，编译器除了可从实参推导类型之外，还允许对类型形参指定类型（显式实例化），从而导致指定类型、推导类型、缺省类型共存。此时需建立如下优先规则：

① 高优先：指定类型；

② 中优先：推导类型；

③ 低优先：缺省类型。

当一个函数模板实例化时，类型形参绑定实参有以下三种形式：

① **无指定，全推导**：从调用实参类型推导所有类型实参。若推导类型未覆盖缺省指定，缺省指定有效；若覆盖了缺省指定，则推导类型优先。

② **部分指定，部分推导**：先按从左向右次序指定类型，未指定类型就从调用实参推导。若指定与推导未覆盖缺省类型，则缺省类型有效。

③ **全指定**：对模板形参按从左向右次序指定类型。此时推导类型与缺省类型均无效。

例如：

```
template <class R = int, class U, class V >
R func(U val1, V val2){return val1 + val2; }
void test(){
    func(22, 12.3);
    //int func(int, double), 推导 U = int, V = double, 缺省 R = int
    func(12.3, 33.4);
    //int func(double, double), 推导 U = double, V = double, 缺省 R = int
    func<long>(33, 44.5);
    //long func(int, double), 指定 R = long, 推导 U = int, V = double
    func<long, double>(55.6, 44);
    //long func(double, int), 指定 R = long, U = double, 推导 V = int
    func<double, long>(55, 66.7);
    //double func(long, double), 指定 R = double, U = long, 推导 V = double
    func<double, long, float>(55, 66.7);
    //double func(long, float), 按 R, U, V 次序全指定
}
```

VS 代码编辑器中，把鼠标放在一个模板调用上就能浮动显示所产生的函数（如下所示）：

缺省实参可以是前面已定义形参。例如，上面模板最后一个类型形参 V = U：

```
template <class R = int, class U, class V = U >...
```

缺省实参也可以是一个表达式，编译时能计算一个类型。例如：

```
template < class T,
    class = enable_if < is_integral <T>::value >::type >
    bool is_even(T i) {return i % 2 ==0; }
```

该函数判断一个 T 值是否为偶数，隐含着 T 应为某种整数类型，如 short, int, long long 等。为避免错误实例化（如 is_even(22.3)），添加一个类型形参，并用 enable_if 指定缺省类型，但要有条件判断。<type_traits> 中的 enable_if <B, T> 模板定义如下：

```
template < bool B, class T = void > struct enable_if{...};
```

当条件 B 为真,T 类型就存在,可用成员 type 获取;当条件 B 为假,T 类型就不存在,编译报错。

上面例子调用了 < type_traits > 中的 is_integral < T > 模板,其成员 value 表示判断结果。当 T 为整数时,enable_if < B,T > 模板的成员 type 是 void 类型,编译正确,否则产生编译错误。函数体中并未使用第 2 个形参类型,只在实例化时检查类型 T 是否正确。此时 class 之后的类型形参可不加命名:class = enable_if < ... >。采用静态断言能实现相同的检查,但这种方式更简洁。

enable_if 有一种别名形式 enable_if_t < B,T >,若 B 为真则表达式为类型 T,可用于限定 is_even 函数的返回类型 bool。例如,该函数返回类型 bool 添加一个 T 为整型的条件:

```
template < class T >
enable_if_t < is_integral < T >::value, bool > is_even(T i) {return i % 2 ==0; }
```

模板的缺省实参的好处是简化模板调用,同时增强类型安全。

13.2.8 可变参量的函数模板

C++11 支持可变参数模板(variadic template),包括可变参数的函数模板和类模板。本节介绍函数模板。可变模板参数与可变函数参数(第 5.8.2 节)、可变宏参数(第 5.13.3 节)相似,在调用这种函数模板时,实参数量可变。

连续 3 个小数点 ... 称为省略符,在 C 语言中表示函数可变参数,出现在函数形参表和宏参表中。若省略符出现在模板的类型形参表中,则表示可变参量模板。可变参数只能作为形参表中最后一个参数,其格式如下:

```
template < class ... Arguments >
返回类型 函数名(Arguments... args);
```

其中 Arguments 表示可变参量的命名,在下面的函数形参表中使用。函数形参表中省略符之后要对参数包(parameter pack)给出一个命名。如果至少需要 1 个参数,格式如下:

```
template < class First, class ... Arguments >
返回类型 函数名(First &first, Arguments... args);
```

例如:

```
template < class First, class ... Args >
void print(First & first, Args&... rest);
```

函数体中可使用 sizeof... 运算符计算参数包 rest 中的参数数量,用递归调用来处理参数 rest,但需要先定义一个单参的函数模板。

例 13.3 模板可变参数示例。

```
#include < iostream >
using namespace std;
template < class T >                                    //A
void print(const T& t) {
    cout <<t <<endl;
}
template < class First, class... Rest >                 //B
void print(const First& first, const Rest&... rest){    //C
    cout << first <<", -- " <<sizeof...(rest) <<" -- ";  //D
    print(rest...);                                     //E
```

```
    }
int main(){
    print(1);
    print(10,20);
    print(100,200,300);
    print("first", 2, "third", 3.14159, "你好");
    return 0;
}
```

上面程序中，A 行说明 1 个单参模板函数，该函数在递归调用的最后一次调用时执行，处理单个参数的情形；B 行说明 1 个至少有 1 个参数的可变参数的函数模板；D 行打印第 1 个参数，并显示剩余参数个数；E 行递归调用，对剩余参数进行处理。

注意 C 行...rest 与 E 行的 rest... 之间的区别：前者表示将剩余多个参数打包并命名为 rest，后者表示将参数包 rest 解包。

主函数中对函数模板调用了 4 次，分别用了 1 个、2 个、3 个和 4 个实参。

执行程序，输出结果如下：

```
1
10, --1--20
100, --2--200, --1--300
first, --4--2, --3--third, --2--3.14159, --1-- 你好
```

可变参数模板多用于模板库编程。

13.2.9　完美转发与引用折叠规则

第 8 章介绍了右值引用 && 概念，第 10 章介绍了右值引用与移动语义。右值引用 && 作为函数模板的形参可完美解决转发问题，以支持通用性函数模板的设计。

转发（forwarding）问题是什么？一个函数模板 G 希望作为一个通用性设计，要将某种类型 T 的多种实参转发给一个被调用函数 F，此时会出现以下问题：

（1）如果 G 的形参类型设计为 T，调用 G 时就会依赖于拷贝。虽然功能上可实现，但这样的负担程序员并不希望承担，可能希望采用引用形参来避免拷贝。

（2）如果 G 的形参类型设计为 const T&（常量左值引用），虽然它能适应所有的左值和右值引用的实参，但函数 F 不能改变参数，函数功能受到限制。

（3）如果 G 的形参类型设计为 T&（非常量左值引用），那么 G 就不能用一个右值来调用，如临时对象、字面值、右值表达式等，影响其通用性。只有将所有临时对象和字面值都先转为命名对象，再调用 G，但这样命名太多，缺乏灵活性，显然不完美。

（4）如果确实需要既有灵活性又有通用性，一个方法是为函数 G 编写两个重载形式，对应常量与非常量两种左值引用类型的形参。但如果参数数量增加，重载函数数量将以指数级增长，比如两个形参就需要定义 4 个重载函数，这也不完美。

完美转发（perfect forwarding）的解决方案是，函数 G 采用右值引用 && 做形参，仅需一个 G 函数版本。

例 13.4　对象工厂的例子。

通过一个函数模板能创建多种类型的对象，根据实参的不同类型来选择调用不同的类的构造函数（本例限制只能调用双参构造函数）。

编程如下：

```
#include <iostream>
using namespace std;
struct W{W(int&, int&) {}};
struct X{X(const int&, int&) {}};
struct Y{Y(int&, const int&) {}};
struct Z{Z(const int&, const int&) {}};
template <class T, class A1, class A2>                    //第 1 个函数模板
T* factory(A1& a1, A2& a2){
    cout <<"first factory:" <<a1 <<", " <<a2 <<endl;
    return new T(a1, a2);
}
template <class T, class A1, class A2>                    //第 2 个函数模板
T* factory(A1&& a1, A2&& a2){
    cout <<"second factory:" <<a1 <<", " <<a2 <<endl;
    return new T(forward<A1>(a1), forward<A2>(a2));
}
int main(){
    int a=4, b=5;
    W* pw = factory<W>(a, b);                             //A      (左值, 左值)
    X* px = factory<X>(2, b);                             //B      (右值, 左值)
    Y* py = factory<Y>(a, 2);                             //C      (左值, 右值)
    Z* pz = factory<Z>(2, 2);                             //D      (右值, 右值)
    //...
    delete pw;
    delete px;
    delete py;
    delete pz;
    return 0;
}
```

上面程序中，第 1 个函数模板的 2 个形参都是左值引用 &，只适合调用 W 类型的构造函数。

第 2 个函数模板的 2 个形参都是右值引用 &&，右值形参 a1，a2 在转发之前应还原为实际类型。函数模板 forward <T> 定义在 <utility> 或 <iostream> 中，将右值引用类型形参还原为实际类型 T，然后转发去调用构造函数。

测试函数中有 4 种调用方式，变量作为左值，常量作为右值，有 A，B，C，D 共 4 种组合。其中，A 行调用执行了第 1 个函数模板，B 行、C 行和 D 行都调用了第 2 个函数模板。

执行程序，输出结果如下：

```
first factory:4, 5
second factory:2, 5
second factory:4, 2
second factory:2, 2
```

如果将第 1 个函数模板去掉，重新编译执行，输出结果如下：

```
second factory:4, 5
second factory:2, 5
second factory:4, 2
second factory:2, 2
```

右值引用 && 做函数模板形参可绑定左值或右值，再与 forward 配合，只需一个版本就可以完美解决转发问题。B 行、C 行调用的左值实参（如 a 和 b）为何能绑定第 2 个函数模板的右值引用形参？这是因为 C++11 的引用折叠规则（reference collapsing rule），该规则如表 13.4 所示。

表 13.4 引用折叠规则（假设 T 为非引用类型）

序号	模板形参类型	调用实参类型——扩展	折叠类型——结果
1	T&	T	T&
2	T&	T& 左值	T&
3	T&	T&& 右值	T&
4	T&&	T	T&&
5	T&&	T& 左值	T&
6	T&&	T&& 右值	T&&

可以看出，如果形参类型为左值（前 3 行），可绑定自身类型、左值和右值，都得到左值引用类型的结果；如果形参类型为右值（后 3 行），在绑定左值时得到左值，其余都得到右值类型。因此，A 行左值 a 和 b 能绑定表中的左值形参（第 2 行）和右值形参（第 5 行），能调用两个函数模板，**但左值形参的函数模板优先**；第 2 次执行时去掉左值，就调用右值模板。而 B 行、C 行中的左值实参（a 和 b）根据规则第 2 行和第 5 行都得到左值，但另一个实参 2 无法转换为左值引用，因此不能匹配第 1 个模板，只能匹配第 2 个模板。D 行调用中实参 2 自身类型为 T = int，根据第 4 行得到 int&& 右值类型结果。

下面利用类型别名的简单编程来验证引用折叠规则：

```
int a = 3;
typedef int T;                        //T = int
typedef T& TR;                        //相当于形参 T&
TR v1 = a;                            //第 1 行，结果为 T&
TR &v2 = a;                           //第 2 行，结果为 T&
TR &&v3 = a;                          //第 3 行，结果为 T&
typedef T&& TRR;                      //相当于形参 T&&
TRR v4 = 3;                           //第 4 行，结果为 T&&
TRR v41 = a + 3;                      //第 4 行，结果为 T&&
TRR &v5 = a;                          //第 5 行，结果为 T&
TRR &&v6 = 3;                         //第 6 行，结果为 T&&
TRR &&v61 = a + 3;                    //第 6 行，结果为 T&&
TRR &&v62 = move(a);                  //第 6 行，结果为 T&&
```

可用

```
cout << is_lvalue_reference <decltype(v1) >::value
```

或

```
cout << is_rvalue_reference <decltype(v4) >::value
```

来验证变量是左值或右值。

可以看出，左值引用 T& 做形参使实参受到很大限制，只能接受左值实参，右值实参（如 3 或 a + 3）都无法调用；右值引用 T&& 做形参就没有这个限制。因此，在通用性函数模板中右值引用做形参具有更宽泛适用性。

13.2.10 auto 函数推导返回类型

函数模板中明确说明其返回类型有时会遇到麻烦，因为返回类型可能与模板实参类型相关。例如 plus < T1, T2 > (T1 & t1, T2 & t2) 执行 t1 + t2，调用 plus(int, float) 应返回 T2 = float，调用 plus(float, int) 应返回 T1 = float，并且只有在编译时才能从模板实参中推导返回类型。

为此 C++ 11 引入 auto 函数与尾随返回类型（详见第 5.7 节），C++ 14 引入 decltype(auto) 函数并做简化。

例如，一个通用的函数模板如下：

```
template < class T1, class T2 >
auto plus(const T1 & t1, const T2 & t2) -> decltype(t1 + t2){
    return t1 + t2;
}
```

尾随返回类型应与 return 表达式类型一致。

Plus 函数模板是通用性设计，因为常量左值引用作为形参是万能匹配，而且恰好与加法语义相符，模板实参 T1，T2 能用任意类型来实例化，如 string 或自定义类型，只要支持加法运算符即可，而不仅限于基本类型。

C++ 14 对上面函数形式简化了 -> decltype 子句：

decltype(auto) 函数名(形参表){函数体}

其中，用 decltype(auto) 来说明返回类型，从函数体中 return 表达式推导返回类型。这种形式相对简单，但不能用来说明函数原型。

通用性函数模板设计往往要满足以下条件：① 能接收多种形式、多种类型实参；② 能将实参转发到被调用的函数；③ 能将被调用函数返回值作为自己的返回值；④ 能支持自定义类型。

完美转发的例子说明了前 2 个条件是如何满足的：① 采用非常量右值引用 && 作为函数形参，使之能接收字面值、左值或右值表达式等多种实参；② 调用 forward 模板将右值引用形参还原为实际类型，再转发给被调用函数或构造函数。

针对返回类型的自动推导则需要上面介绍的函数形式。

例 13.5　一个通用的 Plus 函数模板，可实现基本类型和自定义类型的"加法"操作。

```
template < class T, class U >
decltype(auto) Plus(T&& t, U&& u){
    return forward < T > (t) + forward < U > (u);
};
```

该函数模板采用 C++ 14 形式，要点如下：

① 用 decltype(auto) 说明返回类型为自动推导；

② 返回类型取决于形参 t 和 u 的实参类型，以及加法 + 运算符函数的返回类型。

如果 t 和 u 的实参类型都是基本类型，就支持运算符 +。如果 Plus 作用于一个用户定义类型，该类型就需要定制运算符 + 函数。完整程序如下：

```
#include < iostream >
#include < string >
using namespace std;
template < class T, class U >
decltype(auto) Plus(T&& t, U&& u){
    return forward < T > (t) + forward < U > (u);
};
class X{
    int m_data;
public:
    X(int data) : m_data(data) {}
    int Dump() const {return m_data; }
    friend X operator + (const X& x1, const X& x2){        //加法运算符
```

```
        return X(x1.m_data + x2.m_data);
    }
};
int main(){
    // Integer
    int i = 4;
    const int a = 2;
    cout << "Plus(i, 9) = " << Plus(i, 9) << endl;
    cout << "Plus(i + 3, a) = " << Plus(i + 3, a) << endl;
    cout << "Plus(a, 9) = " << Plus(a, 9) << endl;
    // Floating point
    float dx = 4.0;
    double dy = 9.5;
    cout << "Plus(dx, dy) = " << Plus(dx, dy) << endl;
    cout << "Plus(dx, i) = " << Plus(dx, i) << endl;
    // String
    string hello = "Hello, ";
    string world = "world!";
    cout << Plus(hello, world) << endl;
    // Custom type
    X x1(20);
    X x2(22);
    X x3 = Plus(x1, x2);
    cout << "x3.Dump() = " << x3.Dump() << endl;
    return 0;
}
```

执行程序，输出结果如下：

```
Plus(i, 9) = 13
Plus(i + 3, a) = 9
Plus(a, 9) = 11
Plus(dx, dy) = 13.5
Plus(dx, i) = 8
Hello, world!
x3.Dump() = 42
```

上面程序中，X 类中用友元函数定义了一个运算符 + 重载函数。该程序分别测试了 int, float, double 的自加、互加，以及 string 和自定义类型 X 的自加。

C++ 14 中将上面的 decltype(auto) 简化为 auto 也得到相同结果, 甚至将 forward 去掉也一样。

13.3 类模板与别名模板

类模板就是用 template 说明的类或结构，包含一个或多个模板形参。类模板提供了强大的代码重用机制。别名模板则是 C++ 11 引入的新概念。

13.3.1 类模板的定义

下面通过一个简单例子来说明如何定义一个类模板：

```
template < class T >
class Wrapper{
    T a;
public:
    Wrapper(const T a):a(a){}              //构造函数
    T get()const{return a; }               //成员函数
    void set(const T a);                   //成员函数，下面定义如何实现
```

```
};
template <class T>
void Wrapper <T>::set(const T a){this ->a = a; }
```

定义一个类模板用 template 开始，尖括号中有一个或几个类型形参。类模板的名字是类名加类型形参，例如 Wrapper <T>，这个名字在模板之外起作用。当我们阅读这个模板类时，可读为"Wrapper of T"，即"T 类型的包装类"。类模板的类型形参的作用域是当前类。

Wrapper 模板中用类型形参 T 说明类中的数据成员 a、构造函数的形参、成员函数的形参或返回类型。

如果在类模板外定义成员函数，就要用函数模板的格式进行定义，例如上面的成员函数 set。需注意函数 set 并非成员函数模板，因为它没有自己的模板参量。

成员函数模板持有自己的类型形参。下面是一个成员函数模板的例子：

```
template <class T>
class X{
public:
    template <class U>
    void mf(const U &u) {cout <<u <<endl; }
};
```

上面的类模板 X <T> 中定义了一个成员函数模板 mf <U> (const U&)，它持有自己的类型形参 U。成员函数模板可定义在类模板之外：

```
template <class T> template <class U>
void X <T>::mf(const U &u) {cout <<u <<endl; }
```

成员函数模板不能为虚函数，也不能改写基类的虚函数；而非成员函数模板可以为虚函数，也可改写基类中的虚函数。局部类型中不能定义成员函数模板。

13.3.2 类模板的使用

类模板经实例化所产生的类称为**模板类**，可作为普通类来使用。例如，Wrapper <char> 是一个模板类，但可作为一个普通类来使用。

1）类模板实例化

从类模板实例化产生模板类的格式：

类名 <类型实参表>

其中，<类型实参表> 应对类模板的类型形参指定具体类型。如有多个类型形参，应按定义次序排列，并用逗号分隔。要求每个模板形参都指定具体类型或值。

例 13.6 类模板实例化示例。

```
#include <iostream>
using namespace std;
template <class T>
class Wrapper{
    T a;
public:
    Wrapper(const T a):a(a){}
    T get()const{return a; }
    void set(const T a);
};
template <class T>
void Wrapper <T>::set(const T a){this ->a = a; }    //类外定义成员函数 set
int main(){
```

```
    Wrapper < char > c1 ('A');                          //A
    Wrapper < int > i1 (12);                            //B
    Wrapper < double > d1 (3.14);                       //C
    cout << c1. get () << endl;
    cout << i1. get () << endl;
    cout << d1. get () << endl;
    return 0;
}
```

执行程序，输出结果如下：

```
A
12
3.14
```

上面程序中，A 行、B 行和 C 行对类模板 Wrapper 建立了 3 个模板类 Wrapper < char >，Wrapper < int > 和 Wrapper < double >，并对这 3 个模板类分别创建了 1 个对象。

类模板、模板类、对象之间的实例化关系如图 13.2 所示。

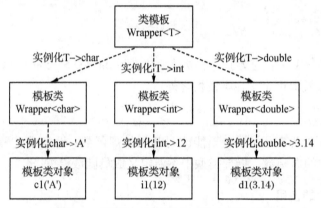

图 13.2　类模板、模板类与对象之间的关系

一个类模板可作为复合类模板的成员。

例 13.7　复合类模板示例。

```
#include < iostream >
using namespace std;
template < class T >
class Wrapper{
    T a;
public:
    Wrapper(const T a):a(a){}
    T get ()const{return a; }
    void set (const T a);
};
template < class T >
void Wrapper < T > ::set (const T a){this -> a = a; }

template < class S >
class MyClass{
    Wrapper < S > obj;                          //模板 Wrapper < S > 作为成员对象
public:
    MyClass(const S s):obj(s){}
    S get ()const{return obj. get (); }
    void set (const S s){obj. set (s); }
};
int main (){
```

```
MyClass < double > ob1 (3.14);
double d = ob1. get ();
cout << "d = " << d << endl;
ob1. set (2 * d);
cout << "2 * d = " << ob1. get () << endl;
return 0;
}
```

执行程序, 输出结果如下:

```
d = 3.14
2 * d = 6.28
```

上面程序中, MyClass < S > 是一个类模板, 将 Wrapper < S > 作为一个成员对象类, 因此
MyClass < S > 是一个复合类模板。复合类模板的类型形参定义为 S, 而成员类模板 Wrapper < S > 的
形参由原先定义的形参 T 替换为 S。当复合类模板实例化, S 被绑定一个具体类型 (如 double) 时,
成员对象类模板也跟着实例化, 绑定这个具体类型 (如 double)。

对于一个类模板, 只有在引用其成员、sizeof 作用于该类或创建其实例时才实例化。类模
板中的成员函数在被调用时才实例化, 若未被调用, 即便有错也不影响程序编译运行。类模板
中的虚函数在该类被实例化创建对象时才进行实例化。

类型别名 (typedef 或 using) 可简化由类模板所产生的类。例如 string 是由 basic_string 模
板用 char 作为类型实参得到的类:

```
typedef basic_string < char , char_traits < char >, allocator < char >> string;
```

同样可用 wchar 得到 wstring 类。

2) 局部类型和匿名类型做模板实参

局部类型 (或本地类) 是定义在函数中的类型。C++ 11 之前规定局部类型和匿名类型不能
作为模板实例化的实参, C++ 11 放宽了这个限制。例如:

```
template < class T > class X {};            //类模板
template < class T > void fun (T t) {};      //函数模板
struct A {}a;                               //具名类型 A
struct {int i; }b;                          //匿名类型
typedef struct {int i; }B;                  //B 是匿名类型的别名
int main () {
    struct C {} c;                          //局部类型 C
    X < A > x1;                             //具名类型 A 做模板实参
    X < B > x2;                             //匿名类型 B 做模板实参
    X < C > x3;                             //局部类型 C 做模板实参
    fun (a);                                //具名类型 A 做模板实参
    fun (b);                                //匿名类型 B 做模板实参
    fun (c);                                //局部类型 C 做模板实参
    return 0;
}
```

3) 右角括号问题

在说明嵌套的类模板实例化时往往会出现连续两个右角括号 >>, 有可能被误认为是按位
右移运算符。C++ 11 之前要求在两个 >> 之间加空格来避免编译错误, C++ 11 编译器能解决
此问题。例如:

```
template < int i > class X {};
template < class T > class Y {};
Y < X < 11 > > x1;                          //留空格, 编译正确
Y < X < 22 >> x2;                           //不留空格, C99 编译出错, C++ 11 编译正确
```

上面例子中，模板 Y 用模板 X 实例化产生的类来进一步实例化产生类。

13.3.3 显式特例化与部分特例化

特例化也称为专用化或特化。函数模板可显式特例化以定制新的函数体，类模板也可显式特例化以定制新的类体，得到模板类。类模板还支持部分特例化，以得到更具体模板。

1）显式特例化

对一个类模板的显式特例化（explicit specialization，简写为 ES），就是针对具体实参类型定制一个新的类体，以替代原类体。显式特例化的语法形式如下：

```
template < > class/struct 类名 < 具体类型 > {定制类体};
```

即以 template < > 开头，类名之后指定 < 具体类型 >。例如：

```
template < class T > struct X{                    //原模板 X < T >
    X() {cout << "Generic X < " << typeid(T).name() << " > " << endl; }
    void f() {cout << "generic f()" << endl; }
};
template < > struct X < int > {                   //对 X < T > 显式特例化 X < int >
    X() {cout << "X < int > " << endl; }
    void f() {cout << "X < int > ::f()" << endl; }
};
int main(){
    X < int > a;                                  //调用特例化的构造函数
    a.f();
    X < double > b;                               //调用模板中的构造函数
    b.f();
}
```

如果特例不存在，相同的调用就对原模板进行实例化并调用。

类模板的显式特例化的结果是具体类型。如果将原模板称为**泛型**，那么显式特例化的具体类型可称为**特型**。泛型的多个特型应保持其泛型的公有接口（函数名及形参）的一致性，目的是维持特型与其泛型之间的可替换性。假设有一个函数模板如下：

```
template < class T > void func(X < T > &a) {a.f(); }
```

调用方希望模板 X < T > 的所有实例或特例都可作为实参调用，但允许 a.f() 执行不同的函数体，例如 func(a) 与 func(b) 分别执行各自的成员函数 f()。这就是典型的泛型编程。泛型编程的优势是具有通用性和简单性。

假如上面特型中公有成员 f() 改变其形参为 f(int)，就会导致已有编程多处需要改变，而且导致特型 X < int > 不能替换其泛型 X < T > 来调用泛型函数 func，即 func(a) 非法。

C++ 11 标准模板库 STL 中的 vector < bool > 就是 vector < T > 的一个显式特例，其定制是将 1 个 bool 值压缩到 1 位而不是 1 个字节来存储。

在使用显式特例化时，应注意以下要点：

（1）程序员应主动维持特型与泛型的公有接口的一致性，编译器并不强制检查。特型类体并不受其泛型的制约，它们可独立变化。特型编程的优势是具有适用性与灵活性，但如果特型数量较多，未被定制的成员就会导致冗余编码。

（2）特型的成员函数体中无法直接调用其泛型的成员函数以简化自己编码，这导致特型与泛型的同名成员函数之间存在较多冗余。友元函数模板可能消除部分冗余。

（3）泛型与特型之间的关系应区别于类之间的继承关系。假设 Derived 是 Base 的派生类，

X < Derived > 与 X < Base > 之间并不具有继承关系或派生关系，两者之间也不存在可替代性。再例如一个函数 func(X < Base > &)，不能用 X < Derived > 对象做实参调用。虽然从语法上看，X < Derived > 与 X < Base > 都是 X < T > 的实例，彼此间是"兄弟"关系。

（4）类模板中可包含静态数据成员，对其每个实例或特例都分别产生静态数据成员。

2）部分特例化

部分特例化(partial specialization，简写为 PS)是针对模板的部分类型形参、形参的指针类型或引用类型进行部分指定，使模板编码可根据具体指定类型进行部分定制。部分特例化的结果仍为模板，这有别于显式特例化，后者结果是具体类型。部分特例化有下面两种情形。

（1）原模板有**多个类型形参**，对其中部分形参进行特例化，其余形参(至少一个)保留在模板中。语法形式如下：

```
template <保留的类型形参 >struct/class 原类名 <具体类型实参和保留形参 >{定制类体}
```

例如原模板有两个类型形参：

```
template < class T, class U > class Myclass{...}
```

类型形参 T 指定为 int，定制一个同名模板如下：

```
template < class U >class Myclass < int , U >{...}
```

部分实例化得到的新模板留下一个类型形参 U。

Myclass 模板实例化时，如果第一个类型实参为 int，就对新模板进行实例化。例如：

```
Myclass < int, char * > m1; //U => char *
```

该实例将匹配定制的新模板。如果定制模板不存在，就匹配原模板 Myclass < T, U >。

（2）原模板有**单个类型形参 T**，针对指针 T * 、引用 T&、成员指针 T U::* 或函数指针等类型进行特例化，结果为针对指针或引用类型的模板。语法形式如下：

```
template<T 及扩展类型形参 >struct/class 原类名 <T 指针或引用 >{定制类体}
```

假设一个模板定义如下：

```
template < class T > class Myclass{...}
```

将形参类型 < T > 指定为 < T * >，定制一个同名模板如下：

```
template < class T > class Myclass <T * >{...}
```

Myclass 模板实例化时，如果类型实参是 T * 形式的指针类型，就对新定制模板实例化。例如：Myclass < int * >。

部分特例化可扩展类型形参。例如将形参类型 T 指定为 < T U::* >，其中 U 是用户定义类型，用其数据成员类型为 T 的指针来定制一个同名模板如下：

```
template < class T, class U > struct Myclass <T U::* >{...}
```

该模板扩展了一个类型形参 U，但 <T U::* >是一个类型形参。假设 S 是一个结构，那么

```
Myclass < int S::* > m2;
```

该实例将匹配定制的新模板。如果定制模板不存在，就匹配原模板 Myclass < T >。

由于部分特例化的结果仍为类模板，因此可进一步特例化得到更具体模板，最后实例化或者显式特例化得到模板类。类模板的实例化与特例化总结如表 13.5 所示。

表 13.5　类模板的实例化与特例化

实例化与特例化	定义方式	结果
实例化	仅对模板形参实例化，全部模板形参都指定	模板类，保持原类体
显式特例化 ES	对模板形参实例化，全部模板形参都指定； 重新定义类体； 语法标志：以 template < > 开头	模板类； 重定义的类体，针对具体类型定制
部分特例化 PS	指定部分模板形参，或者对单个模板形参特例化（指针或引用类型），并重新定义类体； 语法：以 template < class T, ... > 开头	类模板，至少有一个模板形参； 重定义的类体，针对具体类型定制

类模板与模板类之间的关系如图 13.3 所示。

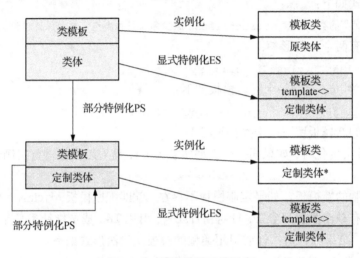

图 13.3　从类模板到模板类

注意，不能在相同空间中定义与类模板同名的非模板类，实例化类型别名也不能与非模板类同名。

由于特例模板与其原模板之间没有继承关系，两个类体独立编码，需定制成员往往是少数，故特例模板中无需定制的成员就产生冗余编码。

特例化的独特功能是利用 SFINAE 规则和最具体匹配优先原则（详见第 13.2.5 节），使特例模板在实例化时优先于原模板，从效果上看，特例模板"隐藏"了原模板。这种定制与隐藏机制灵活且有效，缺点是编译器对定制类体成员没有限制，可任意改变，因此需要程序员主动维持一致性。

3）判断存在特定成员函数并调用

Java 的类中都有 toString 方法，将本类对象转换为串 string，用于显示、传输、存储。C++ 类中也可设计这样的成员函数：

```
public:string toString() const;
```

例 13.8　构建一个通用函数模板：

```
template < class T > string toString(const T &);
```

如果 T 类有 toString() 成员就调用并返回，否则就调用 typeid(T). name() 返回类型名称。

需解决两个问题:一是如何判断 T 类中有该成员函数;二是根据判断结果如何选择调用不同的函数。

编程如下:

```cpp
#include <iostream>
#include <string>
#include <typeinfo>
using namespace std;
struct A {
    string toString() const {
        return string("toString from class A");
    }
};
class B {};
template <class T> struct HasToString {
    template <class U, string(U::*)() const > struct matcher;
    template <class U> static char helper(matcher <U, &U::toString >*);
    template <class U> static int helper(...);
    static const bool value = sizeof(helper <T>(NULL)) == sizeof(char);
};
template <bool> struct ToStringWrapper {};         //原模板
template <> struct ToStringWrapper <true> {        //显式特例 1
    template <class T> static string toString(T &x) {
        return x.toString();
    }
};
template <> struct ToStringWrapper <false> {       //显式特例 2
    template <class T> static string toString(T &x) {
        return string(typeid(x).name());
    }
};
template <class T> string toString(const T &x) {
    return ToStringWrapper <HasToString <T>::value >::toString(x);
}
int main(){
    A a; B b;
    cout << boolalpha;
    cout << HasToString <A>::value << endl;          //输出 true
    cout << HasToString <B>::value << endl;          //输出 false
    cout << toString(a) << endl;                     //输出 toString from class A
    cout << toString(b) << endl;                     //输出 class B
    cout << toString(123) << endl;                   //输出 int
    cout << toString(123.456) << endl;               //输出 double
    return 0;
}
```

注意以上输出是 VS 中的结果,在 DevC++ 中输出的最后 3 行是 typeid 类型编码。

上面程序中,HasToString 只能判断原生定义的成员函数,不能判断继承而来的成员函数。

C++ 类中往往采用类型转换运算符函数,如 operator string();要判断 T 类中是否有该函数,对上面 HasToString 模板的前两行修改如下:

```cpp
template <class U, string(U::*)() >struct matcher;
template <class U> static char helper(matcher <U, &U::operator string > *);
```

这样就可判断是否有到 string 的转换函数。

13.3.4 友元模板

C++ 11 扩展了友元说明。友元模板(template friend,也称为模板友元)包括友元函数模板和友元类模板。

1) 友元函数模板

友元函数模板是在类或类模板中定义的非成员函数模板，它可访问类或类模板的所有成员。友元函数模板除了可实现运算符重载函数，还可显式特例化，根据具体类型定制特定行为，而且其特例模板自动成为友元。

类模板中说明一个友元函数模板的语法形式如下：

```
template < class T, ... > friend 返回类型 函数名 (类模板名 &, ...);
```

该说明指定一个函数模板作为当前类模板的友元。该函数可以在类模板中内联定义，也可定义在类模板之外。

友元函数模板的作用如下：

① 运算符重载函数；

② 与成员函数协作，实现灵活性功能，并且友元函数模板的显式特例可自动成为友元，简化成员函数的设计。

例 13.9 动态可变大小的容器 Bag < T >：成员函数 add 逐个加入元素，当加满时容量自动加倍；支持移动构造，不支持拷贝；支持下标运算符；双目运算符 + 将两个容器中的元素合并到一个容器；成员函数 print 希望能实现不同的具体类型定制。

```cpp
#include <iostream>
using namespace std;
template <class T> class Bag {
    T * elem;
    int size;
    int max_size;
public:
    Bag() : elem(0), size(0), max_size(1) {}
    ~Bag() {delete []elem; }
    Bag(const Bag&) = delete;
    Bag & operator = (const Bag&) = delete;
    Bag(Bag &&t) {                              //移动构造函数
        elem = t.elem;
        size = t.size;
        max_size = t.max_size;
        t.size = 0;
        t.elem = 0;
    }
    Bag & operator = (Bag&&t) = delete;
    void add(T t) {                             //加入元素
        if (size +1 >= max_size) {
            max_size * = 2;
            T * tmp = new T[max_size];
            for (int i = 0; i < size; i ++)
                tmp[i] = elem[i];
            tmp[size ++] = t;
            delete[] elem;
            elem = tmp;
        }else
            elem[size ++] = t;
    }
    T& operator[](int i) {
        if (i < 0 || i >= size) throw "index out of bound";
        return elem[i];
    }
```

```
        int getSize() {return size; }
        template < class U > friend void printB(const Bag < U > &); //A
        void print() { printB( * this); }                          //B
        friend Bag operator + ( Bag &a1, Bag &a2) {                //C
            Bag a;
            a. size = a1. size + a2. size;
            a. max_size = a1. max_size + a2. max_size;
            a. elem = new T[ a. max_size];
            for (int i = 0; i < a1. size; i ++)
                a. elem[ i] = a1. elem[ i];
            for (int i = 0; i < a2. size; i ++)
                a. elem[ i + a1. size] = a2. elem[ i];
            return a;                              //调用移动构造函数
        }
};
template < class T > void printB(const Bag < T > &t) {    //友元函数模板
    for (int i = 0; i < t. size; i ++)
        cout << t. elem[ i] << " ";
    cout << "max_size = " << t. max_size << endl;
}
template < > void printB(const Bag < int > &t) {         //友元函数模板的显式特例
    int sum = 0;
    for (int i = 0; i < t. size; i ++) {
        cout << t. elem[ i] << " ";
        sum += t. elem[ i];                    //对 int 元素求和
    }
    cout << "max_size = " << t. max_size << " ints; sum = " << sum << endl;
}
template < class T > void printB(Bag < T * > &t) {       //非友元函数模板
    for (int i = 0; i < t. getSize(); i ++)
        cout << * t[ i] << " ";                //容器中元素为指针才解引用
    cout << "ptrs" << endl;
}
int main() {
    Bag < char > b1;
    b1. add('a'); b1. add('b'); b1. add('c'); b1. print();
    Bag < int > b2;
    b2. add(10); b2. add(9); b2. add(8); b2. print();
    Bag < int > b3;
    b3. add(3); b3. add(4); b3. add(5); b3. print();
    Bag < int > b4 = b2 + b3; b4. print();
    int aa[ ] = {11, 22, 33};
    Bag < int * > b5;
    b5. add(&aa[0]); b5. add(&aa[1]); b5. add(&aa[2]); b5. print();
}
```

执行程序，输出结果如下：

```
a b c max_size = 4
10 9 8 max_size = 4 ints; sum = 27
3 4 5 max_size = 4 ints; sum = 12
10 9 8 3 4 5 max_size = 8 ints; sum = 39
11 22 33 ptrs
```

上面程序中，A 行说明一个友元函数模板 printB，并在模板外定义。B 行在成员函数中调用 printB 函数。这是一个多态调用:被执行的可能是友元函数模板(当 T => char，如 b1)，也可能是友元函数模板的显式特例(当 T => int，如 b2，b3，b4)，还有可能是非友元函数模板(当 T => T *，如 b5)，编译器根据 T 的具体类型做灵活选择。如果不采用友元函数模板，成员函数 pritnB 较难实现。C 行内联定义友元函数，实现运算符 +，比较简单。友元运算符也可定义在模板之外，但要求特殊的语法。

在类模板内说明友元函数模板如下：

```
template < class T > friend Bag < T > operator + (Bag < T > &a1, Bag < T > &a2);
```

模板外定义友元函数模板如下：

```
template < class T > Bag < T > operator + (Bag < T > &a1, Bag < T > &a2) {
    Bag < T > a;                                           //下面一样
    ...
}
```

模板 Bag < T > 可纳入指针元素。成员函数 add 可将指针纳入容器，但指针所指对象在容器之外，这可能并非设计原意，程序员可能希望将指针所指向对象纳入容器，即 add(对象地址)应将对象纳入容器。现可从原模板 Bag < T > 通过部分特例化定制一个模板 Bag < T * > 来实现，这样 Bag 的所有指针类型实参(如 Bag < int * >)都将对特例模板实例化。

该特例模板与原模板具有相同的数据成员、构造与析构函数、拷贝与移动函数、运算符函数、成员函数也都一样或相似。区别在于：① add 函数要修改形参和几行代码；② 说明友元函数模板为 void printB(Bag < T * >&)；而且去除解引用。读者可自行编码实现。

2）友元类模板

友元类模板是在类或类模板中说明的类模板，具有友元访问权限，可访问本类或类模板的所有成员。说明友元类模板的语法形式如下：

```
template < class T > friend class 类名;
```

该说明确定一个类模板"类名 < T >"作为当前模板的友元类模板。例如：

```
template < class T >class MyObject{
    ...
    template < class U > friend class Factory;      //说明 Factory < U >为友元类模板
}
template < class U > class Factory{...}             //说明 Factory < U >类模板
```

一个类模板可作为多个类模板的友元，也可说明多个友元，还可作为其他类模板的友元。一个类模板与其友元之间是基于成员访问授权的协作关系。

13.3.5 类模板的继承

模板类与普通类一样也具有继承与派生关系。类模板的继承有以下 4 种形式。

1）普通类继承类模板

基类是模板，派生类为非模板类。例如：

```
template < class T >
class TBase {
    T data;
public:
    TBase(const T a) :data(a) {cout << "TBase" <<endl; }
    T get()const {return data; }
};
class Derived :public TBase < int >{
public:
    Derived(int a):TBase(a) {cout << "Drived" <<endl; }
};
```

基类是由类模板 TBase 实例化产生的一个模板类。

2）类模板继承普通类

基类为非模板类，派生类是模板。例如：

```
class TBase2{};
template < class T >
class TDerived2 :public TBase2 {
    T data;
public:
    TDerived2(const T a) :data(a) {cout << "TDrived" << endl; }
    T get()const {return data; }
};
```

派生类添加模板形参成为类模板，其构造函数隐式调用基类的缺省构造函数。

3）类模板继承类模板

派生类模板包含基类模板的类型形参，并可扩展新的类型参数。例如：

```
template < class T >
class TBase3 {
    T data1;
public:
    TBase3(const T a) :data1(a) {cout << "TBase3" << endl; }
    T get()const {return data1; }
};
template < class T1, class T2 >
class TDerived3 :public TBase3 < T1 >{
    T2 data2;
public:
    TDerived3(const T1 a, T2 b) : TBase3(a), data2(b)
    {cout << "TDerived3: " << a << " " << b << endl; }
    T2 get2()const {return data2; }
};
```

当派生类模板实例化时，基类模板也实例化。

4）类模板继承形参类型

类模板的类型形参作为基类。例如：

```
class BaseA{
public:
    BaseA(){cout << "BaseA" << endl; }
};
class BaseB{
public:
    BaseB(){cout << "BaseB" << endl; }
};
template < class T, int rows >
class BaseC{
private:
    T data;
public:
    BaseC() :data(rows) {
        cout << "BaseC:" << data << endl;
    }
    T get() {return data; }
};
template < class T >
class Derived :public T {                          //A    类型形参做基类
public:
    Derived() :T() {cout << "Derived" << endl; }    //调用 T 的缺省构造函数
```

```
};
int main(){
    Derived<BaseA> x;                        //BaseA 作为基类
    Derived<BaseB> y;                        //BaseB 作为基类
    Derived<BaseC<int, 3>> z;                //BaseC<int, 3>作为基类
    cout << z.get() << endl;
    return 0;
}
```

A 行类型形参 T 作为基类,使任何类都可作为基类 Derived,只要有缺省构造函数。

13.3.6　带缺省实参的类模板

C++11 之前类模板不能带缺省实参,C++11 类模板的类型形参可带有缺省实参。区别于函数模板,如果某个类型形参带缺省值,就应该放在最右边,原因是类模板实例化从左向右指定类型形参,未指定的类型形参应有缺省类型。缺省值的语法形式与函数模板一样,用等号指定一个类型。

实例化时,即便所有实参都采用缺省值,"类名< >"也不能省略< >。例如:

```
template <class T=int, int size=10> class Array;
Array<char, 26> ac;         //全指定
Array< > a;                 //a:Array<int, 10>,都取缺省值
Array<double> ad;           //ad:Array<double, 10>,第2个形参取缺省值10
```

如果部分特例化与缺省实参作用于同一个模板形参,实例化匹配时特例优先。例如:

```
template <class T, bool B=true> struct if_ {
    static const int value=1;
};
template <class T> struct if_<T, true> {     //部分特例化, B=>true
    static const int value=2;
};
int main() {
    cout << if_<int, true>::value << endl;    //2
    cout << if_<int, false>::value << endl;   //1
    cout << if_<int>::value << endl;          //2
}
```

C++11 标准模板库 STL 中很多模板持有缺省实参。例如 set:

```
template <class Key, class Traits=less<Key>,
    class Allocator=allocator<Key>> class set;
```

其中第 2 个、第 3 个类型形参都持有缺省实参(集合 set 详见第 13.4.8 节)。

13.3.7　可变参量的类模板

C++11 支持可变参量的类模板。可变参量的类模板的语法形式如下:

```
template <class... Args> class 类名{类体};
```

其中,class 之后的省略号表示可变参量,Args 作为一个参量包。例如:

```
#include <iostream>
#include <vector>
using namespace std;
template <class... Arguments> class vtclass {};              //A
vtclass< > vtinstance1;                                      //B
vtclass<int> vtinstance2;                                    //C
vtclass<float, bool> vtinstance3;                            //D
vtclass<long, vector<int>, string> vtinstance4;             //E
```

A 行说明一个可变参量的类模板 vtclass < ... >，下面 4 行分别产生 0 个、1 个、2 个、3 个参数的模板类，并创建对象。

多数情况需要至少 1 个参数，语法形式如下：

`template < class First, class... Rest > class 类名{类体};`

如果类模板持有可变参量，该类的构造函数或成员函数就需要消化这些可变参量。这与可变参量的函数模板相同(参见第 13.2.8 节)。

可变参量总结如表 13.6 所示。

表 13.6　可变参量总结

可变参量类别	示例与说明	相关头文件	语言规范
C 函数	int average(int first, ...)	< stdarg.h >	C89
初始化列表	double avg(initializer_list < int > ilist) 限制相同类型的多个实参	< initializer_list >	C++11
宏参数	#define CHECK1(x, ...) 宏体中用 _VA_ARGS_ 得到多参		C99
函数模板参数	template < class First, class... Args > void print(First & first, Args &... rest); 函数体中用 sizeof... 计算 rest 中的参数数量； 用递归调用来逐个处理多个参数； 需定义单参函数模板		C++11
类模板参数	template < class First, class... Rest > class 类名{类体}; 类体中对多参的处理与函数模板相同		C++11

13.3.8　嵌套类模板

类模板定义在另一个类或类模板中，就形成了嵌套类模板。嵌套类模板的成员函数可定义在模板内，也可定义在模板外，但模板外定义成员函数需要特殊的语法。

例 13.10　嵌套类模板示例。

```
#include < iostream >
#include < typeinfo >
using namespace std;
template < class T >
struct X{
    template < class U > class Y {              //Y < U >是 X < T >的嵌套类
        U * u;
    public:
        Y();
        U& Value();
        void print();
        ~Y();
    };
    Y < int > y;
    X(T t){
        cout << "T =>" << typeid(T).name() << " for X < T >" << endl;
        y.Value() = t;
    }
```

```
        void print() {y.print(); }
};
template < class T > template < class U >              //template 需要重复两次
X < T >::Y < U >::Y() {                                //作用域运算符::说明嵌套关系
    cout <<"X < T >::Y < U >::Y()" <<endl;
    u = new U();
}
template < class T > template < class U >
U& X < T >::Y < U >::Value() {
    return *u;
}
template < class T > template < class U >
void X < T >::Y < U >::print() {
    cout <<this ->Value() <<endl;                      //this 指向 Y 对象
}
template < class T > template < class U >
X < T >::Y < U >:: ~Y() {
    cout <<"X < T >::Y < U >:: ~Y()" <<endl;
    delete u;
}
int main() {
    X < int >* xi = new X < int > (10);                //T => int;
    X < char >* xc = new X < char > ('c');             //T => char, 'c' = 99
    xi ->print();                                      //10
    xc ->print();                                      //99
    delete xi;
    delete xc;
}
```

上面程序中，Y < U > 是 X < T > 的共有的嵌套成员类，因此在 X < T > 的外部可以对嵌套类 Y < U > 实例化创建对象，但这时需要 X < T > 也实例化。例如：

```
X < long >::Y < double > y1;
```

前面的 long 类型实际上没有用处，只是语法需要。

13.3.9　别名模板

别名模板（alias template）是一种带类型形参的类型别名。C++ 11 之前如果要用 typedef 定义一个带模板形参的类型别名，需要借助模板类作为其围类型（enclosing type）。例如：

```
template < typename T > struct func_t {
    typedef void (*type)(T, T);                        //函数指针的模板
};
//下面使用 func_t 模板
func_t < int >::type i1;
```

C++ 11 引入 using 替代 typedef 说明类型别名，因此 using 可与模板相结合说明别名模板。定义一个别名模板的语法形式如下：

```
template < 类型形参表 > using 类型标识符 = 已有类型;
```

其中，等号" = "的右边是一个已有类型，应包含前面说明的类型形参。

使用一个别名模板的语法形式：类型标识符 < 类型实参表 >。例如：

```
template < typename T > using func_t = void (*)(T, T);
//下面使用 func_t 模板
func_t < int > i2;
```

C++ 11 别名模板定义更简单清晰，使用更方便。

别名模板经实例化所得到的别名称为模板别名，可作为一个类型别名。

C++11 标准库中大量使用了别名模板。例如我们在第 13.2.7 节介绍了 < type_traits > 中的 enable_if < B，T > 模板，为方便使用该模板，< type_traits > 包含一个别名模板如下：

```
template < bool B, class T = void >
using enable_if_t = typename enable_if < B, T >::type;
```

等号后的 typename 表示后面表达式是一个类型，该类型可作为函数形参或返回值。

下面的模板函数 is_odd 计算 T 是否为奇数，前提是 T 为整数类型。只有 T 为整数时才能返回 bool；若 T 不为整数，则编译报错。如果不用别名，该模板函数编码如下：

```
template < class T >
typename enable_if < is_integral < T >::value, bool >::type is_odd(T i)
{return bool(i % 2 != 0); }
```

其中调用了 < type_traits > 中的 is_integral < T > 来判断 T 是否为整数，该判断在编译时进行。

如果使用类型别名 enable_if_t，编码更简洁(如下所示)：

```
template < class T >
enable_if_t < is_integral < T >::value, bool > is_odd(T i)
{return bool(i % 2 != 0); }
```

这时该函数调用就简单了，如 is_odd(11)返回 true，is_odd(22)返回 false，is_odd(3.4)则编译报错。

理想的泛型编程应采用编译报错来避免错误的模板实例化。

13.4 标准模板库 STL

标准模板库(standard template library，简写为 STL)是用模板定义的一组类和函数，作为 ANSI/ISO C++ 标准的一部分。STL 定义了一组常用的数据结构，如向量、链表、集合、映射等。这些数据结构都被称为容器(container)，因为它们都用来管理一组元素。STL 还定义了一组常用的算法，如排序、查找、集合计算(交集、并集等)。基于 STL 编程的好处就是简化编程，提高编程效率和程序质量，避免大量的底层的、重复性的编程。

13.4.1 容器概念

容器是什么？例如，一个数组就是一个容器，管理某种类型的一个元素序列，每个元素都可按下标随机访问。数组作为容器的特点是连续空间、固定大小、随机访问。但不容易在数组中间插入或删除一个元素，因为会导致后面的元素逐个后移或前移。

STL 容器是一组类模板，用来管理元素的序列。一个容器中的多个元素都具有相同类型，可以是基本类型，也可以是自定义类型。自定义类型一般要提供缺省构造函数、拷贝构造函数和拷贝赋值函数，要纳入集合 set，还要提供运算符 operator == 和 operator <，由此来支持其他 4 种关系运算符。C++11 中容器普遍支持移动构造和移动赋值，提高了计算效率。

容器可分为三大类，即序列容器(sequence container)、关联容器(associative container)和容器适配器(container adapter)。

① 序列容器能维护插入元素的顺序，包括 vector，deque，list 等；

② 关联容器按预定义顺序管理所插入元素，包括 set，multiset，map，multimap；

③ 容器适配器是基于头等容器而建立的简单容器，包括 stack，queue，priority_queue 等。

序列容器与关联容器统称为头等容器(first-class container),意思是编程首选容器。各类容器的名称及特点如表 13.7 所示。

表 13.7　各类容器的特点

容器名	中文名	特点	头文件	备注
vector < T >	向量	适合在序列尾端加入或删除元素; 适合随机访问各元素	< vector >	随机访问按下标,下标范围为[0, size()-1]; 不适合中间插入或删除
deque < T >	双端队列	适合在序列两端加入或删除元素; 适合随机访问各元素	< deque >	全称为 double-ended queue 不适合中间插入或删除
list < T >	链表	适合在序列中间插入或删除元素; 适合双向遍历元素	< list >	双向链表实现; 不适合随机访问
set < T >	集合	各元素不重复; 适合双向遍历	< set >	元素按值升序排序; 各元素值唯一,称为键 key; 不适合随机访问
multiset < T >	多集	可重复元素; 可双向遍历元素	< set >	元素按值升序排序; 各元素值不唯一,同值元素相邻; 不适合随机访问
map < K, V >	映射 单射	元素是对偶 pair < key, value > 一对一、多对一; 键不重复;适合双向遍历	< map >	各元素按键升序排列; 各元素的键是一个集合
multimap < K, V >	多射 多值映射	元素是对偶 pair < key, value > 一对多、多对多; 键可重复;适合双向遍历	< map >	各元素按键升序排列; 各元素的键是一个多集
stack < T >	栈	先进后出 LIFO; 不支持迭代器	< stack >	用成员函数来操作元素; 基于 deque 实现
queue < T >	队列	先进先出 FIFO; 不支持迭代器	< queue >	用成员函数来操作元素; 基于 deque 实现
priority_queue < T >	优先队列	最高优先级先出; 不支持迭代器	< queue >	用成员函数来操作元素; 基于 vector 实现

除了前面 3 大类容器之外,STL 还提供了几种"仿容器(near container)":

① 数组 array 和可变长数组 valarray:任何一个数组都可看作是一个容器,下标看作迭代器。

② string 字符串类型:在 basic_string 类模板中用 typedef 定义的类型别名。

③ bitset 位集:任意长的二进制位。

可以看出,不同容器适合不同用途,应根据所描述的事物特点来选用合适的容器。

容器中的元素可以是实体,也可以是指针,但不能是引用。例如,vector < Person > 中的元素是对象实体,那么加入一个元素就要执行 Person 的拷贝构造函数,删除一个元素就要执行析构函数；vector < Person * > 中的元素是 Person 对象的指针，写入一个元素就是复制一个指针，删除一个元素就是撤销一个指针。而 vector < Person& > 则是不合法的。

在运行时刻，一个容器是一个对象，具有特定的生命周期。如 vector < int > vint；语句就是创建了一个容器对象，元素类型为 int，容器的名字为 vint。创建一个容器要执行容器类的某个构造函数。当要撤销一个容器对象时，要先撤销其中的每个元素，如果元素是对象实体，就要执行每个元素的析构函数，最后再执行容器的析构函数。

容器相关的操作可分为容器间操作和针对单个容器的操作。容器间的操作一般包括拷贝构造函数和拷贝赋值函数、6 种关系运算、swap 交换元素等；针对单个容器的操作主要是对其中元素的操作，包括插入元素、读取元素、删除元素等。

一个容器中的多个元素总是有次序的，不同容器有不同的次序标准。对于序列容器，元素次序取决于加入元素的相对位置或前后次序；对于关联容器，元素次序取决于元素的值，如 set 中各元素按值升序排序，而 priority_queue 按各元素值降序排序。

对于头等容器，要访问各元素可使用迭代器，也可使用范围 for 语句。

容器中的元素的地址在容器对象生命周期中并非静态不变，而是动态变化的，因此编程中不能依赖容器中元素的指针或地址。如需表示容器中元素之间的语义关联，可用元素的唯一标识属性来建立，例如 Employee 中的员工号、Student 中的学号等。

13.4.2　迭代器

迭代器(iterator)是什么？以数组为例，访问一个数组元素要使用下标，如 a[i]，则下标就是数组元素的迭代器。下标本质上是一个指针，指向要访问的那个元素。迭代器是用来访问容器中的元素的一种数据结构，是指针的抽象，但更安全，功能也更强。

在运行时刻，一个迭代器就是一个对象或者指针，但一般不通过调用构造函数来创建迭代器对象，而是从已有容器对象中读取迭代器。假设有语句 vector < int > vint；那么 vint. begin()返回一个迭代器，它指向容器 vint 中的第一个元素；vint. end()也返回一个迭代器，指向容器 vint 中最后一个元素后面的空位置。因此，一个容器 c 中的元素的位置范围就是[c. begin(), c. end())。如果容器 c 中没有元素，那么 c. begin() == c. end()。迭代器往往作为函数形参，用前后两个迭代器(first 和 end)来确定一个序列范围[first, end)，注意其不包括 end 所指元素。

设 it 是一个迭代器对象且指向某个元素，则 * it 就是迭代器所指向的元素，++ it 和 it ++ 就是后移指向下一个元素，-- it 和 it -- 就是前移指向前一个元素。

迭代器的作用如下：

① 用来访问容器中的各个元素(随机访问或按顺序访问)；

② 作为 STL 算法与容器之间的中介，使 STL 算法能作用于容器中的元素。

迭代器定义在头文件 < iterator > 中，但如果已包含了一种容器，就不需要再包含此文件。

迭代器的类别和功能如表 13.8 所示。

表 13.8　迭代器的类别和功能

类别	形参名	功能	备注
Output （输出）	OutIt	向容器中写入元素。迭代器 X 仅对应一个值 V，写入过程相当于 * X ++= V。容器中添加了一个元素	这里的输出是将元素写入容器，只能从前向后移动，而且只能遍历一次
Input （输入）	InIt	从容器中读取元素。如果迭代器不等于 end ()，就指定了一个元素，可多次读取，V = * X。要读取下一个元素，就要递增，V = * X ++。容器中元素不变	输入是从容器中读取元素。迭代器只能从前向后移动，而且只能遍历一次。头等容器都持有 const_iterator 和 const_reverse_iterator，分别用于正向和逆向读取元素
Forward （正向）	FwdIt	正向迭代器可取代输出迭代器用于写入元素，也可替代输入迭代器用于读出元素。可用 V = * X 读出刚写入的元素。可用多个迭代器独立操作	头等容器都持有 iterator 类型，作为正向迭代器，从 begin () 到 end () 之前，自增后移，自减前移
Bidirectional （双向）	BidIt	双向迭代器 X 可取代正向迭代器，而且增加了前移操作，V = * X --	头等容器都持有如下类型： 　　　reverse_iterator 作为逆向迭代器，从 rbegin () 到 rend () 之前，自增前移，自减后移
Random （随机访问）	RanIt	随机访问迭代器可取代双向迭代器，且增加了用整数作为下标，就像数组下标，如 N 是一个整数，那么 x[N]，x + N，x - N	只有 vector 和 deque，支持随机访问

注意，这里的输入输出是站在迭代器的角度来描述与容器的关系，因此迭代器输出指的是元素写入容器，迭代器输入是从容器中读取元素。

图 13.4 表示了 5 类迭代器之间的替代关系。

根据上面的替代关系，假如某个函数形参要求 Input 迭代器，那么可用除 Output 之外的任何一个迭代器作为函数调用的实参。

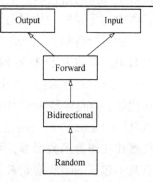

图 13.4　迭代器之间的替代关系

13.4.3　容器的共同成员类型和操作

头等容器定义了一些共同的成员类型（见表 13.9）。这些成员类型主要用于说明类中的成员函数的形参类型和返回类型。

表 13.9　头等容器中的共同成员类型（T 为元素类型）

类型名	说明
allocator_type	分配器类型，一般是 allocator < T >
size_type	表示大小的类型，一般是 unsigned int
difference_type	两个迭代器相减的结果的类型，一般是 int
reference	元素类型的引用，T&
const_reference	元素类型的只读引用，T const&
value_type	元素类型，T

类型名	说明
iterator	正向迭代器类型
const_iterator	只读迭代器类型
reverse_iterator	逆向迭代器类型, reverse_iterator 或 reverse_bidirectional_iterator
const_reverse_iterator	只读、逆向迭代器类型, reverse_iterator 或 reverse_bidirectional_iterator

这些成员类型都用 typedef 定义, 在类外要使用这些类型, 就要用作用域运算符::。例如: vector < int > ::const_iterator it 语句创建一个只读迭代器 it。

头等容器所具有的一些共同成员函数如表 13.10 所示。

表 13.10 头等容器的共同成员函数

函数	说明
缺省构造函数	通常一种容器提供几种构造函数
拷贝构造函数	复制容器中的所有元素
移动构造函数	移动容器中的所有元素
operator =	拷贝赋值函数, 复制所有元素; 移动赋值函数, 移动所有元素
析构函数	析构各元素, 回收内存
iterator begin();	返回迭代器指向头一个元素, 如果无元素, 则指向空位置
iterator end();	返回迭代器指向尾元素之后的空位置
reverse_iterator rbegin();	begin 的逆向迭代器版本
reverse_iterator rend();	end 的逆向迭代器版本
size_type size() const;	返回当前元素个数
size_type max_size() const;	返回容器中可容纳最多元素个数
bool empty() const;	如果 size() >0, 则返回 true, 否则 false
iterator erase(iterator it);	删除形参迭代器 it 所指向的一个元素, 返回迭代器将指向剩下的头一个元素
iterator erase(iterator first, iterator last);	删除形参迭代器[first, last) 范围中的所有元素 (不包括 last), 返回迭代器将指向剩下的头一个元素
void clear();	删除全部元素
void swap(同类容器 &x);	当前容器与形参容器 x 进行元素交换

13.4.4 算法

STL 算法包括 < algorithm > 与 < numeric > 中的函数, 下面介绍 < algorithm > 中的函数。

< algorithm > 中定义了 85 个与容器相关的函数模板, 如 sort, find, copy 等。这些算法具有通用性, 可作用于多种 STL 容器, 也适用于数组、用户定义类型, 通过迭代器与被操作的容

器关联。

从这些算法的名称的前缀或后缀可看出该算法的特点。例如：

① is_xxx，前缀 is 表示某种判断，如 is_sorted，判断是否升序；

② xxx_if，后缀，如 find_if，针对元素是否满足特定条件来执行 xxx 操作；

③ xxx_copy，后缀，如 reverse_copy，不仅执行操作，而且还将改变后的值复制到目标；

④ xxx_n，后缀，如 copy_n，指定元素数量的某种 xxx 操作。

从功能上可将算法分为 3 类(见表 13.11)。

表 13.11　算法分类 < algorithm >

一、不改变操作对象内容

通用判断:`all_of`; `any_of`; `none_of`

线性查找: `find`; `find_if`; `find_if_not`; `find_end`; `adjacent_find`; `find_first_of`

子序列匹配: `search`; `search_n`

计数: `count`; `count_if`

遍历: `for_each`

比较两个区间: `equal`; `equal_range`; `mismatch`; `lexicographical_compare`

最大与最小值: `min`; `max`; `min_element`; `max_element`; `minmax`; `minmax_element`

二、改变操作对象内容

复制区间: `copy`; `copy_backward`; `copy_if`; `copy_n`

互换元素: `swap`; `iter_swap`; `swap_ranges`

转换:`transform`

替换: `replace`; `replace_if`; `replace_copy`; `replace_copy_if`

生成与填充: `fill`; `fill_n`; `generate`; `generate_n`

移动:`move`; `move_backward`

移除元素: `remove`; `remove_if`; `remove_copy`; `remove_copy_if`; `unique`; `unique_copy`

逆序、轮转、排列: `reverse`; `reverse_copy`; `rotate`; `rotate_copy`; `is_permutation`; `next_permutation`; `prev_permutation`

分割: `is_partitioned`; `partition`; `partition_copy`; `partition_point`; `stable_partition`

随机重排: `shuffle`; `random_shuffle` *

三、高级功能

排序: `sort`; `is_sorted`; `is_sorted_until`; `stable_sort`; `partial_sort`; `partial_sort_copy`; `nth_element`

二分查找: `binary_search`; `lower_bound`; `upper_bound`

合并: `merge`; `inplace_merge`

有序区间的集合操作: `includes`; `set_union`; `set_intersection`; `set_difference`; `set_symmetric_difference`

堆操作: `is_heap`; `is_heap_until`; `make_heap`; `push_heap`; `pop_heap`; `sort_heap`

一些算法与容器的成员方法一样，如 < set > 中的 lower_bound，upper_bound 等。

函数形参所要求的迭代器类型决定被操作容器的种类。

例如，排序 sort 函数 void sort(RanIt first，RanIt last)对[first，last)序列中的元素升序排序。该函数要求随机迭代器，而随机迭代器只有数组、向量和双端队列能提供，其他容器不能提供随机访问，比如 list，因此 list 自己提供成员函数 sort 来实现排序。

再如，查找 find 函数 InIt find(InIt first，InIt last，const T& val)在[first，last)序列中查找等于 val 的元素，返回的迭代器指向等于 val 的第一个元素，如果没有找到，就指向该序列的 end()。该函数要求提供输入迭代器，所有头等容器都能提供，因此该函数可作用于全部头等容器。

VS 文档中不仅详细解释了这些算法函数，而且提供了部分例子，读者可自行尝试。

VS 弃用了其中的 random_shuffle 函数，建议调用 shuffle 函数。该函数采用 < random > 中的 URNG(uniform random number generator)正规随机数生成器，作为第 3 个形参。

13.4.5　基于 C++11 简化编程

C++11 提供了如下新的编程方法，以简化容器编程：

方法 1：用 auto 自动推导变量类型或返回类型，简化迭代器变量说明；

方法 2：用范围 for 循环替代迭代器正向遍历，但逆向遍历仍需迭代器；

方法 3：用 Lambda 表达式替代函数指针和命名函数。

例 13.11　对 vector 容器分别执行并验证两个算法：shuffle 和 partition。前者将容器中的元素次序打乱，称作"洗牌"；后者按某个条件(比如大于 5)将容器中的元素分为满足条件和不满足条件两部分，称作"分割"。

```
#include <vector>
#include <algorithm>
#include <iostream>
#include <random>
using namespace std;
bool greater5(int value) {                            //A      一元谓词函数
    return value >5;
}
int main() {
    vector <int> v1;
    vector <int>::iterator Iter1;                     //B      迭代器变量
    for (int i =0; i <=10; i ++)
        v1.push_back(i);
    random_device rd;                                 //说明一个 URNG 设备 rd
    mt19937 gen(rd());                                //说明一个随机数发生器，并用 rd 初始化
    shuffle(v1.begin(), v1.end(), gen);              //第 3 个实参是随机数发生器
    cout << "Vector v1 is ( ";
    for (Iter1 = v1.begin(); Iter1 != v1.end(); Iter1 ++)   //C    用迭代器遍历
        cout << * Iter1 << " ";
    cout << "). " << endl;
    // Partition the range with predicate greater5
    partition(v1.begin(), v1.end(), greater5);       //D    第 3 个形参
    cout << "The partitioned set of elements in v1 is: ( ";
    for (Iter1 = v1.begin(); Iter1 != v1.end(); Iter1 ++)   //E    再次遍历
        cout << * Iter1 << " ";
    cout << "). " << endl;
    return 0;
}
```

上面的代码是传统 C99 的编码方法，其中：

A 行函数有单个参数并返回逻辑值，称为一元谓词。它描述了一个条件，将对容器中元素按此条件进行判断，得到一个值：真或假。

B 行定义迭代器变量，C 行和 E 行用传统 for 语句与迭代器遍历 vector 中的每个元素。

D 行调用的函数 partition 的第 3 个实参是 A 行定义的谓词函数。

执行程序，输出结果如下：

```
Vector v1 is ( 10 1 9 2 0 5 7 3 4 6 8 ).
The partitioned set of elements in v1 is: ( 10 8 9 6 7 5 0 3 4 2 1 ).
```

VS 中重复执行时每次都得到不同结果，DevC++ 中每次都得到相同结果，原因是后者随机数发生器并未正规实现。下面是简化后的编码：

```cpp
int main() {
    vector <int> v1;
    for (int i =0; i <=10; i ++)
        v1.push_back(i);
    random_device rd;
    mt19937 gen(rd());
    shuffle(v1.begin(), v1.end(), gen);
    cout <<"Vector v1 is ( ";
    for (auto y : v1)                                         //A
        cout <<y <<" ";
    cout <<"). " <<endl;
    partition(v1.begin(), v1.end(), [](int v) {return v > 5; });   //B
    cout <<"The partitioned set of elements in v1 is: ( ";
    for (auto y : v1)                                         //C
        cout <<y <<" ";
    cout <<"). " <<endl;
    return 0;
}
```

上面程序中，A 行采用范围 for 循环替代了迭代器遍历，省去了迭代器变量；C 行再次简化。B 行采用 Lambda 表达式描述分割条件，这样就省去了一元谓词函数。简化后的程序中不再需要定义和操作迭代器变量。

此时发现 A 行与 C 行开始的 3 行是冗余编码，可以编写一个 print 函数，调用 for_each 函数遍历各元素：

```cpp
void print(vector <int> &v) {
    for_each(v.begin(), v.end(), [](auto x) {cout <<x <<" "; });
    cout <<"). " <<endl;
}
```

简化编程的效果是消除了传统迭代器的定义和使用，简单清晰且不易出错。

13.4.6　函数对象

C++11 引入函数对象概念。函数对象类就是实现函数调用运算符 operator() 的类，该类的对象是函数对象。函数对象也称为函子(functor)、仿函数。函数对象在调用 STL 算法时用于定制特殊行为。

前面介绍 STL 算法所使用的 Lambda 表达式实际上可转换为一个函数对象。

调用 STL 算法除了迭代器往往还需要函子实参。函子实参有 3 种形式：L 式、函数指针和函数对象。其中函数对象的功能扩展性最强，在被调用时可产生或保存一些附加信息。例如调用 generate 生成一组伪随机数，可直接调用缺省形式：

```
int a[10];
generate(a, a +10, rand);
```

直接调用 rand 函数产生的随机数的范围很大。若所需要假设是 1 ~ 100 的随机数，此时可用一个 L 式来替代 rand 调用：

```
generate(a, a +10, [] {return rand() % 100 +1; });        //Lambda 式做实参调用
```

也可定义一个命名函数，然后用函数指针来调用：

```
int getRand100() {return rand() % 100 +1; }
...
generate(a, a +10, getRand100);                           //函数指针做实参来调用
```

函数指针与 L 式的功能一样，但 L 式本身是匿名函数，省略了函数命名。

若此时要统计生成多少个偶数，又不愿意做一次遍历，并希望在生成时就能完成统计，则用函数指针编程比较复杂，可能要用全局变量，不是好办法。此时可建立一个函数对象类，用成员数据来存储偶数统计数，实现函数调用运算符，在生成数据时进行统计。下面是函数对象类的编码：

```
class MyRand {
    int &evenCount ;                                     //A     引用数据成员
public:
    MyRand(int& count) :evenCount(count) {}              //B     构造函数，参数是引用
    int operator() () {                                  //C     函数调用运算符
        int a = rand() % 100 +1;
        if (a % 2 ==0)
            evenCount ++;                                //D
        return a;
    }
};
```

上面的 MyRand 类是一个函数类，其中 C 行实现了函数调用运算符。

注意到 A 行是一个引用成员，用于保存偶数的统计数量。相应的，B 行构造函数的形参也是一个引用，将一个外部变量的引用赋值给 A 行的引用成员，这样 D 行改变的就是外部变量。下面是函数调用：

```
int evencount =0;
generate(a, a +10, MyRand(evencount));                   //函数对象做实参来调用
cout << "Even count is " << evencount << endl;
```

即先创建函数对象，将外部变量绑定到函数对象，然后再执行 generate 算法。

可以看出，函数对象能保持计算状态，这是函数指针所难以实现的。当需要深入定制 STL 算法调用的计算过程时，就需要函数对象。

13.4.7　vector，deque 和 list

在 STL 容器中，vector(向量)，deque(双端队列)和 list(列表)具有相似性，它们都是管理一个元素序列，加入元素时要确定元素之间的相对位置(元素可以重复)。

1) vector

数学中的向量 vector 是既有大小也有方向的量，因此也称为矢量。STL 中的向量 vector 与数学概念没有关系。一个 vector 管理一个元素序列，**加入和删除元素适合在序列的尾端操作**。也就是说，vector 不适合在序列的头端或中间加入或删除元素。这是因为其内部实现采用连续内存，在头端或中间加入或删除元素将导致后面所有元素都后移或前移，性能低(如图

13.5 所示)。

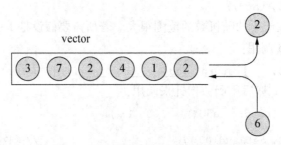

图 13.5 vector 适合尾端加入和删除元素

对于一个 vector，加入一个元素应调用 push_back 将其添加到尾端，用 pop_back 删除尾端元素，而不要调用 insert 来插入元素到任意位置，不要用 erase 函数来删除元素。实际上对大量元素或大对象也不适合排序。

尽管 STL 提供了 valarray 类型表示可变大小的数组，但习惯上仍然将 vector 作为可变大小的数组来使用。第 6.4.1 节介绍了 vector 的简单用法，读者可参阅相关文档。

例 13.12　实现任意行不等列的二维表。

要求：先输入行数 row，然后对每一行先输入列数 col，再输入 col 个整数，循环每一行，创建一个二维表；打印各行各列，并计算各行平均值。

编程如下：

```cpp
#include <iostream>
#include <vector>
using namespace std;
using tab = vector<vector<int>>;

void print(tab& table){
    cout << table.size() << endl;
    for(auto &row : table){
        int sum = 0;
        cout << row.size() << ":";
        for(auto &elem : row){
            sum += elem;
            cout << elem << " ";
        }
        cout << ":avg = " << (float)sum/row.size() << endl;
    }
}
int main(){
    int row = 0;
    cin >> row;
    tab table(row);
    for (int i = 0; i < row; i++){
        int num = 0;
        cin >> num;
        for (int j = 0; j < num; j++){
            int k = 0;
            cin >> k;
            table[i].push_back(k);
        }
    }
    print(table);
    return 0;
```

```
}
```

执行程序，输入及输出结果如下（前 5 行是输入）：

```
4
3 11 12 13
2 21 22
4 31 32 33 34
1 41
4
3:11 12 13 :avg=12
2:21 22 :avg=21.5
4:31 32 33 34 :avg=32.5
1:41 :avg=41
```

2）deque

双端队列 deque 与向量相似，采用连续内存，支持下标随机访问，但只**适合在序列两端加入或删除元素**（如图 13.6 所示）。

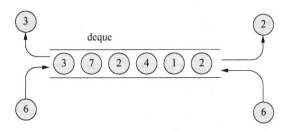

图 13.6　deque 适合在头尾两端加入和删除元素

双端队列具有广泛用途，例如：

（1）超市里排队等待结账的顾客，新加入的顾客一般在队列尾端，而已结账的顾客离开队列一般都在头端。队列中的每个对象都知道自己处于"第几名"，这样就能随机访问。

（2）在用户界面设计中，事件是用户在键盘或鼠标上的操作，而系统处理这些事件总是将它们放在一个队列中，先来先处理。

（3）一台网络打印机可为多名用户提供服务，但打印机要将多名用户提交的多个打印任务形成一个队列，先来先服务。虽然多名用户可并发提交打印任务，而实际上是按队列来处理的，一个打印任务处理完才能继续进行下一个。

相对于 vector，deque 添加了下面两个成员函数：

```
void push_front(const T& x);                    //插入元素 x 作为头元素
void pop_front();                               //删除头元素
```

操作队列元素时，建议不要用 insert 函数将元素插入中间，或者用 erase 将中间元素删除。

3）list

列表 list 也称为线性表、链表（linked list），是基于指针的双向链表，每个元素都知道它前面和后面的元素，适合在任何位置插入或删除元素，但**不支持按下标随机访问**，只能正向或逆向遍历（见图 13.7）。

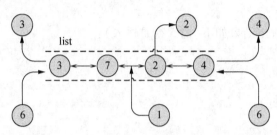

图 13.7 list 适合灵活多样的加入和删除元素

列表具有广泛用途，例如：

（1）购物车上的货物：加入货物时可加入到尾端，并可任选中间一件货物去掉。

（2）一名银行客户拥有多个账户（Account），形成了一个列表：list < Account >。要删除一个账户时，很可能是中间元素，而不是两端元素。

（3）一条公交汽车线路包含了一序列站点（Stop），有可能要在中间插入新站点，也可能在两端延长新站点，而撤销站点也可发生在中间。因此，一条公交线路就是一系列站点的一个列表：list < Stop >。

相对于 vector 和 deque，list 不支持按下标访问，没有 at 或 operator[ ]这样的成员函数。

要在一个 list 中插入元素，可调用下面的 insert 成员函数：

```
iterator insert(iterator it, const T& x = T());              //将 x 插入到 it 之前
void insert(iterator it, size_type n, const T& x);           //插入 n 个 x 到 it 之前
void insert(iterator it, const_iterator first, const_iterator last);
void insert(iterator it, const T * first, const T * last);   //插入序列
```

下面成员函数加强对元素的操作功能：

```
void remove(const T& x);        //删除等于 x 的多个元素，要调用 operator == 和析构函数
void unique();                  //删除相同元素，要调用 operator == 和析构函数
void sort();                    //按升序排序，要调用 operator <
void sort(Pred);                //按二元谓词排序
void reverse();                 //按逆序排列
```

list 中交换两个元素时不需要调用拷贝赋值函数或拷贝构造函数，而是交换元素结点，因此排序性能较高。但注意应调用成员函数 sort，而不要调用 < algorithm > 中的 sort 函数。

list 还提供了实现列表拼接与合并的成员函数：

```
void splice(iterator it, list& x);       //将 x 中元素拼接到 it 前，保持原序，x 中元素删除
void splice(iterator it, list& x, iterator first);          //单个元素拼接到 it 之前
void splice(iterator it, list& x, iterator first, iterator last);        //拼接序列
void merge(list& x);             //有序拼接，x 与当前表都按升序，结果也有序，x 中元素删除
```

成员函数 unique(binPred)作用于一个升序列表，根据二元谓词所描述的条件（相等判断）移除相等元素，剩下不重复的元素构成一个集合 set。算法 < algorithm > 中提供 unique 函数实现相同功能。

list 是双向链表。STL 还提供了 forward_list 单向链表，仅支持正向遍历。

13.4.8　set 和 multiset

集合（set）管理一组不重复的元素，而多集（multiset）中的元素可重复。两者中的元素经常称为键（key）。数学中的集合的元素无序，但 STL 的 set 和 multiset 中的元素都默认按键升序排序，且两者都不支持按下标随机访问。

1）set

set 是一种关联容器，关联的含义是指一个元素是否能加入，以及加入后的位置都受到已有元素的作用。set 的特点是元素不重复且升序排序（见图 13.8）。

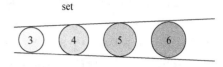

图 13.8　set 元素不重复且升序排序

集合是使用最广泛的容器之一，例如：

（1）车管所管理的机动车号牌组成一个集合，每个号牌都不重复，且按字符升序排序。

（2）一个目录中的多个文件，文件名不重复，按文件名排序。可在任何位置增删文件，也能改变文件名，改变之后按文件名重新排序。

set 中的元素类型应支持 operator < 运算符。用户定义类型需要自行设计，而且应该用友元函数来实现。

加入一个元素 x 时无需考虑其位置，只需调用 insert(x)。set 对插入、删除和查找有特别的优化，因此要在 set 中查找元素时应调用成员函数 find，而不是调用 < algorithm > 中的 find 或 find_if 函数。

下面代码随机产生从 1 到 max 的不重复的整数（从学生名单中随机抽取）：

```
set < int > selected;                                       //创建一个空集
while(1){
    unsigned r = rand() % max + 1;                          //取得一个随机数 r
    if(selected.find(r) == selected.end()){                 //查找 set 中是否已有 r
        selected.insert(r);                                 //若没有则插入元素 r
        cout << r << ":" << plist[r].name << ":" << plist[r].schno << endl;     //输出
        system("pause");
    }
}
```

不要尝试改变 set 中元素的值，因为值改变就会改变其位置，而位置只在加入或删除元素时自动计算；也不要尝试调用 sort 来重新排序。

set 是最简单的关联容器，其成员函数并未提供集合之间的计算，如并集、交集、差集等。可调用 < algorithm > 中提供的一组函数模板来进行集合计算：

① 函数 includes 判断一个容器中的元素是否包含另一个容器的元素，即子集判断；

② 函数 set_union 将两个容器中元素合并，即并集 A∪B；

③ 函数 set_intersection 计算两个容器中的共同元素，即交集 A∩B；

④ 函数 set_difference 计算第一个容器中有而第二个容器中没有的元素，即差集 A – B；

⑤ 函数 set_symmetric_difference 计算对称差，即 A – B∪B – A。

注意调用这些函数要求容器中元素先按升序排序，否则结果不可预知。例如下面函数对两个整数数组 a 和 b 求交集 c，并返回结果元素个数：

```
int getIntersection(int a[], int an, int b[], int bn, int c[]) {
    sort(a, a + an);
    sort(b, b + bn);
    auto it = set_intersection(a, a + an, b, b + bn, c);
    int count = it - c;
    return count;
}
```

set 中元素是有序的，而 unordered_set 是一种无序的版本。

2）关联容器的异构查找

注意到 set 以及关联容器的 find 函数的形参要求一个 Key 类型对象：

```
iterator find(const Key& key);
```

这意味着，如果要找一个姓名为"George"的人 Person，就要先创建一个 Person 对象，设置其姓名为"George"，然后该对象作为实参才能调用 find 函数。这显然是不方便的（此时，用一个 string 来查找更方便）。

C++14 支持关联容器的异构查找。针对所有的关联容器，在调用 find 等成员函数时，允许通过其他类型 P 进行查找，只需该类型 P 和类型 Key 之间可进行比较操作 operator <。按交换律要求有如下两个运算符重载函数：

```
bool operator < (const Key&, const P&);
bool operator < (const P&, const Key&);
```

如对于 Person 类，需要添加两个运算符重载函数：

```
friend bool operator < (const Person & p, const string &str){
    return p.name < str;
}
friend bool operator < (const string & str, const Person &p){
    return str < p.name;
}
```

为保证向后兼容性，这种异构查找只在相应关联容器的比较运算符允许的情况下才有效。意思是在创建容器变量对象时：

```
set < Person, less < >> roster;
```

第二个类型实参 less < > 不可缺少。这样就可调用 find 成员函数来执行异构查找：

```
auto cit = roster.find("George");              //这样查找简单
if (cit != roster.end())
    cout <<"George found" <<endl;
else
    cout <<"George not found" <<endl;
```

关联容器的异构查找支持 set, multiset, map, multimap 的下列成员函数：find, count, lower_bound, upper_bound, equal_range。

VS 支持关联容器的异构查找，DevC++ 尚不支持。

3）multiset

多集（multiset）与 set 相似，区别是元素可重复，但仍保持升序。多集中相同值的元素位置相邻，相近值的元素相对集中（如图 13.9 所示）。

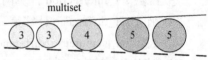

图 13.9　multiset 元素可重复但升序排序

多集中的元素往往来自其他容器，例如将 vector, deque 或 list 中的元素加入到一个多集中，既能保持元素的数量，又自动按升序排序。

多集的类模板与集合并没有多大区别。集合可以看作是多集的元素无重复的一个特例。当两个或多个集合中的元素合并在一起，如果有重复，就是一个多集；如果没有重复，就是一个集合。

对一组对象，如一组人员｛姓名，性别，生日，电话｝，纵向取出某个属性值（如性别或生日），就形成一个多集。

要将一个多集转换或生成一个集合，一般可调用 < algorithm > 中的 unique 函数，也可用 set 构造函数加入多集中的所有元素。

由于多集中的元素可重复，因此一些成员函数呈现出如下一些特点：

（1）成员 find 函数从前向后查找 key，返回迭代器指向第一个等于 key 的元素。例如：

```
const_iterator find(const Key& key) const;
```

（2）成员 count 函数返回的值可能大于 1（对于 set 集合，返回的值最大为 1）。例如：

```
size_type count(const Key& key) const;
```

由于多集允许重复而且自动排序，因此具有广泛用途。在计算过程中，多集（multiset）往往作为原始数据或者中间结果，需要进一步约减（reduce）到集合（set）或映射（map），才能作为最终结果。

下面代码计算一组得分数据（比如体操、跳水之类），先去掉一个最低分和一个最高分，然后求平均分：

```
multiset < int > mm({7, 10, 8, 9, 9, 8, 10});
int sum = 0;
for_each(next(mm.begin()), prev(mm.end()),
    [&sum](auto x) {sum += x; });
cout << "The average is " << (double)sum / (mm.size() - 2) << endl;
```

其中调用了 next 函数使迭代器后移一个元素，调用 prev 函数前移一个元素。

multiset 的元素是有序的，而 unordered_multimap 是一种无序的版本。

13.4.9　map 和 multimap

前面介绍的容器元素都是单个值，而映射表示的是一个键 Key 到一个值 Value 之间的关系。STL 提供了两种映射，即单值映射（map）和多值映射（multimap）。

1）map

我们在第 6.4.2 节简单介绍了 map。一个映射对象包含一组有序对（或对偶）pair < key, value >，一个对偶表示从一个键 key 到一个值 value 的关系。一个 map 容器中的所有的键 key 组成一个集合 set，即键不重复且按升序排序。**映射表示从键到值的一对一或多对一的语义关系。**在一个映射中，从一个键容易得到其对应的值（如图 13.10 所示）。

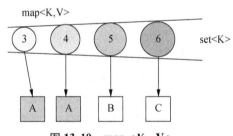

图 13.10　map < K, V >

映射具有广泛用途，例如：

（1）对于一个人员名单｛姓名，性别，出生日期，电话｝，如果在确定范围内姓名是唯一的，那么 < 姓名，性别 >，< 姓名，生日/年龄 >，< 姓名，电话 > 都是映射。

（2）如果一路公交线路作为一个对象 line，对应着一个 list 对象：list < stop >，那么 map < line, list < stop >> 就表示多条公交线路。

（3）一个有效的汽车号牌对应一个人作为其车主。汽车号牌作为键，人作为值，那么从汽车号牌到车主就是一个映射 map < number, person >。如果一个人拥有多辆汽车，就有多个不同的号牌映射到同一名车主，这是一个多对一的映射。

（4）一个投票统计系统中，假定人名按字符串次序排列，而且不重复，每个人名都对应一个得票数，那么从人名到得票数之间的一个映射就是 map < string, int >。

（5）对于任意一个字符串，统计各字符出现的次数就是一个映射 map < char, int >。

在使用映射时，应注意以下要点：

（1）在 map < Key, T > 中定义了从 Key 映射到 T 的 pair < Key, T > 作为其值类型：

```
typedef pair<const Key, T> value_type;
```

其中对偶 pair 的键 Key 不能改变，对应的值可变。如果要改变键就要先删除原对偶，再插入一个新键的对偶。

（2）map 支持下标运算符 operator[ ]，"映射对象[key]"就是键 key 所对应的值 T 的引用。该表达式既可做右值，也可做左值。这也是最简便的一种操作方式。例如：

```
map<string, int> myMap;
myMap["January"]=1;                    //加入 pair<"January", 1>
myMap["February"]=2;                   //加入 pair<"February", 2>
```

注意，用此方式读取一个不存在的键，就会自动添加一个对偶<新键，缺省值>，而且返回。比如：cout <<myMap["Sunday"]将添加新对偶，并返回输出 int 的缺省值 0。

在用一个键 k 来查找映射之前，可用 find 成员函数先查找键 k 是否存在：

```
if (myMap.find("Tom") ==myMap.end())
//未找到
```

（3）对一个 map 可采用范围 for 循环。例如：

```
for (auto const &ps : myMap)
    cout <<ps.first <<":" <<ps.second <<endl;
```

其中 ps 是一个对偶元素，ps.first 是键，ps.second 是对应的值。若两者类型都支持 operator <<，就可如此输出。

但若对一个 map 用范围 for 循环删除某个元素，则编译无错，运行时出错并中止：

```
for(auto &y : myMap)
    if (y.second ==2)
        myMap.erase(y.first);          //希望删除值 =2 的多个元素，运行出错
```

要按照值的条件删除 map 元素，一种可行的办法是先计算一个 set 保存要删的键，再循环调用成员函数 erase(键)。尝试调用 < algorithm > 中的 remove_if 会编译错误。

（4）如果 it 是映射 map < Key, T > 的一个迭代器，那么表达式"* it"是它所指向的一个 pair 元素，"(* it).first"是 Key 型值，"(* it).second"是对应的 T 型值。

若已有一个多集 multiset < T >，要转换到一个映射 map < T, int >，表示多集中每个元素及其出现次数，则下面是一个通用的函数模板：

```
template <class T>                     //从多集转换到映射的通用函数
void multiset2map(const multiset <T> &from, map <T, int> &to) {
    for (auto &y : from)
        if (to.find(y) !=to.end())
            to[y]++;
        else
            to[y]=1;
}
```

下面函数打印任何一种容器中的所有元素，要求元素或键与值都支持 operator <<：

```
template <class T>                     //打印容器中各元素的通用函数
```

```
void print_collection(const T& t) {
    cout << t.size() << " elements: " << endl;
    for (const auto& p : t)
        print_elem(p);
    cout << endl;
}
template <class A, class B>            //打印一个对偶的通用函数
void print_elem(const pair <A, B>& p) {
    cout << " <" << p.first << ", " << p.second << "> " << endl;
}
template <class T>                     //打印一个对象的通用函数
void print_elem(const T & p) {
    cout << p;
}
```

map 中的键是有序的，而 unordered_map 是一种无序的容器版本。

2）multimap

多值映射（multimap）简称多射，其与映射相似，只是键可重复。多射可表示一对多、多对多的语义关系，包含一对一、多对一关系作为其特例。映射（map）相对于多射，也可以称作单射。单射的 <K，V> 逆转就是多射。多射中的键集构成一个多集 multiset < K >（如图 13.11 所示）。多射不支持下标运算符。

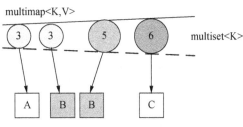

图 13.11 multimap < K，V >

多射有很多用途，例如：

（1）银行客户与账户之间的关系：一个客户 client 作为键，其账户 account 作为值，一个客户可拥有多个账户，而一个账户只对应一个客户，可表示为一个映射 map < account, client >，那么从客户到账户的映射就是**一对多**，可表示为一个多射 multimap < client, account >。

（2）部门与员工之间的关系：一个公司有多个部门，一个部门拥有多名员工作为其成员，而一名成员最多只能属于一个部门。那么，员工到部门之间是一个多对一的单射 map < person, department >，部门到员工就是**一对多**的多射 multimap < department, person >。

（3）学期教学计划中教师与课程之间的关系：一名教师可以讲授多门课程，一门课程也可以由多名教师来讲授。那么，从教师（key）到其所讲授课程（value）之间就是一个**多对多**的多射 multimap < person, course >，而从课程（key）到该课程的授课教师（value）之间也是一个多射 multimap < course, person >。

（4）项目与成员之间的关系：一个项目有多名成员参与，而一名成员可同时参与多个项目，那么这就是两个**多对多**的多射 multimap < project, person >，multimap < person, project >。

（5）公交线路 line 与公交站点 stop 之间的关系：可用 map < line, list < stop >> 表示多条公交线路。一个公交站点 stop 可能有多条经过的线路 line，那么以站点作为键，线路作为值，就是一个**多对多**的多射 multimap < stop, line >。显然后者可由前者推出。

将一个映射 map < K，V > 中的键与值逆转得到一个多射，而一个多射的键与值逆转往往还是一个多射。

例 13.13 实现一个交互式的投票统计过程。

逐个输入各选票上的候选人姓名，要求候选人姓名不重复，选票数量未知；最后统计各姓

名出现的次数作为得票数，并按得票数降序输出。

编程如下：

```cpp
#include <iostream>
#include <set>
#include <map>
#include <string>
#include <algorithm>
using namespace std;
template <class T>
void multiset2map(const multiset<T> &from, map<T, int> &to) {
    for (auto &y : from)
        if (to.find(y) != to.end())
            to[y]++;
        else
            to[y] = 1;
}
int main() {
multiset<string> strs;
    string MyBuffer;
    while (1) {
        cout << "Input name('end' to stop):";
        cin >> MyBuffer;
        if (MyBuffer == "end")
            break;
        strs.insert(MyBuffer);
    }
    map<string, int> nameCount;
    multiset2map(strs, nameCount);              //A      调用函数，将多集转换为映射
    multimap<int, string> mm;
    for (auto const &k : nameCount)
        mm.emplace(k.second, k.first);          //映射转换为多射
    for (auto rit = mm.rbegin(); rit != mm.rend(); rit++)      //多射的逆序
        cout << (*rit).second << " gets " << (*rit).first << endl;
    return 0;
}
```

上面程序中，A 行调用函数将多集转换为单射，然后单射再逆转为多射，最后多射逆序作为结果。

现实中有大量多对多的关联关系，往往从一个方向具有已知条件，需要从另一个方向计算结果，多射通常作为中间结果。

例 13.14 已知一座城市中的多条公交线路及其各个站点，要求计算有哪些站点，以及各站点经过哪些线路，哪一个站点经过线路最多等等。

线路和站点都简化为字符串名称；假设所有站点名称唯一，且在各条线路上都是统一的。

编程如下：

```cpp
#include <iostream>
#include <string>
#include <list>
#include <map>
#include <iterator>
using namespace std;
using Line = list<string>;
using Lines = map<string, Line>;
void print(const Lines &lines) {
    for (auto const &line : lines) {
        cout << line.first << ":";
```

```
            for (auto const &stop : line. second)
                cout << stop << "; ";
            cout << endl;
    }
}
using StopToLine = multimap < string, string > ;
int main () {
    Line line1 = {"s1", "s2", "s3", "s4"};
    Line line2 = {"s5", "s2", "s3", "s6"};
    Line line3 = {"s7", "s3", "s8", "s9"};
    Lines lines = {{"B1", line1}, {"U2", line2}, {"U3", line3}};
    print (lines);
    StopToLine s2l;
    for (auto const &line : lines)
        for (auto const &stop : line. second)
            s2l. emplace (stop, line. first);
    for (auto const &s : s2l)
        cout << s. first << ":" << s. second << endl;
    map < string, list < string >> result;
    for (auto const &s : s2l) {
        if (result. find (s. first) == result. end ()) {
            list < string > ls;
            ls. push_back (s. second);
            result [s. first] = ls;
        } else
            result [s. first]. push_back (s. second);
    }
    print (result);
    return 0;
}
```

执行程序，输出结果如下：

```
B1:s1; s2; s3; s4;
U2:s5; s2; s3; s6;
U3:s7; s3; s8; s9;
s1:B1
s2:B1
s2:U2
s3:B1
s3:U2
s3:U3
s4:B1
s5:U2
s6:U2
s7:U3
s8:U3
s9:U3
s1:B1;
s2:B1; U2;
s3:B1; U2; U3;
s4:B1;
s5:U2;
s6:U2;
s7:U3;
s8:U3;
s9:U3;
```

上面程序中，先用映射表示已知条件，其中每个对偶的值是一个 list < stop >，这样就能表示多对多关联；然后将映射转换为多射，表示站点与线路的对偶；最后将多射转换为单射，作为最终结果。

multimap 中的键是有序的，而 unordered_multimap 是一种无序的容器版本。

13.5 命名空间

所有 STL 容器和算法都定义在 std 命名空间中。当我们要把几个部分(往往来自不同人员或团队)合并成为一个大程序时，往往就会出现命名冲突的问题:类型名、全局函数名、全局变量名等等都可能重名。解决的办法就是把这些名字放在不同的命名空间中，在访问这些名字时使用各自的命名空间作为限定符。

13.5.1 命名空间的定义

命名空间(namespace)是解决大程序中多个元素(如类、全局函数、全局变量等)命名冲突的一种机制。命名空间结构类似文件系统中的目录或文件夹，空间中的成员类似目录中的文件。全局空间相当根目录，一个目录名作为其中多个文件的命名空间，子目录作为嵌套子空间，文件作为该空间中的成员，同时命名空间也对其成员提供作用域。

命名空间的基本规则如下:

① 一个程序所用的多个命名空间在相同层次上不重名;

② 在同一个命名空间内的所有成员名字不重复;

③ 在一个命名空间中可嵌套定义多个子空间。

定义命名空间的语法格式如下:

namespace [<标识符 >]{一组成员}

其中，namespace 是关键字，后面给出一个标识符作为空间名;用花括号括起一组成员，包括类、函数、变量、类型别名等。如果空间名缺省则为无名空间。**无名空间中的元素仅限于本文件中访问**，而全局空间中的成员可被其他文件访问示例。

例 13.15 命名空间的定义和访问。

```
#include < iostream >
using namespace std;
int myInt = 98;                                        //全局命名空间
namespace Example{                                     //定义命名空间 Example
    const double PI = 3.14159;                         //Example 中的变量成员
    const double E = 2.71828;
    int myInt = 8;                        //Example 中的变量成员，隐藏了全局同名变量
    void printValues();                                //Example 中的函数成员的原型
    namespace Inner{                                   //定义嵌套子空间 Inner
        enum Years{FISCAL1 = 2005, FISCAL2, FISCAL3};
        int h = ::myInt;                               //用全局变量进行初始化, 98
        int g = myInt;                                 //用外层成员进行初始化, 8
    }
}
namespace{                                             //定义无名空间
    double d = 88.22;
    int myInt = 45;
}
int main(){                                            //main 只能在全局空间中
    cout << "In main";
    cout << "\n(global) myInt = " << ::myInt;
    cout << "\nd = " << d;
    cout << "\nExample::PI = " << Example::PI
```

```
                 <<"\nExample::E = "<<Example::E
                 <<"\nExample::myInt = "<<Example::myInt
                 <<"\nExample::Inner::FISCAL3 = "<<Example::Inner::FISCAL3
                 <<"\nExample::Inner::h = "<<Example::Inner::h
                 <<"\nExample::Inner::g = "<<Example::Inner::g<<'\n';
        Example::printValues();
        return 0;
}
void Example::printValues(){
        cout <<"\nIn Example::printValues:\n"
                 <<"myInt = "<<myInt
                 <<"\nd = "<<d
                 <<"\nPI = "<<PI
                 <<"\nE = "<<E
                 <<"\n::myInt = "<<::myInt
                 <<"\nInner::FISCAL3 = "<<Inner::FISCAL3
                 <<"\nInner::h = "<<Inner::h
                 <<"\nExample::Inner::g = "<<Example::Inner::g<<endl;
}
```

图 13.12 表示的是例 13.15 所说明的命名空间的结构。

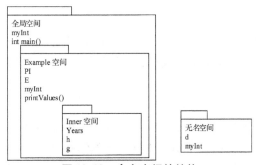

图 13.12　命名空间的结构

描述一个成员的全称要用作用域解析运算符“::”。Example 空间的各成员的全称为

```
Example::PI;
Example::E;
Example::myInt;
Example::printValues();
```

Example::Inner 是一个嵌套空间，Example 是其外层空间，嵌套空间中成员的全称为

```
Example::Inner::Years
Example::Inner::h
Example::Inner::g
```

一个源文件中可定义多个命名空间，一个命名空间也能跨越多个源文件。当包含#include 多个源文件时，会将其中的同名空间进行合并，合并后，若存在同名元素则编译出错。

13.5.2　空间中成员的访问

如何访问某空间中的成员？与访问文件系统中的文件相似，可用相对路径，也可用全路径。所谓全路径就是把全部路径名作为文件名的限定符。

在当前空间中访问一个名字 k，在编译时要确定被访问实体，有以下 3 种形式：

（1）**限定名形式**：“空间名::k”。在当前空间的限定嵌套空间中查找 k，相当于相对路径。如果在嵌套空间中未找到成员 k，就将该空间名作为全路径的空间名再查找成员 k，如果仍未找到，就给出错误信息。

（2）**全局限定形式**："::k"。先查全局空间，再查无名空间，如果未找到就出错。

（3）**无限定形式**："k"。按局部优先原则，先在当前空间中查找；如果未找到，就向外层空间找，逐层到全局空间；如果未找到，就从导入空间（using 导入）中查找。如果在全局空间与导入空间中存在重名 k，就指出二义性错误。如果未找到，k 就是一个错误名字。

如果要多次访问某个空间中的成员，而成员名前面总是挂上一串空间名很麻烦，此时可用 using namespace 语句来导入（import）一个命名空间。其格式如下：

```
using namespace [::][空间名::]空间名;
```

其中，using 和 namespace 是关键字，然后指定一个空间名或者一个嵌套空间名。例如：

```
using namespace std;
```

导入空间名"std"。所有标准 C++ 库都定义在 std 中，如标准模板库 STL 与 IO 库。

导入空间语句仅在当前文件中有效。在一个文件中可有多条导入语句。

实际上，一个无名空间的定义隐含着以下两条语句：

```
namespace unique{...}
using namespace unique;
```

其中，unique 是系统隐含的唯一空间名。导入命令使无名空间的成员仅能在本文件中以无限定形式访问。如果只导入某空间中某个成员，而不是全部成员，按下面格式说明：

```
using [::]空间名::成员名;
```

对于命名空间的使用，应注意以下要点：

① 尽量使全局空间中的成员最少，这样发生冲突的可能性就会减少；

② 空间的命名应作为设计的一部分，应反映自然结构，而不仅仅是为了避免命名冲突；

③ 二义性往往发生在全局空间和导入空间中的同名成员用无限定形式来访问时。

13.5.3　inline 命名空间

C++ 11 用 inline 修饰一个命名空间，该空间中的成员同时作为其外层空间直接包含的成员。inline 空间一般是嵌套空间，其效果就是成为其外层的一个"缺省"空间。例如：

```
namespace Mine{
    namespace V98 {
        void f(int a) {cout << "V98" << endl; }
    }
    inline namespace V99 {                              //A
        void f(int a) {cout << "V99" << endl; }
        void f(double) {}
    }
}
int main() {
    using namespace Mine;
    V98::f(1);                                          // V98
    V99::f(1);                                          // V99
    f(1);                                               //B    V99
    return 0;
}
```

上面程序中，A 行说明 V99 是 inline 空间，而 B 行用非限定方式调用的函数 f 就是来自这个 line 空间。

用 inline 修饰的函数称为内联函数,详见第 5.9.1 节。

小　　结

(1) 模板编程的目的就是消除重复编码,提高复用性。通用性编程又称为泛型编程。

(2) 模板包括函数模板、类模板和别名模板(如表 13.12 所示)。

表 13.12　模板总结

模板类别	定义	实例化结果	实例化方式
函数模板	带模板形参的函数: ① 非成员函数模板; ② 成员函数模板	函数: ① 非成员函数; ② 成员函数	隐式实例化:从实参推导模板实参; 显式实例化:指定实参; 显式特例化:指定实参并重定义函数体
类模板	带模板形参的类:嵌套 类模板	类:嵌套类	实例化:指定实参; 显式特例化:指定实参并重定义类体
别名模板	带模板形参的类型别名	类型别名	指定实参

(3) 函数模板是第 5 章常规函数的延伸,类模板是第 7 章结构和第 9 ~ 11 章类的延伸,别名模板是类型别名的延伸。基于模板的泛型编程属于高级编程,也是最复杂编程。

(4) 标准模板库 STL 中的头等容器和算法可简化编程,提高编程效率。

(5) 最后简单介绍了命名空间与 C++ 11 的 inline 空间。

练　习　题

1. 假设有函数模板 T fun < T > (T t1, T t2),下面调用错误的是＿＿＿＿。

   (A) fun (3, 4)

   (B) fun (3, 4.4)

   (C) fun < double > (3, 4.4)

   (D) auto f = fun < double > ; f (3, 4.4);

2. 假设有如下语句:

   ```
   void func() {cout << "f1" << endl; }
   template < class T > void func() {cout << "template f" << endl; }
   template void func < double > ();
   ```

   下面调用错误的是＿＿＿＿。

   (A) func();   (B) func < int > ();

   (C) func < double > ();   (D) func < > ();

3. 假设有如下语句:

   ```
   template < class T >
   void f1(T * t) {cout << " * t = " << * t << endl; }
   template < class T >
   void f1(T t) {cout << "t = " << t << endl; }
   template < class T >
   void f1(T& t) {cout << "&t = " << t << endl; }
   int i = 3, a[4];
   ```

   下面调用错误的是＿＿＿＿。

   (A) f1(i);   (B) f1(&i);   (C) f1(a);   (D) f1(3)

4. 下面程序中会导致编译出错的是_____行。

```cpp
#include <iostream>
#include <type_traits>
using namespace std;
class Base {};
class Derived : public Base {};
struct Another {};
template <class T>
void fun(T& t) {
    static_assert(is_base_of<Base, T>::value,
        "T is not a Base or its subclass");
    cout << "init success" << endl;
}
int main() {
    cout << boolalpha << is_base_of<Base, Derived>::value << endl;
    Derived d; fun(d);                              //A
    Base b; fun(b);                                 //B
    Another a; fun(a);                              //C
    int c = 22; fun(c);                             //D
    return 0;
}
```

5. 下面代码中实例化的 R 类型为 int 的是_____行。

```cpp
template <class R = int, class U, class V>
R add(U x1, V x2) {return x1 + x2; }
int main() {
    cout << add(3, 4) << endl;                      //A
    cout << add<double>(3, 4) << endl;              //B
    cout << add<double, int>(3, 4) << endl;         //C
    cout << add<double, int, float>(3, 4) << endl;  //D
    return 0;
}
```

6. 下面代码的运行结果是_____。

```cpp
template <class T>
void func(T t1) {cout << "tmpl:" << t1 << endl; }
void func(double d) {cout << "no tmpl:" << d << endl; }
int main() {
    func('A');
    func(3.3);
    func(3);
    func(3.3f);
    return 0;
}
```

7. 下面代码的运行结果是_____。

```cpp
template <class T> void f(T t) {cout << "generic:" << t << endl; }
template < > void f<char>(char c) {cout << "char:" << c << endl; }
template < > void f(double d) {cout << "double:" << d << endl; }
void f(double d) {cout << "common double:" << d << endl; }
int main() {
    f(3);
    f('A');
    f(3.4);
    f<double>(4.5);
    return 0;
}
```

8. 下面代码的运行结果是_____。

```cpp
void f(int, int) {cout << "f(int, int)" << endl; }
void f(char, char) {cout << "f(char, char)" << endl; }
```

```
template <class T1, class T2 >
void f(T1, T2){cout << "void f(T1, T2)" << endl; };
int main(){
    f(1, 1);
    f('a', 1);
    f < int, int > (2, 'a');
    long lv = 0;
    short s = 2;
    int i = 0;
    f(lv, i);
    f(s, i);
    return 0;
}
```

9. 设计一个函数模板，打印任意整数类型的二进制数据。要求每个字节之间用一个空格分割，调用时仅允许整数类型实参。

10. 设计一个函数模板，计算组合数 $C(n, k)$，其中 n 和 k 是任一类型 T 的正整数，且 $n \geqslant k > 0$，结果类型为 T。要求能正确计算 $C(24, 4)$，并尽可能减少乘法与除法的计算次数，以提高计算性能。

11. 设计一个函数模板计算 a^n，其中 a 可以是整型、浮点型、分数 Fraction(事先定义)，n 是不小于 0 的整数。如果 a 是整型，结果就应为整型。要求尽可能减少乘法次数。

12. 设计一个非成员函数模板 operator ++ (T a)，其中 a 可以是整型、浮点型、字符 char 型、分数 Fraction (事先定义)。若 T 是整型、浮点型、分数就加 1；若是字符型，且是字母，就按 $A \to B, \ldots, Z \to A$ 规律实现加 1。

13. 设计一个矩阵类模板 TMatrix < T >，可实现任意行、任意列矩阵。要求用运算符函数实现判等 == ，加法 + ，减法 − ，乘法 * ；支持拷贝和移动；并尝试用第 12 题设计的分数 Fraction 作为矩阵元素类型，完成测试与调整，使其能协调工作。

第 14 章　输入输出流

输入/输出(Input/Output，即 I/O)是指程序与计算机外部设备之间所进行的信息交换。输出就是将对象或值转换为一个字节序列后在设备上输出，如显示器、打印机；输入就是从输入设备上接收一个字节序列，再将其转换为程序能识别的格式赋给对象或值。接收输出数据的地方称为目的(target)，输入数据的来源称为源(sourse)。I/O 操作可以看成是字节序列在源和目的之间的流(stream)。将执行 I/O 操作的类称为流类，而实现流类的体系称为流类库。C++ 提供了功能强大的流类库。本章主要介绍流类库提供的格式化I/O 和文件 I/O。

14.1　概述

虽然 C++ 语言没有专门的 I/O 语句，但提供了 3 套 I/O 函数库或类库。第 1 套是用 C 语言实现的 I/O 库函数(大多定义在 < stdio. h > 和 < conio. h > 中)，在 C++ 程序中可以用但不推荐；第 2 套是 I/O 流类库，在非 Windows 编程中推荐使用(前面章节就使用它)；第 3 套是为 Windows 编程提供的 I/O 类库。本章主要介绍第 2 套 I/O 流类库。

14.1.1　流

计算机系统I/O 设备繁多，不同 I/O 设备的操作方式不同。为了简化操作，C++ 提供了逻辑设备这一抽象概念。逻辑设备的操作方式是相同的，如从逻辑设备读取数据，将数据写入逻辑设备等，按照相同方式操作可以简化 I/O。由于逻辑设备采用统一的操作方式，因此程序员容易理解和使用。将逻辑设备的 I/O 操作转换成物理设备的 I/O 操作是由 I/O 流自动完成的。例如，同一个写操作可以实现对一个磁盘文件的写操作，也可以实现将输出信息送显示器显示，还可实现将输出信息送打印机打印。

流可分为文本流(text stream)和二进制流(binary stream)。

(1) 文本流

文本流是一串按特定字符规范编码的字符流，除了最通用的 ASCII 之外，还有Unicode，GB2312，GBK 等规范。凡是用 Windows 记事本能正确显示的文件都是文本文件，例如源程序(如 . h. 和 cpp 文件)，以及 HTML，XML，txt 文件都是文本文件。文本文件的最后一个字节可以是 0 值，而中间其他地方不能有 0 值(0 值是作为文本文件结尾标志)。文本文件可作为文本流直接输出到显示器或打印机。

(2) 二进制流

二进制流是以二进制形式存储的数据。例如，可执行文件(如 . exe 文件)、目标文件和库文件(如 . obj，. lib，. dll 文件)、多媒体文件(如 . jpg，. mp3，. avi 文件)、文档文件(如 . doc，. xls，. ppt 文件)都是二进制文件。这种流在数据传输时不需做任何变换，但不能直接输出到显示器或打印机，往往需要特殊程序处理。

为何要区分文本流和二进制流？原因是对它们的处理方式不同。文本流的基本单位是字符，字符要符合一定编码标准和格式控制，文本流表示一个 int 整数从 1 个字符到 11 个字符不等；而二进制流的基本单位是字节，一个 int 值固定占用 4 个字节，依据内存数据标准，处理二进制流与处理内存数据基本一样。

流是按前后次序进行操作的。这意味着，要在流的前面或中间插入一个数据，或者删除流中已输出的某个数据都是很困难的，甚至不可行。对于文件流，利用随机访问能更改或覆盖文件流中的已有数据，但不能插入或删除。

14.1.2　文件

流是 C++ 对所有 I/O 设备的逻辑抽象，而文件(file)是对具体设备的抽象。例如一个源程序是一个文件，一个键盘、一台显示器、一台打印机也可分别看作一个文件，而磁盘文件是一种具体的文件。把设备看作文件来读写，就能用统一的文件操作方式来实现不同设备的 I/O，以简化流的操作。

对不同类型的文件可进行的操作不同。例如对于磁盘文件，可将数据写入文件中，也可以从文件中取出数据；对于打印机文件，只能输出而不能输入；而对于键盘文件，只能输入而不能输出。

输入也被称为读取或读入，输出也称为写出。

14.1.3　缓冲

系统在内存中开辟一个专用区域用来临时存放 I/O 数据，这种 I/O 专用的存储区域称为缓冲区(buffer)。输入输出流可以是带缓冲的流，也可以是不带缓冲的流。

(1) 对于无缓冲的流，一旦将数据送入流中系统立即进行处理，反应快但处理大批数据的性能比较低。

(2) 对于带缓冲的流，只有当缓冲区已满或执行 flush 控制符或函数时，系统才对流中的数据进行处理。带缓冲的流适合处理大批量数据。大多数流都是带缓冲的，如磁盘文件一般都是带缓冲的流。

引入缓冲区可大大减少 I/O 实际操作次数，从而提高了系统的整体效率。但如果对缓冲区操作不当，也会带来错误或遗漏。

14.2　基本流类

基本流类由一组类模板形成继承结构，再由一组类型别名，加上 8 个标准输入输出对象，从而组成基本流类的结构。本节介绍基本流类的结构和分类、预定义标准对象、流的格式控制与错误处理。

14.2.1　基本流类体系

基本 I/O 流类体系如图 14.1 所示。图中表示了各种类模板的继承关系，用空心箭头从派生类指向基类；用实心箭头从类型别名指向类模板，表示由类模板显式实例化或特例化定义的类型别名。图中还表示了常用的几个对象，如 cin, cout 等。

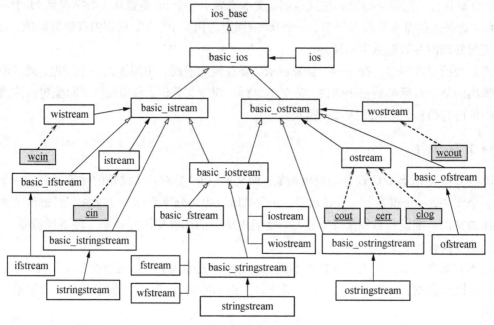

图 14.1　I/O 基本流类体系

I/O 流类型大致可分为 3 部分：

① 左边以 basic_istream 为基类的**输入流**，从源到内存的字节流，写入或插入；

② 右边以 basic_ostream 为基类的**输出流**，从内存到目标的字节流，读出或提取；

③ 中间以 basic_iostream 为基类的**输入输出流**，同时支持读写。

输入流与输出流的类型结构基本对称，其中：

（1）带 basic_ 前缀的都是**模板类**，所有数据成员、成员函数、构造函数、运算符函数等都定义在其中。这些模板类形成流类体系的主干。

（2）带 f 名称的都是**文件流**，例如 ifstream, ofstream, fstream 分别是文件输入流、文件输出流和文件输入输出流，处理磁盘文件的打开、读或写、关闭等。如果要处理磁盘文件，应包含 < fstream >。

（3）带 w 名称的都是**宽字符流**，例如 wistream, wostream, wiostream, wfstream 等都是处理 wchar_t 字符的流，适合处理中文或中英文混合文本。

（4）带 stringstream 的都是**串流**，例如 istringstream, ostringstream, stringstream 等都是处理字符数组的流。串流仍在内存，且一个串可对应多个内存变量。输入串流是从一个串中解析出多个变量，输出串流是将多个变量编码成为一个串(应包含 < sstream >)。

当我们要使用某种类型时，应先找最具体类型。当确定具体类型后，其直接间接的基类也就找到了。头文件 < iostream > 中包含了上面大部分类型。

14.2.2　预定义标准对象

I/O 流类库中定义了 8 个标准对象，即窄字符 cin, cout, cerr 和 clog，宽字符 wcin, wcout,

wcerr 和 wclog，提供了最基本的输入输出，操作键盘和显示器，以字符流实现 I/O。只要包含
<iostream> 就可使用这些对象（如表 14.1 所示）。

表 14.1　预定义标准对象

名称	功能	是否可重定向	缓冲	关联对象
cin, wcin	标准输入，缺省为键盘	可以	全缓冲	stdin
cout, wcout	标准输出，缺省为显示器	可以	全缓冲	stdout
cerr, wcerr	标准错误输出，关联显示器	不可	受限缓冲	stderr
clog, wclog	标准日志输出，关联显示器	不可	全缓冲	stdout

流是抽象概念，在进行实际 I/O 操作前必须将流与某种具体物理设备联系起来。流 cin 和
cout 在缺省情况下分别关联键盘和显示器，流 cerr 和 clog 缺省关联显示器。

标准流通过重载运算符 >> 和 << 来实现 I/O 操作。输入操作是从流中**提取**一个字符序
列，为此将运算符 >> 称为**提取运算符**；输出操作是向流中**插入**一个字符序列，因此将运算符
<< 称为**插入运算符**。cin 和 wcin 用 >> 实现数据输入，其余标准流用 << 实现数据输出。

这些标准流在进行 I/O 时，自动完成数据类型的转换。对于输入流，要将输入的字符序
列根据变量的类型转换为内部格式的数据再赋给变量；对于输出流，将要输出的数据转换成字
符序列后再输出。

例 14.1　4 种标准流对象的使用示例。

```
#include <iostream>
#include <cmath>
using namespace std;
int main(void){
    int x;
    cout << "输入 x = ";
    cin >> x;
    if (x < 0)
        cerr << "输入的是负数，不能开平方" << endl;
    else
        clog << "x 的平方根为:" << sqrt(x) << '\n';
    return 0;
}
```

上面程序中用户输入的字符串要先转换为一个 int 值，计算平方根之后得到一个 double
值，再转换为一个字符串显示出来。这些转换都隐藏在程序的背后，简化了编程。

14.2.3　流的格式控制

流的格式控制符（manipulator）用来指定输入输出的格式。例如在输出一个整数时，可指
定以八进制、十进制或十六进制输出，以及指定输出数据占用的宽度（字符个数）。

流的格式控制适用于文本流。I/O 流库提供了许多格式控制，表 14.2 列出了常用的预定
义的格式控制符。

表 14.2 常用预定义格式控制符

控制符名称	功能	适用于
dec	十进制，默认	I/O
hex	十六进制	I/O
oct	八进制	I/O
binary	设置流的模式为二进制 (关联 filebuf)	I/O
text	设置流的模式为文本、缺省 (关联 filebuf)	I/O
boolalpha	对 bool 值按 true, false 输入输出	I/O
endl	插入一个换行符	O
ends	插入字符串结束符 NULL, 仅用于 ostrstream 对象	O
flush	刷新流，将缓冲区中的数据进行处理并清除	O
ws	跳过前面输入的空格和 Tab	I
以下是带参控制符	**要使用下面控制符，须包含 < iomanip >**	
setioflags(long)	设置指定的标志 (参见表 14.3)	I/O
setbase(int X)	设置整数的 X 进制	
resetioflags(long)	取消指定的标志 (参见表 14.3)	I/O
setfill(int)	设置填充字符，缺省为空格，作为分隔符	O
setprecision(int)	设置浮点数显示精度，缺省为 6 位；四舍五入； 对于科学表示法和定点表示法，指的是小数点后位数； 对于自动格式，指的是总位数。 DevC++ 有所不同，科学法与自动格式都是指总位数	O
setw(int)	设置下一项数据的显示宽度 (域宽)，左边填空格或 setfill (字符)。仅对下一次输出有效	O
get_money(paras)	从一个流中按指定格式提取一个金额	I
get_time(paras)	从一个流中按指定格式将一个 time 值提取出来	I
put_money(paras)	把一个金额值按指定格式插入到一个流中	O
put_time(paras)	把一个 time 值从一个结构按指定格式写到一个流中	O
quoted(paras)	C++14 将一个串的前后多个空格去掉	I/O

表 14.3 列出流的控制标记，以 setioflags(ios::X) 或 resetioflags(ios::X) 方式使用。

表 14.3 流的控制标记

名称	功能
skipws	跳过输入的空格
boolalpha	对 bool 值按 true, false 输入输出
left	左对齐，右边加入填充字符
right	右对齐，左边加入填充字符，缺省

续表 14.3

名称	功能
internal	居中，左右填充字符
dec	十进制，缺省，可用控制符设置
oct	八进制，可用控制符设置
hex	十六进制，可用控制符设置
showbase	显示基数，对十进制没作用，对十六进制用 0x 开头，对八进制用 0 开头
showpoint	显示十进制数点，以及浮点数中的尾零
uppercase	十六进制中显示大写 A ~ F，科学表示法中用大写 E
lowercase	十六进制中显示小写 a ~ f，科学表示法中用小写 e
showpos	对正数显示符号 +，缺省不显示
scientific	浮点数的科学表示法
fixed	浮点数的定点表示法
unitbuf	每次插入后都刷新流
stdio	对 stdout 和 stderr 每次插入后都刷新流

例 14.2　格式控制符示例。

```cpp
#include <iostream>
#include <iomanip>
using namespace std;
int main(void){
    int a =256, b =128;
    cout << "a = " << setiosflags(ios::showbase) << setw(8) << a << endl;   //A
    cout << "b = " << b << '\n';
    cout << "a = " << hex << a << endl;                                      //B
    cout << "b = " << oct << b << '\n';                                      //C
    float f =12345678;
    double d =87654321, d2 =3.1415926;
    cout << "f = " << f << endl;
    cout << "d = " << setiosflags(ios::fixed) << d << endl;
    cout << "d2 = " << d2 << endl;
    cout << "d2 = " << setprecision(3) << d2 << endl;
    return 0;
}
```

执行程序，输出结果如下：

```
a =      256
b =128
a =0x100
b =0200
f =1.23457e +07
d =87654321.000000
d2 =3.141593
d2 =3.142
```

上面程序中，A 行指定输出 a 值的域宽为 8 个字符，下面的 b 值按缺省的域宽输出；B 行指定 a 值按十六进制输出，以"0x"开头；C 行指定 b 值按八进制输出，以"0"开头。setw 设置的域宽仅对其后一次插入有效，而 hex，dec，oct 的设置会一直延续到下一次数制设置。

除了格式控制符之外，类 ios_base 还提供了一组公有成员函数来管理标记和格式控制：

① 函数 flags 用来读取或设置标记字；

② 函数 setf 用来设置标记；

③ 函数 unsetf 用来取消标记；

④ 函数 precision 用来设置浮点数的显示精度；

⑤ 函数 width 用来设置或读取域宽；

⑥ 函数 imbue 改变本地标记，对于宽串的 wcin、wcout 有用；

⑦ 函数 getloc 返回存储的本地 locale 对象。

以上介绍的内容不仅可用于键盘、显示器的输入输出，也可用于二进制文件的输入输出。

14.2.4 流的错误处理

在 I/O 过程中可能发生各种错误，例如希望输入一个浮点数，但输入的字符串却不能转换为一个浮点数。当发生错误时，可利用 ios_base 类提供的错误检测功能来检测发生错误的原因和性质。类 ios_base 中定义的数据成员 iostate 记录 I/O 的状态：

```
goodbit;                            //输入/输出操作正常
eofbit;                             //已到达流的尾，也就是文件尾
failbit;                            //输入/输出操作出错
badbit;                             //非法输入/输出操作
```

在 I/O 过程中，状态为 goodbit 时，表示当前流的 I/O 正常。

状态为 eofbit 时，表示从输入流中取数据时已读到文件尾，不能再读取。

状态为 failbit 时，表示 I/O 过程中出现了错误，例如希望输入一个整数，但流中的字符串却不能转换为一个整数。如果打开文件失败，也将设置为 failbit。

状态为 badbit 时，表示非法的 I/O 操作，例如尝试写入到只读文件中，或从只写文件中读取数据。

流在每次 I/O 操作之后，都根据本次操作情况来设置状态位。程序中可用 ios_base 公有成员函数来读取状态，并根据不同状态作出相应处理。这些成员函数如下：

```
int rdstate() const               //读取 I/O 状态字
void clear(int _i = 0)            //清除流中的状态字
int good() const                  //是否正常
int bad() const                   //是否是非法 I/O 操作
int eof() const                   //是否读到流的尾部
int fail() const                  //是否是非法操作或操作出错
```

在执行每次 I/O 操作后，就应立即检测是否发生了某种错误。如果发生了 I/O 错误，就要对错误作出处理，最后用函数 clear 来清除流中的错误，以便进行下一个 I/O 操作。

例 14.3 输入错误的处理示例。

下面程序尝试输入一个整数，却可能因输入了字符、标点或其他符号而失败；又尝试重新输入，但却导致死循环。

```
#include <iostream>
using namespace std;
    int main(void){
    int i;
    cout << "输入一个整数:";
    cin >> i;                                               //A
```

```
    while (!cin.good()){
        cin.clear();                                    //B
        cout << "输入错误, 重新输入一个整数:";
        cin >> i;                                       //C
    }
    cout << "num = " << i << '\n';
    return 0;
}
```

执行上面程序时, 如果输入了非整数形式(例如"b67")的字符串就会导致 while 死循环。原因是 cin 是带缓冲的, 当读取缓冲区内容发现错误时, 缓冲区中的内容并没有被自动清除。B 行仅清除了出错标记, 没有清除输入缓冲区中导致出错的字符串。这样当 C 行重新要求输入时, 缓冲区中的内容又被读出尝试转换为整数, 因此再次失败。

该问题的一种解决办法是在检测到输入错误时清空缓冲区中的内容, 使 cin >>i 等待键盘重新输入。编程如下:

```
#include <iostream>
using namespace std;
int main(void){
    int i;
    char buffer[80];                                //添加一个字符数组
    cout << "输入一个整数:";
    cin >> i;
    while (!cin.good()){
        cin.clear();
        cin.getline(buffer, 80);                    //清空输入缓冲区
        cout << "输入错误, 重新输入一个整数:";
        cin >> i;
    }
    cout << "num = " << i << '\n';
    return 0;
}
```

当出现 I/O 错误时, 调用 getline 函数将输入缓冲区中的内容读入到一个字符数组 buffer 之中, 这样缓冲区中内容就被清空, 然后就能接收键盘重新输入。函数 getline 是 istream 的一个成员函数, 下一节将介绍。

14.3　标准输入/输出

标准 I/O 可以分为三大类, 即字符类、字符串类和数值(整数、浮点数)类。类 istream 通过重载 >> 运算符实现不同类型数据的输入, 类 ostream 通过重载 << 运算符实现不同类型数据的输出。

14.3.1　cin 输入要点

在 C++ 中, 通常利用 cin 实现不同类型数据的输入。下面我们通过示例来说明使用 cin 时应注意的事项。

例 14.4　cin 的示例。

```
#include <iostream>
using namespace std;
int main(){
    int i, j;
```

```
        cout << "输入一个整数(十进制):";
        cin >> i;                          //提取十进制数
        cout << "输入一个整数(十六进制):";
        cin >> hex >> j;                   //提取十六进制数
        cout << "i = " << hex << i << '\n'; //按十六进制输出
        cout << "j = " << oct << j << '\n'; //按八进制输出
        return 0;
}
```

程序执行时,需要输入两个整数,可以在一行内输入(用空格或 Tab 分开),也可以分为两行输入,程序都能正确执行。例如,用一行输入:

```
输入一个整数(十进制):45 ff
输入一个整数(十六进制):i = 2d
j = 377
```

在要求输入第二个整数时,直接从缓冲区中读取 ff,而没有等待键盘输入。如果第一个输入错误,第二个输入也是错误的。再次执行程序:

```
输入一个整数(十进制):a4 ff
输入一个整数(十六进制):i = cccccccc
j = 31463146314
```

输入第一个整数出错,变量 i 被赋予 0,导致提取第二个字符失败,j 未被赋值,因此 j 的值为随机值。

在使用 cin 输入数据时,要注意以下要点:

(1) cin 是缓冲流,键盘输入的数据先送到缓冲区中,当输入换行符(Enter 键)时系统才开始进行提取数据,只有把输入缓冲区中的数据提取完后才等待键盘输入。

(2) 缺省情况下,将空格键、Tab 键、Enter 键作为数据之间的分隔符,在输入两个数据时可用一个或多个分隔符将数据分开。例如:

```
char c1, c2, str1[80];
cin >> c1 >> c2 >> str1;
```

输入给变量 c1 和 c2 的字符不能是分隔符,输入给 str1 的字符串中也不能包含分隔符。

(3) 输入的数据类型必须与要提取的变量类型相一致,否则就会出错。但这种错误只是在流的状态标志字中置位,并不终止程序的执行。如果程序中没有及时检测处理,就会导致数据不正确。尤其是当输入一个整数 int、浮点数 float 或 double 时,都可能因字符串转换而出错,对这样的操作每次都应及时进行错误检测和处理。

14.3.2　输入操作的成员函数

用提取运算符 >> 不能提取分隔符,如空格、Tab 和换行符。如果要提取这些分隔符,就要调用 basic_istream 的成员函数。

表 14.4 列出了一组 get/getline 函数,用来提取单个字符或字符串,可输入空格或 Tab 字符,用回车结束输入并开始提取。

表 14.4　get 与 getline 函数

函数名	说明
int get()	从输入流中提取单个字符并返回
basic_istream& get(char &);	从输入流中提取单个字符并存入形参引用中,返回当前输入流

第 14 章　输入输出流

函数名	说明
`basic_istream & get(char * a, int n, char delim = '\n');`	从输入流中提取最多 n 个字符，或读到 delim 字符(缺省为换行符，即 Enter 键，不提取)，或者到文件尾 EOF，读入的字符放入 a 数组中，并用 null 结尾。返回当前输入流
`basic_istream & getline(char * a, int n, char delim = '\n');`	从输入流中提取最多 n 字符，或读到 delim 字符(缺省为换行符，即 Enter 键，提取出来)，或者到文件尾 EOF，字符放入 a 所指数组中，并用 null 结尾

EOF 表示 end of file，即文件结尾，在头文件中定义为一个宏，值为 −1。如果要从键盘输入 EOF，按 Ctrl + Z 键。如果输入流读到文件尾，那么 ios∶∶eof( )返回 1，此时从该输入流中就不能再提取字符或数据。所有返回 basic_istream& 的 get 和 getline 函数，包括提取运算符 >>，如果读到文件尾，就返回 0。

前 2 个 get 函数可提取分隔符；第 3 个 get 函数不提取指定的 delim 字符(缺省为换行符)，也不保存；第 4 个 getline 函数将提取输入流中的 delim 字符，但不保存该字符。

例 14.5　使用 get 和 eof 示例。

```
#include <iostream>
using namespace std;
int main(){
    char c;
    cout << "before input, cin.eof() is " << cin.eof()
        << "\nenter a sentence followed by eof(Ctrl + Z)\n";
    while((c = cin.get()) != EOF)
        cout << c;
    cout << "\nEOF in this system is " << (int)c;
    cout << "\nafter input, cin.eof() is " << cin.eof() << endl;
    return 0;
}
```

执行程序，前 2 行是输出，第 3 行输入一个串：

```
before input, cin.eof() is 0
enter a sentence followed by eof(Ctrl + Z)
testing get() and eof
testing get() and eof
^Z

EOF in this system is -1
after input, cin.eof() is 1
```

当执行 get( )函数时，可以输入一个串，以换行结束输入并开始提取。由于 get( )函数可提取换行符，因此可输入多行字符串，直到输入了 EOF，即 Ctrl + Z 加 Enter，停止循环。此时 cin.eof( )函数返回 true，表示 cin 流到达文件尾。

例 14.6　使用 get 和 getline 示例。

```
#include <iostream>
using namespace std;
int main(void){
    char c, a1[80];
    cout << "testing get(char *, int), enter a sentence followed by enter\n";
    cin.get(a1, 80);
    c = cin.get();                          //A    提取换行符
    cout << "the sentence is ";
    cout << a1;
```

```
    cout << "\ntesting getline, enter a sentence followed by enter\n";
    cin.getline(a1, 80);
    cout << "the sentence is ";
    cout << a1 << endl;
    return 0;
}
```

执行程序，第 1 行是输出，第 2 行输入一个串 testing get，第 5 行再输入一个串：

```
testing get(char *, int), enter a sentence followed by enter
testing get
the sentence is testing get
testing getline, enter a sentence followed by enter
testing getline
the sentence is testing getline
```

上面程序中，A 行的 cin.get()用来提取前面 get 调用所输入的换行符。如果缺少此语句，下面的 getline 函数在执行时，因缓冲区已有回车键而读到一个空串，就直接返回了。

使用 get/getline 成员函数时要注意以下两点：

（1）用 get 函数提取单个字符或一个串时要输入换行符来启动提取，而缓冲区中的换行符需要单独提取（A 行就是提取换行符）；

（2）用 getline 提取字符串时，当实际提取的字符个数小于第 2 个形参指定的字符个数时，则将输入流中的 delim 字符也提取出来，但不保存。

除了 get 和 getline 之外，还有其他输入函数，读者可参考相关文档。大部分输入成员函数不仅能用于键盘输入，也可用于其他输入，如磁盘文件的读入。

程序中往往要输入带格式的多个数据（例如 3 + 5 = 8），一行表示一个算式，判断是否正确。此时就不能用类似 cin >> a >> op >> b;的输入方式，而要调用 sscanf 或 sscanf_s 函数，从已输入的一个串中提取多个整数和运算符。例如：

```
char ss[20];
cin >> ss;                              //先输入一行
int a, b, c;
if (sscanf_s(ss, "%d + %d = %d", &a, &b, &c) == 3) {     //再调用函数提取 3 个整数
    cout << a << " + " << b << " = " << c;
    cout << boolalpha << (a + b == c) << endl;
}
```

注意 VS 要求调用 sscanf_s 函数（xxx_s 是安全函数），DevC++ 调用 sscanf 函数。第 1 个形参是一个串，第 2 个形参是格式控制串，第 3 个开始是可变参数，表示从串中提取出来的 1 个或多个数据。函数返回实际提取的数据个数。读者可参照相关文档来掌握函数用法，它可简化带复杂格式的多数据输入处理。

14.3.3　cout 输出要点

C++ 的标准输出流对象是 cout，cerr 和 clog，按下面格式输出：

（1）输出整数时，缺省设置为数制为十进制、域宽为 0、数字右对齐、以空格填充。

（2）输出浮点数时，缺省设置为精度为六位小数、定点法输出、域宽为 0、数字右对齐、以空格填充。当输出实数的整数部分超过 7 位或有效数字在小数点右边第 4 位之后，则转换为科学法输出。

（3）输出字符或字符串时，缺省设置为域宽为 0、字符右对齐、以空格填充。

域宽为 0 是指按数据实际占用的字符位数输出，在输出的数据之间没有空格。

在使用标准输出 cout 时应注意以下要点：

（1）在输出一个 char 类型值时，将按 ASCII 字符标准转换为可显示字符。如果要显示其整型值，需要转换为 int 类型再输出。例如，cout << (int)c 将显示整数值。

（2）在输出 char * 类型值时，将其作为字符串来显示；而对其他指针类型，则以十六进制显示指针的值。

14.3.4　输出操作的成员函数

输出除了 << 插入运算符之外，还可调用类 basic_ostream 中的成员函数。表 14.5 中列出了部分成员函数。

表 14.5　输出成员函数

函数	说明
basic_ostream& put(char ch);	将单个字符 ch 插入到输出流中
basic_ostream& write(const char * a, int n);	将数组 a 中的 n 个字符插入到输出流中；主要用于二进制模式的流的输出
ostream& flush();	刷新流的缓冲区，将缓冲区中内容输出并清除

例如：

```
char c1 = 'A';
char pa[10] = "Hello";
cout.put(c1);
cout.put(' ');
cout.write(pa, 5);
cout.flush();
```

执行代码将输出"A Hello"。

14.3.5　重载 << 和 >> 运算符

自定义类中设计 << 和 >> 运算符可实现对象的输出和输入。在重载这两个运算符时，只能用友元函数或非成员函数来实现。第 12.2.2 节我们曾简单介绍了输出运算符 << 重载。

重载插入或输出 << 运算符的一般格式为

```
friend ostream & operater << (ostream &, ClassName &);
```

函数返回值是类 ostream 的引用，以便连续使用 << 运算符；第一个形参也是类 ostream 的引用，它是 << 运算符的左操作数；第二个参数为自定义类的引用，作为 << 运算符的右操作数。例如：

```
friend ostream &operator << (ostream & os, RMB &m) {
    os << m.yuan << "元" << m.jiao << "角" << m.fen << "分";
    return os;
}
```

重载提取或输入 >> 运算符的一般格式为

```
friend istream & operater >> (istream &, ClassName &);
```

函数返回值是类 istream 的引用，以便连续使用 >> 运算符；第一个形参也是类 istream 的引用，它是 >> 运算符的左操作数；第二个形参为自定义类的引用，作为 >> 运算符的右操作数。

例如：

```
friend istream &operator >> (istream & is, RMB &m) {
    cout <<"输入元 角 分, 用空格分隔\n";
    int yuan, jiao, fen;
    is >> yuan >> jiao >> fen;
    m = RMB(yuan, jiao, fen);
    return is;
}
```

14.4 文件流

在 C++ 中，文件(file)可以是指一个具体的外部设备(例如打印机可看作一个文件)。本节所介绍的文件指的是磁盘文件，我们将讨论磁盘文件的建立、打开、读写和关闭等操作。

14.4.1 文件概述

一个文件是一组有序的数据集合。文件通常存放在磁盘上，每一个文件有一个文件名。文件名的命名规则由操作系统规定，不同的操作系统中文件名的组成规则有所不同。

在 C++ 语言中，根据文件中存放数据的格式，将文件分为二进制文件(二进制数据组成)和文本文件(字符序列组成)。将某一种格式的数据写入到一个文件后，从该文件中读取数据时，只有按写入格式依次读取数据时，读取的数据才是正确的，否则读取的数据不正确。

文件的使用方法基本相同。首先打开一个文件，然后从文件中读取数据或将数据写入到文件中。当不再使用该文件时，应关闭文件，以保存文件并释放系统资源。关闭之后的文件就不能再读写，除非再次打开。

文件流涉及下面几个关键类：

① 类 ofstream，用于把数据写入文件；

② 类 ifstream，用于从文件中读取数据；

③ 类 fstream，既可读文件，也可写文件。

从类型体系结构上可以看出，对于磁盘文件的读和写分别对应输入流和输出流。前面我们介绍的多数输入输出函数都可直接用来进行文件读写。

磁盘文件作为一种特殊的流，其自身所具有的特点如下：

① 在读写之前必须先打开，读写之后应关闭。3 个文件流类都提供了打开(open)和关闭(close)函数。

② 在读取文件流时要关注文件尾 EOF 的判断(有多种方式来判断文件尾)。

③ 随机访问。文件读写依赖读写指针，一般情况下读写指针从头向尾逐个字符或字节移动，但指针既可按顺序移动，也可随机移动，能随机访问文件中的任何数据，而不限于按顺序访问。

14.4.2 文件处理的一般过程

使用文件的步骤可概括为以下四步。

(1) 创建文件流对象

文件是类 ifstream, ofstream 或 fstream 的对象。例如：

```
ifstream infile;
ofstream outfile;
fstream iofile;
```

（2）打开文件

调用成员函数 open，在文件流对象与磁盘文件之间建立联系。例如：

```
infile.open("myfile1.txt");
outfile.open("myfile2.txt");
```

前两步可合并为一步，创建对象时调用含文件名的构造函数。例如：

```
ifstream infile(filename1, ios::in );
ofstream outfile(filename2);
```

（3）读写

使用提取 >> 运算符、插入 << 运算符或成员函数（如 get/put, read/write）对文件进行读写操作。例如：

```
infile >> ch;
outfile << ch;
```

可用 infile.eof( ) 来判断是否读到文件尾。

（4）关闭文件

读写操作完成之后，调用成员函数 close 来关闭文件。例如：

```
infile.close();
outfile.close();
```

下面我们先讨论文件的打开和关闭。

14.4.3　文件的打开与关闭

输入文件流 ifstream、输出文件流 ofstream 和 I/O 文件流 fstream 分别提供了打开文件函数如下：

```
void ifstream::open(const char *, int = ios::in);
void ofstream::open(const char *, int = ios::out);
void fstream::open(const char *, int);
```

其中，第 1 个形参是文件名或文件的全路径名，第 2 个形参指定打开文件模式。输入文件流缺省值为 ios::in，表示输入方式打开，只读不写；输出文件流的缺省值为 ios::out，表示输出文件方式打开，只写不读；I/O 文件流没有缺省值，需要显式指定。

open 函数中，第 2 个形参指定了打开文件的操作模式。ios 定义操作模式如下：

```
in          //按读方式打开文件
out         //按写方式打开文件
ate         //当控制对象首次创建时，指针移到文件尾处
app         //增补方式，每次写入的数据总是增加到尾端
trunc       //当控制对象创建时，将已有文件长度截为 0，清除文件原有内容
binary      //以二进制方式打开文件，主要控制读取方式
```

例如：　　file.open("rm.txt", ios::out | ios::trunc);

下面具体介绍各种模式：

① in，只能从文件中读取数据。读取指针 get 放在文件头位置。如果打开文件不存在，就建立一个空文件。

② out，只能将数据写入文件。out 经常与 app, ate, trunc 等配合使用。单独用 out 方式打

开文件，若文件不存在，则创建空文件；若文件存在，则删除文件已有内容。

③ ate，将文件指针移到文件尾，以便于添加数据到文件尾端。ate 方式不能单独使用，要与 out 结合使用。

④ app，写入数据到文件尾端，即便是调用 seekp 函数改变 put 指针也会写到尾端。

⑤ trunc，打开文件先删除原有内容。若单独使用，与 out 相同。trunc 不能与 ate，app，in 结合。

⑥ binary，二进制方式，若不指明为 binary，则都作为文本文件。该方式会影响文件结尾判断 eof 函数。文本文件用二进制 0 结尾，也就是串的尾零，因此对二进制文件必须以 binary 方式打开，否则会在读到 0 时导致错误结尾。文本文件也可用 binary 方式打开，只是不如文本流操控方便。

三个文件流类中都提供了构造函数来打开文件：

```
ifstream::ifstream(const char *, int = ios::in);
ofstream::ofstream(const char *, int = ios::out);
fstream::fstream(const char *, int);
```

这些构造函数的形参与各自的成员函数 open 完全相同，因此在说明这三种文件流类的对象时，可通过这些构造函数直接打开文件。例如：

```
ifstream f1("file.dat");
ofstream f2("file1.txt");
fstream f3("file2.dat", ios::in);
```

不论是用成员函数 open 打开文件，还是用构造函数打开，都应立即判断打开是否成功。若成功，则文件流对象的值为非零值；否则其值为 0。实际上，基类 basic_ios 定义了一个运算符重载成员函数如下：

```
bool operator!() const;
```

如果当前流的错误状态的 failbit 或 badbit 被置位，该函数就返回非 0 值，说明流的操作失败或非法操作，相当于调用成员函数 fail()。打开一个文件的一般过程如下：

```
ifstream f1("file.dat");
if (!f1){                    //判断打开文件是否成功
    cout << "不能打开输入文件:" << "file.dat" << '\n';
    return;
}
```

可先输入要打开的文件名，然后再打开文件：

```
char filename[256];
cout << "输入要打开的文件名:";
cin >> filename;
ifstream f2(filename, ios::in);
if (!f2){                    //判断打开文件是否成功
    cout << "不能打开输入文件:" << filename << '\n';
    return;
}
```

如果文件名出错，打开文件就会失败，此时可能希望重新输入文件名，再次尝试打开文件。注意，因前一次打开失败，该输入流对象的状态标记 failbit 被置位，如果不清除出错标记，再一次尝试打开也会失败。因此，再次打开之前应先执行 clear 函数。例如：

```
char filename[256];
```

```
cout << "输入要打开的文件名:";
cin >> filename;
ifstream f2(filename);
while (!f2){                    //判断打开文件是否成功
    cout << "不能打开文件:" << filename << '\n';
    cout << "再次输入文件名:";
    cin >> filename;
    f2.clear();                //先清除出错标记，再尝试打开
    f2.open(filename);
}
```

打开文件成功后，才能对文件进行读写操作。读写完成后，应关闭文件。尽管在程序执行结束或在撤销文件流对象时系统会自动关闭已打开文件，仍应显式关闭文件。这是因为打开一个文件时系统就要为打开的文件分配一定的资源，如缓冲区等，在关闭文件后系统才回收资源。及时关闭文件可提高资源利用率。

三个文件流类各自提供关闭文件的成员函数如下：

```
void ifstream::close();
void ofstream::close();
void fstream::close();
```

这三个成员函数的用法完全相同。例如：

```
ifstream infile("f1.dat");
...
inflile.close();                //关闭文件 f1.dat
```

关闭文件时，程序断开磁盘文件与控制对象之间的联系。关闭文件后，就不能再对该文件读写。如果要再次使用该文件，必须重新打开。

14.4.4　文本文件的使用

文本文件是按一定字符编码标准来编写的。例如英文字符通常采用 ASCII 标准，中文字符通常采用 GB2312，GBK，GB18030 等。一个文本文件通常由多行组成，就像 cpp 后缀的源文件。一个文本文件是行的一个序列，而每一行又是一个字符序列，并以换行符结尾。读写文本文件既可按字符读写，也可以按行读写。对于文本文件，如果读到 0 就到达文件尾。

在 Windows 系统中，可用记事本 Notepad 正常打开观看的文件都是文本文件。

类 ifstream，ofstream 和 fstream 中并未定义文件读写操作的成员函数，文件读写操作由基类 ios，istream，ostream 中定义的成员函数来实现。对于文本文件，文件的读写操作与标准 I/O 流相同，通过提取 >> 和插入 << 运算符、get 和 put 函数来读写。

1）文件复制例子

例 14.7　复制文本文件：使用构造函数打开文件，并把源程序文件拷贝到目的文件中。

先打开源文件和目的文件，依次从源文件中读一个字符，并把所读字符写入目的文件中，直到把源文件中的所有字符读写完为止。

编程如下：

```
#include <iostream>
#include <fstream>
using namespace std;
int main(void) {
    char filename1[256], filename2[256];
    cout << "输入源文件名:";
```

```
    cin >> filename1;
    cout << "输入目的文件名:";
    cin >> filename2;
    ifstream infile(filename1, ios::in );
    ofstream outfile(filename2);
    if (!infile) {
        cout << "不能打开输入文件:" << filename1 << '\n';
        return 0;
    }
    if (!outfile) {
        cout << "不能打开目的文件:" << filename2 << '\n';
        return 0;
    }
    infile.unsetf(ios::skipws);                    //A
    char ch;
    while (infile >> ch)
        outfile << ch;                             //B
    infile.close();
    outfile.close();
    return 0;
}
```

上面程序中，A 行设置为不跳过文件中的分隔符。在缺省情况下，提取运算符 >> 要跳过分隔符，而文件拷贝必须连同分隔字符一起拷贝。B 行依次从源文件中取一个字符，并将该字符写到目的文件中。当到达源文件的结束位置时(无数据可取)，表达式 infile >> ch 返回值为 0，结束循环。该循环语句完成文件的拷贝。注意，文本文件中只允许最后一个字节为 0 值。

上面程序中真正的拷贝操作是从 A 语句到 B 语句，还有多种实现方式。下面是采用 get 和 put 函数来实现的:

```
char ch;
while (infile.get(ch))
    outfile.put(ch);                              //C
```

用成员函数 infile.get 逐个读取字符，包括所有分隔符。C 行从源文件中取出一个字符，并将取出的字符写到目的文件中。当没有到达源文件结束位置时，infile.get 返回值不为 0，继续循环；当到达源文件结束位置时，该函数的返回值为 0，结束拷贝。

如果我们假定所拷贝的文本文件中每行字符最多为 300，就可按行来读取，这样复制大文件时执行效率更高。下面就是采用 getline 函数按行读取的:

```
char buff[300];
while (infile.getline(buff, 300))                 //D
    outfile << buff << '\n';                      //F
```

其中，D 行中的 infile.getline(buff, 300) 从源文件中读取一行字符，F 行将读取的一行字符写到目的文件中。到达源文件尾时，infile.getline 函数的返回值为 0，读取结束；否则返回值不为 0，表示要继续拷贝。F 行中插入换行符 '\n' 是必要的，这是因为 getline 读取一行时，换行符取出来后并不放入 buff 中，所以写入目的文件中时要加入一个换行符。

这个程序稍加改动就能统计一个文本文件的行数，进一步可统计空行数和非空行数，也能搜索指定字符串出现在文本文件中的行号和行中的位置(第几个字符)。

注意，在 VS 环境中要执行该程序，有下面两种方式:

方式 1: 集成环境中启动 F5 或 Ctrl + F5，被读写的文件应该在项目的"工作目录"中。例如 C:\Users\Administrator\Documents\cpp\MyProject1\MyProject1。

方式 2:先进入可执行文件所在目录,再用 DOS 命令行启动程序,此时被读写文件也应在该目录中。例如 C:\Users\Administrator\Documents\cpp\MyProject1\Debug。

DevC++ 中则比较简单,可执行文件与源文件在相同目录中,读写文件也在相同目录中。

注意,上面程序只能实现文本文件的拷贝,不能实现二进制文件的拷贝。

2)读取文件例子

例 14.8 设文本文件 data.txt 中有若干个实数,各个实数之间用分隔符分开。例如:

```
24   56.9  33.7  45.6
88   99.8  20    50
```

计算该文件中的实数的个数和平均值。

设有一个计数器和一个累加器,初值均为 0。从文件中每读取一个实数时,计数器加 1,并把该数加到累加器中,直到把文件中的数据读完为止。把累加器的值除以计数器的值得到平均值。

编程如下:

```cpp
#include <iostream>
#include <fstream>
using namespace std;
int main(void){
    ifstream infile("data.txt", ios::in);
    if (!infile) {
        cout << "不能打开输入文件\n";
        return 0;
    }
    float sum = 0, temp;
    int count = 0;
    while (infile >> temp){              //依次读一个实数
        sum += temp;                     //累加
        count ++;
    }
    cout << "个数 = " << count << "; 平均值 = " << sum/count << endl;
    infile.close();
    return 0;
}
```

执行程序,输出结果如下:

```
个数 = 8; 平均值 = 52.25
```

上面程序所打开的文件中的所有实数都是正确格式,但如果其中存在错误格式,例如文件中的 88 改为 8b,然后执行程序,则输出如下结果:

```
个数 = 5; 平均值 = 33.64
```

程序只读取前 5 个实数,其中最后一个为 8,后面 3 个实数就不再读取了。

如果要读取的文本文件来自 Excel 转换的 txt 格式,有比较复杂的结构。例如:

```
Fred    男   1980/6/20   18937884883
Jane    女   1990/7/15   13984677262
```

每一行用分隔符隔开 4 个属性:姓名、性别、出生年/月/日、电话。部分编码如下:

```cpp
char buff[300];
while (infile.getline(buff, 300)) {          //读取一行,放入 buff
    istringstream stream(buff);              //从 buff 创建 stream 流对象
    string field;
```

```
                stream >> name;                       //从流中提取第 1 个串
                stream >> field;                      //从流中提取第 2 个串
                if (field =="男") gender = Person::MALE;
                else if (field == "女") gender = Person::FEMALE;
                char bd[20];
                stream >> bd;                          //从流中提取 yyyy/m/d 格式串
                int year, month, day;
                sscanf_s(bd, "%d/%d/%d", &year, &month, &day); //从格式串中提取 3 个变量
                stream >> phone;                       //从流中提取第 4 个串
                roster.insert(Person(name, gender, year, month, day, phone));
            }
```

上面程序中使用了 < sstream > 中的 istringstream 输入串流。先将读入的一行文本转为一个串流，然后再从串流中用 >> 运算符逐个提取各属性；对于年/月/日的提取，调用 sscanf_s 函数一次性提取 3 个值；最后用所提取的多个值创建一个 Person 对象并加入容器。

3）输入输出重定向

执行一个程序时往往需要将键盘输入重定向到一个文本文件，用该文件内容替代键盘输入；也可能需要将屏幕输出重定向写入到一个文本文件。最简单实现重定向的方法就是 DOS 命令，启动命令格式如下：

程序名 <输入文件名 >输出文件名

例如：　　ex1406 <in.txt >out.txt

假如该程序主要编码如下：

```
int a, b;
while(cin >> a >> b)
    cout <<a +b <<endl;
```

假设已有输入文件 in..txt，内容如下：

```
4 5
5 8
```

执行上面命令将产生一个输出文件 out.txt，内容如下：

```
9
13
```

读者可编写一个程序比较两个文本文件内容是否一致，就能自动测试程序执行结果是否与输入数据时的预期结果相一致。

14.4.5　二进制文件的使用

二进制文件不同于文本文件。例如，可执行程序 .exe、目标文件 .obj、静态库 .lib、动态链接库 .dll，所有的图片、视频、音频、office 文件等都是二进制文件。二进制文件的内容看作是字节的序列，其中每个字节可以是任何值。

二进制文件内容是内存的等值映射。例如，写入一个 char 值就是写入 1 个字节，写入一个数组 char a[40]就是写入 40 字节，写入一个数组 int b[20]就是写入 20 * 4 字节。

二进制文件内容与内存中的内容相同，无需数据类型转换。但应注意二进制文件与文本文件的本质区别。例如一个 int 值，作为二进制存储占 4 字节，而作为文本存储就不能确定大小，如 3 占 1 字节，而 -2147483648 要占 11 字节。文本存储需要分隔符，二进制存储不需要分隔符，但要计算相对位置，并进行随机访问。

如果要打开一个二进制文件进行观察或修改，需要十六进制编辑工具，例如 UltraEdit，WinHex 等。

二进制文件应指明以二进制 ios::binary 方式打开。对二进制文件的读写应通过文件流对象的成员函数来实现，而不能使用提取 >> 或插入 << 运算符。

对二进制文件的常用操作如表 14.6 所示。

表 14.6 二进制文件操作常用函数

函数	说明
basic_istream& read(char * pch, int nCount);	从二进制输入流中提取 nCount 个字节，或者到文件尾，提取的字节放入 pch 数组中，并返回当前流对象
basic_ostream& write(const char * pch, int nCount);	将数组 pch 中的 nCount 个字节插入到二进制输出流中，并返回当前流对象
bool basic_ios::eof();	当读到文件尾时，函数返回 true，否则返回 false；文本文件和二进制文件都适用
int basic_istream::gcount() const;	返回最后一次读取到的字符个数；常与 read 函数配合

例 14.9 生成一个二进制数据文件 data.dat，并将 100 之内的所有素数写入文件。

```
#include <iostream>
#include <fstream>
using namespace std;
bool isPrime(int n){
    if (n < 2)
        return false;
    if (n ==2 || n ==3 || n ==5 || n ==7)            //10 以内的素数
        return true;
    for (int i =2; i * i <=n; i ++)
        if (n %i ==0)
            return false;
    return true;
}
int main(void){
    ofstream outfile("data.dat", ios::out | ios::binary);     //A
    if (!outfile){
        cout <<"不能打开目的文件 data.dat\n";
        return 0;
    }
    int i =2, count =1;
    outfile.write((char *)&i, sizeof(int));                   //B
    for(i =3; i <100; i +=2)
        if (isPrime(i)){
            outfile.write((char *)&i, sizeof(int));           //C
            count ++;
        }
    cout <<"write " <<count <<" integers\n";
    outfile.close();
    return 0;
}
```

上面程序中，A 行以二进制方式打开输出文件 data.dat。B 行和 C 行将 i 的地址强制转换为字符指针，这是因为函数 write 的第一个形参为 char 指针。一般情况下，如果要将 T 类型的变量 v 写入二进制文件，T 类型可以是基本类型，也可以是自定义类型；既可以是单个变量，也可以是数组。一般的写入形式如下:write((char *)&v, sizeof(T))。

上面的程序写入 25 个整数,那么该文件大小应该是 25 * 4 = 100 字节。如果用十六进制方式观察该文件,可以看到前 4 个素数如下:

```
02 00 00 00 03 00 00 00 05 00 00 00 07 00 00 00, ..., 61 00 00 00
```

例 14.10   从例 14.9 产生的数据文件 data. dat 中读取素数,每行显示 5 个数。编程如下:

```cpp
#include <iostream>
#include <fstream>
using namespace std;
int main(void){
    ifstream infile("data. dat", ios::in | ios::binary);            //A
    if (!infile) {
        cout <<"不能打开目的文件 data. dat\n";
        return 0;
    }
    int i, a[25];
    infile. read((char *)a, sizeof(int) *25);                        //B
    for(i =0; i < 25; i ++){
        cout <<a[i] <<'\t';
        if((i +1)% 5 ==0 )
            cout <<'\n';
    }
    cout <<'\n';
    infile. close();
    return 0;
}
```

执行程序,输出结果如下:

```
2        3        5        7        11
13       17       19       23       29
31       37       41       43       47
53       59       61       67       71
73       79       83       89       97
```

上面程序中,A 行以输入方式打开已有的二进制文件 data. dat。如果编程时知道要读取的整数的个数,而且内存可容纳,就可把文件中的所有数据一次性全部读入(如 B 行中一次性读入 25 个整数);如果事先不知道整数的个数,或者内存不够大,就需要分批读入,此时需要调用 eof() 函数来判断文件尾。

例 14.11   复制文件: 使用成员函数 read 和 write 来实现文件的拷贝。

```cpp
#include <iostream>
#include <fstream>
using namespace std;
int main(void) {
    char filename1[256], filename2[256];
    cout <<"输入源文件名:";
    cin >> filename1;
    cout <<"输入目的文件名:";
    cin >> filename2;
    fstream infile, outfile;
    infile. open(filename1, ios::in | ios::binary );
    outfile. open(filename2, ios::out | ios::binary);
    if (!infile) {
        cout <<"不能打开输入文件:" <<filename1 <<'\n';
        return 0;
    }
    if (!outfile) {
```

```
            cout << "不能打开目的文件:" << filename2 << '\n';
            return 0;
        }
        char buff[4096];
        int n;
        while (!infile.eof()) {                //文件不结束, 继续循环
            infile.read(buff, 4096);           //一次读 4096 个字节
            n = infile.gcount();               //取实际读的字节数
            outfile.write(buff, n);            //按实际读的字节数写入文件
        }
        infile.close(); outfile.close();
        return 0;
    }
```

上面程序不仅可复制二进制文件, 也能复制文本文件。文本文件也可按二进制打开, 即将字符序列作为字节序列一样处理。在 while 循环中, 使用函数 eof 来判断是否已到达文件结尾。由于从源文件中最后一次读取的数据可能不到 4096 个字节, 所以调用函数 gcount 来获得实际读入的字节数, 并按实际读到的字节数写到目的文件中。

14.4.6　文件的随机访问

前面介绍的文件读写操作, 都是按文件中数据的先后顺序依次进行读写的。实际上, 在文件读写操作中有一个文件指针的概念。在打开一个输入文件时, 系统为此文件建立一个长整数 long 变量(设变量名为 point), 它的初值为 0, 指向文件开头准备读取。文件中的内容可以看成是由若干个有序字节所组成, 从 0 开始依次给每一个字节顺序编号, 就像一个数组一样。如果文件的当前字节长度为 S, 那么指针的有效范围是[0, S]。

每个输入文件流(ifstream 对象)有一个 get 指针, 指向读取位置。当读取第 n 个字节时, 系统修改指针的值为 point += n。每次读取数据时, 均从指针所指位置开始读取, 读完后再增加 point 值。这样指针总是指向下一次读取数据的开始位置。当指针等于 S, 就到达文件尾 EOF, 不能再读。

每个输出文件流(ofstream 对象)有一个 put 指针, 指向写入位置。每次写入之后, 都要增加 point 的值, 指向下一个写入位置。如果该指针指向文件尾, 就会添加数据。如果该指针定位不是文件尾, 那么写入数据就覆盖了原有数据。注意, 不能在中间插入数据, 也不能删除已写数据。

一个输入输出文件流(fstream 对象)既有一个 get 指针, 也有一个 put 指针。这两个指针可以独立移动。

由于文件指针可以自由移动, 故可以随机读写文件。当文件指针值从小向大方向移动, 称为后移, 反之称为前移。文件指针既可按绝对地址移动(以文件开头位置作为参照点), 也可按相对地址移动(以当前位置或者文件尾作为参照点, 再加上一个位移量)。

C++ 允许从文件中的任何位置开始读或写数据, 这种读写称为文件的随机访问。在文件流类的基类中提供了文件指针操作函数, 如表 14.7 所示。

表 14.7　文件指针的操作函数

函数	说明
basic_istream& seekg(streampos pos);	将输入流的 get 指针定位到绝对位置 pos
basic_istream& seekg(streamoff off, ios_base::seek_dir dir);	将输入流的 get 指针定位到相对位置 off，相对于 dir
streampos tellg();	返回输入流的当前定位
basic_ostream& seekp(streampos pos);	将输出流的 put 指针定位到绝对位置 pos
basic_ostream& seekp(streamoff off, ios_base::seek_dir dir);	将输出流的 put 指针定位到相对位置 off，相对于 dir
streampos tellp();	返回输出流的当前定位

表中类型 streampos 和 streamoff 都是 long 的别名，分别表示绝对位置和相对位移量。

相对定位需要指定参考点。seek_dir 是类 ios_base（多用 ios）中定义的一个公有枚举类型，表示相对位移的参照点如下：

```
enum seek_dir{
    beg = 0,                        //文件开始处作为参照点
    cur = 1,                        //文件当前位置作为参照点
    end = 2                         //文件结束处作为参照点
};
```

在相对位移时，如果参照点为 ios::beg，则将第一个形参值作为文件指针的值；如果参照点为 ios::cur，则将文件指针当前值加上第一个形参值的和作为文件指针的值；如果参照点为 ios::end，则将文件尾的字节编号值加上第一个形参值的和作为文件指针的值。假设按输入方式打开一个文件流对象 f，移动文件指针如下：

```
f.seekg(50, ios::cur);             //当前文件指针值后移 50 个字节
f.seekg(-40, ios::cur);            //当前文件指针值前移 40 个字节
f.seekg(-50, ios::end);            //设文件尾的编号为 5000，则指针移到 4950 处
f.seekg(0, ios::end);              //当前文件指针移到文件尾
```

在随机访问时，要注意以下要点：

（1）在移动文件指针时，必须保证指针值大于等于 0 且小于等于文件尾字节编号，否则将导致读写数据不正确。程序中可调用函数 tellg 和 tellp 来观察当前文件指针的值。

（2）使用 eof() 函数判断读到文件尾之后，如果要再次读写，就要先调用 clear() 函数清除 eof 标记，然后再移动指针读写。

例 14.12　例 14.9 中产生了一个文件 data.dat，保存了前 25 个素数。现实现一个函数，读取第 index 个素数。index 的合理范围是 [0, 24]，如果越界则返回 -1。

因 data.dat 文件随时可能添加新的素数，故需要根据当前素数个数动态计算。

编程如下：

```
#include <iostream>
#include <fstream>
using namespace std;
//读取第 index 个素数，如果 index 越界，返回 -1
int getPrime(ifstream & ifs, int index){
    ifs.seekg(0, ios::end);
    int size = ifs.tellg() / sizeof(int);
    if (index < 0 || index >= size)
        return -1;
```

```
        ifs.seekg(index*sizeof(int));
        int i =0;
        ifs.read((char *)&i, sizeof(int));
        return i;
    }
    int main(void){
        ifstream file("data.dat", ios::in|ios::binary);              //C
        if(!file){
            cout <<"不能打开目的文件 data.dat\n";
            return 0;
        }
        for(int i =15; i <=25; i ++)
            cout <<getPrime(file, i) <<" ";
        cout <<endl;
        file.close();
        return 0;
    }
```

执行程序，输出结果如下：

53 59 61 67 71 73 79 83 89 97 -1

上面程序中，函数 getPrime 说明了 seekg 函数的相对定位和绝对定位，以及如何使用 tellg 来计算当前素数的个数。这个函数适用于从大文件中读取指定数据，当需要多次求大序号的素数时，该函数就具有实用价值。例如求第 50001 个素数，如果不采用文件存储和随机访问，就要先计算前 50000 个素数，这是很大的计算负担。

随机访问通常作用于二进制文件，也可以作用于文本文件，前提是文本文件中的记录和字段能确定大小或者容易区分，这样才能计算定位。

小　　结

（1）输入/输出是内存程序与外部设备之间的信息交换。I/O 被称为流是因为以字符或字节的序列的形式从源到目的之间流动。

（2）流分为文本流和二进制流。文本流是按特定规范编码的字符流，而二进制流是字节流。

（3）在流的概念中，文件是对外部设备的抽象，磁盘文件仅仅是其一种具体形式。

（4）C++ 提供了一个标准的流类体系，由一组类模板、类型别名和标准对象组成。

（5）本章主要介绍 C++ 标准库，不涉及语言特性。

练 习 题

1. 如果要将 double d2 =1234.56789; 显示为 1234.568，下面选项中能达到控制目的是_____。

　（A）cout <<setprecision(3) <<d2;

　（B）cout <<setprecision(7) <<d2;

　（C）cout <<setiosflags(ios::fixed) <<setprecision(3) <<d2;

　（D）cout <<setiosflags(ios::scientific) <<setprecision(3) <<d2;

2. 用 cin >>f 输入一个浮点数时应检查错误并重新输入，下面选项中不是必需操作的是_____。

　（A）用 if(!cin.good())检查错误

　（B）用 cin.clear()清理错误状态

（C）用 cin.getline(buffer, n) 清空输入缓冲区，然后再 cin >> f;

（D）用 cin.rdstate() 读取状态

3. 下面输入操作中不能读取空格符的是_____。

（A）cin >> 运算符　　　　　　　　　　（B）get() 函数

（C）get(char&) 函数　　　　　　　　　（D）getline 函数

4. 下面输入操作中能读取换行符的是_____。

（A）cin >> 运算符　　　　　　　　　　（B）get() 函数

（C）get(char *, int) 函数　　　　　　　（D）getline 函数

5. 先编写一个函数 int getLine(const char * filename)，读取文本文件 file 的总行数；再接着编写一个函数 int getLineNoEmpty(const char * filename)，读取文本文件 file 的总行数，但不包括空行，即仅由分隔符组成的行。

6. 编写一个函数 bool compfile(const char * file1, const char * file2)，比较两个文本文件的内容是否一致。要求至少在以下方面进行判断：

（1）一行前端若有一个或多个空格、Tab 应忽略，视为相同内容；

（2）一行后端在换行之前若有一个或多个空格、Tab 应忽略，视为相同内容；

（3）最后一行内容之后，无论是否有换行，都应视为相同内容。

7. 编写一个函数，将 row 行 col 列的矩阵 TMatrix < T > 写入到一个文本文件 matrix.txt 中；再编写一个函数从该文件中读取数据并创建一个矩阵 TMatrix < T >。

第 15 章　异常

程序中经常要检查处理各种错误情形，如果用传统的流程控制语句来处理，很容易使程序逻辑混乱。异常（exception）是一种专门用于检测错误并处理的机制，可使程序保持逻辑清晰，改进程序可靠性。C++ 语言提供了基本的异常处理机制。本章主要介绍异常的概念、异常处理语句、异常类型架构及应用。可靠的编程应尽可能及时地检测到各种异常情形，并尽可能就地处理。即便不能就地处理，也应向调用方提供详细的出错信息，使调用方能得到充分信息，从而采取合适方式来处理。

15.1　异常的概念

所谓异常，就是在程序运行中发生难以预料的、不正常的事件而导致偏离正常流程的现象。例如：

① 访问数组元素的下标越界，在越界时又写入了数据；

② 用 new 动态申请内存而返回空指针（可能是因内存不足）；

③ 算术运算溢出；

④ 整数除法中除数为 0；

⑤ 调用函数时提供了无效实参，如指针实参为空指针（用空指针来调用 strlen 函数）；

⑥ 通过挂空指针或挂空引用来访问对象；

⑦ 输入整数或浮点数失败；

⑧ I/O 错误。

上面列出的情形如果发生，就可能导致运行错误而终止程序。

异常发生后需要对异常进行处理。那么异常处理是什么？异常处理（exception handling）就是在运行时对异常进行检测、捕获、提示、传递等的过程。

假设要设计一个函数，从一个文本文件中读取数据得到一个 float 矩阵。该文件应存放一个 m * n 的 float 矩阵，头两个整数说明行数 m 和列数 n。现把它读入并创建一个矩阵对象，以备下一步计算。如果认为文本文件不会有错，按正常编程，不超过 10 条语句就能完成。如果这个文本文件是别人提供的，而且这一函数还将提供给他人使用，那么在每一步都要考虑可能出现的错误，此时就可能需要 30 条语句。例如，有下列可能的出错情形：

① 打开文件出错，文件名可能有误；

② 读取行数 m 或者列数 n 可能出错；

③ 读取每个元素时都可能出错；

④ 矩阵数据可能不完整也会出错。

如果用传统方式（如 if 语句）来判断处理这些问题，就会发现正常流程被淹没在多种异常判断处理之中。此时需要有一种统一的机制将正常流程与异常处理分开描述，保持程序逻辑清晰可读，同时各种异常情形能被集中处理。

C++ 提供了引发异常语句 throw 和捕获处理异常语句 try-catch，它们构成了一种特殊的流程控制。

用 throw 引发的异常可描述为一个对象或值。每一种异常都可描述为一种类型，可能是用户定义类型，也可能是简单的整数或字符串。在比较完善的编程中，经常用不同的类来描述不同的异常，建立一个异常类型的继承结构，以方便对异常类型的管理和重用。

处理异常的一般过程如下：若一个函数中发现一个错误但不能处理，就用 throw 语句引发一个异常，希望它的（直接或间接）调用方能够捕获并处理这个异常。函数的调用方如果能解决该异常，就可用 try-catch 语句来捕获并处理这种异常；如果调用方不能捕获处理该异常，异常就被传递到它自己的调用方，最后到达 main 函数。

异常的发生、传递与处理的过程与函数调用栈相关。如图 15.1 所示，main 函数中调用 f 函数，f 函数再调用 g 函数。如果 g 函数执行 return 就正常返回到 f，如果 f 执行到 return 就正常返回到 main。这是正常流程。

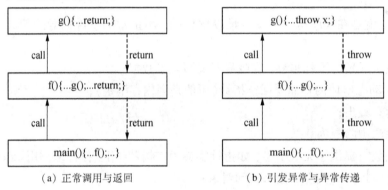

（a）正常调用与返回　　　　　　　　（b）引发异常与异常传递

图 15.1　函数调用栈与异常传递

如果 g 函数在运行时因检测到某种错误而用 throw 语句引发一个异常，自己也没有捕获处理，此时该异常就被传递到 g 的调用方 f 函数，g 函数执行终止（注意不是返回）。对于 f 来说，g 函数调用发生异常。此时如果 f 函数没有捕获该异常，那么异常又被传递到它的调用方 main 函数，f 函数执行终止。同理，如果 main 也没有捕获该异常，那么程序就必须终止。此时系统可能会跳出一个对话框告知你发生了运行错误。

在发生异常、传递异常的过程中，如果有一个函数用 try-catch 捕获了该异常，该异常就不会导致程序终止。在运行时刻，一个异常只能被捕获一次。假设 f 函数捕获了这个异常，那么对于它的调用方 main 函数来说，就等于没有发生异常。

总之，异常编程的目的是改善程序的可靠性。在大型复杂程序中，不发生异常几乎不可能，如果用传统 if-else 语句来检查所有可能的异常情形，将导致正常逻辑与异常逻辑混杂。编程正确性总是以依赖某些假设为前提。异常编程就是要分析识别这些假设中不成立的情形，采用面向对象编程技术，建立各种异常类型并形成继承架构，以处理程序中可能发生的各类异常。

15.2　异常类型的架构

C++ 的异常类型可以是任何类型, 既可以是基本类型, 如 int 整数、char * 字符串, 也可以是用户定义类型。在比较规范的编程中, 往往不将基本类型作为异常类型, 这是因为基本类型所能表示的异常种类有限。例如在一个程序中 int 类型只能表示一种异常情形, 如果在不同函数中的多处引发不同语义的 int 异常, 就很难区别不同 int 值的含义。

在比较规范的编程中往往根据各种错误情形, 利用类的继承性建立一个异常类型的架构, 其作用如下:

① 对所处理的各种错误情形进行准确描述、抽象和归类;

② 方便扩展新的异常类型;

③ 在编程中方便选取引发正确的异常类型, 也方便按类型来捕获处理异常。

如图 15.2 所示是定义在 < exception > 和 < stdexcept > 中的一个异常类型架构。在头文件 < exception > 中定义了基类 exception 和一组函数, 在 < stdexcept > 中定义了一组派生类, 表示各类具体的异常。标准模板库 STL 中的部分函数就利用了这个架构。

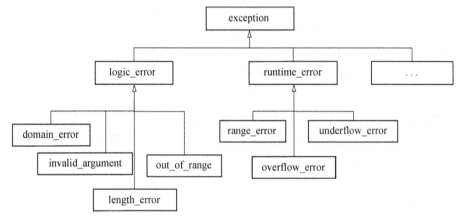

图 15.2　异常类型架构

类 exception 是所有异常类的基类, 其公共成员如下:

```
class exception{
    ...
public:
    exception();                                        //缺省构造函数
    exception(const char * const &message);             //构造函数, 带串消息
    exception(const char * const &message, int);        //构造函数, 带串消息和标识
    exception(const exception& rhs);                    //拷贝构造函数
    exception& operator = (const exception& rhs) throw(); //拷贝赋值函数
    virtual ~exception();                               //虚析构函数
    virtual const char * what() const;                  //虚函数
};
```

创建异常对象往往包含一个字符串, 说明异常发生的原因或出错性质, 称为出错信息。因此大多派生异常类都提供含字符串形参的构造函数。

一般的, exception 派生类改写基类的虚函数 what(), 返回出错信息。

类 logic_error 表示逻辑错误的异常类型。此类错误是在特定代码执行之前就违背了某些前置条件,例如数据越界 out_of_range,函数调用实参无效 invalid_argument 等,也包括特定领域相关的错误 domain_error。读者可以自行扩展新类型,如访问数据的下标越界可作为 out_of_range 的派生类。逻辑错误意味着编程有误,一般通过改进编程能避免。

类 runtime_error 表示运行期错误,是在程序执行期间才能检测的错误。例如算术运算可能导致上溢出 overflow_error、下溢出 underflow_error、数值越界 range_error 等。读者可自行扩展新的类型,如空指针错误可作为 runtime_error 的派生类。一些运行期错误有一定偶然性,与执行环境有关,如内存不足、打开文件失败等,此类错误并不能通过改进自身编程来消除。

一个异常类所包含的信息越多,对于此类错误的检测和处理就越有利。例如,要说明下标越界错误,就应该说明该下标的当前值是多少,可能的话,还应说明合理的下标范围。这需要添加新的数据成员以及相应的成员函数。例如:

```
class Index_out_of_range : public out_of_range{
    const int index;
public:
    Index_out_of_range(int index1, const string& what_arg)
        :index(index1), out_of_range(what_arg){}
    int getIndex()const {return index; }
};
```

再如,要说明读取文件到特定位置时发生数据错误,就应该说明文件名、出错位置、所读到的数据等信息。后面我们将详细介绍这些派生类的设计。

大多数异常派生类都很简短,关键是对异常的识别和命名。

C++ 异常分为两类,即有命名的异常和未命名的异常。有命名的异常是有类型的,包括基本类型(如 int)、字符串(char *)、自定义类型。未命名的异常是由运行时刻某种底层错误引起的,例如整数相除时除数为 0、通过挂空指针或挂空引用来访问对象、破坏当前函数调用栈使函数返回到错误地址等。未命名异常虽然也能被捕获,但不能提供确切的出错信息。建立异常类型本质上就是对各种异常情形进行识别与命名,这对于异常处理具有重要作用。

15.3 异常处理语句

异常处理语句包括引发异常语句 throw 和捕获处理语句 try-catch。

15.3.1 throw 语句

引发异常语句的语法格式为

```
throw <表达式>;   或   throw;
```

其中,关键字 throw 表示要引发一个异常到当前作用域之外。表达式的值的类型作为异常事件的类型,并将表达式的值传给捕获处理该类型异常的程序。表达式的值可能是一个基本类型的值,也可能是一个异常对象。如果要引发一个对象,对象类应事先创建好。一个类表示一种异常事件,应描述该类异常发生的原因、语境以及可能的处理方法等。

不带表达式的 throw 语句只能出现在 catch 子句中,用于重新引发当前正在处理的异常。这是 C++11 引入的新语句。

如果在一个函数编程中发现了自己不能处理的错误情形,就可使用 throw 语句引发一个异常,将它引发到当前作用域之外。如果当前作用域是一个函数,就将异常传递给函数的调用方，让调用方来处理。

　　throw 与 return 相似，表达式也相似，都会中止后面代码的执行。throw 语句执行时将控制流转到异常捕获语句进行处理，这将导致 throw 语句下面的相邻语句不能执行，而且系统会自动回收当前作用域中的局部变量。例如：

```
throw index;                              //引发一个 int 异常，index 是一个 int 变量
throw "index out of range";               //引发一个 const char *异常
throw invalid_argument("denominator is zero");   //引发 invalid_argument 异常
```

最后一个 throw 语句的执行过程是先创建一个 invalid_argument 对象，然后将该对象引发到当前作用域之外。

　　但 throw 与 return 的含义不同。函数返回表示正常执行的结果，要作为显式说明的函数规范。throw 语句表示偏离正常的执行结果。一个函数只有一种返回类型，但可能引发多种类型的异常。

　　为了说明一个函数可能引发哪些类型的异常，可用异常规范（exception specification）来说明，也就是"throw（异常类型表）"。例如下面是一个求商函数：

```
double quotient(int numrator, int denominator) throw (invalid_argument){
    if (denominator ==0)
        throw invalid_argument("denominator is zero");
    return double(numrator) / denominator;
}
```

该函数的第一个形参除以第二个形参，返回商作为结果。这个函数的原型中包含了异常规范：throw（invalid_argument），说明该函数的调用可能引发 invalid_argument 异常。函数体中检查第二个形参（即除数），如果除数为 0，就引发该异常。但异常规范起不到语法检验的作用，只能告知函数调用方注意捕获哪些类型的异常。C++ 11 废弃了异常规范说明，编译器不检查异常类型。

　　异常表示的是偏离正常流程的小概率事件。异常不应使正常流程的描述复杂化，也不应让调用方忽视可能发生的异常。调用方可选择在适当的地方集中捕获处理多种异常，而这就要用到 try-catch 语句。

　　使用 throw 语句时应注意以下要点：

　　（1）根据当前异常情形，应选择更准确、更具体的异常类型来引发，避免引发抽象的类型。例如，在 new 申请内存之后，如果发现返回空指针，此时应引发 OutOfMemory 类型的异常。准确具体的异常信息对于调用方非常重要，否则可能导致误解。

　　（2）如果一个函数中使用 throw 语句引发异常到函数之外，应该在函数原型中用异常规范准确描述，即"throw（异常类型表）"，使调用方知道可能引发的异常类型，提醒调用方注意捕获异常并及时处理。

　　（3）虽然 throw 语句可以在函数中任何地方执行，但应尽可能避免在构造函数、析构函数中使用 throw 语句，因为这将导致对象的构建和撤销过程中出现底层内存错误，可能会导致程序在捕获到异常之前就被终止。

　　（4）一般来说异常发生是有条件的，往往在一条 if 语句检测到某个假设条件不成立时才用 throw 语句引发异常，以阻止下面代码执行。函数中无条件引发异常只有一个理由，就是不想让其他函数调用。

15.3.2　try-catch 语句

捕获处理异常的语句是 try-catch 语句，一条 try-catch 语句由一个 try 子句(一条复合语句)和多个 catch 子句组成。其中，一个 catch 子句包括一个异常类型、一个异常变量和一个异常处理器(一条复合语句)。try-catch 语句的语法格式如下：

```
try{
    可能引发异常的语句序列;                    //受保护代码
}catch(异常类型1 异常变量1){
    处理代码1;                               //异常处理器1
}catch(异常类型2 异常变量2){
    处理代码2;                               //异常处理器2
}...
}catch(...){
    处理代码;                               //异常处理器
}
```

其中，关键字 try 之后的一个复合语句称为 try 子句，里面的代码称为受保护代码，包含多条语句。受保护代码描述正常的执行流程，但这些语句的执行却可能引发异常。如果执行没有发生异常，try-catch 语句就正常结束，继续执行其下面的语句；如果引发了某种类型的异常，就按 catch 子句顺序逐个匹配异常类型，捕获并处理该异常。如果异常被捕获，而且处理过程中未引发新的异常，try-catch 语句就正常结束；如果异常未被捕获，或者又执行了 throw 语句，异常就被引发到外层作用域。图 15.3 表示的是 try-catch 语句的组成结构。

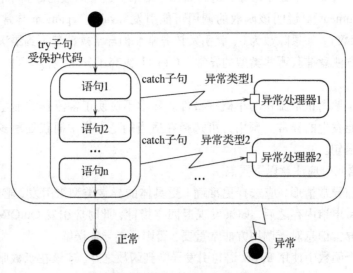

图 15.3　try-catch 语句的组成结构

一条语句执行引发异常有以下 3 种可能的原因：
① 该语句是 throw 语句；
② 调用函数引发了异常；
③ 表达式执行引发了未命名的异常，如整数除数为 0、挂空访问等。
例如下面的 try-catch 语句调用了前面介绍的求商函数 quotient：

```
try{
    result=quotient(n1, n2);                    //A
```

```
    cout << "The quotient is " << result;                    //B
    //...
}catch(invalid_argument ex){                                //C
    cout << "invalid_argument:" << ex.what();                //D
}
```

其中，A 行调用 quotient 函数，如果没有引发异常，就执行 B 行，然后 try-catch 语句就执行完毕。如果 A 行引发了某种异常，B 行就不执行，从 C 行开始匹配异常类型。因为 A 行函数调用可能引发的异常类型正是 catch 子句要捕获的异常类型 invalid_argument，所以该异常对象就替代了 ex 形参，之后再执行后面复合语句，D 行调用异常对象 ex 的成员函数 what 得到错误信息。至此 try-catch 语句执行完毕。无论是否发生异常，这个 try-catch 语句都能执行完毕，下面的语句都能继续执行。

异常是按其类型进行捕获处理的，一个 catch 子句仅捕获一类异常。

有一种特殊的 catch 子句 catch(...)，能匹配任何类型的异常，包括未命名的异常，不过异常对象或值不能被变量捕获，故此不能提供确切错误信息。在多个 catch 子句中，这种 catch 子句应该排在最后。

在执行 try 子句中的受保护代码时，如果引发一个异常，系统就到 catch 子句中寻找处理该异常类型的入口。这种寻找过程称为异常类型匹配，其步骤如下：

（1）由 throw 语句引发异常事件之后，系统依次检查 catch 子句以寻找相匹配的处理异常事件入口。如果某个 catch 子句的异常类型说明与被引发出来的异常事件类型相一致，该异常就被捕获，然后执行该子句的异常处理器代码。如果有多个 catch 子句的异常类型相匹配，按照前后次序只执行第一个匹配的异常处理代码。因此较具体的异常派生类应该排在前面，以提供较具体详细的信息，而较抽象的异常基类应排在后面。

（2）若没有找到任何相匹配的 catch 子句，该异常就被传递到外层作用域。如果外层作用域是函数，就传递到函数的调用方。

一个异常的生命期从创建、初始化开始，被 throw 引发，直至被某个 catch 子句捕获结束。一个异常从引发出来到被捕获，可能穿越多层作用域或函数调用。如果到 main 函数都未被捕获，将导致程序被迫终止。

从图 15.3 中可以看出，try-catch 语句的执行结果有两个，即正常和异常。下面的表 15.1 分析了 try-catch 语句的 4 种具体情形。

表 15.1　try-catch 语句执行的具体情形

序号	结果	具体情形
1	正常完毕	受保护代码未引发异常
2	正常完毕	受保护代码引发了异常，但异常被某个 catch 子句捕获
3	异常退出	受保护代码引发了异常，但未被 catch 子句捕获
4	异常退出	受保护代码引发了异常，而且被某个 catch 子句捕获，但在异常处理器中又引发了新的异常，或者用"throw;"语句把刚捕获的异常又重新引发出来

我们来分析下面 try-catch 语句的可能结果：

```
try{
    result = quotient(n1, n2);
```

```
    cout << "The quotient is " << result;
    //...
}catch(invalid_argument ex){
    cout << "invalid_argument:" << ex.what();
}catch(logic_error ex){
    cout << "logic_error:" << ex.what();
}catch(exception ex){
    cout << "exception:" << ex.what();
}catch(...){
    cout << "some unexpected exception";
}
```

该 try-catch 语句包含了 1 个 try 子句和 4 个 catch 子句。try 子句中调用了可能引发异常的函数 quotient。4 个 catch 子句的次序是较具体的派生类放在前面,较抽象的类放在后面,且最后一个 catch 子句可匹配捕获任意类型的异常。在一次执行时,若引发异常,只能有一个 catch 子句捕获处理该异常。由于最后一个 catch 子句能捕获所有类型的异常,而且所有的异常处理器代码中都不会引发异常,因此该 try-catch 语句的执行结果是表中的第 1 种或者第 2 种情形。

对于 try-catch 语句的理解和应用,应注意以下几点:

(1)受保护代码实际上是受到下面若干 catch 子句的保护,使得 try 子句代码可以放心去描述正常处理流程,而无需每执行一步都用 if 判断是否发生异常情形。

(2)并非 try 子句都可能引发异常,也并非 catch 子句要捕获 try 子句所能引发的所有异常,当前函数只需捕获自己能处理的异常。

(3)多个 catch 子句之间不允许基类异常在前、派生类在后,否则将出现语法警告。因为这使得列在后面的派生类捕获不到异常,而总是被排在前面的基类捕获。

(4)try-catch 语句仅适合处理异常,并不能将其作为正常流程的控制。

15.3.3 异常处理的例子

例 15.1 控制流程测试。

```cpp
#include <iostream>
using namespace std;
void testExcept(int i){
    try{
        if (i == 1)
            throw "catch me when i == 1";               //A
        if (i == 2)
            throw i;                                     //B
        if (i == 0){
            int d = (i + 1) / i;                         //C
            cout << d << endl;                           //D
        }
        cout << "i = " << i;
    }catch(int i){                                       //E
        cout << "catch an int: " << i;
    }catch(char * ex){                                   //F
        cout << "catch a string:" << ex;
    }catch(...){                                         //G
        cout << "catch an exception unknown";
    }
    cout << "\tfunction return\n";                       //H
}
int main(){
    testExcept(0);                            //C 行引发异常, G 行捕获
```

```
    testExcept(1);                               //A 行引发异常, F 行捕获
    testExcept(2);                               //B 行引发异常, E 行捕获
    testExcept(3);                               //未引发异常
    return 0;
}
```

上面 try-catch 语句中的受保护代码中可能引发 3 种类型的异常:A 行引发 const char ＊类型的异常;B 行引发 int 异常;C 行执行整数除法时,除数为 0 将引发底层的未命名的异常,因此 D 行不会执行。

注意,VS 中如果未添加编译选项/EHa,会导致 catch(...)不能捕获 C 行除 0 异常。如果需要 catch(...)能捕获该异常,应选择图 15.4 中的"是,但有 SEH 异常(/EHa)"。

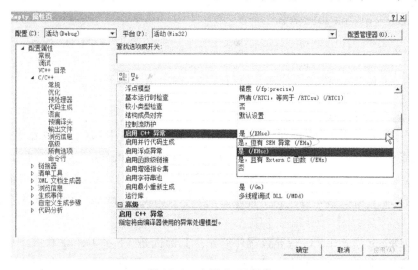

图 15.4　启用 SEH 异常

该 try-catch 语句包含 3 个异常处理器。E 行捕获 int 异常,F 行捕获 char＊异常,G 行捕获底层未命名异常。注意,第 1 个和第 2 个异常处理器的次序无所谓。H 行是 try-catch 语句后的一条语句,如果 try-catch 语句正常退出,那么 H 语句将执行;如果受保护代码中引发的异常未被捕获,或者异常处理代码中又引发异常,H 语句都不能执行。

VS 执行程序,输出结果如下:

```
catch an exception unknown       function return
catch a string:catch me when i ==1        function return
catch an int: 2 function return
i =3        function return
```

DevC++(GCC)不能捕获除 0 异常,导致程序终止。

例 15.2　测试 vector ＜ T ＞的下标越界异常。

STL 中的 vector ＜ T ＞是支持元素随机访问的一种常用容器,它有两种按下标随机访问形式,即 operator[ ]和 at( ),后者可能引发 out_of_range 异常。

编程如下:

```
#include <iostream>
#include <stdexcept>
#include <vector>
using namespace std;
int main(){
```

```
    try{
        vector < int > vec(4);                              //A
        int i = 0;
        for(i = 0; i < 4; i ++)                             //B
            vec[ i ] = i + 1;
        for(i = 0; i <= 4 ; i ++)
            cout << vec[ i ] << " ";                        //C     no exception
        cout << endl;
        for(i = 0; i <= 4 ; i ++)
            cout << vec. at(i) << " ";          //D     throw exception when i == 4
        cout << endl;
    }catch(out_of_range ex){
        cout << "out of range:" << ex. what() << endl;
    }catch(...){
        cout << "unexpected\n";
    }
    return 0;
}
```

在 VS2017 的 Release 模式下构建并执行程序，输出结果如下：

```
1 2 3 4 -33686019
1 2 3 4 out of range:invalid vector < T > subscript
```

上面的程序测试两种按下标随机访问元素的成员函数。其中，A 行先创建了一个向量，包含 4 个 int 元素。B 行对这 4 个元素进行初始化。C 行调用 operator[ ] 来访问元素，输出第 1 行。当下标越界时，并没有引发任何异常，只是读取的 vec[4]元素的值是随机值。D 行调用 at(int)来访问元素，输出第 2 行。当下标越界时，引发 out_of_range 异常，而不会按非法下标读取值。

在 VS 的 Debug 模式下，C 行导致程序终止。其原因是 VS 的 Debug 模式下生成代码中添加了下标检查动态断言，执行时断言失败导致程序终止。但断言失败并非异常，因此不能被 catch(...)捕获。

例 15.3 除数为 0 的异常处理。

在整数除法中，如果除数为 0 就引发底层未命名异常，因此有必要在除法执行之前判断除数是否为 0，如果除数为 0 就引发一个命名的异常来通知调用方。

编程如下：

```
#include < iostream >
#include < stdexcept >
using namespace std;
double quotient(int numrator, int denominator) throw(invalid_argument){
    if (denominator == 0)
        throw invalid_argument("denominator is zero");          //A
    return double(numrator) / denominator;
}
int main(){
    int n1, n2;
    double result;
    cout << "Enter two ints(end - of - file ^Z to end):";
    while (cin >> n1 >> n2){
        try{
            result = quotient(n1, n2);
            cout << "The quotient is " << result;
        }catch(invalid_argument ex){                            //B
            cout << "invalid_argument:" << ex. what();
        }catch(logic_error ex){                                 //C
```

```
                cout << "logic_error:" << ex.what();
        }catch(exception ex){                                        //D
                cout << "exception:" << ex.what();
        }catch(...){                                                 //E
                cout << "some unexpected exception";
        }
        cout << "\nEnter two ints(end-of-file ^Z to end):";
    }
    return 0;
}
```

执行程序，输出结果如下：

```
Enter two ints(end-of-file ^Z to end):23 45
The quotient is 0.511111
Enter two ints(end-of-file ^Z to end):34 0
invalid_argument:denominator is zero
Enter two ints(end-of-file ^Z to end):34 56
The quotient is 0.607143
Enter two ints(end-of-file ^Z to end):^Z
```

该程序执行了 3 次求商函数，其中第 2 次除数为 0，此时 A 行引发了 invalid_argument 类型的异常，B 行的 catch 子句捕获了该类异常。做如下修改后 再测试验证：

（1）如果修改 A 行，将 invalid_argument 改变为 logic_error，那么 C 行的 catch 子句就捕获了该类异常；

（2）如果修改 A 行，将 invalid_argument 改变为 exception，那么 D 行的 catch 子句就捕获了该类异常；

（3）如果删除 B，C，D 行的 catch 子句，那么 E 行的 catch 子句就捕获了该类异常；

（4）如果删除所有的 catch 子句，异常将引发到 main 函数之外，导致程序终止。

15.3.4　无异常 noexcept

例 15.3 的函数原型如下：

```
double quotient(int numrator, int denominator) throw(invalid_argument);
```

其中 throw（异常类型）称为函数的异常规范，说明该函数可能引发的异常类型。**函数的异常规范在 C++11 标准中被弃用**，主要原因是编译器对调用方是否捕获该异常不起任何约束作用。而 VS2017 编译仅给出警告。

C++11 认为说明一个函数不会引发异常对于调用方更有意义，因为这样调用方就能放心调用而无需操心如何捕获处理异常。为此 C++11 引入一个新的关键字 noexcept 修饰符，其语法有下面两种形式：

形式 1：　返回类型　函数名（形参表）noexcept；

形式 2：　返回类型　函数名（形参表）noexcept（常量表达式）；

形式 1 是无条件的无异常。当调用此函数时，调用方无需捕获异常。若该函数在执行时确实引发了异常，将调用 terminate() 终止处理器来终止执行，以防止异常传播到调用方，从而阻断了异常传播。修饰为 noexcept 的函数称为无异常函数。

形式 2 是带条件的无异常。带有一个常量表达式，编译时将得到一个逻辑值。若为真，则 noexcept(true) 等同于 noexcept，函数内的异常会被拦截并终止程序；若为假，则该函数可能引发异常到调用方，调用方应注意捕获，但其不会说明会引发何种类型的异常。例如：

```
template < class T >
T copy_object(T& obj) noexcept(is_pod<T>::value){...}
```

如果类型形参 T 为 POD 类型，就不会引发异常到调用方，否则就可能引发异常。

noexcept 修饰可作用于所有的非成员函数、成员函数、Lambda 函数、函数模板。

例 15.4 修饰符 noexcept 用法示例。

```
#include <iostream>
using namespace std;
void Throw() {throw 1; }
void NoBlockThrow() noexcept(false){Throw(); }        //A
void BlockThrow() noexcept {Throw(); }                //B
int main() {
    try {
        Throw();
    }catch (...) {
        cout <<"Found throw. "<<endl;                 // Found throw.
    }
    try{
        NoBlockThrow();
    }catch (...) {
        cout <<"Throw is not blocked. "<<endl;        // Throw is not blocked.
    }
    try {
        BlockThrow();
    }catch (...) {
        cout <<"Found throw 1. "<<endl;               //C      不会执行
    }
    return 0;
}
```

上面程序中，A 行说明 noexcept(false)，与省略效果一样；B 行说明该函数无异常传到调用方，导致 C 行 catch 子句捕获不到该异常。

执行程序，输出结果如下：

```
Found throw.
Throw is not blocked.
```

在输出结果之后，将弹出中止程序对话框。

无条件 noexcept 函数能阻断异常传播，当异常发生时限制在本地发现并就地处理，调用方避免用 try-catch 捕获异常，使程序能掌握控制流的主动权。

如果虚函数带 noexcept 无条件，那么改写函数也应 noexcept 无条件。

15.4 终止处理器

如果引发异常没有能被捕获，程序将被迫终止。在程序终止之前，系统提供了终止处理器 (terminate handler) 给出一个机会来清理系统资源，之后再终止程序。在 < eh. h > 和 < exception > 中都提供了 terminate() 函数，前者是老版本，作为全局函数；后者是新版本，定义在 std 命名空间之中。

在发生下面情形之一时将自动执行 terminate() 函数：

① 引发异常最终未能捕获；

② 析构函数在堆回收内存时引发异常；

③ 在引发异常之后函数调用栈遭到破坏。

缺省的 terminate 函数将调用 abort 函数，但 abort 函数只是简单地终止进程，因此常需要自行定义一个 terminate 函数。先准备一个无参且无返回的函数 f，再调用 set_terminate(f)，将函数 f 注册为终止处理器。

例 15.5　terminate 函数示例。

```
#include <exception>
#include <iostream>
using namespace std;
void term_func(){                                       //A
    cout << "term_func() was called by terminate(). \n";
    //... cleanup tasks performed here
    // If this function does not exit, abort is called.
    exit(-1);
}
int main(){
    int i=10, j=0, result;
    set_terminate( term_func );                         //B
    try{
        if( j==0 )
            throw "Divide by zero!";                    //C
        else
            result=i/j;
    }catch(int){
        cout << "Caught an integer exception. \n";
    }
    cout << "This should never print. \n";
    return 0;
}
```

执行程序，输出结果如下：

```
 term_func() was called by terminate().
```

上面程序中，A 行定义了一个函数作为终止处理器，B 行调用 set_terminate 将此函数设置为终止处理器。C 行引发的异常类型为 const char *，不能被下面 catch 子句捕获，导致程序终止，执行终止处理器函数。因 B 行设置了新的终止处理函数 term_func，故新函数得到执行。终止函数中调用 exit(状态码)来终止进程。如果事先用 atexit 函数注册了若干清理函数，此时就自动调用执行这些函数，然后将状态码传给批处理(如果用批处理启动程序)。

15.5　通用属性

C++11 之前各编译器都引入属性 attribute，用于对语言中函数、变量、类型等附加一些额外的注解信息，实现一些语言层面或非语言层面的功能，如性能优化、错误检查等。各编译器用不同语法来说明属性。如 GCC，g++ 中使用_attribute_：

　　attribute (attr-list)

例如：　　int area(int n) _attribute_((const));

　　VC 系列编译器使用_declspec：

　　_declspec(attr-list)

例如：　　_declspec(align(32)) struct myStruct{...};　　　　//与 alignas(32)等效
　　　　　_declspec(noreturn) void _cdecl exit(_In_ int _Code);

　　具体属性往往有 const，noreturn，aligned，format 等。

C++ 11 引入通用属性，统一了属性的语法形式：[[attr-list]]，可作用于函数、类型、变量、类型别名、代码块等。C++ 14 给出一个属性 deprecated，其后圆括号之中带一个串，例如：

```
int a2[[deprecated("message")]];
```

小　　结

（1）异常就是在程序运行过程中所发生的难以预料的、不正常的事件，导致程序偏离正常流程。异常处理就是在运行时刻对异常进行检测、捕获、提示、传递等的过程。

（2）C++ 提供了引发异常的语句 throw 和捕获处理异常的语句 try-catch。第 4 章介绍的 8 大类基本语句中，本章所介绍的两种语句分别属于其中一类。

（3）C++ 11 引入 noexcept 说明无异常函数，并废弃了函数的异常规范说明。

（4）异常编程的目的是增强可靠性。

练　习　题

1. 对于关键字 throw，下面说法中错误的是_____。

（A）函数中 throw 语句用来引发异常

（B）函数原型中 throw 用来说明该函数可能引发哪些类型的异常

（C）用 throw 语句引发的异常，一定要用 try-catch 语句来捕获，否则语法错误

（D）throw 语句的语法形式与 return 语句一样

2. 如果一条语句执行引发了异常，那么下面选项中不属于可能的原因的是_____。

（A）该语句是 throw 语句

（B）该语句中调用的函数引发了异常

（C）该语句中的表达式计算引发了未命名的异常

（D）该语句外层没有 try-catch 语句

3. 对于 try-catch 语句，下面说法中错误的是_____。

（A）try 子句中的代码可以不引发任何异常

（B）try 子句中的代码所引发的异常一定要被某个 catch 子句捕获，否则语法出错

（C）多个 catch 子句所捕获的异常，不能出现基类在前、派生类在后的情形

（D）catch(...)应该是最后一个 catch 子句

4. 对于 try-catch 语句的执行结果，下面说法中错误的是_____。

（A）try 子句执行如果没有引发异常，try-catch 后面语句就继续执行

（B）try 子句如果引发异常，该异常被某个 catch 子句捕获并处理，try-catch 后面语句继续执行

（C）try 子句如果引发异常，但没有被任何一个 catch 子句捕获，此时 try-catch 语句本身就引发异常，后面语句不能继续执行

（D）在 catch 子句中不能用 throw 语句再引发异常

5. 假设有语句

```
template<class T>void f(T&a) noexcept(is_pod<T>::value);
```

下面说法中错误的是_____。

（A）该函数是带条件的无异常

（B）该函数的函数体中可能引发异常

（C）如果 T 为 POD 类型时，该方法不引发异常给调用方

（D）如果 T 为 POD 类型时，就引发异常

6. 下面代码的运行结果是_____。

```cpp
int f1(int a) noexcept(false) {
    if(a ==1)
        throw 1;
    return a;
}
int g(int a) {
    try {
        int b = f1(a);
        return 1;
    }catch (int) {
        throw;
    }
    return 3;
}
int main() {
    try {
        cout << g(1) << endl;
    }catch (int e) {
        cout << e << endl;
    }
    return 0;
}
```

7. 假设 Index_out_of_range 是 out_of_range 的派生类，out_of_range 是 exception 的派生类，写出下面程序的运行结果。

```cpp
double getValue(int index){
    if (index < 0 || index > 9)
        throw Index_out_of_range(index, "valid range is [0..9]");
    return index;
}
int main(){
    try{
        double d = getValue(10);
        cout << "d = " << d << endl;
    }catch(int index){
        cout << "index is out of range:" << index << endl;
    }catch(out_of_range ex){
        cout << "catch a out_of_range:" << ex.what() << endl;
    }catch(exception ex){
        cout << "catch an exception:" << ex.what() << endl;
    }catch(...){
        cout << "catch an exception unknown" << endl;
    }
}
```

8. 给出下面程序的执行结果，并分析程序中有哪些语句不可能执行，以及前 3 个 catch 子句改变次序是否会影响执行结果。

```cpp
void expTest(int i){
    try{
        if (i ==1)
            throw "catch me when i ==1";
        if (i ==2)
            throw i;
        if (i ==3)
            throw 3.14;
        if (i ==0){
```

```
                int d = (i + 1) / i;
                cout << d << endl;
            }
            cout << "i = " << i;
        }catch(double d){
            cout << "catch a double:" << d;
        }catch(int i){
            cout << "catch an int: " << i;
        }catch(char * ex){
            cout << "catch a string:" << ex;
        }catch(...){
            cout << "catch an exception unknown";
        }
        cout << "\tfunction return\n";
    }
    int main(){
        expTest(0);
        expTest(1);
        expTest(2);
        expTest(3);
        expTest(4);
    }
```

9. 以 IOException 类为基类, 扩展一个派生类表示矩阵读写错误, 记录出错的行和列。程序如下：

```
    class MatrixException : public IOException{
        const int row, col;
    public:
        MatrixException(int row, int col, const string& what_arg)
            :row(row), col(col), IOException(what_arg){}
        const int getRow()const{return row; }
        const int getCol()const{return col; }
    };
```

（1）编写一个函数从一个文本文件中读取 3 行 4 列 float 值, 得到一个 TMatrix 对象。

（2）分析该函数中可能引发哪些类型的异常, 并引发异常。在 main 函数中通过键盘输入一个文件名, 调用该函数捕获异常并给出提示。

（3）修改程序, 当发生异常时尝试先输入文件名再打开文件进行处理。

附录 A   ASCII 码表

表 A.1   常用 ASCII 码表

ASCII 值		字符	ASCII 值		字符	ASCII 值		字符	ASCII 值		字符
十进制	十六进制		十进制	十六进制		十进制	十六进制		十进制	十六进制	
0	0	NUL	32	20	(space)	64	40	@	96	60	`
1	1	SOH	33	21	!	65	41	A	97	61	a
2	2	STX	34	22	"	66	42	B	98	62	b
3	3	ETX	35	23	#	67	43	C	99	63	c
4	4	EOT	36	24	$	68	44	D	100	64	d
5	5	END	37	25	%	69	45	E	101	65	e
6	6	ACK	38	26	&	70	46	F	102	66	f
7	7	BEL	39	27	'	71	47	G	103	67	g
8	8	BS	40	28	(	72	48	H	104	68	h
9	9	HT	41	29	)	73	49	I	105	69	i
10	A	LF	42	2A	*	74	4A	J	106	6A	j
11	B	VT	43	2B	+	75	4B	K	107	6B	k
12	C	FF	44	2C	,	76	4C	L	108	6C	l
13	D	CR	45	2D	–	77	4D	M	109	6D	m
14	E	SO	46	2E	.	78	4E	N	110	6E	n
15	F	SI	47	2F	/	79	4F	O	111	6F	o
16	10	DLE	48	30	0	80	50	P	112	70	p
17	11	DC1	49	31	1	81	51	Q	113	71	q
18	12	DC2	50	32	2	82	52	R	114	72	r
19	13	DC3	51	33	3	83	53	S	115	73	s
20	14	DC4	52	34	4	84	54	T	116	74	t
21	15	NAK	53	35	5	85	55	U	117	75	u
22	16	SYN	54	36	6	86	56	V	118	76	v
23	17	ETB	55	37	7	87	57	W	119	77	w
24	18	CAN	56	38	8	88	58	X	120	78	x
25	19	EM	57	39	9	89	59	Y	121	79	y
26	1A	SUB	58	3A	:	90	5A	Z	122	7A	z
27	1B	ESC	59	3B	;	91	5B	[	123	7B	{
28	1C	FS	60	3C	<	92	5C	\	124	7C		
29	1D	GS	61	3D	=	93	5D	]	125	7D	}
30	1E	RS	62	3E	>	94	5E	^	126	7E	~
31	1F	US	63	3F	?	95	5F	_	127	7F	(del)

表 A.2 ASCII 控制字符

ASCII 值 （十进制）	控制 字符	全称	含义及显示	转义符	输入法
0	NUL	Null Char	空字符	\0	
1	SOH	Start of Header	标题起始，显示为 ☺		Ctrl + A
2	STX	Start of Text	文本起始，显示为 ☻		Ctrl + B
3	ETX	End of Text	文本结束，显示为♥		Ctrl + C
4	EOT	End of Transmission	传输结束，显示为◆		Ctrl + D
5	ENQ	Enquiry	询问，显示为♣		Ctrl + E
6	ACK	Acknowledgement	应答，显示为♠		Ctrl + F
7	BEL	Bell	响铃	\a	Ctrl + G
8	BS	Backspace	退格，光标回退一个位置	\b	Ctrl + H
9	HT	Horizontal Tab	水平制表，光标移到下一个 制表位（以 8 个字符为单位）	\t	Ctrl + I
10	LF	Line Feed	换行，光标移到下一行	\n	Ctrl + J
11	VT	Vertical Tab	垂直制表，显示为♂	\v	Ctrl + K
12	FF	Form Feed	换页，显示为♀	\f	Ctrl + L
13	CR	Carriage Return	回车，光标移到行头位置	\r	Ctrl + M
14	SO	Shift out	移出，显示为♫		Ctrl + N
15	SI	Shift in	移入，显示为☼		Ctrl + O
16	DLE	Data Link Escape	数据链丢失，显示为►		Ctrl + P
17	DC1	Device Control 1	设备控制1，显示为◄		Ctrl + Q
18	DC2	Device Control 2	设备控制2，显示为↕		Ctrl + R
19	DC3	Device Control 3	设备控制3		Ctrl + S
20	DC4	Device Control 4	设备控制4		Ctrl + T
21	NAK	Negative Acknowledgement	否定应答		Ctrl + U
22	SYN	Synchronous Idle	同步闲置符		Ctrl + V
23	ETB	End of Trans. Block	传输块结束		Ctrl + W
24	CAN	Cancel	取消，显示为↑		Ctrl + X
25	EM	End of Medium	媒介结束，显示为↓		Ctrl + Y
26	SUB	Substitute	替换，显示为→		Ctrl + Z
27	ESC	Escape	退出，Esc 键，显示为←		
28	FS	File Separator	文件分隔符		
29	GS	Group Separator	组分隔符，显示为↔		
30	RS	Record Separator	记录分隔符，显示为▲		
31	US	Unit Separator	单元分隔符，显示为▼		

附录 B　常用库函数

本书主要涉及两类库函数，即 C 运行库(run – time library，简写为 CRT) 和 C++ 标准库。运行库 CRT 是用 C 语言实现的基础程序库，其他库都以此为基础。

表 B. 1　运行库的功能分类

分类	功能	相关头文件(不完全)
可变参数	用于定义可变参数的函数	< stdarg. h >
缓冲区管理	按字节管理内存缓冲区	< string. h > < memory. h >
按字节分类	多字节字符分类，与当前多字节代码页相关	< ctype. h >
按字符分类	对单字节字符、宽字符、多字节字符进行分类。比较常用，如 isalpha, isprint	< ctype. h >
数据对齐	按对齐边界分配内存、回收内存	< malloc. h >
数据转换	一种数据转换到另一种，例如字符串到 int 或 double，或反之。有很多转换既有函数实现，也有宏实现，可进行选择	< math. h > < stdlib. h >
调试程序	debug 调试，函数库中有专门的调试版本，支持单步执行、断言、错误检测、异常，跟踪堆空间分配，避免内存泄漏，以及调试信息报告等	< assert. h > < crtdbg. h >
目录控制	读取或改变目录，创建、删除目录等，也包括使用环境路径来搜索文件	< stdlib. h > < direct. h >
错误处理	包括断言、检测 IO 错误、清除错误标记、判断低级 IO 的文件尾 EOF 等	< assert. h > < crtdbg. h > < stdio. h > < io. h >
异常处理程序	程序终止处理、意外处理	< eh. h >
文件处理	对磁盘文件的建立、删除、改名以及文件访问授权等进行操作	< stdio. h > < io. h > < sys/locking. h > < errno. h >
浮点数支持	专门针对浮点数的计算，如指数、对数、三角函数、双曲函数等，也包括错误检测，如溢出	< math. h > < stdlib. h > < float. h >
输入输出	从文件或设备中读入数据或写出数据。文件 IO 要区分文本和二进制模式。IO 分为以下三类： ① 流式 IO，将数据作为字符或字节序列，有缓冲； ② 低级 IO，直接调用操作系统，无缓冲； ③ 控制台与端口 IO，对键盘和字符显示器直接读写，对 IO 设备如打印机、串行口直接读写	< stdio. h > < io. h > < conio. h >
国际化	适应不同语言与地域相关程序，以及宽字符、多字节字符、通用文本等	< locale. h > < wchar. h > < stdio. h > < string. h > < ctype. h > < mbstring. h >
内存分配	动态分配、回收内存，如 malloc, free 等函数	< stdlib. h > < malloc. h > < new. h >

分类	功能	相关头文件(不完全)
进程与环境控制	进程的启动、停止与管理,也包括线程的启停;操作系统环境信息的读取与改变	< process. h > < stdlib. h >
鲁棒性	Win32 异常处理,终止函数等	< eh. h >
运行期错误检查	run-time error checks (RTC),即运行错误检查	< rtcapi. h >
排序与查找	对任意类型数组进行排序;折半查找与线性查找	< stdlib. h > < search. h >
字符串管理	对窄串、宽串、多字节串进行操作,也包括缓冲管理。数量庞大的一组函数	< string. h > < memory. h > < wchar. h > < mbstring. h >
系统调用	用来查找文件的 3 个函数	< io. h >
时间管理	获取当前系统日期时间、转换、调整等操作	< time. h > < sys/timeb. h >

注 1:同一个头文件可能出现在多个功能分组中,同一个函数也可能出现在不同头文件中;
注 2:运行期库是纯 C 语言实现,不含 C++ 内容(如重载、形参缺省值、引用、模板等)。

表 B. 2 运行库头文件

头文件名	功能	等价 C++ 包装头文件名
< assert. h >	断言设置	< cassert >
< ctype. h >	字符分类	< cctype >
< errno. h >	由库函数执行,检测错误代码	< cerrno >
< fenv. h >	浮点环境控制及异常相关的函数和宏	< cfenv >
< float. h >	浮点数计算	< cfloat >
< inttypes. h >	基于宽度的整数类型	< cinttypes >
< iso646. h >	ISO646 字符集处理	< ciso646 >
< limits. h >	检测整数类型的性质	< climits >
< locale. h >	不同地域文字适应性	< clocale >
< math. h >	公共数学计算,针对浮点数	< cmath >
< setjmp. h >	执行非本地 goto 语句	< csetjmp >
< signal. h >	控制各种异常条件	< csignal >
< stdarg. h >	可变参数的函数	< cstdarg >
< stdbool. h >	标准逻辑类型	< cstdbool >
< stddef. h >	多种有用的类型(typedef)和宏的定义	< cstddef >
< stdint. h >	标准整数类型	< cstdint >
< stdio. h >	输入和输出	< cstdio >
< stdlib. h >	多种操作函数	< cstdlib >

头文件名	功能	等价 C++ 包装头文件名
< string. h >	多种字符串的处理	< cstring >
< tgmath. h >	包含 < ccomplex > 和 < cmath >	< ctgmath >
< time. h >	系统时间处理	< ctime >
< wchar. h >	宽字符流，以及特殊字符串处理	< cwchar >
< wctype. h >	宽字符分类	< cwctype >

注1：表中列出的 23 个头文件是 C++ 标准库中的，运行库 CRT 头文件还有许多未列入。
注2：C++ 标准库的头文件大多不含 . h 后缀。
注3：左边的头文件内容被包装到 C++ 标准 std 命名空间中。例如，< cassert > 文件大致如下：
```
namespace std {#include <assert.h>};
```

表 B. 3 标准 C++ 头文件

头文件名	功能
< algorithm >	算法，提供了 80 多个模板函数，通过迭代器作用于各种容器，实现排序、查找、集合运算等算法
< numeric >	若干模板函数，用于数值计算，如求和、求乘积、求部分和等
< vector > < deque > < list > < forward_list > < array > < valarray >	序列容器，其中 < forward_list > 是单向链表，< array > 是不变长的数组，< valarray > 是可变长的数组
< map > < set >	有序关联容器
< unordered_map > < unordered_set >	无序关联容器
< queue > < stack >	适配器容器，队列与栈
< iterator >	迭代器
< functional >	模板类，函数对象，供各种容器和算法使用
< exception > < stdexcept > < system_error >	异常处理，错误处理
< iostream > < fstream > < sstream > < filesystem > < iomanip > < ios > < iosfwd > < ostream > < istream > < streambuf >	输入输出流
< strstream >	支持对字符数组的 iostream 操作，支持与 C 串的转换
< codecvt > < cvt/wbuffer > < cvt/wstring >	Unicode 编码转换
< locale >	提供一组模板类和函数，封装和管理地域 locale 信息，以支持多国文字习惯用法
< bitset >	位集，一个模板类和两个支持模板函数，任意长的二进制位
< complex >	复数，一个模板类和若干模板函数

头文件名	功能
< numeric > < random > < ratio >	数学与数值运算
< limits >	模板类 numeric_limits，规范了算术计算中各种类型的值范围
< allocators > < memory > < new > < scoped_allocator >	内存管理
< atomic > < thread > < mutex > < condition_variable > < future >	原子操作与多线程支持
< chrono >	一种新的时间库，在 std∷chrono 空间中能计算时间间隔
< initializer_list >	初始化列表，可做函数形参，实现可变长的形参
< tuple >	元组。一个 tuple 对象包含 2 个以上元素，各元素可能有不同类型，典型的有二元组、三元组等
< type_traits >	一组类模板，用于编译器获取类型信息，支持编译计算
< typeinfo >	RTTI 与 typeid 运算符
< typeindex >	type_index 类，以及该类的 Hash 规范
< utility >	对偶 pair，作为映射 map 和多射 multimap 的基本元素
< regex >	正则表达式
< string >	定义了 basic_string 模板类，一种字符的容器，其中用了 typedef 定义了 string 等 4 种串类型

注 1：表中列出的头文件加上表 B. 2 的 23 个包装头文件，共同组成 C++ 标准库；
注 2：另有几个头文件未列入，如 < hash_map > < hash_set >，因它们未完整实现或者未纳入标准。

表 B. 4　　string 类型 < string >

< string > 常用成员函数原型	功能
string( )	缺省构造函数，创建空串
string(const string&)	拷贝构造函数
string(const string&&)	移动构造函数
string(const string&, int pos, int n)	构造函数，从 pos 开始取 n 个字符，取子串
string(const char ∗)	构造函数，从 char ∗ 构造字符串对象
string(const char ∗ , int n)	构造函数，取前 n 个字符
string(int n, char c)	构造函数，有 n 个 c 字符
operator =	拷贝赋值函数，赋予新的串内容，也支持移动赋值
int size( ) 或 length( )	返回字符串的长度，即字符个数，相当于 strlen
bool empty( )const	是否为空串
begin	返回头一个字符的位置的迭代器，cbegin 返回常量迭代器
end	返回最后字符后的位置的迭代器，cend 返回常量迭代器

续表 B.4

< string > 常用成员函数原型	功能
char & at(int pos)	返回第 pos 个字符的引用，其合理范围为[0..size-1]，越界引发 out_of_range 异常。下标运算符[pos]调用此函数
const char ＊ c_str( )	返回指针指向 C 语言样式的串，串不可变
const char ＊ data( )	返回指针指向串内容的数组的头一个元素，串不可变
string substr(size_t _Off = 0, size_t _Count = npos) const	拷贝子串。当前串从 _Off 开始最多 _Count 个字符拷贝出来作为一个子串。第 2 个形参缺省值 npos 在此表示所有字符
void swap(string & str)	当前串与 str 串交换
void clear( )	清除串中所有元素，成为空串
reference front( )	返回头一个非空字符的引用
int compare(...)	6 个重载；字符串比较。返回负值表示当前串小于实参串，返回 0 表示相等，返回正值表示当前串大于实参串
string& append(...)	9 个重载；字符串拼接
string& assign(...)	10 个重载；字符串赋值
string& insert(...)	12 个重载；插入子串
string& erase(...)	4 个重载；删除子串
string& replace(...)	15 个重载；子串替换
size_t find(...)	4 个重载，查找子串，返回首次出现的位置
size_t find_first_of(...)	4 个重载，查找给定串元素的第一次出现的位置
size_t find_first_not_of(...)	4 个重载，查找非给定串元素的第一次出现的位置
size_t find_last_of(...)	4 个重载，查找给定串元素的最后一次出现的位置
size_t find_last_not_of(...)	4 个重载，查找非给定串元素的最后一次出现的位置
operator +=	串拼接，改变当前串
operator +	串拼接，不改变当前串
operator ==	判断是否相等
operator !=	判断不等
operator <	小于
operator <=	小于等于
operator >	大于
operator >=	大于等于
operator <<	输出字符串
operator >>	输入字符串
operator[ ]	按下标随机访问各字符，与访问数组元素一样

< string > 常用非成员函数原型	功能
swap(string & s1, string & s2)	交换两个串的内容
double stod(const string & str)	将串转换为 double
float stof(const string & str)	将串转换为 float
int stoi(const string & str)	将串按十进制转换为 int
long long stoll(const string & str)	将串按十进制转换为 long long
string to_string(T a)	将基本类型 T 值 a 转换为 string

表 B.5　数学函数 < math. h >

函数原型	功能	返回值	说明
int abs(int x) long labs(long x) double fabs(double x)	求绝对值	绝对值	
double pow(double x, double y)	求 x 的 y 次方	计算结果	
double sqrt(double x)	求 x 的平方根	计算结果	
double fmod(double x, double y)	求 x 除以 y 的余数	余数	使 $x = i * y + f$, f 是返回值, i 是整数且 f 与 x 相同符号
double ceil(double x)	大于等于 x 的最小整数		如 ceil(2.8)==3
double floor(double x)	小于等于 x 的最大整数		如 floor(2.8)==2
double modf(double x, double * y)	取 x 的整数部分送到 y 所指向的单元中	x 的小数部分	将浮点数 x 分解为整数部分和小数部分, 例如将 −2.3 分解为 −2 和 −0.3
double exp(double x)	e 的 x 次方		
double log(double x)	自然对数 ln(x), 以 e 为底的对数		x > 0
double log10(double x)	以 10 为底的对数		x > 0
三角函数:			
double sin(double x) double sinh(double x)	正弦 sin(x) 双曲正弦 sinh(x)	计算结果	x 为弧度值
double cos(double x) double cosh(double x)	余弦 cos(x) 双曲余弦 cosh(x)	计算结果	x 为弧度值
double tan(double x) double tanh(double x)	正切 tan(x) 双曲正切 tanh(x)	计算结果	x 为弧度值
double asin(double x)	反正弦 arcsin(x)	计算结果	$−1 \leqslant x \leqslant 1$
double acos(double x)	反余弦 arccos(x)	计算结果	$−1 \leqslant x \leqslant 1$
double atan(double x)	反正切 arctan(x)	计算结果	

表 B. 6 C 标准库 < stdlib. h >

函数原型	功能	返回值	说明
void srand(unsigned int seed)	设置伪随机数序列的起点，即随机数生成种子		先设置种子，再调用 rand 生成随机数
int rand(void)	生成一个伪随机整数	随机正整数，>0	
void abort(void)	终止进程，但没有刷新缓冲区，也没有清理		不调用
void exit(int status)	先执行清理，刷新缓冲区，然后关闭打开的文件，最后终止进程		实参 0 表示正常，其他值表示错误。实参值可被批处理命令获得
int system(const char * command)	执行 command 串的操作系统命令	返回值就是指定命令执行所返回的值，0 表示正常	启动命令后等待返回
动态内存管理：			
void * malloc(size_t size)	请求分配 size 字节的内存。因为内存分块管理，可能得到更大空间	如果内存不够，就返回 NULL；否则返回指针指向所分配的内存	用 free 函数来回收内存。C 基础函数，许多其他函数都会调用
void * calloc(size_t num, size_t size)	请求分配一个数组，初始化为0。num 个元素，每个元素大小为 size 字节	如果内存不够，就返回 NULL；否则返回指针指向所分配的内存	
void * realloc(void * memblock, size_t size)	对已分配的空间重新分配，并改变大小。如果第一个形参为 NULL，就等同于 malloc 函数	如果内存不够，就返回 NULL；否则返回指针指向所分配的内存	
void free(void * memblock)	动态回收所分配的内存，实参指针一定是用 malloc，calloc 或 realloc 得到的		如果实参指针错误，可能导致不可预料的错误
数据转换：			
int tolower(int c)	将字符 c 转换为小写（如果可能的话）	小写字符	
int toupper(int c)	将字符 c 转换为大写（如果可能的话）	大写字符	

表 B. 7　内存函数 < memory. h >

函数原型	功能	返回值	说明
void ＊ memcpy(void ＊ s1, const void ＊ s2, size_t count)	将 s2 所指的共 count 个字节拷贝到 s1 所指存储区中	目的存储区的始址 s1	内存拷贝
int memcmp(const void ＊ s1, const void ＊ s2, size_t count)	比较 s1 和 s2 所指的区域中各字节的值（比较 count 个字节）	如全相同，返回 0；如果 s1 小于 s2，返回负值；否则就返回正值	内存比较
void ＊ memset(void ＊ buf, int c, size_t count)	将 buf 所指区域设置为 c 值，区域大小为 count 个字节	该区域的起始地址 buf	内存设置
void ＊ memchr(const void ＊ buf, int c, size_t count)	在 buf 所指区域中查找 c 值，区域大小为 count 个字节	如找到，返回指针指向找到的字节地址；如未找到，返回 NULL	内存查找

表 B. 8　时间函数 < time. h > 与 < sys/timeb. h >

函数原型	功能	返回值	说明
time_t time(time_t ＊ timer)	取得系统当前时间，形参用来保存结果。如果实参为 NULL，返回但不保存	一个整数值，表示从 $1970-1-1\ 00\colon00\colon00$ 到当前时间的秒数。下面函数仅适用于该时刻之后	每秒改变，常作为伪随机数种子
struct tm ＊ localtime(const time_t ＊ timer)	将 time_t 时间转换为 tm 时间，而且按本地时区调整	返回 tm 结构值，包括：tm_year：从 1900 开始 tm_mon：0 – 11，1 月为 0 tm_day：1 – 31 tm_hour：0 – 23 tm_min：0 – 59 tm_sec：0 – 59 tm_wday：0 – 6，周日为 0 tm_yday：0 – 365，1 月 1 日为 0	函数 gmtime 转换到当前国际标准时间 UTC。有安全提示
char ＊ asctime (conststruct tm ＊ timeptr)	将 tm 时间转换为字符串	返回字符串，格式为 Wed Jan 02 02:03:55 1980	有安全提示
char ＊ ctime(const time_t ＊ timer)	将 time_t 时间转换为字符串，带时区调整	返回字符串，格式为 Wed Jan 02 02:03:55 1980	
time_t mktime (struct tm ＊ timeptr)	将 tm 时间转换为 time_t 时间，tm 结构中前 6 项就可以构造一个有效时间。	如果转换错误，返回 – 1	与 localtime 函数作用相反
char ＊ _strtime(char ＊ timestr)	把当前系统时间转换为字符串，形参是输出串	指向结果串	格式为 hh:mm:ss

函数原型	功能	返回值	说明
char ＊ _strdate(char ＊ datestr)	把当前系统日期转换为字符串，形参是输出串	指向结果串	格式为 mm/dd/yy
size_t strftime(char ＊ strDest, size_t maxsize, const char ＊ format, const struct tm ＊ timeptr)	对 tm 时间转换为一个格式化字符串，用于显示	结果串的长度	第 3 个实参要使用大量的格式控制符(请参看文档)
clock_t clock(void)	计算处理器所用时间。可用于延迟或时间区间度量，精确到毫秒	返回时钟滴答数量。clock_t 是一个 long。CLOCK_PER_SEC 表示每秒时钟滴答数，如 1000	两次调用返回值之差就是间隔的毫秒数
void _ftime(struct _timeb ＊ timeptr)	获取系统当前时间，形参用来保存结果。_timeb 结构中包含成员： dstflag：非 0 表示夏令时； millitm：毫秒数； time：即 time_t 值； timezone：相对 UTC 的时间差(以分钟为单位)，如中国为 − 480，比 UTC 早 8 小时		比 localtime 函数得到更多信息
void _tzset(void)	根据当前环境变量来设置 3 个全局变量：_daylight，_timezone和_tzname，详见文档		执行_ftime，localtime 或 time 函数前应先执行该函数

注：VS 中 time_t 是_time64_t 别名，同时又是 long long 别名。

参考文献

［1］张岳新 . Visual C++ 程序设计 . 北京:兵器工业出版社, 2004.

［2］严悍, 李千目, 张琨 . C++ 程序设计 . 北京:清华大学出版社, 2010.

［3］Michael Wong. 深入理解 C++ 11:C++ 11 新特性解析与应用 . 北京:机械工业出版社, 2013.

［4］Stanley B. Lippman, Josee Lajoie, Barbara E. Moo. C++ Primer. 5 版 . 王刚, 杨巨峰, 译 . 北京:电子工业出版社, 2013.

［5］Stephen Prata. C++ Primer Plus. 6 版 . 张海龙, 袁国忠, 译 . 北京:人民邮电出版社, 2012.

［6］Microsoft. Visual Studio 2017 中的 Visual C++ . https://docs. microsoft. com/zh-cn/cpp/visual-cpp-in-visual-studio, 2018.

［7］C++ Reference. http://www. cplusplus. com/reference/, 2016.

［8］Bjarne Stroustrup. Programming:Principles and Practice Using C++. 2nd ed. Addison-Wesley, 2014.